计算机考研精深解读系列

www.yanzhishi.cn

数据结构
精深解读

研芝士计算机考研命题研究中心◎编著

航空工业出版社

北京

内 容 提 要

本书严格根据最新的全国硕士研究生招生考试计算机学科专业基础综合考试大纲《数据结构》部分编写，针对线性表、栈、队列和数组、树与二叉树、图、查找及排序等大纲要求的知识点进行解读，力求内容精练深入，重点和难点突出。本书既包括历年全国联考的全部真题，也精选了多所非联考名校考研真题。另外，书中还重点组织编写了部分习题和模拟预测题，并对所有题目进行了解析，力求使考生能够深入把握考点、明确解题思路并熟练掌握解题技巧，有效提高复习效果。考生在使用本书的过程中遇到的问题可以通过扫描封底下方二维码进行互动答疑。

本书可作为考生参加计算机专业全国硕士研究生入学考试的辅导用书，也可作为计算机及相关专业跨学科跨院校报考的考生和在职考生复习备考《数据结构》的参考书。

图书在版编目（CIP）数据

数据结构精深解读 / 研芝士计算机考研命题研究中心编著． -- 北京：航空工业出版社，2021.4

ISBN 978-7-5165-2509-8

Ⅰ．①数… Ⅱ．①研… Ⅲ．①数据结构 - 研究生 - 入学考试 - 自学参考资料 Ⅳ．①TP311.12

中国版本图书馆 CIP 数据核字（2021）第 053354 号

数据结构精深解读

Shuju Jiegou Jingshen Jiedu

航空工业出版社

（北京市朝阳区京顺路 5 号曙光大厦 C 座四层 100028）

发行部电话：010-85672688 010-85672689

石家庄市乡依印刷有限公司印刷　　全国各地新华书店经售

2021 年 4 月第 1 版　　2022 年 1 月第 2 次印刷

开本：850 × 1168 1/16　　印张：19.5　　字数：556 千字

印张：19.5　　定价：64.00 元

丛书编委会成员名单

序

信息技术的高速发展对现代社会产生着极大的影响。以云计算、大数据、物联网和人工智能等为代表的计算机技术深刻地改造着人类社会，数字城市、智慧地球正在成为现实。随着社会需求高速发展，各种新技术快速进步，计算机学科知识每时每刻都在不断更新、不断累积，因此，系统掌握前沿计算机知识和研究方法的高端专业人才必将越来越受欢迎。

为满足有志于在计算机方向进一步深造的考生的需求，研芝士组织撰写了“2022 计算机考研精深解读系列丛书”，包括《数据结构精深解读》《计算机操作系统精深解读》《计算机网络精深解读》和《计算机组成原理精深解读》。本系列丛书依据最新版的《全国硕士研究生招生考试计算机科学与技术学科联考计算机学科专业基础综合考试大纲》编写而成，编者团队由本硕博均就读于计算机专业且长期在高校从事计算机专业教学的一线教师组成。基于对于计算机专业的课程特点和研考命题规律的深入研究，编者们对大纲所列考点进行了精深解读，内容翔实严谨，重点难点突出。总体来说，丛书从以下几个方面为备考的考生提供系统化的、有针对性的辅导。

首先，丛书以考点导图的形式对每章的知识体系进行梳理，力图使考生能够在宏观层面对每章的内容形成整体把握，并且通过对最近10年联考考点题型及分值的统计分析，明确各部分的考查要求和复习目标。

其次，丛书严格按照考试大纲对每章的知识点进行深入解读、细化剖析，让考生明确并有效地掌握理论重点。

再次，书中每一节的最后都收录了历年计算机专业联考真题和40多所非联考名校部分真题，在满足408考试要求的同时，也能够满足大多数非联考名校考研要求。编者团队通过对真题内容的详细剖析、对各类题型的统计分析以及对命题规律的深入研究，重点编写了部分习题，进一步充实了题库。丛书对所有题目均进行了详细解析，力求使考生通过学练结合达到举一反三的效果，开拓解题思路、熟练解题技巧、提高得分能力，进而全方位掌握学科核心要求。

最后，丛书进一步挖掘高频核心重难点并单独列出进行答疑。在深入研究命题规律的基础上，该丛书把握命题趋势，精心组编了每章的模拟预测试题并进行详尽剖析，再现章节中的重要知识点以及本年度研考可能性最大的命题方向和重点。考生可以以此对每章内容的掌握程度进行自测，依据测评结果调整备考节奏，也有效地提高复习的质量和效率。

在系列丛书的编写过程中，来自北京大学、清华大学、北京航空航天大学和郑州大学的一些研究生和本科生作为“天使客户”也参与了广泛而深入的讨论，并且给出了宝贵的反馈意见，从而使得系列丛书能够实现理论与实践的进一步有效结合，切实帮助考生提高实战能力。

回想起我当年准备研究生考试时，没有相关系统的专业课复习材料，我不得不自己从浩如烟海的讲义和参考书中归纳相关知识，真是事倍功半。相信这一丛书出版后，能够为计算机专业同学的考研之路提供极大帮助；同时，该丛书对于从事计算机领域研究或开发工作的人员亦有一定的参考价值。

北京大学 郝一龙教授

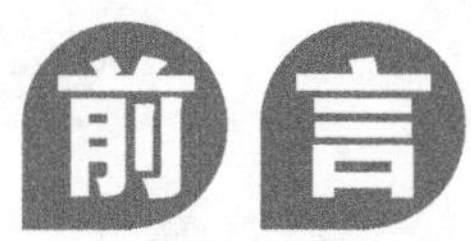

前言

“2022 计算机考研精深解读系列丛书”是由研芝士计算机考研命题研究中心根据最新《全国硕士研究生招生考试计算机科学与技术学科联考计算机学科专业基础综合考试大纲》（以下简称《考试大纲》）编写的考研辅导丛书，包括《数据结构精深解读》《计算机操作系统精深解读》《计算机网络精深解读》和《计算机组成原理精深解读》。《考试大纲》确定的学科专业基础综合内容比较多，计算机专业考生的复习时间要比其他专业考生紧张许多。使考生在短时间内系统高效地掌握《考试大纲》所规定的知识点，最终在考试中取得理想的成绩是编写本丛书的根本目的。为了达到这个目的，我们组织了一批长期在高校从事计算机专业教学的一线教师作为骨干力量进行丛书的编写，他们本硕博均为计算机专业，对于课程的特点和命题规律都有深入的研究。另外，在本丛书的编写过程中，北京大学、清华大学、北京航空航天大学和郑州大学的一些研究生作为“天使用户”也参与了广泛深入的讨论并积极给予反馈，他们极具价值的意见和建议让本丛书增色许多。

计算机学科专业基础综合是计算机考研的必考科目之一。一般而言，综合性院校多选择全国统考，专业性院校自命题的较多。全国统考和院校自命题考试的侧重点有所不同，主要体现在考试大纲和历年真题上。在考研实践中，我们发现考生常常为找不到相关真题或者费力找到真题后又没有详细的答案和解析而烦恼。因此，从考生的需求出发，我们在对《考试大纲》中的知识点进行精深解读的基础上，在习题部分不仅整理了历年全国联考408真题，而且搜集了50多所名校的许多真题，此外，还针对性地补充编写了部分习题和模拟预测题，并对书中所有习题进行深入剖析，希望帮助考生提高复习质量和效率并最终取得理想成绩。“宝剑锋从磨砺出，梅花香自苦寒来”。想要深入掌握计算机专业基础综合科目的知识点和考点，没有捷径可走，只有通过大量练习高质量的习题才能够深入掌握并灵活运用，这才是得高分的关键。对此，考生不应抱有任何侥幸心理。

由于时间和精力有限，我们的工作肯定也有一些疏漏和不足，在此，希望读者通过扫描封底下方二维码进行反馈，多提宝贵意见，以促使我们不断完善，更好地为大家服务。

考研并不简单，实现自己的梦想也不容易，只有那些乐观自信、专注高效、坚韧不拔的考生才最有可能进入理想的院校。人生能有几回搏，此时不搏何时搏？衷心祝愿各位考生梦想成真！

编者

2021年

上岸者说

1

我本科就读于河南省内的一所“双非”院校，它甚至都算不上是省内重点院校，故而可想而知其日常的学习氛围、各方面的设施、环境等方面都会有所欠缺。当有考研这个想法的时候，我的内心还是比较慌张的，因为我深知自己几斤几两，所以我就要比别人提早准备。相信有一部分人跟我的经历是相似的，那我就借助研芝士这个平台分享一下我的专业课备考经历，希望可以给大家提供一些帮助。

我的专业课只有《数据结构》这一门课，虽然我本科是计算机科学与技术专业，但鉴于日常上课的“不作为”，致使我翻开这本书的时候，那扑面而来的陌生感使得我手足无措。既然要考研了，必定不能以应付期末考试的心态去面对这门课了。所以面对全新的知识，要想在这场考试中取得成功，必须有完整的备战体系。故而我把专业课复习大体上分为两个大的阶段——自己复习和跟老师复习。自己复习就是，对于全新的知识先硬着头皮过一遍，书里的内容先大致有个印象，做一遍详细的笔记（当时也不知道所谓重点之类的，觉着重要的就整理，一步一步地学会画小的知识框架，其实这一点对后期记忆概念和简答题还是非常有帮助的），当然课后题也是一定要过一遍的。第二个阶段就是研芝士的老师们带着我复习，并且这其中辅以他们整理的参考资料（真的是很良心的参考资料）。老师先是带着我把课本过了一遍，每个角落都带着进行了全面复习，我则根据老师的讲解补充了一下上一遍的笔记。然后我又自己再大致过了一遍，把自己理解不透彻的知识点记下来。紧接着老师又把重点带着过了一遍，这一遍就是串讲知识点了，可以帮助我在脑海里形成完整的学科体系。最后就是答疑课，我有哪些遗忘的或者是做题时所遇到的问题时都在答疑课上得到了解答。

我的专业课复习阶段无论是资料还是老师全部都是研芝士全程在负责，这为我节省了不少时间。讲真的，这里的老师讲解得非常细致，也很负责，全程一直在问我会不会，这个理不理解，那个懂不懂。并且他们都是已经上岸的学长学姐，他们的备考经验很有指导性的意义。不同于大学里一本正经的老师，他们跟我走过同样的路，理解我所遇到的一切问题，所以无论是在学习上还是心理上，都给了我莫大的帮助，在此我深表感谢。

在考研这条人潮拥挤的道路上，无处不充满着竞争，和时间争，和同学争，和自己争，争到自己麻木，争到自己都心疼自己，却还是要面对一个不确定的结局。那么在这之中，你还是要拼尽全力，为自己搏一把，结局大概率是好的，至少这样，自己不后悔。

李　梦

上岸者说

作为一名“双非”高校的计算机专业考生，我深知自己的基础并不好，所以我的考研备考时间从大三下学期一开学就开始了。这为期一年的“考研”磨炼，给我的学习以及生活带来很多启迪，我借助研芝士这个平台和大家从学习方法以及心路历程方面做一个分享。

整个专业课的复习分三轮。第一轮我将课本和精深解读系列仔仔细细地通读了一遍，这一轮一定每个角落都不能遗漏，因为第一遍读书的时候还很“懵懂”，自己很难一下子就抓到考点和重点，那最好的办法就是地毯式搜索，绝不放过每一个角落。虽然这会花费很多的时间，但是不要怕，一定要稳住！第一轮如果基础不打牢，第二遍、第三遍也很难有明显的进步。第一遍最重要的就是自己理清楚计算机专业课知识点有哪些。第二轮就需要梳理清楚知识点之间的逻辑，并标出自己薄弱的点，这个薄弱点一定要找得很细。举个例子：我发现我在看《数据结构》线性表链表的操作时，不清楚指针怎么使用。不可以这样标：《数据结构》第二章我不会。如果给自己的范围过大，那第三轮进行查漏补缺时就会发现视野范围内都是知识盲点，无从下手。等到第三轮就开始针对性复习了，要将第二轮发现的硬骨头给啃下来。经过三轮复习后，在最后的时间内，严格按照（14∶00~17∶00）的考试时间进行真题以及模拟题的练习，这个过程前期可能会发现自己仍然存在很多问题，一定稳住心态，按照刚才说的办法，继续找自己的薄弱点，一一攻克。

另外，掌握答题技巧也是取得高分的关键。在答题时，一定要有很强的时间观念。考试时间只有三个小时，而计算机专业考研题的题量一般都很大。把分握在手里才是稳稳的幸福，所以，做题一定要先把自己铁定能拿到分的题目全部做完，做完这些题目之后，开始做那些觉得自己不是很擅长的题目，切记，一定不可以只写个“解”！其实计算机考研试题很多都是没有标准答案的，只要你使用了正确的知识点进行答题，都能拿到相应的分数。而想要做到这一点，就需要在练习的过程中经常总结，坚持一段时间之后，你就会发现，其实很多题目都是一个套路走出来的。掌握这一点，拿下计算机考研专业课不在话下。

漫漫考研征途，我身边不乏聪明的、有天赋的、有基础的同学，但真正蟾宫折桂的是那些风雨无阻来教室学习的。其实大家的专业课基础都差不多，因此，在这个时间段内，谁付出的多，谁就得到的多，而且效果明显，性价比高。只要你坚持不懈，你的每一点点的努力都能真实地反映到试卷上。最后，我想和备考的大家说，计算机考研不是靠所谓的天赋，而是100%的汗水。考研路上哪有什么捷径，哪有什么运气爆棚，全部都是天道酬勤。多少年之后，希望你回想起这一年，可以风轻云淡地说：“人这一辈子总要为自己的理想、为自己认定的事，不留余地地拼一把，而我做到了。”

徐泽汐

最近408考试大纲与近10年考情统计[①]

2021年全国硕士研究生招生考试
计算机科学与技术学科联考
计算机学科专业基础综合考试大纲

Ⅰ 考试性质

计算机学科专业基础综合考试是为高等院校和科研院所招收计算机科学与技术学科的硕士研究生而设置的具有选拔性质的联考科目。其目的是科学、公平、有效地测试考生掌握计算机科学与技术学科大学本科阶段基础知识、基本理论、基本方法的水平和分析问题、解决问题的能力，评价的标准是高等院校计算机科学与技术学科优秀本科毕业生所能达到的及格或及格以上水平，以利于各高等院校和科研院所择优选拔，确保硕士研究生的招生质量。

Ⅱ 考查目标

计算机学科专业基础综合考试涵盖数据结构、计算机组成原理、操作系统和计算机网络等学科专业基础课程。要求考生系统地掌握上述专业基础课程的基本概念、基本原理和基本方法，能够综合运用所学的基本原理和基本方法分析、判断和解决有关理论问题和实际问题。

Ⅲ 考试形式和试卷结构

一、试卷满分及考试时间

本试卷满分为150分，考试时间为180分钟。

二、答题方式

答题方式为闭卷、笔试。

三、试卷内容结构

数据结构	45分
计算机组成原理	45分
操作系统	35分
计算机网络	25分

四、试卷题型结构

单项选择题	80分（40小题，每小题2分）
综合应用题	70分

① 当年《考试大纲》一般在考前3~5个月发布，这是最近年度的《考试大纲》。通常《考试大纲》每年变动很小或没有变化，如计算机网络部分近5年都没有变化。408即全国硕士招生计算机学科专业基础综合的初试科目代码。

Ⅳ 考查内容

数据结构[①]

【考查目标】

1. 掌握数据结构的基本概念、基本原理和基本方法。

2. 掌握数据的逻辑结构、存储结构及基本操作的实现，能够对算法进行基本的时间复杂度与空间复杂度的分析。

3. 能够运用数据结构的基本原理和方法进行问题的分析与求解，具备采用C或C++语言设计与实现算法的能力。

一、线性表

(一)线性表的基本概念

(二)线性表的实现

1. 顺序存储

2. 链式存储

(三)线性表的应用

二、栈、队列和数组

(一)栈和队列的基本概念

(二)栈和队列的顺序存储结构

(三)栈和队列的链式存储结构

(四)多维数组的存储

(五)特殊矩阵的压缩存储

(六)栈、队列和数组的应用

三、树与二叉树

(一)树的基本概念

(二)二叉树

1. 二叉树的定义及其主要特征

2. 二叉树的顺序存储结构和链式存储结构

3. 二叉树的遍历

4. 线索二叉树的基本概念和构造

(三)树、森林

1. 树的存储结构

2. 森林与二叉树的转换

3. 树和森林的遍历

(四)树与二叉树的应用

1. 二叉排序树

2. 平衡二叉树

① 数据结构联考真题中通常是：单项选择题共11道小题（试卷中是第1~11小题，每小题2分），计22分；综合应用题共2题（试卷中是第41~42小题），计23分，合计45分。特殊情况略有变动（如2016年综合应用题是第42~43小题）。

3. 哈夫曼(Huffman)树和哈夫曼编码

四、图

(一)图的基本概念

(二)图的存储及基本操作

1. 邻接矩阵法

2. 邻接表法

3. 邻接多重表、十字链表

(三)图的遍历

1. 深度优先搜索

2. 广度优先搜索

(四)图的基本应用

1. 最小(代价)生成树

2. 最短路径

3. 拓扑排序

4. 关键路径

五、查　找

(一)查找的基本概念

(二)顺序查找法

(三)分块查找法

(四)折半查找法

(五)B树及其基本操作、B^+树的基本概念

(六)散列(Hash)表

(七)字符串模式匹配

(八)查找算法的分析及应用

六、排　序

(一)排序的基本概念

(二)插入排序

1. 直接插入排序

2. 折半插入排序

(三)起泡排序(BubbleSort)

(四)简单选择排序

(五)希尔排序(ShellSort)

(六)快速排序

(七)堆排序

(八)二路归并排序(MergeSort)

(九)基数排序

(十)外部排序

(十一)各种排序算法的比较

（十二）排序算法的应用

Ⅴ 数据结构近两年大纲对比统计表（见表1）

表1 《全国硕士研究生招生考试计算机科学与技术学科联考计算机学科专业基础综合考试大纲》近两年对比统计（数据结构）

2020年	变动情况	2021年
线性表的定义和基本操作	修改	线性表的基本概念
各种内部排序算法的比较	修改	各种排序算法的比较
栈和队列的应用	修改	栈、队列和数组的应用
/	新增	多维数组的存储

Ⅵ 数据结构近10年全国联考真题考点统计表（见表2）

表2　数据结构近10年全国联考真题考点统计

联考考点		年份									
章节	考点	2011	2012	2013	2014	2015	2016	2017	2018	2019	2020
1.2	基本概念										
1.3	算法和算法分析	√	√	√	√			√		√	√
2.2	线性表的定义和基本操作										
2.3	线性表的顺序存储	√		√					√		
2.4	线性表的链式存储		√			√	√√			√	
3.2	栈	√		√				√			√
3.3	队列	√			√		√			√	
3.4	栈和队列的应用		√		√	√			√√		√
3.5	特殊矩阵的压缩存储						√	√	√		√
4.2	树的基本概念										
4.3	二叉树	√√	√	√	√	√	√	√√√	√		√
4.4	树和森林	√			√√		√			√	√
4.5	树与二叉树的应用	√	√	√√√	√	√√		√	√√	√√	√
5.2	图的基本概念			√				√			
5.3	图的存储及基本操作					√					
5.4	图的遍历		√	√		√	√				
5.5	图的应用	√√	√√√	√	√√	√	√√	√	√√	√√	√
6.2	查找的基本概念										
6.3	线性表的查找			√		√	√	√			
6.4	树表的查找		√	√	√		√	√			√
6.5	散列表	√			√				√	√	
6.6	串					√				√	
7.2	排序的基本概念										
7.3	插入排序		√		√	√			√		
7.4	交换排序	√			√		√			√	

表2（续）

7.5	选择排序	√				√			√		
7.6	归并排序和基数排序		**√**	√				√			
7.7	各种内部排序算法的比较及应用		√			√		√		√	√
7.8	外部排序						√			√	

注释：无阴影标记的√为单项选择题；有阴影标记的√为综合应用题。

Ⅶ 数据结构近10年全国联考真题各章分值分布统计（见表3）

表3 数据结构近10年全国联考真题各章分值分布统计

年份（年）	分值分布（分）							合计
	第一章 绪论	第二章 线性表	第三章 栈和队列	第四章 树与二叉树	第五章 图	第六章 查找	第七章 排序	
2011	2	15	4	8	10	2	4	45
2012	2	13	2	4	8	2	14	45
2013	2	13	2	8	6	12	2	45
2014	2		4	19	12	4	4	45
2015		15	2	6	12	4	6	45
2016		4	4	10	6	4	17	45
2017	2		4	21	10	4	4	45
2018		13	6	6	12	4	4	45
2019	2	13	10	6	4	4	6	45
2020	13	0	4	16	6	2	4	45

目录

第 1 章

绪 论

<1.1> 考点解读
<1.2> 基本概念
<1.3> 算法和算法分析
<1.4> 重难点答疑
<1.5> 命题研究与模拟预测

第1章 绪 论

1.1 考点解读

本章考点如图1.1所示，内容包括数据结构和算法两大部分，考试大纲没有明确指出对这些知识点的具体要求，通过对最近10年联考真题与本章有关考点的统计与分析（表1.1），结合数据结构课程知识体系的结构特点来看，关于本章应了解：数据结构的逻辑结构，包括线性结构（如线性表、栈、队列等）和非线性结构（如集合、树、图等）；了解数据结构的物理结构，包括顺序存储结构和链式存储结构；理解算法的定义和特性，重点掌握算法时间复杂度与空间复杂度分析方法[①]。

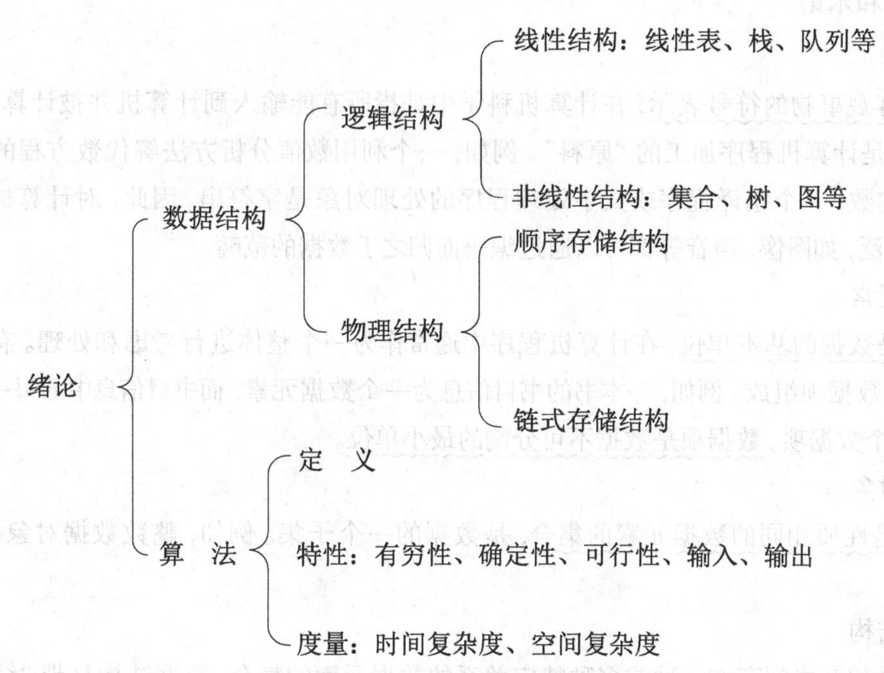

图1.1 绪论考点导图

表1.1 本章最近10年考情统计表

年份	题型		分值			联考考点
	单项选择题（题）	综合应用题（题）	单项选择题（分）	综合应用题（分）	合计（分）	
2011	1	0	2	0	2	算法和算法分析
2012	1	0	2	0	2	算法和算法分析

① 注：对于要求是了解或理解的知识点，不是必考内容，考查时以单项选择题形式出现；要求是掌握或熟练掌握的知识点是必考内容，通常以单选题或综合应用题出现；要求是运用或应用的知识点也是必考内容，考查时常以综合应用题形式出现。各章复习时都要尤其注意这个特点。

表1.1（续）

年份	题型		分值			联考考点
	单项选择题（题）	综合应用题（题）	单项选择题（分）	综合应用题（分）	合计（分）	
2013	1	0	2	0	2	算法和算法分析
2014	1	0	2	0	2	算法和算法分析
2015	0	0	0	0	0	
2016	0	0	0	0	0	
2017	1	0	2	0	2	算法和算法分析
2018	0	0	0	0	0	
2019	1	0	2	0	2	算法和算法分析
2020	1	0	2	0	2	算法和算法分析

1.2 基本概念

1.2.1 概念和术语

（1）数　据

数据是对客观事物的符号表示，在计算机科学中是指所有能输入到计算机并被计算机程序处理的符号的总称。它是计算机程序加工的“原料”。例如，一个利用数值分析方法解代数方程的程序，其处理对象是整数和实数；一个编译程序或文字处理程序的处理对象是字符串。因此，对计算机科学而言，数据的含义极为广泛，如图像、声音等都可以通过编码而归之于数据的范畴。

（2）数据元素

数据元素是数据的基本单位，在计算机程序中通常作为一个整体进行考虑和处理。有时，一个数据元素可由若干个数据项组成。例如，一本书的书目信息为一个数据元素，而书目信息中的每一项（如书名、作者名等）为一个数据项。数据项是数据不可分割的最小单位。

（3）数据对象

数据对象是性质相同的数据元素的集合，是数据的一个子集。例如，整数数据对象是集合$N=\{0, \pm1, \pm2, \cdots\}$。

（4）数据结构

数据结构是相互之间存在一种或多种特定关系的数据元素的集合。数据结构是带“结构”的数据元素的集合，“结构”就是指数据元素之间存在的关系。

（5）数据的逻辑结构

数据的逻辑结构是从逻辑关系上描述数据，它与数据的存储无关，是独立于计算机的。因此，数据的逻辑结构可以看作是从具体问题抽象出来的数学模型。

根据数据元素之间关系的不同特性，通常有四类基本结构：

1）集合结构

数据元素之间除了“属于同一集合”的关系外，别无其他关系。例如，确定一名学生是否为班级成员，只需将班级看作是一个集合结构。

2）线性结构

数据元素之间存在一对一的关系。例如，将学生信息数据按照其入学报到的时间先后顺序进行排列，将组成一个线性结构。

3）树结构

数据元素之间存在一对多的关系。例如，在班级的管理体系中，班长管理多个组长，每位组长管理多名组员，从而构成树形结构。

4）图结构或网状结构

数据元素之间存在多对多的关系。例如，多位同学之间的朋友关系，任何两位同学都可以是朋友，从而构成图状结构或网状结构。

线性结构包括线性表、栈、队列、字符串、数组、广义表等，非线性结构包括集合结构、树结构和图结构等。

（6）数据的存储结构

数据对象在计算机中的存储表示称为数据的存储结构，也称为物理结构。把数据对象存储到计算机时，通常要求既要存储各数据元素的数据，又要存储数据元素之间的逻辑关系，数据元素在计算机内用一个结点来表示。数据元素在计算机中有两种基本的存储结构，分别是顺序存储结构和链式存储结构。

1）顺序存储结构

顺序存储结构要求所有的元素依次存放在一片连续的存储空间中，借助元素在存储器中的相对位置来表示数据元素之间的逻辑关系，通常借助程序设计语言的数组类型来描述。

2）链式存储结构

链式存储结构无须占用一整块存储空间。但为了表示结点之间的关系，需要给每个结点附加指针字段，用于存放后继元素的存储地址，所以链式存储结构通常借助于程序设计语言的指针类型来描述。

（7）数据类型

数据类型是一个值的集合和定义在这个值集上的一组操作的总称。例如，C语言中的整型变量，其值集为某个区间上的整数（区间大小依赖于不同的机器），定义在其上的操作为加、减、乘、除和取模等算术运算；而实型变量也有自己的取值范围和相应运算，比如取模运算是不能用于实型变量的。程序设计语言允许用户直接使用的数据类型由具体语言决定，数据类型反映了程序设计语言的数据描述和处理能力。C语言除了提供整型、实型、字符型等基本类型数据外，还允许用户自定义各种类型数据，例如结构体、共用体和枚举等。

（8）抽象数据类型

抽象数据类型（Abstract Data Type, ADT）一般指由用户定义的、表示应用问题的数学模型，以及定义在这个模型上的一组操作的总称，具体包括三部分：数据对象、数据对象上关系的集合以及对数据对象的基本操作的集合。

抽象数据类型的定义格式如下：

ADT抽象数据类型名{
数据对象：<数据对象的定义>
数据关系：<数据关系的定义>
基本操作：<基本操作的定义>
}ADT抽象数据类型名

其中，数据对象和数据关系的定义采用数学符号和自然语言描述，基本操作的定义格式为：

基本操作名（参数表）

初始条件：<初始条件描述>

操作结果：<操作结果描述>

基本操作有两种参数：赋值参数只为操作提供输入值；引用参数以“&”打头，除可提供输入值外，还将返回操作结果。“初始条件”描述了操作执行之前数据结构和参数应满足的条件，若初始条件为空，则省略。“操作结果”说明了操作正常完成之后，数据结构的变化状况和应返回的结果。

本书采用的类C语言精选了C语言的一个核心子集，同时做了若干扩充修改，增强了语言的描述功能。以下对其做简要说明。

1）预定义常量和类型：

```
//函数结果状态代码
#define    TRUE   1
#define    FALSE  0
#define    OK  1
#define    ERROR  0
#define    INFEASIBLE  -1
#define    OVERFLOW  -2
//Status是函数的类型，其值是函数结果状态代码
typedef int Status;
```

2）数据结构的表示（存储结构）用类型定义（typedef）描述。数据元素类型约定为ElemType，由用户在使用该数据类型时自行定义。

3）基本操作的算法都用以下形式的函数描述：

```
函数类型函数名（函数参数表）
{//算法说明
语句序列
}//函数名
```

除了函数的参数需要说明类型外，算法中使用的辅助变量可以不做变量说明，必要时对其作用给予注释。一般而言，a、b、c、d、e等用作数据元素名，*i*、*j*、*k*、*l*、*m*、*n*等用作整型变量名，*p*、*q*、*r*等用作指针变量名。当函数返回值为函数结果状态代码时，函数定义为Status类型。为了便于算法描述，除了值调用方式外，增添了C++语言的引用调用的参数传递方式。在形参表中，以&打头的参数即为引用参数。

1.2.2 真题与习题精编

● 单项选择题

1. 在数据结构中，从逻辑上可以把数据结构分成（　）。

A. 动态结构和静态结构　　B. 紧凑结构和非紧凑结构

C. 线性结构和非线性结构　　D. 内部结构和外部结构

2. 与数据元素本身的形式、内容、相对位置、个数无关的是数据的（　）。

A. 存储结构　　B. 存储实现　　C. 逻辑结构　　D. 运算实现

3. 通常要求同一逻辑结构中的所有数据元素具有相同的特性，这意味着（ ）。

A. 数据具有同一特点

B. 不仅数据元素所包含的数据项的个数要相同，而且对应数据项的类型要一致

C. 每个数据元素都一样

D. 数据元素所包含的数据项的个数要相等

4. 以下说法正确的是（ ）。

A. 数据元素是数据的最小单位

B. 数据项是数据的基本单位

C. 数据结构是带有结构的各数据项的集合

D. 一些表面上很不相同的数据可以有相同的逻辑结构

● 综合应用题

1. 简述逻辑结构的四种关系。

2. 存储结构由哪两种基本的存储方法来实现?

1.2.3 答案精解

● 单项选择题

1.【答案】C

【精解】考点为数据结构的基本概念。数据的逻辑结构是从逻辑关系上描述数据，可以看作从具体问题抽象出来的数学模型。根据数据元素之间关系的不同特性，逻辑结构通常划分为集合结构、线性结构、树结构和图结构。其中集合结构、树结构和图结构都属于非线性结构。因此，逻辑结构又可以分为线性结构与非线性结构两大类。所以答案选C。

2.【答案】C

【精解】考点为数据结构的基本概念。逻辑结构是从具体问题抽象出来的数学模型，从逻辑关系上描述数据，它与数据的存储无关,也就是说与数据本身的具体形式、内容、相对位置、个数都无关。所以答案选C。

3.【答案】B

【精解】考点为数据结构的基本概念。数据项是组成数据元素的、有独立含义的、不可分割的最小单位，同一逻辑结构中的数据元素所包括数据项的个数要相同，且要求对应数据项的类型也要一致。例如，对于学生基本信息表这种线性表结构，其中数据元素为一名学生的记录，数据项为学号、姓名、性别等，这里不同学生记录的学号、姓名、性别的数据类型必须一致。因此，选项B是正确的。所以答案选B。

4.【答案】D

【精解】考点为数据结构的基本概念。数据元素是数据的基本单位，数据项是数据的最小单位，数据结构是带有结构的各数据元素的集合。因此,选项A、B和C都是错误的。选项D是正确的，因为逻辑结构是从逻辑关系上描述数据，它与数据本身的具体形式无关。例如，学生表和图书表都可以看作线性结构，而学生数据和图书数据表面上是完全不同的数据。所以答案选D。

● 综合应用题

1.【答案精解】

数据的逻辑结构有两个要素：一是数据元素；二是关系。其中，关系是指数据元素间的逻辑关系。根

据数据元素之间关系的不同特性，通常有四类基本结构关系。

(1)集合结构

数据元素之间除了"属于同一集合"的关系外，别无其他关系。例如，确定一名学生是否为班级成员，只需将班级看作一个集合结构。

(2)线性结构

数据元素之间存在一对一的关系。例如，将学生信息数据按照其入学报到的时间先后顺序进行排列，将组成一个线性结构。

(3)树结构

数据元素之间存在一对多的关系。例如，在班级的管理体系中，班长管理多个组长，每位组长管理多名组员，从而构成树形结构。

(4)图结构或网状结构

数据元素之间存在多对多的关系。例如，多位同学之间的朋友关系，任何两位同学都可以是朋友，从而构成图形结构或网状结构。

其中，集合结构、树结构和图结构都属于非线性结构。

2.【答案精解】

(1)顺序存储结构：

顺序存储结构是借助元素在存储器中的相对位置来表示数据元素之间的逻辑关系，通常借助程序设计语言的数组类型来描述。

(2)链式存储结构：

顺序存储结构要求所有的元素依次存放在一段连续的存储空间中，而链式存储结构无须占用一整块存储空间，但为了表示结点之间的关系，需要给每个结点附加指针字段，用于存放后继元素的存储地址。所以链式存储结构通常借助程序设计语言的指针类型来描述。

1.3 算法和算法分析

1.3.1 算法的概念

(1)算　法

算法是对特定问题求解步骤的一种描述，它是指令的有限序列，其中每一条指令表示一个或多个操作；此外，一个算法还具有下列5个重要特性：

1)有穷性。一个算法必须总是在执行有穷步之后结束，且每一步都可在有穷时间内完成。

2)确定性。算法中每一条指令必须有确切的含义，读者理解时不会产生二义性。并且，在任何条件下，算法只有唯一的一条执行路径，即对于相同的输入只能得出相同的输出。

3)可行性。一个算法是能行的，即算法中描述的操作都是可以通过已经实现的基本运算执行有限次来实现的。

4)输入。一个算法有零个或多个的输入，这些输入取自于某个特定的对象的集合。

5)输出。一个算法有一个或多个的输出，这些输出是同输入有着某些特定关系的量。

(2)算法设计的要求

通常设计一个"好"的算法应考虑达到以下目标：

1）正确性。算法应当满足具体问题的需求。“正确”一词的含义在通常的用法中有很大差别，大体可分为以下4个层次：① 程序不含语法错误；② 程序对于几组输入数据能够得出满足规格说明要求的结果；③程序对于精心选择的典型、苛刻而带有刁难性的几组输入数据能够得出满足规格说明要求的结果；④程序对于一切合法的输入数据都能产生满足规格说明要求的结果。显然，达到第④ 层意义下的正确是极为困难的，所有不同的输入数据数量大得惊人，逐一验证的方法是不现实的。对于大型软件，需要进行专业测试，而一般情况下，通常以第③ 层意义的正确性作为衡量一个程序是否合格的标准。

2）可读性。算法主要是 为了人的阅读与交流，其次才是机器执行。可读性好有助于人对算法的理解；晦涩难懂的程序易于隐藏较多错误，难以调试和修改。

3）健壮性。当输入数据非法时，算法也能适当地做出反应或进行处理，而不会产生莫明其妙的输出结果。

4）效率与低存储量需求。通俗地说，效率指的是算法执行的时间。对于同一个问题，如果有多个算法可以解决，执行时间短的算法效率高。存储量需求是指算法执行过程中所需要的最大存储空间。效率与低存储量需求这两者都与问题的规模有关。

1.3.2 算法效率的度量

确定一个算法的优劣，通常通过算法的时间复杂度和空间复杂度来进行度量。

（1）时间复杂度

算法中基本操作重复执行的次数是问题规模n的某个函数$f(n)$，算法的时间量度记作$T(n)=O(f(n))$。它表示随问题规模n的增大，算法执行时间的增长率和$f(n)$的增长率相同，称作时间复杂度。

常用的时间复杂度有哪几种？它们之间有何关系？

常用的时间复杂度有常数阶$O(1)$、线性阶$O(n)$、平方阶$O(n^2)$、立方阶$O(n^3)$、对数阶$O(\log_2 n)$、指数阶$O(2^n)$等，它们存在着以下关系：

$O(1)<O(\log_2 n)<O(n)<O(n\log_2 n)<O(n^2)<O(n^3)<O(2^n)<O(n!)$

我们将$O(\log_2 n)$、$O(n)$、$O(n\log_2 n)$、$O(n^2)$和$O(n^3)$等称为多项式时间复杂度，将$O(2^n)$和$O(n!)$等称为指数时间复杂度。

一个问题目前可以用多项式时间复杂度的算法来求解，称为P问题；一个问题目前只能用指数时间复杂度的算法求解，称为NP问题，NP==P是否成立，也就是说，求解NP问题的指数时间复杂度算法能否转换成用多项式时间复杂度算法来求解，是目前计算机科学的难题之一。

（2）空间复杂度

空间复杂度作为算法所需要存储空间的量度，记作$S(n)=O(f(n))$。其中n为问题的规模。若所需空间相对于问题规模来说是常数，则称此算法为原地工作算法或就地工作算法。考虑算法占用的空间时不必考虑形参的空间，因为形参的空间会在调用该算法的算法中考虑。

1.3.3 真题与习题精编

● 单项选择题

1. 设n是描述问题规模的非负整数，下列程序段的时间复杂度是（　）。【全国联考2019年】

```
x=0;
while(n>=(x+1)*(x+1))
x=x+1;
```

A. $O(\log n)$　　B. $O(n^{1/2})$　　C. $O(n)$　　D. $O(n^2)$

2. 下面的说法中，错误的是（　）。

① 算法原地工作的含义是指不需要任何额外的辅助空间。

② 在相同规模n下，复杂度为$O(n)$的算法在时间上总是优于复杂度为$O(n^2)$的算法。

③ 所谓时间复杂度，是指最坏情况下估算算法执行时间的一个上界。

④ 同一个算法，实现语言的级别越低，执行效率越低。

A. ①　　B. ①②　　C. ①④　　D. ③

3. 算法的时间复杂度取决于（　）。

A. 内存的大小　　B. 处理器的速度

C. 问题的规模和待处理数据的状态　　D. 程序所占空间

4. 在存储数据时，通常不仅要存储各数据元素的值，而且还要存储（　）。

A. 数据的处理方法　B. 数据元素的类型　C. 数据元素间的关系　D. 数据的存储方法

5. 某算法的基本语句执行频度为$(3n+n\log_2 n+2n^2+10)$，则该算法的时间复杂度为（　）。

A. $O(n)$　　B. $O(n\log_2 n)$　　C. $O(n^2)$　　D. $O(\log_2 n)$

6. 下列函数的时间复杂度是（　）。【全国联考2017年】

```
int func (int n){
int i=0,sum=0;
while(sum<n) sum +=++i;
return i;
}
```

A. $O(\log n)$　　B. $O(n^{1/2})$　　C. $O(n)$　　D. $O(n\log n)$

7. 下列程序段的时间复杂度是（　）。【全国联考2014年】

```
count=0;
for(k=1;k<=n;k*=2)
for(j=1;j<=n;j++)
count++;
```

A. $O(\log 2n)$　　B. $O(n)$　　C. $O(n\log_2 n)$　　D. $O(n^2)$

8. 已知两个长度分别为m和n的升序链表，若将它们合并为一个长度为$m+n$的降序链表，则最坏情况下的时间复杂度是（　）。【全国联考2013年】

A. $O(n)$　　B. $O(mn)$　　C. $O(\min(m, n))$　　D. $O(\max(m, n))$

9. 求整数$n(n>0)$的阶乘的算法如下，其时间复杂度是（　）。【全国联考2012年】

```
int fact (int n){
if(n<=l)
 return 1;
return n*fact (n-1);
}
```

A. $O(\log_2 n)$　　B. $O(n)$　　C. $O(n\log_2 n)$　　D. $O(m)$

10. 设n是描述问题规模的非负整数，下面的程序片段的时间复杂度是（　）。【全国联考2011年】

```
x=2;
while(x<n/2)
   x=2*x;
```

A. $O(\log_2 n)$　　B. $O(n)$　　C. $O(n\log_2 n)$　　D. $O(n^2)$

11. 下列程序段的时间复杂度是（　）。【广东工业大学2017年】

```
x=0;
for(i=0;i<n;i++)
for(j=i;j<n;j++)
    x++;
```

A. $O(\log_2 n)$　　B. $O(n)$　　C. $O(n\log_2 n)$　　D. $O(n^2)$

12. 若一个算法的时间复杂度用$T(n)$表示，其中n的含义是（　）。【桂林电子科技大学2015年】

A. 问题规模　　B. 语句条数　　C. 循环层数　　D. 函数数量

13. 计算机算法指的是（　）。【广东工业大学2017年】

A. 计算方法　　B. 排序方法

C. 解决某一问题的有限运算序列　　D. 调度方法

1.3.4 答案精解

● 单项选择题

1.【答案】B

【精解】考点为算法和算法分析。基本语句是$x=x+1$；设其执行次数为$f(n)$，则$n \geqslant (f(n)+1)\times(f(n)+1)$，所以$f(n)\leqslant n^{1/2}-1$，所以$T(n)=O(n^{1/2})$，所以答案选B。

2.【答案】C

【精解】考点为算法和算法分析。①若算法执行时所需要的辅助空间相对于输入数据量而言是一个常数，则称这个算法为原地工作，辅助空间为$O(1)$。不是指不需要任何额外的空间。④同一个算法，实现语言的级别越低，执行效率越高。原命题说反了。所以答案选C。

3.【答案】C

【精解】考点为算法和算法分析。对于A和B选项，时间复杂度并不是指算法执行时所用的具体时间。时间复杂度是一个函数，定量描述了算法的运行时间。C选项，比如说快速排序，初始数据的顺序影响快速排序的时间复杂度。对于D选项，程序所占空间与算法的空间复杂度有关，与时间复杂度关系不大。所以答案选C。

4.【答案】C

【精解】考点为数据结构的基本概念。数据间的关系就是数据结构，比如集合、线性、图状、树状四种基本结构。所以答案选C。

5.【答案】C

【精解】考点为算法和算法分析。在做时间复杂度的具体计算时，要遵循以下定理：

若$f(n)=a_m n^m+a_{m-1}n^{m-1}+\cdots+a_1 n+a_0$是一个$m$次多项式，则$T(n)=O(n^m)$。所以在计算时间复杂度时，可以忽略最高次幂项的系数和所有次高幂项。这里要注意$n*\log_2 n<n^2$，所以答案选C。

6.【答案】B

【精解】考点为算法和算法分析。sum += ++i;相当于++i; sum=sum+i。进行到第k次循环，sum=(1+k)*k/2，sum<n，(1+k)*k/2<n，(1+k)*k<2n，$k<n^{1/2}$。因此函数的时间复杂度$O(n^{1/2})$，所以答案选B。

7.【答案】C

【精解】考点为算法和算法分析。内层循环条件$j\leqslant n$与外层循环的变量无关，每次循环j自增1，每次内层循环都执行n次。外层循环条件为$k\leqslant n$，增量定义为k*=2，可知循环次数为$2^k\leqslant n$，即$k\leqslant\log_2 n$。所以内层循环的时间复杂度是$O(n)$，外层循环的时间复杂度是$O(\log_2 n)$。对于嵌套循环，根据乘法规则可知，该段程序的时间复杂度$T(n)=T_1(n)\times T_2(m)=O(n)\times O(\log_2 n)= O(n\log_2 n)$。所以答案选C。

8.【答案】D

【精解】考点为算法和算法分析。两个升序链表合并，两两比较表中的元素，每比较一次，取较小元素插入到新链表中，因为要求合并为一个降序链表，所以采用头插法。当一个链表比较结束后，将另一个链表的剩余元素直接插入即可。最坏的情况是两个链表中的元素依次进行比较，时间复杂度为$O(\max(m,n))$。所以答案选D。

9.【答案】B

【精解】考点为算法和算法分析。本题是求阶乘n!的递归代码，即$n\times(n-1)\times\cdots\times 1$，共执行$n$次乘法操作，故$T(n)=O(n)$。所以答案选B。

10.【答案】A

【精解】考点为算法和算法分析。在程序中，执行频率最高的语句为$x=2*x$。设这一语句共执行了t次，则有$2^{t+1}<n/2$，所以$\log_2(n/2)-1=\log_2 n-2$，得到 $T(n)=O(\log_2 n)$。所以答案选A。

11.【答案】D

【精解】考点为算法和算法分析。该程序段为双重for循环，循环共执行$n(n+1)/2$次，因此时间复杂度为$O(n^2)$。所以答案选D。

12.【答案】A

【精解】考点为算法和算法分析。问题的规模从1增加到n时，为了解决这个问题所需的时间也从1增加到了$T(n)$，则称此算法的时间复杂度为$T(n)$，其中，n为问题规模。所以答案选A。

13.【答案】C

【精解】考点为算法和算法分析。程序的核心是算法和数据结构。计算机算法是指解决某一问题的有序运算序列。所以答案选C。

1.4 重难点答疑

1. 最好时间复杂度、最坏时间复杂度和平均时间复杂度的区别是什么？

【答疑】算法在最好情况下的时间复杂度为最好时间复杂度，指的是算法计算量可能达到的最小值。算法在最坏情况下的时间复杂度为最坏时间复杂度，指的是算法计算量可能达到的最大值。算法的平均时间复杂度是指算法在所有可能情况下，按照输入实例以等概率出现时，算法计算量的加权平均值。

对于算法时间复杂度的度量，人们更关心的是最坏情况下和平均情况下的时间复杂度。然而在很多情况下，算法的平均时间复杂度难于确定。因此，通常只讨论算法在最坏情况下的时间复杂度，即分析在最坏情况下，算法执行时间的上界。考试中讨论的时间复杂度，除特别指明外，均指最坏情况下的时间复杂度。

2. 时间复杂度$T(n)$的"O"表示有何特点?

【答疑】时间复杂度$T(n)=O(f(n))$, $T(n)$的上界$f(n)$可能有多个,通常取最紧凑的上界。也就是只求出$T(n)$的最高阶,忽略其低阶项和常系数,这样既可简化$T(n)$的计算,又能比较客观地反映出当n很大时算法的时间性能。例如,$T(n)=2n^2+2n+1=O(n^2)$,该算法的时间复杂度为$O(n^2)$。

一般情况下,一个没有循环(或者有循环,但循环次数与问题规模n无关)的算法中,原操作执行次数与问题规模n无关,记作$O(1)$,也称为常数阶。算法中的每个简单语句,例如定义变量语句、赋值语句和输入输出语句,其执行时间都看成是$O(1)$。

一个只有一重循环的算法中,原操作执行次数与问题规模n的增长呈线性增大关系,记作$O(n)$,也称线性阶。

3. 赋值参数和引用参数的区别是什么?

【答疑】赋值参数只为操作提供输入值;引用参数以"&"打头,除可提供输入值外,还将返回操作结果。传递引用参数给函数与传递指针的效果是一样的,形参变化时,实参也同时发生变化,但引用参数使用起来比指针更加方便、高效。

1.5 命题研究与模拟预测

1.5.1 命题研究

本章主要介绍了与数据结构相关的基本概念和术语,以及算法的时间复杂度和空间复杂度分析方法。

通过对考试大纲的解读和对历年联考真题的统计与分析,可以发现本章知识点的命题一般规律和特点如下:

(1)从内容上看,考点都集中在时间复杂度和空间复杂度,且以时间复杂度为主。

(2)从题型上看,基本都是单项选择题,但很多时候也包含在综合应用题中。

(3)从题量和分值上看,除2010年、2015年、2016年和2018年没有在选择题中考查外,其余年份都是1道选择题,占2分。除2014年、2017年没有在综合应用题中考查外,其余年份都是包含在综合应用题中,让考生求所设计算法的时间复杂度和空间复杂度。

(4)从试题难度上看,总体难度较小,比较容易得分。总的来说,历年考核的内容都在大纲要求的范围之内,符合考试大纲中考查目标的要求。

总的来说,联考近10年真题对本章知识点的考查都在大纲范围之内,试题占分较少,总体难度较易,对知识点的考查比较详细,考生在学习时要注重在记忆基础上的深刻理解。在备考安排上,考生应该分配较少的时间和精力,抓住时间复杂度和空间复杂度这个重点,提高复习效率。

1.5.2 模拟预测

● 单项选择题

1. 某算法的时间复杂度为$O(n^2)$,表明该算法的( )。

A. 问题规模是n^2　　B. 执行时间等于n^2

C. 执行时间与n^2成正比　　D. 问题规模与n^2成正比

2. 下面的算法将一维数组a中的n个数逆序存放到原数组中,空间复杂度为( )。

```
for(i=0;i<n;i++)
```

```
b[i]=a[n-i-1];
for(i=0;i<n;i++)
a[i]=b[i];
```

A. $O(1)$　　B. $O(n)$　　C. $O(\log_2 n)$　　D. $O(n^2)$

3. 下面的算法将一维数组a中的n个数逆序存放到原数组中，空间复杂度为（　）。

```
for(i=0;i<n/2;i++)
{
t=a[i];
a[i]=a[n-i-1];
a[n-i-1]=t;
}
```

A. $O(1)$　　B. $O(n)$　　C. $O(\log_2 n)$　　D. $O(n^2)$

4. 以下算法中加下画线的语句的执行次数是（　）。

```
int m=0,i,j;
for(i=1;i<=n;i++)
for(j=1;j<=2*i;j++)
    m++;
```

A. $n(n+1)$　　B. n　　C. $n+1$　　D. n^2

1.5.3 答案精解

1.【答案】C

【精解】考点为算法和算法分析。时间复杂度为$O(n^2)$，说明算法的时间复杂度$T(n)$满足$T(n)\leqslant cn^2$，所以执行时间是和n^2成正比，而时间复杂度$T(n)$是问题规模n的函数，如果问题规模是n^2的话，则变为$T(n^4)$。所以答案选C。

2.【答案】B

【精解】考点为算法和算法分析。求算法的空间复杂度，只需要分析该算法在实现时所需要的辅助空间与问题规模n的函数关系。该算法需要另外借助一个大小为n的辅助数组b，所以其空间复杂度为$O(n)$。所以答案选B。

3.【答案】A

【精解】考点为算法和算法分析。该算法仅需要另外借助一个变量t，与问题规模n大小无关，所以其空间复杂度为$O(1)$。所以答案选A。

4.【答案】A

【精解】考点为算法和算法分析。加下画线的语句的执行次数为：

$$\sum_{i=1}^{n}\sum_{j=1}^{2i}1=\sum_{i=1}^{n}2i=2\sum_{i=1}^{n}i=2\times(1+n)n/2=n(1+n)$$，所以答案选A。

第 2 章

线性表

第2章

线性表

第2章　线性表

2.1 考点解读

本章考点如图2.1所示，内容包括线性表的定义和基本操作、线性表的实现两大部分。考试大纲没有明确指出对这些知识点的具体要求，通过对最近10年联考真题与本章有关考点的统计与分析（表2.1），结合数据结构课程知识体系的结构特点来看，关于本章应了解线性表的定义，理解线性表的基本操作，掌握顺序存储（顺序表）的查找、插入和删除算法，掌握链式存储（单链表、双链表和循环链表）的查找、插入和删除算法，理解静态链表的查找、插入和删除算法。熟练掌握线性表的应用。

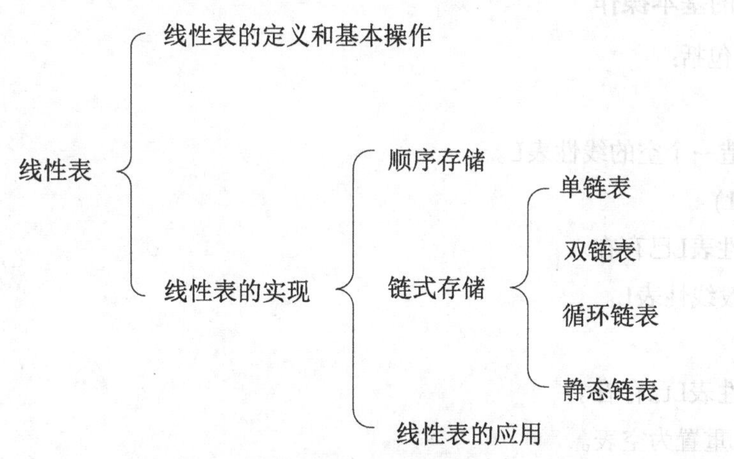

图2.1　线性表考点导图

表2.1　本章最近10年考情统计表

年份	题型		分值			联考考点
	单项选择题（题）	综合应用题（题）	单项选择题（分）	综合应用题（分）	合计（分）	
2011	0	1	0	15	15	线性表的顺序存储
2012	0	1	0	13	13	线性表的链式存储
2013	0	1	0	13	13	线性表的顺序存储
2014	0	0	0	0	0	
2015	0	1	0	15	15	线性表的链式存储
2016	2	0	4	0	4	线性表的链式存储
2017	0	0	0	0	0	
2018	0	1	0	13	13	线性表的顺序存储
2019	0	1	0	13	13	线性表的链式存储
2020	0	0	0	0	0	

2.2 线性表的定义和基本操作

2.2.1 线性表的定义

线性表是由$n(n \geq 0)$个数据特性相同的元素构成的有限序列。n为线性表的长度，$n=0$时称为空表。

例如，26个英文字母的字母表(A,B,C,···,Z)是一个线性表，表中的数据元素是单个字母。在稍复杂的线性表中，一个数据元素可以包含若干个数据项。例如学生基本信息表中每个学生为一个数据元素，包括学号、姓名、性别、籍贯、专业等数据项。

对于非空的线性表或线性结构，其特点如下：

(1)存在唯一的一个被称作“第一个”的数据元素；

(2)存在唯一的一个被称作“最后一个”的数据元素；

(3)除第一个之外，结构中的每个数据元素均只有一个前驱；

(4)除最后一个之外，结构中的每个数据元素均只有一个后继。

由抽象数据类型定义的线性表，可以根据实际采用的存储结构形式，进行具体的表示和实现。

2.2.2 线性表的基本操作

基本操作主要包括：

InitList (&L)

操作结果：构造一个空的线性表L。

DestroyList (&L)

初始条件：线性表L已存在。

操作结果：销毁线性表L。

ClearList (&L)

初始条件：线性表L已存在。

操作结果：将L重置为空表。

ListEmpty (L)

初始条件：线性表L已存在。

操作结果：若L为空表，则返回TRUE，否则返回 FALSE。

ListLength (L)

初始条件：线性表L已存在。

操作结果：返回L中的数据元素个数。

GetElem (L, i, &e)

初始条件：线性表L已存在，1≤i≤ListLength(L)。

操作结果：用e返回L中第i个数据元素的值。

LocateElem (L, e, compare())

初始条件：线性表L已存在，compare()是数据元素判定函数。

操作结果：返回L中第一个与e满足关系 compare()的数据元素的位序。若这样的数据不存在，则返回值为0。

PriorElem (L, cur_e, &pre_e)

初始条件：线性表L已存在。

操作结果：若cur_e是L的数据元素，且不是第一个，则用pre_e返回它的前驱，否则失败，pre_e无定义。

NextElem (L, cur_e, &next_e)

初始条件：线性表L已存在。

操作结果：若cur_e是L的数据元素，且不是最后一个，则用next_e返回它的后继，否则操作失败，next_e无定义。

ListInsert (&L, i, e)

初始条件：线性表L已存在，1≤i≤ListLength(L)+1。

操作结果：在L中第i个位置之前插入新的数据元素e，L的长度加1。

ListDelete (&L, i, &e)

初始条件：线性表L已存在且非空，1≤i≤Listlength(L)。

操作结果：删除L的第i个数据元素，并用e返回其值，L的长度减1。

LiatTraverse (L, visit())

初始条件：线性表L已存在。

操作结果：依次对L的每个数据元素调用函数vist()，一旦visit()失败，则操作失败。

由这些基本操作可以构成很多较复杂的操作。

2.2.3 真题与习题精编

● 单项选择题

1. 线性表是（ ）。

A. 一个有限序列，可以为空　　B. 一个有限序列，不可以为空

C. 一个无限序列，可以为空　　D. 一个无限序列，不可以为空

2. 线性表$L=(a_1,a_2,\cdots,a_n)$，下列说法正确的是（ ）。

A. 每个元素都有一个直接前驱和一个直接后继

B. 线性表中至少有一个元素

C. 表中诸元素的排列必须是由小到大或由大到小

D. 除第一个和最后一个，其余每个元素都有一个且仅有一个直接前驱和直接后继

● 综合应用题

非空的线性表或线性结构具有哪些特点？

2.2.4 答案精解

● 单项选择题

1.【答案】A

【精解】考点为线性表的定义。根据线性表的定义，线性表是由$n(n\geqslant0)$个数据特性相同的元素构成的有限序列，B、C和D都不正确，所以答案选A。

2.【答案】D

【精解】考点为线性表的特点。线性表的结构特点是除第一个元素没有直接前驱，最后一个元素没有直接后继之外，其余每个元素都有一个且仅有一个直接前驱和直接后继，因此选项D是正确的，同时可

以排除选项A。线性表中元素的个数$n(n \geqslant 0)$定义为线性表的长度，$n=0$时称为空表，因此选项B是错误的。线性表中的元素可以是无序的，选项C也是错误的。所以答案选D。

● 综合应用题

【答案精解】

非空的线性表或线性结构，其特点如下：

(1) 存在唯一的一个被称作“第一个”的数据元素；

(2) 存在唯一的一个被称作“最后一个”的数据元素；

(3) 除第一个之外，结构中的每个数据元素均只有一个前驱；

(4) 除最后一个之外，结构中的每个数据元素均只有一个后继。

2.3 线性表的顺序存储

2.3.1 顺序表

(1) 顺序存储的定义

线性表的顺序存储指的是用一组地址连续的存储单元依次存储线性表的数据元素，这种表示也称作线性表的顺序映象。这种存储结构的线性表被称为顺序表，其特点是逻辑上相邻的数据元素，其物理次序也是相邻的。

假设线性表中的每个元素需占用l个存储单元，并以所占的第一个单元的存储地址作为数据元的存储起始位置，则线性表中第i个数据元素的存储位置$LOC(a_i)$和第$i+1$个数据元素的存储位置$LOC(a_{i+1})$之间满足下列关系：

$$LOC(a_{i+1})=LOC(a_i)+l$$

线性表的第i个数据元素a_i的存储位置为：

$$LOC(a_i)=LOC(a_1)+(i-1)\times l$$

$LOC(a_1)$是线性表的第一个数据元素a_1的存储位置，称作线性表的起始位置或基地址，表中相邻的元素a_i和a_{i+1}的存储位置$LOC(a_i)$和$LOC(a_{i+1})$是相邻的。每一个数据元素的存储位置都和线性表的起始位置相差一个常数，这个常数和数据元素在线性表中的位序成正比，如图2.2所示。

数组下标	存储地址	内存状态	数据元素在线性表中的位序
0	b	a_1	1
1	$b+l$	a_2	2
…	…	…	…
i-1	$b+(i-1)l$	a_i	i
…	…	…	…
n-1	$b+(n-1)l$	a_n	n
n	$b+nl$		空闲
…	…		
maxlen-1	$b+(\text{maxlen}-1)l$		

图2.2 线性表的顺序存储结构

只要确定了存储线性表的起始位置，表中任一数据元素都可随机存取，所以线性表的顺序存储结构是一种随机存取的存储结构。由于高级程序设计语言中的数组类型也有随机存取的特性，因此，通常都用数组来描述数据结构中的顺序存储结构。在此，由于线性表的长度可变，且所需最大存储空间随问题不同而不同，则在C语言中可用动态分配的一维数组表示线性表，描述如下：

```
// 线性表的动态分配顺序存储结构
#define MAXSIZE 100     // 顺序表可能达到的最大长度
typedef struct
{
   ElemType  *data;          // 存储空间的基地址
   int  length;              // 当前长度
}SqList;                     // 顺序表的结构类型为SqList
```

也可以采用静态分配的一维数组来表示线性表，缺点是数组的大小和空间提前固定，若空间用完，则加入的新数据会产生溢出，程序报错。

```
// 线性表的静态分配顺序存储结构
#define MAXSIZE 100                  // 顺序表可能达到的最大长度
typedef struct
{
   ElemType  data[MAXSIZE];          // 用数组存储的顺序表中的元素
   int  length;                      // 当前长度
}SqList;                             // 顺序表的结构类型为SqList
```

（2）顺序表中基本操作的实现

1）建立顺序表

由数组元素a[0…n-1]创建顺序表L，算法采用动态分配顺序存储结构。算法如下：

```
void CreateList (SqList *&L, ElemType a[ ], int n)
{
   int i=0, k=0;                              // k表示L中的元素个数，初始值为0
   L=(SqList *) malloc (sizeof(SqList));      // 分配存放线性表的空间
   while (i<n)                                // i扫描数组a的元素
   {
      L—> data[k]=a[i];
      k++; i++;
   }
   L—> length=k;
}
```

当调用上述算法创建好L所指的顺序表后，需要回传给对应的实参，这里通过引用参数来实现。

2）顺序表基本运算算法

① 初始化线性表 InitList (&L)

构造一个空的线性表L，算法采用动态分配顺序存储结构。算法如下：

```
void InitList (SqList *&L)
{
   L=(SqList *) malloc (sizeof(SqList));   //分配存放线性表的顺序表空间
   L->length=0;
}
```

② 销毁线性表DestroyList (&L)

释放线性表L占用的内存空间，时间复杂度为$O(1)$，算法如下：

```
void DestroyList (SqList *&L)
{
   free(L);
}
```

③ 判定是否为空表ListEmpty (L)

若L为空表，则返回true，否则返回false，时间复杂度为$O(1)$，算法如下：

```
boolListEmpty (SqList *L)
{
   return(L->length==0);
}
```

④ 求线性表的长度ListLength (L)

返回顺序表L的长度。时间复杂度为$O(1)$，算法如下：

```
intListLength (SqList *L)
{
   return(L->length);
}
```

⑤ 输出线性表DispList (L)

当线性表L不为空时，顺序显示L中各元素的值。时间复杂度为$O(n)$，算法如下：

```
void DispList (SqList *L)
{  int i;
   if (ListEmpty(L)) return;
   for (i=0; i<L->length; i++)
     printf("%d",L->data[i]);
   printf("\n");
}
```

⑥ 求某个数据元素值GetElem (L, i, &e)

返回L中第$i(1 \leq i \leq \text{ListLength(L)})$个元素的值，存放在$e$中。时间复杂度为$O(1)$，算法如下：

```
bool GetElem (SqList *L,int i,ElemType &e)
{
  if (i<1 || i>L->length)  return false;
  e=L->data[i-1];
```

```
    return true;
}
```

⑦ 按元素值查找LocateElem (L, e)

查找第一个值域与e相等的元素的逻辑位序。若元素不存在，则返回值为0。时间复杂度为$O(n)$，算法如下：

```
int LocateElem (SqList *L,ElemType e)
{  int i=0;
   while (i<L->length && L->data[i]!=e)
      i++;
   if (i>=L->length)  return 0;
   else  return i+1;
}
```

⑧ 插入数据元素ListInsert (&L, i, e)

在顺序表L的第i(1≤i≤ListLength(L)+1)个位置上插入新元素e。如图2.3所示。算法如下：

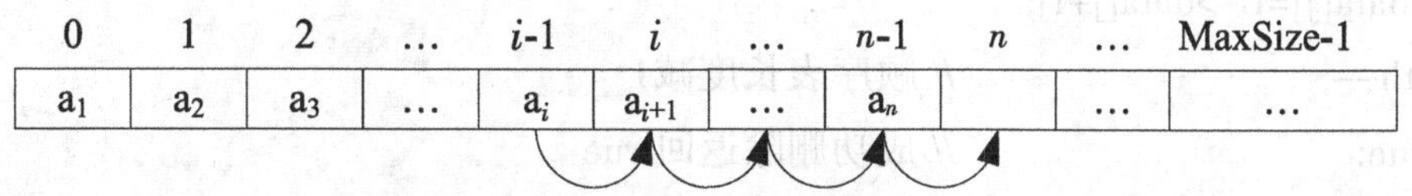

图2.3 插入数据元素操作

```
bool  ListInsert (SqList *&L, int i, ElemType e)
{   int j;
    if(i<1 || i>L->length+1)
        return false;                    // 参数错误时返回false
    i--;                                 // 逻辑序号转化为物理序号
    for (j=L->length;j>i;j--)            // 将data[i...n]元素后移一个位置
        L->data[j]=L->data[j-1];
    L->data[i]=e;                        // 插入元素e
    L->length++;                         // 顺序表长度增1
    return true;                         // 成功插入返回true
}
```

对于本算法来说，元素移动的次数不仅与表长L->length=n有关，而且与插入位置i有关。

当$i=n+1$时，移动次数为0，算法最好时间复杂度为$O(1)$。

当$i=1$时，移动次数为n，达到最大值，算法最坏时间复杂度为$O(n)$。

一般情况下，在线性表L中共有$n+1$个可以插入元素的地方，在插入元素a_i时，若为等概率情况，则$p_i=\frac{1}{n+1}$，此时需要将$a_i \sim a_n$的元素均后移一个位置，共移动$n-i+1$个元素。所以在长度为n的线性表中插入一个元素时所需移动元素的平均次数为：

$$\sum_{i=1}^{n+1} P_i(n-i+1)=\sum_{i=1}^{n+1}\frac{1}{n+1}(n-i+1)=\frac{n}{2}$$

因此插入算法的平均时间复杂度为$O(n)$。

⑨删除数据元素ListDelete(L,i,e)

删除顺序表L的第$i(1\leqslant i\leqslant \text{ListLength(L)})$个元素，并用$e$返回该值。如图2.4所示，算法如下：

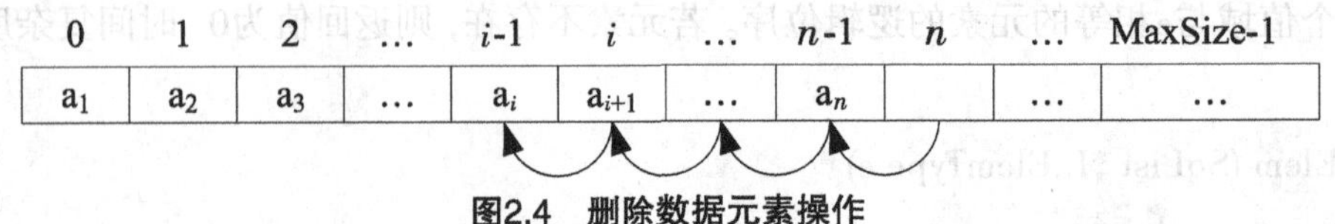

图2.4　删除数据元素操作

```
bool ListDelete (SqList *&L, int i, ElemType &e)
{  int j;
   if (i<1 || i> L->length)              // 参数错误时返回false
      return false;
   i--;                                  // 将逻辑序号转化为物理序号
   e=L->data[i];
   for (j=i; j<L->length-1; j++)         // 将data[i..n-1]元素前移
         L->data[j]=L->data[j+1];
   L->length--;                          // 顺序表长度减1
   return true;                          // 成功删除返回true
}
```

对于本算法来说，元素移动的次数也与表长n和删除元素的位置i有关。

当$i=n$时，移动次数为0，删除算法最好时间复杂度为$O(1)$。

当$i=1$时，移动次数为$n-1$，删除算法最坏时间复杂度为$O(n)$。

一般情况下，在线性表L中共有n个可以删除元素的地方，在删除元素a_i时，若为等概率情况，则$p_i=\frac{1}{n}$，此时需要将$a_{i+1}\sim a_n$的元素均前移一个位置，共移动$n-(i+1)+1=n-i$个元素。所以在长度为n的线性表中删除一个元素时所需移动元素的平均次数为：

$$\sum_{i=1}^{n}p_i(n-i)=\sum_{i=1}^{n}\frac{1}{n}(n-i)=\frac{n-1}{2}$$

因此删除算法的平均时间复杂度为$O(n)$。

2.3.2 真题与习题精编

● 单项选择题

1. 具有n个元素的线性表采用顺序存储结构，在其第i个位置插入一个新元素的算法间复杂度为(　　)$(1\leqslant i\leqslant n+1)$。　　【电子科技大学2015年】

A. $O(1)$　　B. (i)　　C. $O(n)$　　D. $O(n^2)$

2. 线性表采用顺序存储结构时，其元素地址(　　)。　　【广东工业大学2017年】

A. 必须是连续的　　B. 部分地址必须是连续的

C. 一定是不连续的　　D. 连续不连续都可以

● 综合应用题

1. 给定一个含$n(n\geqslant 1)$个整数的数组，请设计一个在时间上尽可能高效的算法，找出数组中未出现的最小正整数。例如，数组{-5,3,2,3}中未出现的最小正整数是1；数组{1,2,3}中未出现的最小正整数是

4。要求： 【全国联考2018年】

(1)给出算法的基本设计思想。

(2)根据设计思想，采用C或C++语言描述算法，关键之处给出注释。

(3)说明你所设计算法的时间复杂度和空间复杂度。

2．已知一个整数序列$A=(a_0,a_1,\cdots,a_{n-1})$，其中$0\leqslant a_i<n(0\leqslant i<n)$。若存在$a_{p1}=a_{p2}=\cdots=a_{pm}=x$且$m>n/2(0\leqslant p_k<n,1\leqslant k<m)$，则称$x$为$A$的主元素。例如$A=(0,5,5,3,5,7,5,5)$，则5为主元素；又如$A=(0,5,5,3,5,1,5,7)$，则$A$中没有主元素。假设$A$中的$n$个元素保存在一个一维数组中，请设计一个尽可能高效的算法，找出A的主元素。若存在主元素，则输出该元素；否则输出–1。要求： 【全国联考2013年】

(1)给出算法的基本设计思想。

(2)根据设计思想，采用C或C++或Java语言描述算法，关键之处给出注释。

(3)说明你所设计算法的时间复杂度和空间复杂度。

3．一个长度为$L(L>1)$的升序序列S，处在第$\lceil L/2\rceil$个位置的数称为S的中位数。例如，若序列$S_1=(11,13,15,17,19)$，则S_1的中位数是15，两个序列的中位数是含它们所有元素的升序序列的中位数。例如，若$S_2=(2,4,6,8,20)$，则S_1和S_2的中位数是11。现在有两个等长升序序列A和B，试设计一个在时间和空间两方面都尽可能高效的算法，找出两个序列A和B的中位数。要求： 【全国联考2011年】

(1)给出算法的基本设计思想。

(2)根据设计思想，采用C或C++或Java语言描述算法，关键之处给出注释。

(3)说明你所设计算法的时间复杂度和空间复杂度。

4. 设将$n(n>1)$个整数存放到一维数组R中。设计一个在时间和空间两方面都尽可能高效的算法。将R中保存的序列循环左移$p(0<p<n)$个位置，即将R中的数据由$(X_0,X_1,\cdots,X_{n-1})$变换为$(X_p,X_{p+1},\cdots X_{n-1},X_0,X_1,\cdots,X_{p-1})$。要求：

【全国联考2010年】

(1)给出算法的基本设计思想。

(2)根据设计思想，采用C或C++或Java语言描述算法，关键之处给出注释。

(3)说明你所设计算法的时间复杂度和空间复杂度。

2.3.3 答案精解

● 单项选择题

1.【答案】C

【精解】考点为线性表的实现。在顺序表中插入一个新元素，需要将第i个至第n个元素全部向后移动一个元素位置，然后在空出来的第i个位置插入新元素。在最好的情况下，新元素插在第n+1个位置，移动0个元素；在最差的情况下，新元素插在第1个位置，移动n个元素；平均移动$m/2$个元素。因此，在顺序表中插入一个新元素的时间复杂度为$O(n)$。所以答案选C。

2.【答案】A

【精解】考点为线性表的实现。顺序表是采用顺序存储结构的线性表。在顺序表中，元素的逻辑地址与其物理地址一致，即逻辑上相邻的元素在物理位置上也相邻。顺序表按照逻辑顺序将所有元素存储在块连续的存储空间中，因此元素地址必须是连续的。所以答案选A。

● 综合应用题

1.【答案精解】

(1)算法的基本设计思想

设要查找的数组中未出现的最小正整数为K。K取值范围只能是$[1,n+1]$。采用类似计数排序的思想，分配一个数组$B[n]$，用来标记A中是否出现了1~n之间的正整数。从左至右依次扫描数组元素$A[i]$并标记数组B。若$A[i]$是负数、0或是大于n，则忽略该值；否则，根据计数排序的思想将$B[A[i]-1]$置为1。标记完毕，遍历数组B，查找第一个值为0的元素，其下标+1即为目标元素K；找不到0时，K=n+1。

(2)算法实现

```
int findMissMin(int A[],int n)
{
    int i,*B;                          // 标记数组
    B=(int *)malloc(sizeof(int)*n);    // 分配空间
    memset(B,0,sizeof(int)*n);         // 赋初值为0
    for(i=0;i<n;i++)
        if(A[i]>0&&A[i]<=n)            // 若A[i]的值介于1~n，则标记数组B
            B[A[i]-1]=1;
    for(i=0;i<n;i++)                   // 扫描计数数组，找到目标值K
        if(B[i]==0)break;
    return  i+1;                       // 返回结果
}
```

(3)算法的时间复杂度和空间复杂度都是$O(n)$。

2.【答案精解】

(1)算法的基本设计思想

算法的策略是从前向后扫描数组元素，标记出一个可能成为主元素的元素Num。然后重新计数，确认Num是否是主元素。

算法可分为以下两步：

① 选取候选的主元素：依次扫描所给数组中的每个整数，将第一个遇到的整数Num保存到c中，记录Num的出现次数为1；若遇到的下一个整数仍等于Num，则计数加1，否则计数减1；当计数减到0时，将遇到的下一个整数保存到c中，计数重新记为1，开始新一轮计数，即从当前位置开始重复上述过程，直到扫描完全部数组元素。

② 判断c中元素是否是真正的主元素：再次扫描该数组，统计c中元素出现的次数，若大于$n/2$，则为主元素；否则，序列中不存在主元素。

(2)算法实现

```
int Majority(int A[],int n)
{
    int i,c,count=1;         // c用来保存候选主元素，count用来计数
    c=A[0];                  // 设置A[]为候选主元素
    for(i=1;i<n;i++)         // 查找候选主元素
```

```
        if(A[i]==c)
          count++;                              // 对A中的候选主元素计数
        else
            if(count>0)                         // 处理不是候选主元素的情况
                count--;
            else{                               // 更换候选主元素，重新计数
                c=A[i];
                count=1;
            }
    if(count>0)
      for(i=count=0;i<n;i++)                    // 统计候选主元素的实际出现次数
        if(A[i]==c)
          count++;
        if(count>n/2)   return c;               // 确认候选主元素
    else  return-1;                             // 不存在主元素
}
```

【(1)(2)的评分说明】

①若考生设计的算法满足题目的功能要求且正确，则(1)(2)根据所实现算法的效率给分，细则见下表：

时间复杂度	空间复杂度	(1)得分	(2)得分	说 明
O(n)	O(1)	4	7	
O(n)	O(n)	4	6	如采用计数排序思想，见表后Majority1程序
O($nlog_2n$)	其他	3	6	如采用其他排序思想
≥O(n2)	其他	3	5	其他方法

```
int Majority1(int A[],int n)                    // 采用计数排序思想，时间：O(n)，空间：O(n)
{
    int k,*p,max;
    p=(int*)malloc(sizeof(int)*n);              // 申请辅助计数数组
    for(k=0;k<n;k++)p[k]=0;                     // 计数数组清0
    max=0;
    for(k=0;k<n:k++)
    {  p[A[k]]++;                               // 计数器+1
       if(p[A[k]]>p[max])max=A[k];              // 记录出现次数最多的元素
    }
    if(p[max]>n/2)return max;
    else  return -1;
}
```

② 若在算法的基本设计思想描述中因文字表达没有非常清晰地反映出算法思路，但在算法实现中能够清晰看出算法思想且正确的，可参照①的标准给分。

③ 若算法的基本设计思想描述或算法实现中部分正确，可参照①中各种情况的相应给分标准酌情给分。

④ 参考答案中只给出了使用C语言的版本，使用C++或Java 语言的答案视同使用C语言。

（3）算法复杂性：参考答案中实现的程序的时间复杂度为$O(n)$，空间复杂度为$O(1)$。

【评分说明】若考生所估计的时间复杂度与空间复杂度与考生所实现的算法一致，可各给1分。

3.【答案精解】

（1）算法的基本设计思想

分别求出序列A和B的中位数，设为a和b，求序列A和B的中位数过程如下：

① 若$a=b$，则a或b即为所求中位数，算法结束。

② 若$a<b$，则舍弃序列A中较小的一半，同时舍弃序列B中较大的一半，要求舍弃的长度相等。

③ 若$a>b$，则舍弃序列A中较大的一半，同时舍弃序列B中较小的一半，要求舍弃的长度相等。

在保留的两个升序序列中，重复过程①②③，直到两个序列中只含一个元素时为止，较小者即为所求的中位数。

（2）算法的实现如下：

```
int M_Search(int A[],int B[],int n)
{
    int s1=0,dl=n-1,ml,s2=0,d2=n-1,m2;
  // 分别表示序列A和B的首位数、末位数和中位数
  while(s1!=d1||s2!=d2)
  {
     ml=(s1+dl)/2;
     m2=(s2+d2)/2;
     if(A[ml]==B[m2])          // 满足条件①
         return A[ml];
     if(A[ml]<B[m2])
     {                         // 满足条件②
       if((s1+dl)%2==0)
       {                       // 若元素个数为奇数
          s1=m1;               // 舍弃A中间点以前的部分且保留中间点
          d2=m2;               // 舍弃B中间点以后的部分且保留中间点
       }
       else{                   // 元素个数为偶数
           s1=m1+1;            // 舍弃A中间点及中间点以前部分
           d2=m2;              // 舍弃B中间点以后部分且保留中间点
           }
     }
  else{                        // 满足条件③
```

```
        if((s2+d2)%2==0)
        {                       // 若元素个数为奇数
            d1=m1;              // 舍弃A中间点以后的部分且保留中间点
            s2=m2;              // 舍弃B中间点以前的部分且保留中间点
        }
        else{                   // 元素个数为偶数
            d1=m1;              // 舍弃A中间点以后部分且保留中间点
            s2=m2+1;            // 舍弃B中间点及中间点以前部分
        }
    }
  }
  return A[s1]<B[s2]?A[s1]:B[s2];
}
```

(3)算法的时间复杂度为$O(\log_2 n)$，空间复杂度为$O(1)$。

4.【答案精解】

(1)算法的基本设计思想：可以将这个问题看作是把数组ab转换成数组ba（a代表数组的前p个元素，b代表数组中余下的$n-p$个元素），先将a逆置得到$a^{-1}b$，再将b逆置得到$a^{-1}b^{-1}$，最后将整个$a^{-1}b^{-1}$逆置得到$(a^{-1}b^{-1})-1=ba$。设Reverse函数执行将数组元素逆置的操作，对$abcdefgh$向左循环移动3(p=3)个位置的过程如下：

```
Reverse(0,p-1)得到cbadefgh;
Reverse(p,n-1)得到cbahgfed;
Reverse(0,n-1)得到defghabc;
```

注：Reverse中，两个参数分别表示数组中待转换元素的始末位置。

(2)使用C语言描述算法如下：

```
void Reverse(int R[],int from,int to)
{
    int i,temp;
    for(i=0;i<(to-from+1)/2;i++)
    {temp=R[from+i];R[from+i]=R[to-i];R[to-i]=temp;}
}
void Converse(int R[],int n,int p)
{
    Reverse(R,0,p-1);
    Reverse(R,p,n-1);
    Reverse(R,0,n-1);
}
```

(3)上述算法中三个Reverse函数的时间复杂度分别为$O(p/2)$、$O((n-p)/2)$和$O(n/2)$，故所设计的算法时间复杂度为$O(n)$，空间复杂度为$O(1)$。

另解，借助辅助数组来实现。

算法思想：创建大小为p的辅助数组S，将R中前p个整数依次暂存在S中，同时将R中后$n-p$个整数左移，然后将S中暂存的p个数依次放回到R中的后续单元。时间复杂度为$O(n)$，空间复杂度为$O(p)$。

2.4 线性表的链式存储

线性表的链式存储结构称为链表。每个存储结点不仅包含元素本身的信息，而且包含表示元素之间逻辑关系的信息，分别称为数据域和指针域。

链表有很多种不同的类型，包含：单链表、循环链表、双向链表和静态链表。

2.4.1 单链表

（1）单链表的定义

当采用链式存储时，一种最简单常用的方法是在每个结点中，除包含有数据域以外的，只设置一个指针域用于指向其后继结点，这样构成的链表称为线性单向链表，简称单链表。单链表的结点结构如图2.5所示，data为数据域，next为指针域。

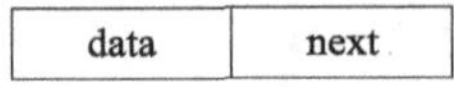

图2.5　单链表的结点结构

单链表中结点类型的声明如下：

```
typedef struct LNode
{ ElemType data;
  struct LNode *next;
} LinkNode;
```

假设 ElemType为int类型，相关自定义类型语句如下：

```
typedef  int ElemType
```

若没有特别说明，后面算法中均采用带头结点的单链表，如图2.6所示，在单链表中增加头结点的优点如下：

1）单链表中首结点的插入和删除操作与其他结点一致，无须进行特殊处理。

2）无论单链表是否为空，都有一个头结点，可以把空表和非空表的处理过程统一。

在单链表中，由于每个结点只包含一个指向后继结点的指针，所以当访问过一个结点后，只能接着访问它的后继结点，而无法访问它的前驱结点，因此在进行单链表结点的插入和删除时，就不能简单地只对该结点进行操作，还必须考虑其前后的结点。

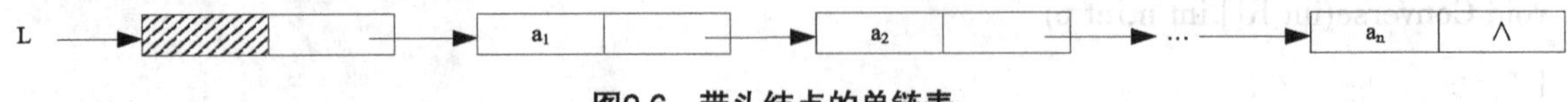

图2.6　带头结点的单链表

（2）单链表中基本操作的实现

1）建立单链表

这里主要介绍整体建立单链表，由数组a创建单链表L。

① 头插法

首先从一个空表开始，创建一个头结点；依次读取字符数组a中的元素，生成新结点；将新结点插入当前链表的表头上，直到结束为止。如图2.7所示。

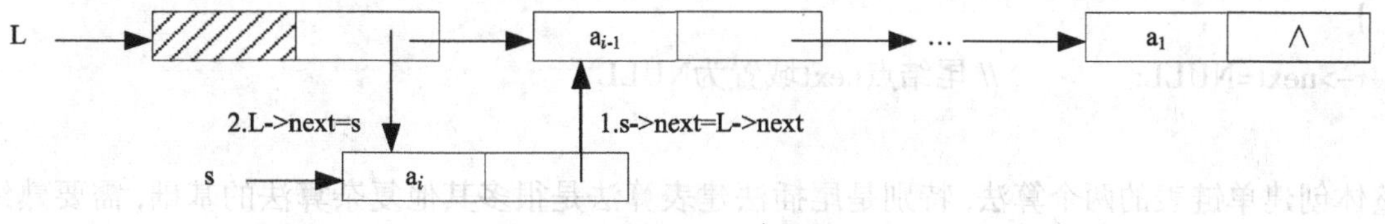

图2.7 头插法建立单链表

相关算法如下：

```
void CreateListF(LinkNode *&L,ElemType a[],int n)
{  LinkNode *s,
   int i;
   L=(LinkNode *)malloc(sizeof(LinkNode));
   L->next=NULL;                    // 创建头结点，其next域置为NULL
   for (i=0;i<n;i++)                // 循环建立数据结点
   {  s=(LinkNode *)malloc(sizeof(LinkNode));
      s->data=a[i];                 // 创建数据结点s
      s->next=L->next;              // 将s插入原开始结点之前，头结点之后
      L->next=s;
   }
}
```

② 尾插法

首先从一个空表开始，创建一个头结点。依次读取字符数组a中的元素，生成新结点；新结点插入到当前链表的表尾上，直到结束为止。如图2.8所示。

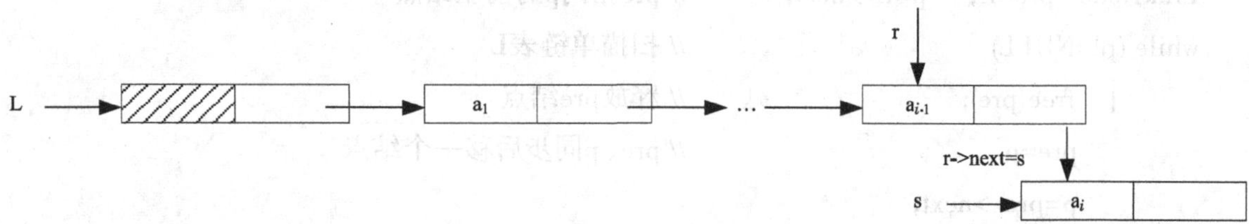

图2.8 尾插法建立单链表

相关算法如下：

```
void CreateListR(LinkNode *&L,ElemType a[],int n)
{  LinkNode *s,*r;
   int i;
   L=(LinkNode *)malloc(sizeof(LinkNode));          // 创建头结点
   r=L;                                             // r始终指向尾结点，开始时指向头结点
   for (i=0;i<n;i++)                                // 循环建立数据结点
   {  s=(LinkNode *)malloc(sizeof(LinkNode));
      s->data=a[i];                                 // 创建数据结点s
      r->next=s;                                    // 将s插入r之后
```

```
        r=s;
    }
    r->next=NULL;              // 尾结点next域置为NULL
}
```

整体创建单链表的两个算法，特别是尾插法建表算法是很多其他复杂算法的基础，需要熟练掌握。采用通过输入数据利用头插法或尾插法建立单链表的过程与其类似，这里不做赘述。

2）单链表基本运算算法

① 初始化单链表InitList(&L)

该运算建立一个空的单链表，即创建一个头结点，如图2.9所示。

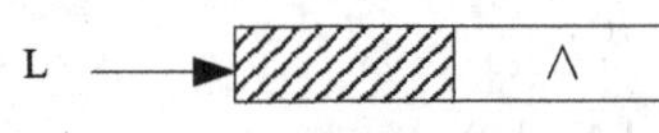

图2.9　带头结点的空链表

时间复杂度为$O(1)$，算法如下：

```
void InitList(LinkNode *&L)
{
    L=(LinkNode *)malloc(sizeof(LinkNode));  // 创建头结点
    L->next=NULL;
}
```

② 销毁单链表DestroyList(&L)

释放单链表L占用的内存空间，时间复杂度为$O(n)$，算法如下：

```
void DestroyList(LinkNode *&L)
{
    LinkNode *pre=L,  *p=L->next;        // pre指向p的前驱结点
    while (p!=NULL)                       // 扫描单链表L
        {   free(pre);                    // 释放pre结点
            pre=p;                        // pre、p同步后移一个结点
            p=pre->next;
        }
    free(pre);                            // 循环结束时，p为NULL，pre指向尾结点，释放它
}
```

③ 判断单链表是否为空表ListEmpty(L)

若单链表L没有数据结点，则返回真，否则返回假。时间复杂度为$O(1)$，算法如下：

```
bool ListEmpty(LinkNode *L)
{
    return(L->next==NULL);
}
```

④ 求单链表的长度ListLength(L)

求单链表L中数据结点的个数，时间复杂度为$O(n)$，算法如下：

```
int ListLength(LinkNode *L)
{
    int n=0;
    LinkNode *p=L;                    // p指向头结点，n置为0(即头结点的序号为0)
    while (p->next!=NULL)
    {   n++;
        p=p->next;
    }
    return(n);                        // 循环结束，p指向尾结点，其序号n为结点个数
}
```

⑤ 输出单链表DispList(L)

依次访问单链表L的每个数据结点，并显示各结点的data域值。时间复杂度为$O(n)$，算法如下：

```
void DispList(LinkNode *L)
{
     LinkNode *p=L->next;             // p指向开始结点
     while (p!=NULL)                  // p不为NULL，输出p结点的data域
     {  printf("%d ", p->data);
        p=p->next;                    // p移向下一个结点
     }
     printf("\n");
}
```

⑥ 求单链表L中位置i的数据元素GetElem(L,i,&e)

在单链表L中从头开始找到第i个结点，若存在第i个数据结点，则将其data域值赋给变量e。时间复杂度为$O(n)$，算法如下：

```
bool GetElem(LinkNode *L,int i,ElemType &e)
{
     int j=0;
     LinkNode *p=L;              // p指向头结点，j置为0（即头结点的序号为0）
     while (j<i && p!=NULL)
     {  j++;
        p=p->next;
     }
     if (p==NULL)
          return false;
     else
     {   e=p->data;
         return true;
     }
}
```

⑦ 按元素值查找LocateElem(L,e)

在单链表L中从头开始找第一个值域与e相等的结点，若存在这样的结点，则返回位置，否则返回0。时间复杂度为$O(n)$，算法如下：

```
int LocateElem(LinkNode *L,ElemType e)
{
    int i=1;
    LinkNode *p=L->next;                    // p指向开始结点，i置为1
    while (p!=NULL && p->data!=e)
    {  p=p->next;                           // 查找data值为e的结点，其序号为i
       i++;
    }
    if (p==NULL)                            // 不存在元素值为e的结点，返回0
          return(0);
    else                                    // 存在元素值为e的结点，返回其逻辑序号i
    return(i);
}
```

⑧ 插入数据元素ListInsert(&L,i,e)

先在单链表L中找到第i-1个结点，若存在这样的结点，将值为e的结点插入其后。时间复杂度为$O(n)$，算法如下：

```
bool ListInsert(LinkNode *&L,int i,ElemType e)
{
    int j=0;
    LinkNode *p=L,*s;                       // p指向头结点，j置为0
    if(i<=0) return false;
    while (j<i-1 && p!=NULL)
    {  j++;
       p=p->next;
    }
    if(p==NULL)                             // 未找到第i-1个结点，返回false
          return false;
    else                                    // 找到第i-1个结点p，插入新结点并返回true
    {
          s=(LinkNode *)malloc(sizeof(LinkNode));
          s->data=e;                        // 创建新结点s，其data域置为e
          s->next=p->next;                  // 将s插入p之后
          p->next=s;
          return true;
```

```
    }
}
```

⑨ 删除数据元素ListDelete(&L,i,&e)

先在单链表L中找到第i–1个结点，若存在这样的结点，且也存在后继结点，则删除该后继结点。时间复杂度为$O(n)$，算法如下：

```
bool ListDelete(LinkNode *&L,int i,ElemType &e)
{  int j=0;
   LinkNode *p=L,*q;              // p指向头结点，j置为0
   if(i<=0) return false;
   while (j<i-1 && p!=NULL)       // 查找第i-1个结点
   {   j++;
       p=p->next;
   }
   if (p==NULL)                   // 未找到第i-1个结点，返回false
       return false;
   else                           // 找到第i-1个结点p
   {
       q=p->next;                 // q指向第i个结点
       if (q==NULL)               // 若不存在第i个结点，返回false
           return false;
       e=q->data;
       p->next=q->next;           // 从单链表中删除q结点
       free(q);                   // 释放q结点
       return true;               // 返回true表示成功删除第i个结点
   }
}
```

2.4.2 双链表

（1）双链表的定义

在单链表中只有一个指示直接后继的指针域，因此，从某个结点出发只能顺着指针往后查找其他结点。若要查找结点的直接前驱，则需要从表头指针出发，所以访问后继结点的时间复杂度为$O(1)$，而访问前驱结点的时间复杂度为$O(n)$。为克服单链表这种单向性的缺点，可以使用双向链表，简称双链表。

顾名思义，双链表的结点中有两个指针域，一个指向直接后继，另一个指向直接前驱，结点基本结构如图2.10所示。一个带头结点的双链表如图2.11所示。从任一结点出发可以快速找到其前驱结点和后继结点；从任一结点出发可以访问其他结点。

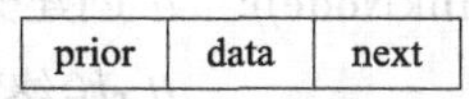

图2.10 双链表的结点结构

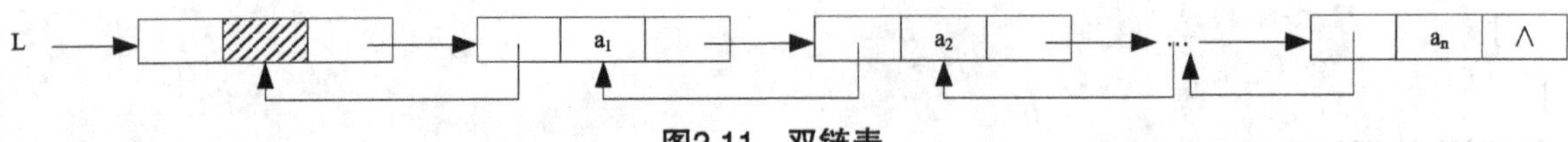

图2.11 双链表

双链表中结点类型的声明如下：

```
typedef struct DNode               // 双链表结点类型
{   ElemType data;
    struct DNode *prior;           // 指向前驱结点
    struct DNode *next;            // 指向后继结点
} DLinkNode;
```

（2）双链表中基本操作的实现

1）建立双链表

这里主要介绍整体建立双链表，由数组a创建双链表L。

① 头插法

```
void CreateListF(DLinkNode *&L,ElemType a[],int n)
{
    DLinkNode *s; int i;
    L=(DLinkNode *)malloc(sizeof(DLinkNode));          // 创建头结点
    L->prior=L->next=NULL;                             // 前后指针域置为NULL
    for(i=0;i<n;i++)                                   // 循环建立数据结点
    {
        s=(DLinkNode *)malloc(sizeof(DLinkNode));
        s->data=a[i];                                  // 创建数据结点s
        s->next=L->next;                               // 将s插入头结点之后
        if(L->next!=NULL)                              // 若L存在数据结点，修改前驱指针
            L->next->prior=s;
        L->next=s;
        s->prior=L;
    }
}
```

② 尾插法

```
void CreateListR(DLinkNode *&L,ElemType a[],int n)
{
    DLinkNode *s,*r;
    int i;
    L=(DLinkNode *)malloc(sizeof(DLinkNode));   // 创建头结点
    r=L;                                        // r始终指向尾结点，开始时指向头结点
    for (i=0;i<n;i++)                           // 循环建立数据结点
    { s=(DLinkNode *)malloc(sizeof(DLinkNode));
```

```
        s->data=a[i];                    // 创建数据结点s
        r->next=s;s->prior=r;            // 将s插入r之后
        r=s;                             // r指向尾结点
    }
    r->next=NULL;                        // 尾结点next域置为NULL
}
```

2）双链表基本运算算法

双链表中的有些运算如求长度，取元素值和查找元素等算法与单链表中的相应算法是相同的，但双链表中插入和删除结点与单链表有很大区别。下面分别介绍双链表中的插入和删除操作。

① 插入操作

假设在*p*所指结点之后插入一个结点*s*，具体过程如图2.12所示。

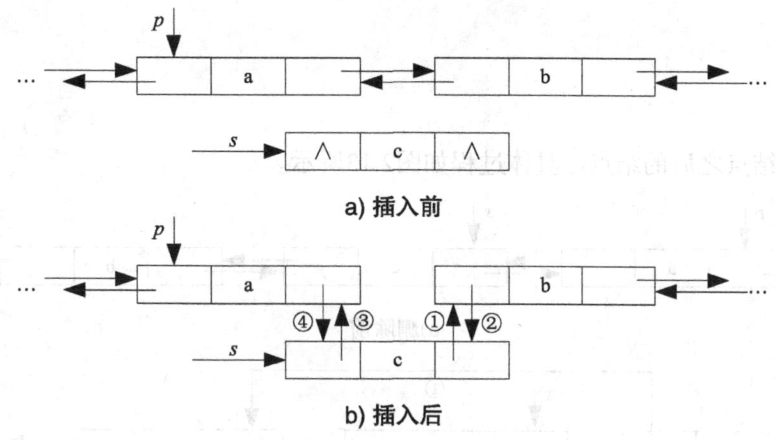

图2.12 双链表插入结点

所对应的操作语句如下：

- s->next = p->next
- p->next->prior = s
- s->prior = p
- p->next = s

在双链表的第i位置上插入值为*e*的结点的算法如下：

```
bool ListInsert(DLinkNode *&L,int i,ElemType e)
{  int j=0;
   DLinkNode *p=L, *s;               // p指向头结点，j设置为0
   if(i<=0) return false;
   while(j<i-1 && p!=NULL)           // 查找第i-1个结点
    {
        j++;
        p=p->next;
    }
   if(p==NULL)                       // 未找到第i-1个结点，返回false
```

```
        return false;
    else                                // 找到第i-1个结点p，在其后插入新结点s
    {
        s=(DLinkNode *)malloc(sizeof(DLinkNode));
        s->data=e;                      // 创建新结点s
        s->next=p->next;                // 在p之后插入s结点
        if(p->next!=NULL)               // 若存在后继结点，修改其前驱指针
            p->next->prior=s;
        s->prior=p;
        p->next=s;
        return true;
    }
}
```

② 删除操作

假设删除*p*所指结点之后的结点*s*，具体过程如图2.13所示。

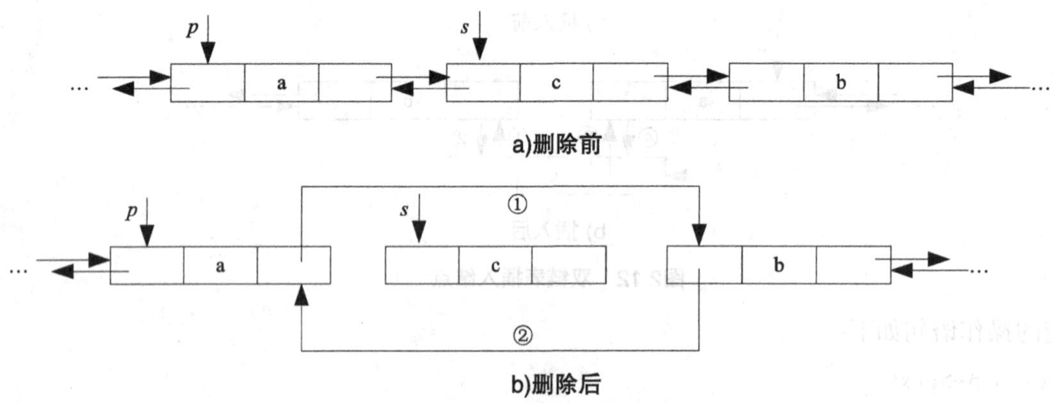

图2.13 双链表删除结点

所对应的操作语句如下：

```
● p->next =s->next;
● s->next->prior =p;
● free(s);
// 在双链表中删除第i个结点的算法如下：
bool ListDelete(DLinkNode *&L,int i,ElemType &e)
{
    int j=0;
    DLinkNode *p=L,*s;                  // p指向头结点，j设置为0
    if(i<=0) return false;
    while(j<i-1 && p!=NULL)             // 查找第i-1个结点
    {
        j++;
```

```
        p=p->next;
    }
    if (p==NULL)                        // 未找到第i-1个结点
        return false;
    else                                // 找到第i-1个结点p
    {
        s=p->next;                      // s指向第i个结点
        if(s==NULL)                     // 当不存在第i个结点时返回false
            return false;
        e=s->data;
        p->next=s->next;                // 从双单链表中删除s结点
        if(p->next!=NULL)               // 修改其前驱指针
            s->next->prior=p;
        free(s);                        // 释放s结点
        return true;
    }
}
```

2.4.3 循环链表

（1）单循环链表

单循环链表与链表的区别在于它的尾结点的next域指向头结点，使整个单链表形成一个环，因此从表中任一结点出发，都可以找到链表中的其他结点，如图2.14所示。

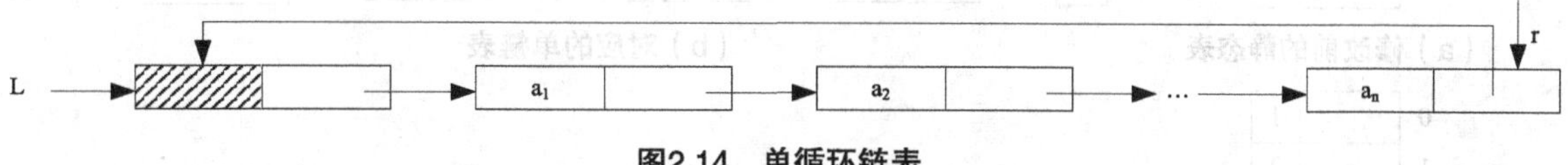

图2.14 单循环链表

有时在单循环链表中不设头指针，仅设尾指针。因为若只有头指针，则对表尾操作需要$O(n)$的时间复杂度。而设置尾指针后，可以通过r->next转化为头指针，对表头和表尾操作都仅需要$O(1)$的时间复杂度。

单循环链表在实现约瑟夫问题等一些算法设计中不需要头结点（一些数据结构考研程序设计题目中有涉及），希望引起考生的注意。

（2）双循环链表

双循环链表与双链表的区别在于它的尾结点的next域指向头结点，而它的头结点的prior域指向尾结点，使整个双链表形成两个环，因此从表中任一结点出发，都可以找到链表中的其他结点，如图2.15所示。

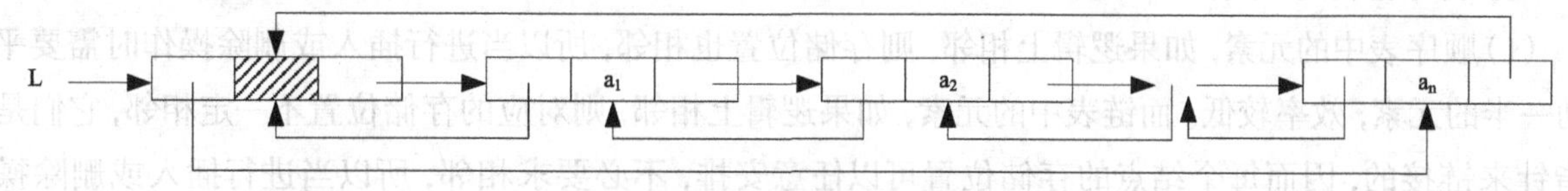

图2.15 双循环链表

2.4.4 静态链表

静态链表是利用一维数组描述线性链表，它和指针型描述的线性链表有所不同。

其类型说明如下所示：

```
#define MAXSIZE 1000
typedef struct
{
    ElemType data;
    int cur;
}component, SLinkList[MAXSIZ];
```

这种描述方法便于在不设“指针”类型的高级程序设计语言中使用链表结构。在如上描述的链表中，数组的一个分量表示一个结点，同时用游标（指示器cur）代替指针指示结点在数组中的相对位置。数组的第0分量可看成头结点，其指针域指示链表的第一个结点。

例如图2.16（a）所示为和图2.16（b）相同的线性表。这种存储结构仍需要预先分配一个较大的空间，但在做线性表的插入和删除操作时不需要移动元素，仅需要修改指针，故仍具有链式存储结构的主要优点。例如，图2.16（c）展示了图2.11（a）所示线性表在插入数据元素“e”和删除数据元素“c”之后的状况。图2.16（b）和图2.16（d）分别是它们所对应的单链表。

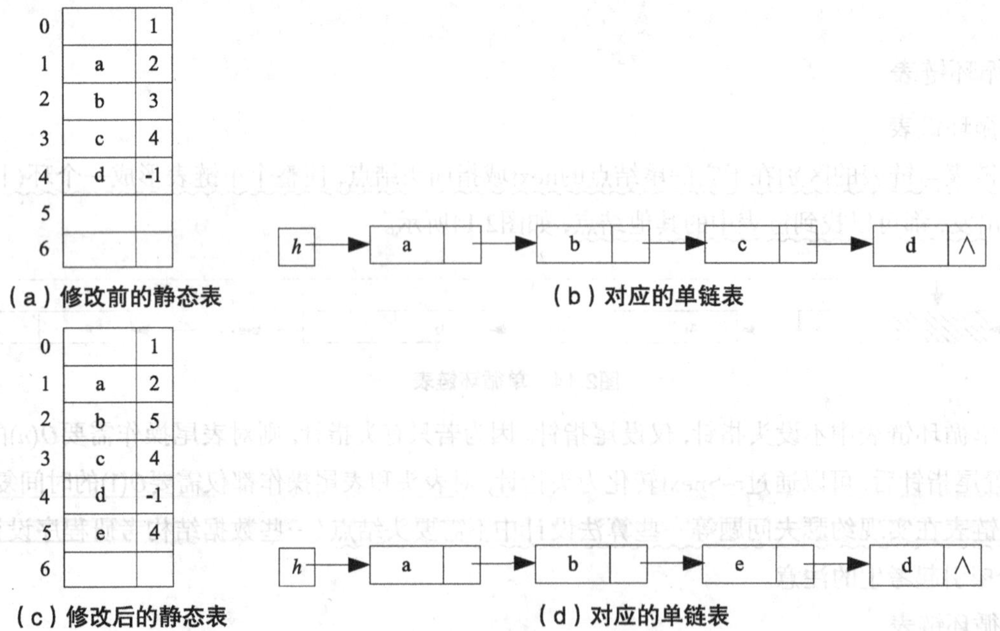

图2.16　静态链表示意图

2.4.5 顺序表和链表的比较

顺序表与链表的区别，主要包括以下几点：

（1）顺序表中的元素，如果逻辑上相邻，则存储位置也相邻，所以当进行插入或删除操作时需要平均移动一半的元素，效率较低。而链表中的元素，如果逻辑上相邻，则对应的存储位置不一定相邻，它们是通过指针来链接的，因而每个结点的存储位置可以任意安排，不必要求相邻，所以当进行插入或删除操作时，只需要修改相关结点的指针域即可，效率较高。

(2)顺序表是线性表的直接映射，所以具有随机存取特性，即查找第i个元素时，需要的时间复杂度为$O(1)$，而链表则不具有随机存取特性，相应地查找第i个元素所需要的平均时间复杂度$O(n)$。

(3)顺序表的存储密度比较高。所谓存储密度是指结点中数据元素本身所占的存储量和整个结点占用的存储量之比，相应的公式如下。

$$存储密度=\frac{结点中数据元素所占的存储量}{结点所占的存储量}$$

存储密度越大，存储空间的利用率也就越高。所以，顺序表的存储密度为1，而链表的存储密度小于1。

2.4.6 真题与习题精编

● 单项选择题

1. 链表不具有的特点是( )。 【中国科学院大学2013年】

A. 插入、删除操作不需要移动元素　　B. 可随机访问任一元素

C. 不必事先估计存储空间　　D. 所需空间与线性表长度成正比

2. 已知表头元素为c的单链表在内存中的存储状态如下表所示。 【全国联考2016年】

地址	元素	链接地址
1000H	a	1010H
1004H	b	100CH
1008H	c	1000H
100CH	d	NULL
1010H	e	1004H
1014H		

现将f存放于1014H处并插到单链表中，若f在逻辑上位于a和e之间，则a，e，f的“链接地址”依次是( )。

A. 1010H，1014H，1004H　　B. 1010H，1004H，1014H

C. 1014H，1010H，1004H　　D. 1014H，1004H，1010H

3. 已知一个带有表头结点的双向循环链表L，结点结构为

link	data	rlink

其中，prev和next分别是指向其直接前趋和直接后继结点的指针。现要删除指针p所指的结点，正确的语句序列是( )。 【全国联考2016年】

A. p->next->prev=p->prev; p->prev->next=p->prev; free(p);

B. p->next->prev=p->next; p->prev->next=p->next; free(p);

C. p->next->prev=p->next; p->prev->next=p->prev; free(p);

D. p->next->prev=p->prev; p->prev->next=p->next; free(p);

4. 在包含1000个元素的线性表中实现如下各运算，所需执行时间最长的是( )。 【中国科学院大学2013年】

A. 线性表按顺序方式存储，删除线性表的第900个结点

B. 线性表按链式方式存储，删除指针p所指向的结点

C. 线性表按顺序方式存储，在线性表的第100个结点后面插入一个新结点

D. 线性表按链式方式存储，在线性表的第100个结点后面插入一个新结点

5. 在顺序表（长度为127）中插入一个元素平均要移动（　）个元素。【武汉科技大学2016年】

A. 8　　B. 63.5　　C. 63　　D. 7

6. 某线性表中最常用的操作是在最后一个元素之后插入一个元素和删除第一个元素，则采用（　）存储方式最节省运算时间。【电子科技大学2014年】

A. 单链表　　B. 仅有头指针的单循环链表

C. 双链表　　D. 仅有尾指针的单循环链表

7. 下述哪一条是链式存储结构的优点？（　）。【电子科技大学2014年】

A. 存储密度大　　B. 插入、删除运算方便

C. 存储单元连续　　D. 随机存取第i个元素方便

8. 在单链表中，若需在p所指结点之后插入s所指结点，可执行的语句是（　）。【广东工业大学2017年】

A. s->next=p; p->next=s;　　B. s->next=p->next; p=s;

C. s->next=p->next; p->next=s;　　D. p->next=s;s->next=p;

9. 关于顺序表和链表的描述，错误的是（　）。【桂林电子科技大学2015年】

A. 顺序表和链表是线性表的不同存储结构实现

B. 顺序表将线性表中数据元素之间的相邻关系映射为数据物理位置上的相邻关系

C. 分别在具有n个数据元素的顺序表和链表中查找数据元素K，链表的查找效率要高于顺序表

D. 数组可以作为线性表的一种顺序表实现

10. 下图中，图（a）是结点结构，图（b）是指针s指向的待插入结点，图（c）是双向链表片段，则在图（c）中指针p指向的结点前面插入指针s指向的结点的操作是（　）。【桂林电子科技大学2015年】

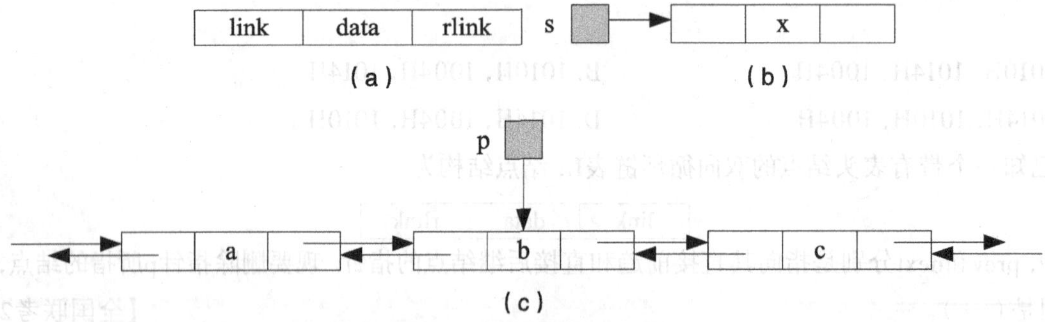

A. s->rlink=p; s->llink=p->llink; p->llink->rlink=s; p->link=s;

B. p->llink=s; s->rlink=p; s->llink =p->llink; p->llink->rlink =s;

C. p->llink->rlink=s; p->llink=s; s->rlink=p; s->link=p->llink;

D. s->rlink=p; s->llink=p->llink; p->llink =s; p->llink ->rlink=s;

11. 在非空双向循环链表中q所指的结点后插入一个由p所指的链结点的过程依次为rlink(p)<-rlink(q); rlink(q)<-p; link(p)<-q;（　）。【中国科学院大学2015年】

A. rlink(q)<-p;　　B. rlink（llink(p))<-p;

C. llink(rlink(p))<-p　　D. rlink（rlink(p))<-p;

12. 在单链表中，存储每个结点有两个域，一个是数据域，另一个是指针域，指针域指向该结点的（　）。【桂林电子科技大学2015年】

A. 直接前趋　B. 直接后继　C. 开始结点　D. 终端结点

13. 在已知头指针的单链表中，要在尾部插入一个新结点，其算法的时间复杂度为（　）。

【桂林电子科技大学2015年】

A. $O(1)$　B. $O(\log_2 n)$　C. $O(n)$　D. $O(n^2)$

14. 指针pl和p2分别指向两个无头结点的非空单循环链表的尾结点，要将两个链表链接成一个新的单循环链表，应执行的操作为（　）。【桂林电子科技大学2015年】

A. pl->next=p2->next; p2->next=pl->next;

B. p2->next=pl->next; pl->next=p2->next;

C. p=p2->next; pl->next=p; p2->next=pl->next;

D. p=pl->next; pl->next=p2->next; p2->next=p;

● 综合应用题

1. 设线性表L=($a_1,a_2,a_3,\cdots,a_{n-2},a_{n-1},a_n$)采用带头结点的单链表保存，链表中结点如下：

```
typedef struct node
{ int data;
  struct node *next;
}NODE;
```

请设计一个空间复杂度为$O(1)$且时间上尽可能高效的算法，重新排列L中的各结点，得到线性表L'=($a_1,a_n,a_2,a_{n-1},a_3,a_{n-2},\cdots$)。

要求：【全国联考2019年】

(1) 给出算法的基本设计思想。

(2) 根据设计思想，采用C或C++语言描述算法，关键之处给出注释。

(3) 说明你所设计的算法的时间复杂度。

2. 用单链表保存m个整数，结点的结构为[data | link]且$|data| \leq n$（n为正整数）。现要求设计一个时间复杂度尽可能高效的算法，对于链表中data的绝对值相等的结点，仅保留第一次出现的结点而删除其余绝对值相等的结点。例如，若给定的单链表head如下图所示。

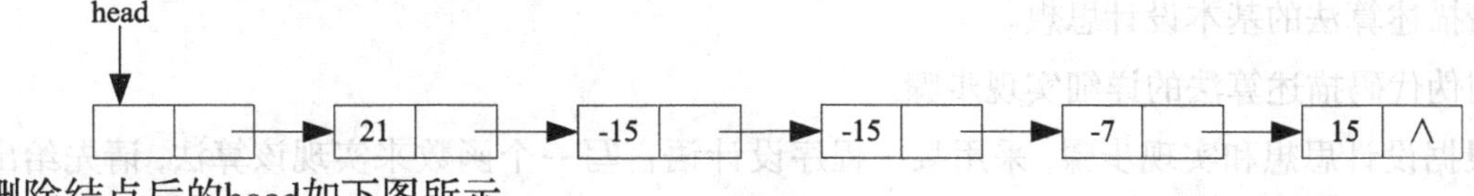

则删除结点后的head如下图所示。

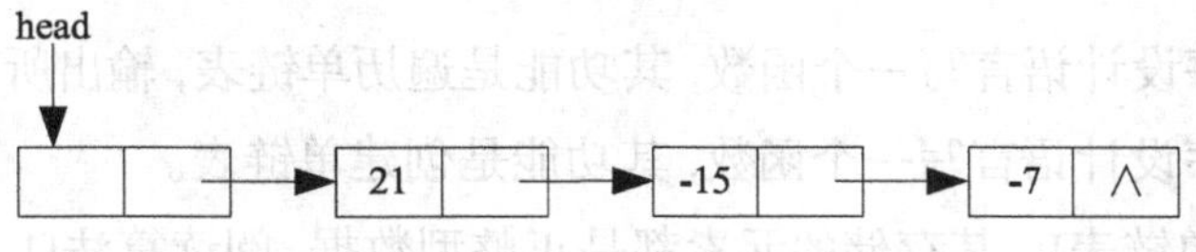

要求：【全国联考2015年】

(1) 给出算法的基本设计思想。

(2) C或C++语言，给出单链表结点的数据类型定义。

(3) 根据设计思想，采用C或C++语言描述算法，关键之处给出注释。

(4) 说明你所设计算法的时间复杂度和空间复杂度。

3. 假定采用带头结点的单链表保存单词，当两个单词有相同的后缀时，则可共享相同的后缀存储空间，比如，“loading”和“being”的存储映像如下图所示。

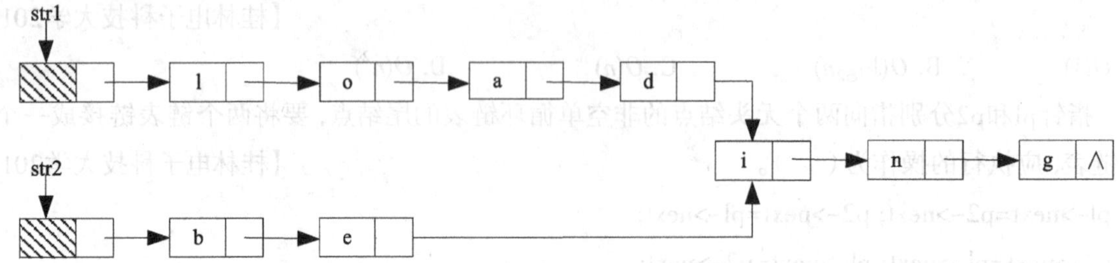

设str1和str2分别指向两个单词所在单链表的头结点，链表结点结构为| data | next |，请设计一个时间上尽可能高效的算法，找出由str1和str2所指向两个链表共同后缀的起始位置（如图中字符i所在结点的位置p）。要求：【全国联考2012年】

(1) 给出算法的基本设计思想。

(2) 根据设计思想，采用C或C++或Java语言描述算法，关键之处给出注释。

(3) 说明你所设计算法的时间复杂度。

4. 已知一个带有表头结点的单链表，结点结构为| data | link |。假设该链表只给出了头指针list。在不改变链表的前提下，请设计一个尽可能高效的算法，查找链表中倒数第k个位置上的结点（k为正整数）。若查找成功，算法输出该结点的data域的值，并返回1；否则，只返回0。要求：【全国联考2009年】

(1) 描述算法的基本设计思想。

(2) 描述算法的详细实现步骤。

(3) 根据设计思想和实现步骤，采用程序设计语言描述算法（使用C、C++或Java语言实现），关键之处请给出简要注释。

5. 带有头结点的单链表如下图所示，其结点结构为| data | next |。

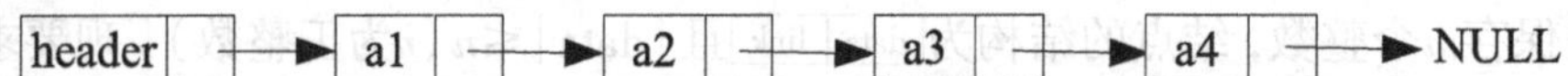

请设计一个算法对两个有序单链表L1、L2进行求交的操作，得到新的链表L3，L3仍然保持有序的状态，要求：【中国计量大学2016年】

(1) 请描述算法的基本设计思想。

(2) 用伪代码描述算法的详细实现步骤。

(3) 根据设计思想和实现步骤，采用某一程序设计语言写一个函数来实现该算法，请先给出结点类型的定义。

(4) 请采用某一程序设计语言写一个函数，其功能是遍历单链表，输出所有结点中的data值。

(5) 请采用某一程序设计语言写一个函数，其功能是创建单链表。

6. 已知无头结点的单链表L，其存储的元素都是正整型数据，阅读算法f1，回答下列问题：

【广东工业大学2017年】

(1) 若L=(2,8,5,1,7)，且e=0，请写出执行算法f1(L,e)后的e。

(2) 简述算法f1的功能。

```
void f1(Linklist L,ElemType &e){
        if(NULL==L)
          return;
        if(L->data>e)
          e=L->data;
        f1(L->next,e);
}
```

7. 顺序表类型定义如下： 【广东工业大学2017年】

```
typedef struct{
        ElemType *elem;
        int length;
        int size;
        int increment;
}SqList;
```

算法Inverse(Sqlist &L)实现顺序表的就地逆置，即利用原表的存储空间将线性表($a_1,a_2,\cdots,a_n$)逆置为($a_n,a_{n-1},\cdots,a_1$)。请在空缺处填写合适的内容，使其成为完整的算法。

```
void Inverse(SqList &L){
        int i,n,x;
        ElemType ch;
        n=L.length-1;
        x=(n+1)/2;
        for(i=___(1)___;i<=x-1;i++){
            ch=___(2)___;
            L.elem[i]=L.elem[n-i];
            L.elem[n-i]=___(3)___;
        }
}
```

8. 单链表类型定义如下： 【广东工业大学2017年】

```
typedef struct LNode{
        ElemType data;
        struct LNode *next;
}LNode, *LinkList;
status f2(LinkList &L, ElemType x){
        LinkList p,q;
        int k=0;
        p=L;
        q=L->next;
        while(q!=NULL){
```

```
        if(q->data<x){
                p->next=q->next;
                free(q);
                k++;
                q=p->next;
        }
        else{
                p=q;
                q=q->next;
            }
        }
        return k;
}
```

简述算法的功能，若单链表L数据域的序列是（13,45,34,10,65,7,45,15），请写出调用函数f2(L,15)后的返回结果。

9. 请给出下面算法的功能描述。 【桂林电子科技大学2015年】

```
struct Node;
typedef struct Node *PNode;
struct Node{
    DataType info;
    PNode link;
};
typedef struct Node *LinkList;
int Test(LinkList &list,DataType value){
    LinkList tmp=list;
    int m=0;
    while(tmp!=null){
    if(tmp->info==value)
        m++;
    tmp=tmp->link;
    }
    return m;
}
```

10. 设计一个算法，逆序单链表中的数据。 【电子科技大学2014年】

11. 一个长度为N的字母序列STR是对称的，是指对任意的序号$i(0 \leqslant i \leqslant N-1)$，有STR[i]=STR[N–i–1]，如“ABA”或者“ABBA”等。若采用带有头结点的双向循环链表来存储字母序列，链表中的每个结点存储一个字母（如下图所示）。请设计一个判定字母序列是否对称的算法，如果对称返回true（或者1），否则返回false（或者0），要求时间复杂度不超过$O(n)$。 【桂林电子科技大学2015年】

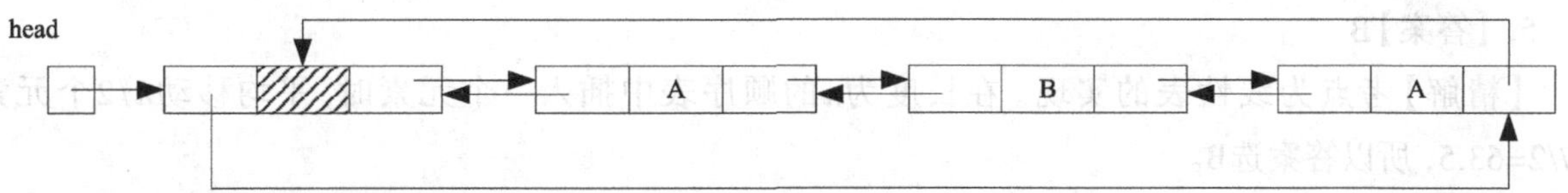

12. 假设有一个循环链表的长度大于1，结点中数据的数据类型为DataType，且表中既无头结点也无头指针。已知s为指向链表中某结点的指针，要求写出： 【桂林电子科技大学2015年】

(1) 循环链表的类型定义。

(2) 在该循环链表中，删除所有 DataType值为x结点的算法。

2.4.7 答案精解

● 单项选择题

1.【答案】B

【精解】考点为线性表的定义和基本操作。在链表中进行插入和删除操作，只需要修改链表中结点指针的值，不需要移动元素就能高效地实现插入和删除操作。顺序表中的所有元素，既可以进行顺序访问，也可以进行随机访问；链表中的所有元素，只能够进行顺序访问，不可以进行随机访问。链表采用链接方式存储线性表，适用于存储空间需求不确定的情形，不必事先估计存储空间。链表和顺序表所需要的空间都与线性表长度成正比。所以答案选B。

2.【答案】D

【精解】考点为线性表的实现。单链表的每个结点包含数据域和指针域，其中链接地址存放于指针域中，即下一个结点的内存地址。根据题意可画出表头元素为c的单链表结构，如下图所示。

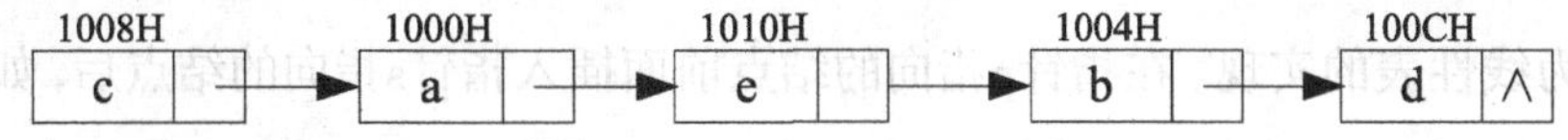

插入f后的单链表结构，如下图所示。

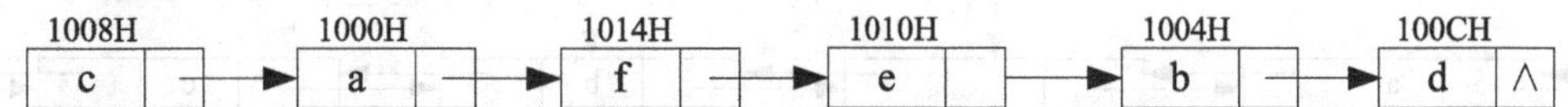

在插入结点f之后，a指向f，f指向e，e指向b。a的链接地址为f的内存地址，即1014H；f的链接地址为e的内存地址，即1010H；e的链接地址为b的内存地址，即1004H。但是题目让求的是a、e、f的“链接地址”，并不是求a、f、e的“链接地址”，因此依次应该为1014H、1004H和1010H。所以答案选D。

3.【答案】D

【精解】考点为线性表的实现。双循环链表的删除与单链表类似，都是使得链表不断开。要删除指针p，先将p的后继指针的前趋指针指向p的前趋指针，即p->nex->prev=p->prev；再将p的前趋指针的后继指针指向p的后继指针，即p->prev->next=p->next；最后删除指针p，即free(p)。所以答案选D。

4.【答案】C

【精解】考点为线性表的实现。由于线性表按顺序方式存储，是用一维数组作为其存储结构的，因此对线性表进行插入和删除操作时，可能需要移动大量的结点。A选项中，删除线性表的第900个结点，后面的100个结点都要往前移动；C选项中，在线性表的第100个结点后面插入一个新结点，后面的900个结点都要往后移动。线性表按链式方式存储，对线性表进行插入和删除操作时，只需要修改链中结点指针的值，不需要移动元素。因此，C选项所需执行时间最长。所以答案选C。

5.【答案】B

【精解】考点为线性表的实现。在长度为n的顺序表中插入一个元素时，平均移动$n/2$个元素，127/2=63.5，所以答案选B。

6.【答案】D

【精解】考点为线性表的实现。采用带有尾指针链表可以快速找到尾结点，方便在线性表的最后一个元素之后插入一个元素。并且采用仅有尾指针的单循环链表，尾结点的下一个结点就是头结点，可以快速删除第一个元素。因此，采用仅有尾指针的单循环链表时，在最后一个元素之后插入一个元素和删除第一个元素的时间性能都是$O(1)$。所以答案选D。

7.【答案】B

【精解】考点为线性表的实现。链式存储时，需要分配指针域，因此比顺序存储的存储密度小；链式存储进行插入、删除运算时，只需要修改相关结点的指针域即可，十分方便；链式存储数据元素的逻辑顺序可能与物理顺序不一致，存储单元可能不连续；链式存储时无法随机存取某一个元素。所以答案选B。

8.【答案】C

【精解】考点为线性表的实现。在单链表中插入s所指结点，先将s的后继结点指向p的后继结点，即s->next=p->next；再将p的后继结点指向s，即p->next =s。所以答案选C。

9.【答案】C

【精解】考点为线性表的实现。分别在具有n个数据元素的顺序表和链表中查找数据元素K，链表的查找效率要低于顺序表。顺序表可以按照元素下标直接查找元素，因此查找效率更高。所以答案选C。

10.【答案】A

【精解】考点为线性表的实现。在指针p指向的结点前面插入指针s指向的结点后，如下图所示。

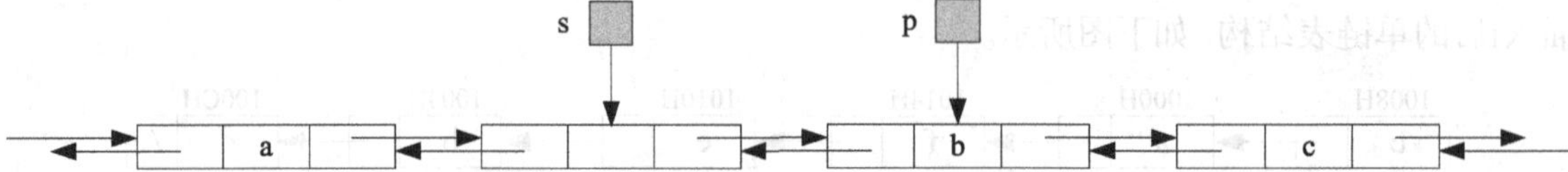

首先将指针s的rlink域指向指针p，s->rlink=p；再将指针s的llink域指向结点a，即指针s的rlink域指向指针p的llink域，s>llink=p->llink；然后将结点a的rlink域指向指针s，即指针p的llink域的rlink域指向指针s，p->llink->rlink=s；最后将指针p的llink域指向指针s，p->llink=s。这样便实现了在双向链表中插入指针s指向的结点的操作。所以答案选C。

11.【答案】C

【精解】考点为线性表的实现。假设该非空双向循环链表如下图（a）所示，插入p所指的链结点后，链表如下图所示。

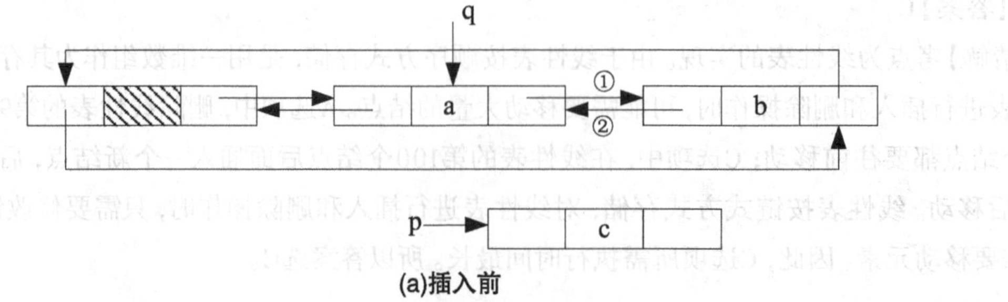

(a)插入前

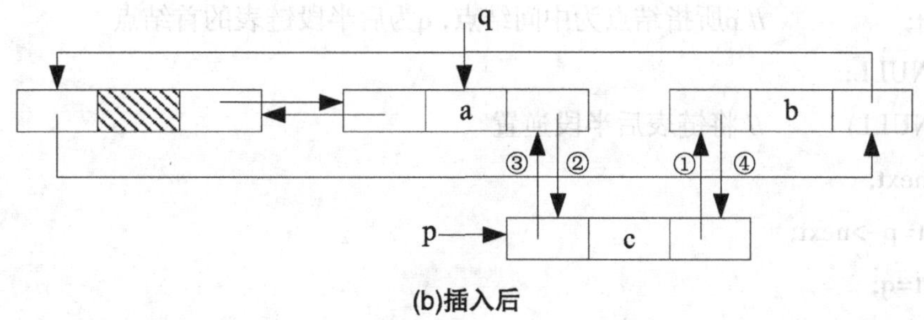

(b)插入后

由上图可知，插入p所指的链结点的过程：首先删除图（a）中的链①和链②，添加图（b）中的链①、链②、链③和链④。

rlink(p)<-rlink(q)的作用是删除图（a）中的链①，添加图（b）中的链①。

rlink(q)<-p的作用是添加图（b）中的链②。

link(p)<-q的作用是添加图（b）中的链③。

llink(rlink(p))<-p的作用是删除图（a）中的链②，添加图（b）中的链④。

所以答案选C。

12.【答案】B

【精解】考点为线性表的实现。在单链表中，指针域指向该结点的直接后继。所以答案选B。

13.【答案】C

【精解】考点为线性表的实现。要在单链表的尾部插入一个新结点，需要获取终端结点的地址。对单链表的遍历只能从头指针指示的首元结点开始，因此已知头指针的单链表，在尾部插入一个新结点的时间复杂度为O(n)。所以答案选C。

14.【答案】D

【精解】考点为线性表的实现。引入指针p用于保存pl的后继结点，即p=pl->next；再将p1的后继结点指向p2的后继结点，即pl->next=p2->next；最后将p2的后继结点指向p，即p2->next=p。这样就能够把两个非空单循环链表链接成一个新的单循环链表。所以答案选D。

● 综合应用题

1.【答案精解】

（1）算法的基本设计思想：

算法分三步完成。第一步，采用两个指针交替前行，找到单链表的中间结点；第二步，将单链表的后半段结点原地逆置；第三步，从单链表前后两段中依次各取一个结点，按要求重排。

（2）算法实现：

```
void change_list(NODE *h)
{  NODE *p,*q,*r,*s;
   p=q=h;
   while(q->next !=NULL)                    // 寻找中间结点
   {  p=p->next;                            // p走一步
      q=q->next;
     if(q->next !=NULL) q=q->next;          // q走两步
   }
```

```
    q=p->next;            // p所指结点为中间结点，q为后半段链表的首结点
    p->next=NULL;
    while(q!=NULL)        // 将链表后半段逆置
    {  r =q->next;
       q->next=p->next;
       p->next=q;
       q=r;
    }
    s=h->next;            // s指向前半段的第一个数据结点，即插入点
    q=p->next;            // q指向后半段的第一个数据结点
    p->next=NULL;
    while(q!=NULL)        // 将链表后半段的结点插入指定位置
    {  r=q->next;         // r指向后半段的下一个结点
       q->next=s->next;   // 将q所指结点插入s所指结点之后
       s->next=q;
       s=q->next;         // s指向前半段的下一个插入点
       q=r;
    }
}
```

（3）算法的时间复杂度：

参考答案的时间复杂度为$O(n)$。

2.【答案精解】

（1）本题要求设计一个时间复杂度尽可能高效的算法，因此采用以空间换时间的思想设计算法。定义一个大小为$n+1$的数组A，并将数组中的元素都赋初值为0。从头结点开始遍历单链表，如果$A[|\text{data}|]=0$，则令$A[|\text{data}|]=1$，否则在单链表中删除该结点。

（2）单链表结点的数据结构定义如下：

```
typedef struct Node{
    int data;
    struct Node *next;
}LinkNode;
```

（3）采用C语言描述算法，代码如下：

```
void absoluteValue(LinkNode HEAD,int n){
     LinkNode p=HEAD;    // 创建结点p，指向头结点
    LinkNode r;
    // 申请数组A，长度为n+1
    int *A=(int *)malloc(sizeof(int)*(n+1));
    int i=0;
    while(i<n+1){
```

```
        *(A+i)=0;                       // 数组元素赋初值都为0
        i++
    }
    while(p->next!=NULL){
        int m;
        if(p->next->data>0)             // 取绝对值存入m
            m=p->next->data;
        else
            m=-p->next->data;
        if(*(A+m)==0){                  // 判断该结点的data值是否存在
            *(A+m)=1;                   // 首次出现时，则保留
            p=p->next;
        }
        else{
            r=p->next;
            p->next=r->next;
            free(r);                    // 重复出现时，则删除
        }
    }
    free(A);
}
```

（4）算法的时间复杂度为$O(m)$，空间复杂度为$O(n)$。

3.【答案精解】

（1）算法基本设计思想如下：

① 求出strl、st2所指的链表的长度lenl、len2。

② 设置两个指针p、q分别指向stl、st2所指的链表的头结点。如果lenl≥len2，指针p指向strl所指的链表的第len1-len2+1个位置上的结点；如果len2>lenl，指针q指向st2链表的第len2-len1+1个位置上的结点。这样，将两个链表以尾部对齐。

③ 从对齐位置开始，同时向后移动指针p、q。当p、q指向同一位置时停止，即找到的起始位置。

（2）采用C语言描述算法，代码如下：

```
/*求单链表长度*/
int linkedLen(LinkList head){
    int len=0;
    while(head->next!=NULL){
        len++;
        head=head->next;
    }
    return len;
```

```
}
/*对齐尾部*/
LinkList locateTail(LinkList str1,LinkList str2){
    int len1=linkedLen(str1),len2=linkedLen(str2);
    Node *p,*q;
    for(p=str1;len1>=len2;len1--)          // 如果len1大于等于len2，移动指针p，二者尾部对齐
        p=p->next;
    for(q=str2;len1<len2;len2--)           // 如果len1小于len2，移动指针q，二者尾部对齐
        q=q->next;
    while(p->next!=NULL&&p->next !=q->next ){
                                           // p、q指针同时向后移动，直到出现相同后缀
        p=p->next;
        q=q->next;
    }
    return p->next;                        // 返回共同后缀的起始位置
}
```

（3）时间复杂度为对str1、str2所指的链表长度最大者的遍历时间，即O(max(len1,len2))。

4.【答案精解】

（1）算法的基本设计思想如下：

问题的关键是设计一个尽可能高效的算法，通过链表的一趟遍历，找到倒数第k个结点的位置。算法的基本设计思想：定义两个指针变量p和q，初始时均指向头结点的下一个结点（链表的第一个结点）。p指针沿链表移动；当p指针移动到第k个结点时，q指针开始与p指针同步移动；当p指针移动到最后一个结点时，q指针所指示结点为倒数第k个结点。以上过程对链表仅进行一遍扫描。

（2）算法的详细实现步骤如下：

① count=0，p和q指向链表表头结点的下一个结点；

② 若p为空，转⑤；

③ 若count等于k，则q指向下一个结点；否则，count=count+1；

④ p指向下一个结点，转②；

⑤ 若count等于k，则查找成功，输出该结点的data域的值，返回1；否则，说明k值超过了线性表的长度，查找失败，返回0；

⑥ 算法结束。

（3）采用C语言描述算法，代码如下：

```
typedef int Elemrype;                  // 链表数据的类型定义
typedef struct LNode
{                                      // 链表结点的结构定义
  Elemrype data;                       // 结点数据
  struct Lnode *link;                  // 结点链接指针
}*LinkList;
```

```
int search_k(LinkList list, int k)
{                                            // 查找链表list倒数第k个结点，并输出该结点data域的值
    LinkList p=list->link,q=list->link;      // 指针p、q指示第一个结点
    int count=0;
    while (p!=NULL)
    {                                        // 遍历链表直到最后一个结点
        if (count<k)  count++;               // 计数，若count<k只移动p
        else  q=q->link;
        p=p->link;                           // 之后让p、q同步移动
    }
    if (count<k)
        return 0;                            // 查找失败返回0
    else{                                    // 否则打印并返回1
        printf ("%d", q->data);
        return 1;
    }
}
```

5.【答案精解】

（1）算法的基本设计思想如下：

两重循环遍历L1和L2，当L1的元素与L2的元素相等时，把元素用尾插法的方式插入L3中，L2结束时，L2指针后移，L1结束时，L1指针后移，L2指针重新指向header。

（2）用伪代码描述算法的详细步骤，代码如下；

```
while (L1!=NULL){
    while (L2!=NULL){
        if (x==y){
            Node *p;
            p->data=L1->data;
            L3->next=p;
            p->next=NULL;
            L3=p;
            break;
        }
        L2=L2->next;
    }
    L1=L1->next;
    L2=L2->next;
}
```

(3) 采用C语言描述算法，代码如下：

```
/*求L1和L2的交集*/
LinkList merge(LinkList &L1,LinkList &L2){
    LinkList L3=(LinkList)malloc(sizeof(Node));
    LinkList head=L3;
    LinkList head2=L2;
    L3->next=NULL;
 while(NULL!=L1){
      while(NULL!=L2){
          if(L1->data==L2->data){
                  LinkList pNew=(LinkList)malloc(sizeof(Node));
                  pNew->data=L1->data;
                  L3->next=pNew;
                  pNew->next=NULL;
                  L3=pNew;
                  break;
          }
        L2=L2->next;           // L2指针后移
      }
   L1=L1->next;               // L1指针后移
   L2=head2;                  // 重新设置L2的值
  }
  return head;
}
```

(4) 采用C语言实现功能，代码如下：

```
/*遍历单链表*/
void traverseList(LinkList head){
     Node *p=head->next;
     printf("单链表中的元素:");
     while(p!=NULL){
          printf("%d",p->data);
          p=p->next;
     }
    printf("\n")
}
```

(5)采用C语言实现功能，代码如下:

```
/*头插法构建单链表*/
LinkList createList(){
    int x;
    LinkList head=(LinkList)malloc(sizeof(Node));
    LinkList list=head;
    list->next=NULL;        // 初始化为空链表
    scanf("%d",&x);
    while(x!=-1){
        LinkList pNew=(LinkList)malloc(sizeof(Node));
        pNew->data=x;
        list->next=pNew;
        pNew->next=NULL;
        list=pNew;
        scanf("%d",&x);
    }
    return head;
}
```

6.【答案精解】

(1)e=8。

执行过程如下:

① L不为空，L->data=2，2>0，因此L->data>e成立，e=L->data=2，将L->next作为参数。调用函数f1(L-next,e)。

② L->data=8，e=2，8>2，因此L->data>e成立，e=L->data=8，将L->next作为参数调用函数f1(L-next,e)。

③ L-data>=5，e=8，5<8，因此L->data>e不成立，将L->next作为参数调用函数f1(L-next,e)。

④ L-data>=1，e=8，1<8，因此L->data>e不成立，将L->next作为参数调用函数f1(L-next,e)。

⑤ L->data=7，e=8，7<8，因此L->data>e不成立，将L->next作为参数调用函数f1(L-next,e)。

⑥ L为空，返回。

(2)遍历单链表L，如果L为空表，返回；否则，依次比较L中元素与e的大小，若L中元素比e大，则e为该元素，若相等或比e小，则e不变。

算法f1的功能：如果e不小于单链表中的所有元素，则e不变；否则，将L中最大的元素存入e。

7.【答案精解】

(1)0。

(2)L.elem[i]。

(3)ch。

8.【答案精解】

本算法的基本设计:

① 定义两个辅助指针p和q, p指向单链表L的头结点, q指向L的首元结点。

② 定义整数型变量k用于计数。

③ 当指针q不为空时,重复步骤④。

④ 判断指针q所指结点的数据域是否小于x,如果是,指针p和q都移向下一个结点,k加1;否则,指针p和q都移向下一个结点。

⑤ 返回k,算法结束。

调用函数f2(L,15)后的返回结果为3。

9.【答案精解】

本算法的功能如下:

统计单链表中与value值相等的元素个数。设置变量m用于计数,遍历单链表,当出现表中元素的值与value相等时, m加1,遍历了之后,返回m。m的值为单链表中与vlue值相等的元素个数。

10.【答案精解】

算法的基本设计思想如下:

可以不开辟空间,只需要改变指针的指向也可以实现逆序。可以挨个将原来的结点从单链表中去掉,然后再利用前插法创建单链表的方法,把结点依次插到头结点的后面,因为最先插入的结点为新链表的表尾,而最后插入的结点为首元结点,即可实现链表的逆转。

采用C语言描述算法,代码如下:

```
void  inverse (LinkList &L) {
// 逆置带头结点的单链表 L
     p=L->next;
     L->next=NULL;
     while ( p!=NULL) {              // 遍历单链表,如果下一个结点存在
          q=p->next;                 //  q指向*p的后继
          p->next=L->next;
          L->next=p;                 // *p插入在头结点之后
          p = q;
     }
}
```

11.【答案精解】

算法的基本设计思想如下:

分别设置p、q两个指针指向链表的首元结点和终端结点,同时移动指针去比较链表对称位置的值是否相等,如果不相等,则返回false;当p、q指针移动到相同位置时,判断终止,此时返回true。

采用C语言描述算法代码如下:

```
/*判断字符串是否对称*/
bool JudgeSym (DoubleLinkedList &head){
     DoubleNode *p,*q;
```

```
        p=head->prior;                          // p指向头结点的前驱结点
        q=head->next;                           // q指向头结点的后继结点
        while((p!=q)&&(p->next!=q)){            // 当p、q没有指向同一个元素时
            if (p->data!=q->data)               // 对称位置两个元素不相等
                return false;
            else{                               // p、q指针后移
                p=p->prior;
                q=q->next;
                }
        }
        return true;
}
```

12.【答案精解】

（1）循环链表的类型定义如下：

```
/*循环链表存储结构*/
typedef struct Node{
    DataType data;
    Node *next;
}Node;
```

（2）采用C语言描述算法，代码如下：

```
/*删除列表中结点*/
void deleteNode(LinkedList &L,int x){
    Node *p,*q;
    q=L;                                    // 首元结点
    p=q;
    while(p->next!=q){
        if(p->next->data==x){               // 寻找指定元素x结点
            Node *s=p->next;                // s结点指向要被删除的结点
            p-next=s->next;                 // 将s结点从链中断开
            free(s);                        // 释放结点的存储空间
        }
        p=p->next;
    }
    if((L->data==x)&&(p==q))
    {                                       // 链表中只有一个结点且结点数据域的值为x
        free(L);
        L=NULL;
        printf("链表已经为空\n");
```

```
            return;
        }
        if((L->data==x)&&(p!=q))
        {                             // 链表中有多个结点且第一个结点数据域的值为x
            p->next=L->next;
            L=q->next;
            free(q);
            deleteNode(L,x);          // 剩余的链表中的首结点还可能是以数据域值为x开头
        }
        return;                       // 剩余的链表中的首结点不以数据域值为x开头
}
```

2.5 重难点答疑

1. 首元结点、头结点、头指针、终端结点有何区别?

【答疑】(1)首元结点是指链表中存储第一个数据元素a_1的结点,有些教材中也称为首结点。如图2.17所示。

(2)头结点是在首元结点之前附设的一个结点,其指针域指向首元结点。头结点的数据域可以不存储任何信息,也可以存储与数据元素类型相同的其他附加信息。

(3)头指针是指向链表中的第一个结点的指针。若链表中有头结点,则头指针所指结点为链表的头结点。相应地,指向链表中的最后一个结点的指针称为尾指针。

(4)终端结点是指链表中最后一个存放数据元素a_n的结点。有些教材中也称为尾结点。

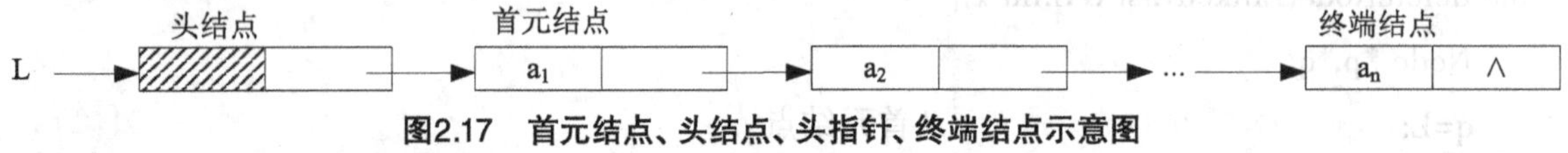

图2.17　首元结点、头结点、头指针、终端结点示意图

2. 带头结点的单链表和不带头结点的单链表的区别是什么?

【答疑】(1)带头结点的单链表中,头指针head指向头结点,头结点的值域不含任何信息,从头结点的后继结点开始存储数据信息。头指针head始终不等于NULL,head->next等于NULL的时候,链表为空。

(2)不带头结点的单链表中的头指针head直接指向首元结点,当head等于NULL的时候,链表为空。

总之,两者最明显的区别是,带头结点的单链表中有一个结点不存储信息(仅存储一些描述链表属性的信息,如表长),只是作为标志,而不带头结点的单链表的所有结点都存储信息。

3. 单链表与双链表插入操作有何区别?

【答疑】单链表的插入操作用两条语句即可实现,双链表的插入操作需要用四条语句才能实现,如前面图2.11所示,这些语句之间的先后顺序不能随意调换,否则会出错。

4. 静态链表与一般链表的区别是什么?

【答疑】一般链表结点空间来自于整个内存,静态链表则来自于一个结构体数组。数组中的每一个结点含有两个分量:一个是数据元素分量;另一个是指针分量。指针分量指示当前结点的直接后继结点在数组中的位置(等价与一般链表中的next指针)。

注意: 静态链表中的指针不是我们通常所说的C语言中用来存储内存地址的指针型变量,而是一个存

储数组下标的整型变量，通过它可以找到后继结点在数组中的位置，其功能类似于真实的指针，因此称其为指针。

5. 线性表、顺序表和数组三者之间有何关系？

【答疑】(1)线性表中数据元素之间的关系是一对一的关系，即除了第一个和最后一个数据元素之外，其他数据元素都是首尾相接的。线性表是数据结构中的逻辑结构，可以存储在数组上，也可以存储在链表上。(2)线性表的结点是按逻辑次序依次存放在一组地址连续的存储单元。如果是用数组来存储的线性表就是顺序表。(3)数组就是相同数据类型的元素按一定顺序排列的集合。数组是数据结构中的物理结构的一种类型。

2.6 命题研究与模拟预测

2.6.1 命题研究

本章主要介绍了线性表的定义、基本操作以及实现。通过对考试大纲的解读和历年联考真题的统计与分析，可以发现本章知识点的命题一般规律和特点如下：

(1)从内容上看，考点都集中在线性表的顺序存储和链式存储。

(2)从题型上看，基本都是综合应用题，有时也会出选择题。

(3)从题量和分值上看，除2014年和2017年既没有考查选择题，也没有考查综合应用题外，在2010年至2013年连续4年，2015年、2018年、2019年都考查了一道综合应用题，至少占13分，在2011年占15分。只有在2016年考查了两道选择题，占4分。

(4)从试题难度上看，总体难度适中，但比较灵活，不容易得分。总的来说，历年考核的内容都在大纲要求的范围之内，符合考试大纲中考查目标的要求。

总的来说，联考近10年真题对本章知识点的考查都在大纲范围之内，试题占分较多，总体难度适中，以综合应用题为主，侧重算法的实现，但要求较好的时间复杂度和空间复杂度，最新版的考研大纲要求采用C或C++语言设计与实现算法，不能用Java语言，这点要求需要引起考生的注意。建议考生应重点掌握线性表的各种基本操作，并能够灵活运用，在平时应该注意培养编程能力，所写的伪代码一定要能够实现题目要求的概念，具体细节可以不必过多顾虑。

2.6.2 模拟预测

● 综合应用题

1. 设有两个集合A和集合B，设计生成集合$C=A\cap B$的算法，其中集合A、B和C用数组存储表示。

(1)给出算法的基本设计思想。

(2)根据设计思想，采用C或C++语言表述算法，关键之处给出注释。

(3)说明你所设计算法的时间复杂度。

2. 若一个线性表采用顺序表L存储，其中所有元素都为整数。设计一个时间和空间两方面尽可能高效的算法将所有元素划分成两部分，其中前半部分的每个元素均小于等于整数k_1，后半部分的每个元素均大于等于整数k_2。例如，对于(6,4,10,7,9,2,20,1,3,30)，当k_1=5，k_2=8时，一种结果为([3,4,1,2],6,7,[20,10,9,30])。如果$k_1>k_2$，算法返回 false，否则返回true。

(1)给出算法的基本设计思想。

(2)根据设计思想，采用C或C++语言表述算法，关键之处给出注释。

(3) 说明你所设计算法的时间复杂度。

2.6.3 答案精解

1.【答案精解】

(1) 算法的基本设计思想如下：

用线性表List1、List2分别表示集合A、B，空线性表List3表示集合C，用线性表List1、List2分别表示集合A、B，空线性表List3表示集合C，先将List1中的第一个元素与List2中的每个元素进行对比，如果元素大小相等，则添加到List3中，List3的长度加1；然后进行第二轮比较，直至遍历完List1中所有元素算法结束。

(2) 采用C语言描述算法，代码如下：

```
// 采用数组存储
typedef struct{
int data[maxLen]:
int len
}Sqlist;
// 求集合C=A∩B
void Intersection(Sqlist List1, Sqlist List2, Sqlist &List3)
{       int count;
        List3. len=0;
        for(int m=0; m<List1.len; m++)
        {
              for(int n=0; n<List2.len; n++)
                    if(List1.data[m] == List2.data[n])
                    {
                          List3.data[List3.len] = List1.data[m];
                          List3.len++;
                          break;
                    }
        }
}
```

(3) 算法时间复杂度为O(L1.len*L2.len)。

2.【答案精解】

(1) 算法的基本设计思想如下：

当$k_1 \leqslant k_2$时，先将所有小于等于整数k_1的元素前移，置$i=0$，$j=n-1$，从左向右找大于k_1的元素data[i]。再从右向左找小于等于k_1的元素 data[j]，将两者交换，如此直到$i=j$为止。然后采用类似的方法将data[i‥$n-1$]中所有大于等于k_2的元素移到右半部分，最后返回true，如果$k_1>k_2$，直接返回false。

(2) 采用C语言描述算法，代码如下：

```
bool Rearrangement (SqList *&L, int kl, int k2)
{
int i=0, j=L->length-1;
if (k1>k2)                                  // 参数错误返回假
   return false;
while (i<j)                                 // 将所有小于等于k1的元素前移
{
      while (L->data[i]<=k1) i++;
      while (L->data[j]>k1) j--;
      if (i<j)
      {   swap (L->data[i],L->data[j]);
          i++;j--
        }
}
j=L->length-1;
while (i<j)                                 // 将所有大于等于k2的元素后移
{  while (L->data[i]<k2)    i++;
   while (L->data[j]>=k2)    j--;
   if (i<j)
   {  swap (L->data[i],L->data[j]);
        i++;j--;
     }
 }
 return true;                               // 操作成功返回真
}
```

（3）设线性表的长度为n，算法时间复杂度为$O(n)$。

第 3 章

栈、队列和数组

第3章 栈、队列和数组

3.1 考点解读

本章考点如图3.1所示。本章内容包括栈、队列和数组三大部分。考试大纲没有明确指出对这些知识点的具体要求，通过对最近10年联考真题与本章有关考点的统计与分析（表3.1），结合数据结构课程知识体系的结构特点来看，关于本章应掌握栈的基本概念，理解栈的顺序存储和链式存储，掌握队列的基本概念，掌握队列的顺序存储，掌握队列的链式存储，掌握栈和队列的应用，了解数组的基本概念，理解数组的存储结构，掌握特殊矩阵的压缩存储，了解稀疏矩阵的各种表示方法。

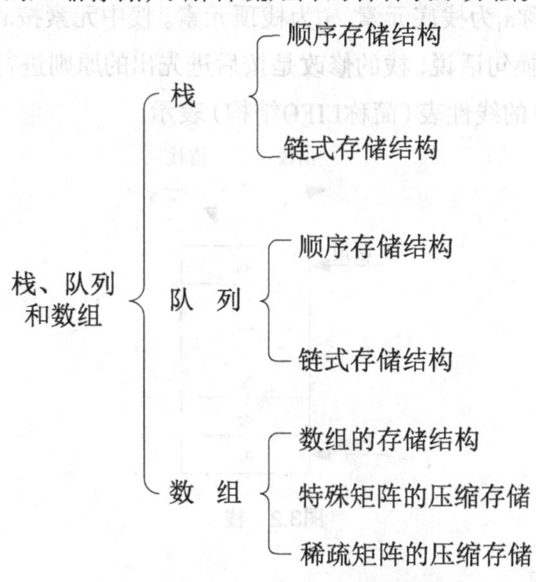

图3.1 栈、队列和矩阵考点导图

表3.1 本章最近10年考情统计表

年份	题型		分值			联考考点
	单项选择题（题）	综合应用题（题）	单项选择题（分）	综合应用题（分）	合计（分）	
2011	2	0	4	0	4	栈、队列
2012	1	0	2	0	2	栈和队列的应用
2013	1	0	2	0	2	栈
2014	2	0	4	0	4	队列、栈和队列的应用
2015	1	0	2	0	2	栈和队列的应用

表3.1（续）

年份	题型		分值			联考考点
	单项选择题（题）	综合应用题（题）	单项选择题（分）	综合应用题（分）	合计（分）	
2016	2	0	4	0	4	队列、特殊矩阵的压缩存储
2017	2	0	4	0	4	栈、特殊矩阵的压缩存储
2018	3	0	6	0	6	栈和队列的应用、特殊矩阵的压缩存储
2019	0	1	0	10	10	队列
2020	2	0	4	0	4	栈的操作、矩阵

3.2 栈

3.2.1 栈的基本概念

栈（stack）是限定仅在表尾进行插入或删除操作的线性表。因此，对栈来说，表尾端有其特殊含义，称为栈顶（top），相应地，表头端称为栈底（bottom）。不含元素的空表称为空栈。

假设栈S=(a_1,a_2,…,a_n)，则称a_1为栈底元素，a_n为栈顶元素。栈中元素按a_1，a_2，…，a_n的次序进栈，退栈的第一个元素应为栈顶元素。换句话说，栈的修改是按后进先出的原则进行的，如图3.2所示。因此，栈又称为后进先出（last in first out）的线性表（简称LIFO结构）表示。

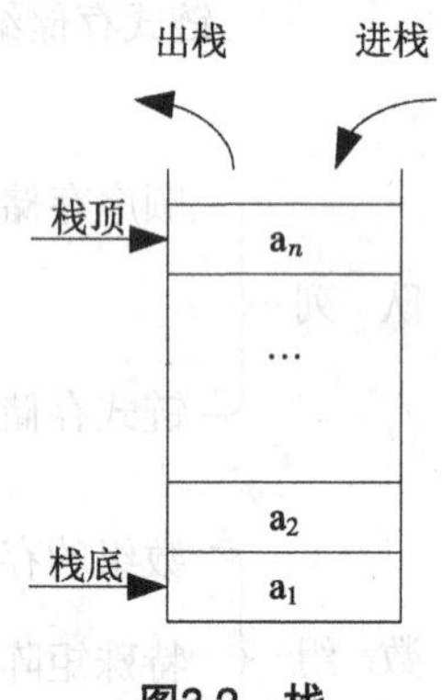

图3.2　栈

3.2.2 栈的顺序存储结构

顺序栈，即栈的顺序存储结构，是利用一组地址连续的存储单元依次存放自栈底到栈顶的数据元素，同时附设指针top指示栈顶元素在顺序栈中的位置。通常的习惯做法是以top=0表示空栈，鉴于C语言中数组的下标约定从0开始，则当以C作描述语言时，如此设定会带来很大不便；另一方面，由于栈在使用过程中所需最大空间的大小很难估计，因此，一般来说，在初始化设空栈时不应限定栈的最大容量。一个较合理的做法是：先为栈分配一个基本容量，然后在应用过程中，当找的空间不够使用时再逐段扩大。为此，可设定两个常量：STACK_INIT_SIZE（存储空间初始分配量）和STACKINCREMENT（存储空间分配增量），并以下述类型说明作为顺序栈的定义。

```
#define STACK_INIT_SIZE 100;        // 存储空间初始分配量
#define STACKINCREMENT 10;          // 存储空间分配增量
typedef struct {
```

```
    SElemType *base;      // 在栈构造之前和销毁之后，base的值为NULL
    SElemType *top;       // 栈顶指针
    int stacksize;        // 当前已分配的存储空间，以元素为单位
}SqStack;
```

其中，stacksize指示栈的当前可使用的最大容量。栈的初始化操作为：按设定的初始分配量进行第一次存储分配，base可称为栈底指针，在顺序栈中，它始终指向栈底的位置，若base的值为NULL，则表明栈结构不存在。称top为栈顶指针，其初值指向栈底，即top=base可作为栈空的标记，每当插入新的栈顶元素时，指针top增1；删除栈顶元素时，指针top减1。因此，非空栈中的栈顶指针始终在栈顶元素的下一个位置上。图3.3展示了顺序栈中数据元素和栈顶指针之间的对应关系。

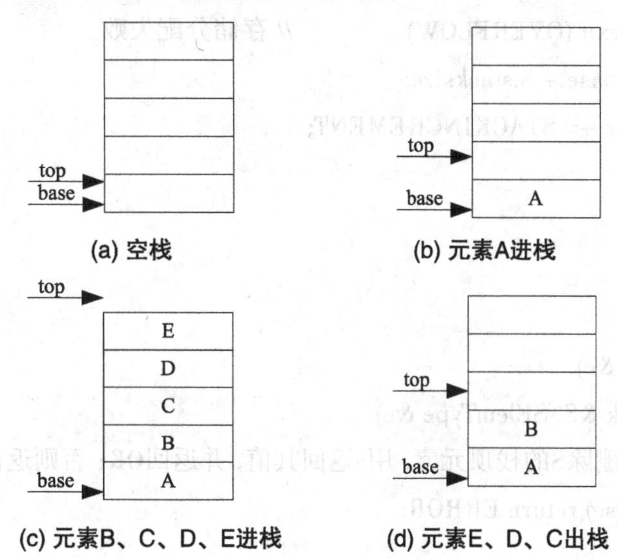

图3.3　栈顶指针和栈中元素之间的关系

基本运算如下：

（1）初始化栈InitStack (&S)

```
Status InitStack (SqStack &S)
{                                              // 构造一个空栈S
    S.base = (SElemType *)malloc (STACK_INIT_SIZE * sizeof (SElemType));
    if (!S.base) exit (OVERFLOW);              // 存储分配失败
    S.top = S.base;
    S.stacksize = STACK_INIT_SIZE;
    return OK;
}
```

（2）取栈顶元素GetTop (S, &e)

```
Status GetTop (SqStack S, SElemType &e)
{    // 若栈不空，则用e返回S的找顶元素，并返回OK；否则返回ERROR
    if (S.top == S.base) return ERROR;
    e = * (S.top – 1);
```

```
    return OK;
}
```

（3）进栈Status Push (&S, e)

```
Status Push (SqStack &S, SElemType e)
{                                              // 插入元素e为新的栈顶元素
  if (S.top - S.base >= S.stacksize)
  {                                            // 栈满，追加存储空间
        S.base = (SElemType *) realloc (S.base,
        (S.stacksize + STACKINCREMENT) * sizeof (SElemType));
        if (!S.base)exit (OVERFLOW)            // 存储分配失败
          S.top = S.base + S.stacksize;
          S.stacksize += STACKINCREMENT;
  }
  * S.top + + = e;
  return OK;
}
```

（4）出栈Pop (&S, &e)

```
Status Pop (SqStack &S, SElemType &e)
{  // 若栈不空，则删除S的栈顶元素，用e返回其值，并返回OK；否则返回ERROR
  if (S.top == S.base) return ERROR;
   e = * -- S. top;
   return OK;
)
```

若需要用到两个相同类型的栈，可用一个数组data[0…MaxSize-1]来实现这两个栈，称为共享栈，如图3.4所示。

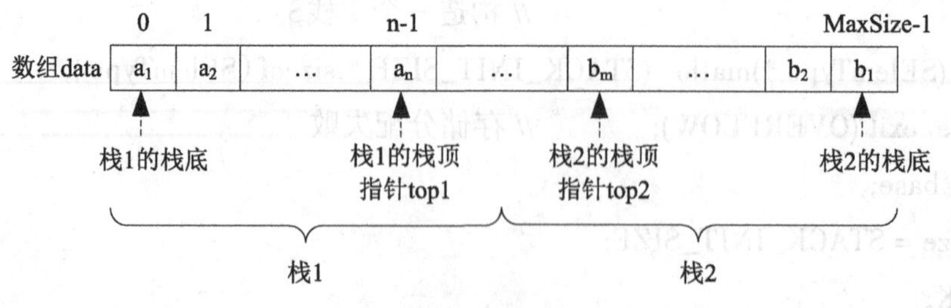

图3.4　共享栈

因为一个数组有左右两个端点，而两个栈刚好也有两个栈底，让一个栈的栈底为数组的始端，即下标为0处，另一个栈的栈底为数组的末端，即下标为Maxsize-1，这样，在两个栈中进栈元素时，栈顶向中间伸展。

栈空条件：栈1空为topl==-1；栈2空为top2==Maxsize。

栈满条件：topl==top2-1。

元素x进栈操作：进栈1操作为top1++;data[top1]=x; 进栈2操作为top2--; data[top2]=x。

出栈x操作：出栈1操作为x=data[topl]：topl−−；出栈2操作为x=data[top2]：top2++。

为便于管理，也可以将共享栈设计为一个结构体类型：

```
#define MaxSize 100;
typedef struct
{
        SElemType data(MaxSize);
        int topl, top2;     // 两个栈的栈顶指针
}DStack;
```

在实现共享栈的基本运算算法时需要增加一个形参i，指出是对哪个栈进行操作，如i=1表示对栈1进行操作，i=2表示对栈2进行操作。

3.2.3 栈的链式存储结构

采用链式存储结构的栈称为链栈，这里采用不带头结点的单链表来实现，链栈的优点是不存在栈满溢出的情况，规定栈的所有操作都是在单链表的表头进行的。图3.5为栈与链栈的映射关系图，栈顶到栈底依次是$a_n,a_{n-1},\cdots,a_1$。

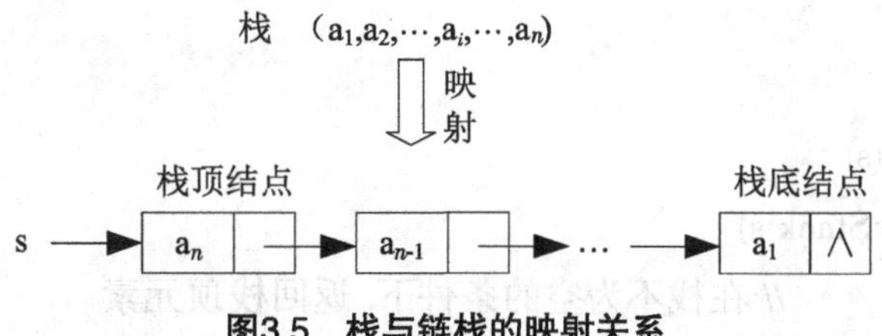

图3.5　栈与链栈的映射关系

链栈的结点结构与单链表的结构相同，在此使用StackNode表示，定义如下：

```
typedef struct StackNode
{   SElemType data;                   // 数据域
    struct StackNode  *next; // 指针域
} StackNode, *LinkStack;
```

基本运算如下。

（1）初始化栈InitStack (&s)

```
Status InitStack (LinkStack &s)
{                                     // 建立一个空栈s。创建链栈的头结点，并将其next域置为NULL
      s=NULL;
      return OK;
}
```

（2）入栈Push (&s, e)

```
Status Push (LinkStNode &s, SElemType e)
{                                     // 将新数据结点插入头结点之后
      StackNode  *p;
      p= (StackNode *) malloc (sizeof (StackNode));
      p->data=e;                      // 新建元素e对应的结点p
```

```
    p->next=s;                  // 插入p结点作为开始结点
    s=p;                        // 修改栈顶指针为s
    return OK;
}
```

（3）出栈Pop (&s,&e)

```
Status Pop (LinkStack  &s,SElemType &e)
{                              // 在栈不为空的条件下，将栈顶结点的数据域赋给e，然后将其删除
    StackNode *p;
    if (s==NULL)               // 栈空的情况
        return ERROR;
    e=s->data;
    p=s;                       // p指向开始结点
    s=s->next;                 // 删除p结点
    free(p);                   // 释放p结点
    return OK;
}
```

（4）取栈顶元素GetTop(s)

```
SElemType GetTop (LinkStack s)
{                              // 在栈不为空的条件下，返回栈顶元素
    if (s!=NULL)               // 栈非空
        return s->data;        // 返回栈顶元素的值，栈顶指针不变
}
```

3.2.4 真题与习题精编

● 单项选择题

1. 下列关于栈的叙述中，错误的是（　）。【全国联考2017年】

Ⅰ. 采用非递归方式重写递归程序时，必须使用栈

Ⅱ. 函数调用时，系统要用栈保存必要的信息

Ⅲ. 只要确定了入栈次序，即可确定出栈次序

Ⅳ. 栈是一种受限的线性表，允许在其两端进行操作

A. 仅Ⅰ　　B. Ⅰ、Ⅱ、Ⅲ　　C. Ⅰ、Ⅲ、Ⅳ　　D. Ⅱ、Ⅲ、Ⅳ

2. 已知程序如下【全国联考2015年】

```
int S (int n) {
    return (n<=0?0:S(n-1)+n);
}
void main(){
```

```
    count<<S(1);
}
```

程序运行时使用栈来保存调用过程的信息，自栈底到栈顶保存的信息依次对应的是（ ）。

A. main()→S(1)→S(0)　　B. S(0)→S(1)→main()

C. man()→S(0)→S (1)　　D. S(1)→S(0)→main()

3. 一个栈的入栈序列为1,2,3,…,n，其出栈序列是$p_1,p_2,p_3,\cdots,p_n$。若$p_2=3$，则p_3可能取值的个数是（ ）。【全国联考2013年】

A. $n-3$　　B. $n-2$　　C. $n-1$　　D. 无法确定

4. 元素a,b,c,d,e依次进入初始为空的栈中，若元素进栈后可停留、可出栈，直到所有元素都出栈，则在所有可能的出栈序列中，以元素d开头的序列个数是（ ）。【全国联考2011年】

A. 3　　B. 4　　C. 5　　D. 6

5. 对空栈S进行Push和Pop操作，入栈序列a,b,c,d,e，经过Push, Push, Pop, Push, Pop, Push, Push, Pop操作后，得到的出栈序列是（ ）。【全国联考2020年】

A. b,a,c　　B. b,a,e　　C. b,c,a　　D. b,c,e

6. 若一个栈以向量V[1…n]存储，初始栈顶指针top为n+1，则下面x入栈的正确操作是（ ）。

【中国科学院大学2015年】

A. top=top+l; V[top]=x;　　B .V[top]=x; top=top+1;

C. top=top−1; V[top]=x;　　D. V[top]=x; top=top−1;

7. 若出栈的顺序是a,b,c,d,e，则入栈的顺序不可能是（ ）。【桂林电子科技大学2015年】

A. a,b,c,d,e　　B. e,d,c,b,a　　C. d,e,c,b,a　　D. a,e,d,c,b

8. 常用于函数调用的数据结构是（ ）。【桂林电子科技大学2015年】

A. 栈　　B. 队列　　C. 链表　　D. 数组

9. 一个栈的输入序列为1,2,3,…,n，若输出序列的第一个元素是n，输出第i（$1\leqslant i\leqslant n$）个元素是（ ）。【电子科技大学2015年】

A. $n-i$　　B. $n-i-1$　　C. $n-i+1$　　D. i

10. 一个栈的输入序列为1,2,3,4,5，则下列序列中不可能是栈的输出序列的是（ ）。

【电子科技大学2014年】

A. 2,3,4,1,5　　B. 5,4,1,3,2　　C. 2,3,1,4,5　　D. 1,5,4,3,2

11. 假设栈的入栈序列为1,2,3,…,n，出栈序列为$p_1,p_2,p_3,\cdots,p_n$。若$p_2=2$，则p_3可能取值的个数是（ ）。【广东工业大学2017年】

A. $n-1$　　B. $n-2$　　C. $n-3$　　D. 无法确定

● 综合应用题

1. 五个元素的入栈顺序为A,B,C,D,E，在各种可能的出栈顺序中，C第一个出栈、D第二个出栈的顺序有哪些？【常州大学2014年】

2. 在栈的输入端元素的输入顺序为1,2,3,4,5,6，进栈过程中可以退栈，则退栈时能否排成序列3,2,5,6,4,1和1,5,4,6,2,3？若能，写出进栈、退栈过程[用push(x)表示x进栈，pop(x)表示x退栈]；若不能，简

述理由。【桂林电子科技大学2015年】

3.2.5 答案精解

● 单项选择题

1.【答案】C

【精解】考点为栈的基本概念。当采用非递归方式重写递归程序时，不一定使用栈；确定了入栈次序也无法确定出栈次序，因为出栈的时间无法确定；栈是一种受限的线性表，只允许在一端进行操作。所以答案选C。

2.【答案】A

【精解】考点为栈的基本概念。栈应用于函数递归调用，程序的调用顺序为main()→S(1)→S(0)，因此自栈底到栈顶保存的信息依次为main()→S(1)→S(0)。所以答案选A。

3.【答案】C

【精解】考点为栈的基本概念。当p_1=1时，1入栈立即出栈，2入栈，3入栈立即出栈，则p_3可能为2，即2出栈。当p_1=2时，1入栈，2入栈立即出栈，3入栈立即出栈，则p_3可能为1，即1出栈。在3之后入栈的4,5,…,n都有可能是p_3的取值，一直入栈直到该元素入栈时立即出栈。所以答案选C。

4.【答案】B

【精解】考点为栈的基本概念。出栈序列以元素d开头，表示第一个出栈的是元素d，这时栈中从栈底到栈顶的元素分别为a、b、c，元素e未进栈。出栈序列取决于元素e在何时进栈。当元素d出栈后，元素e进栈，则出栈序列为d,e,c,b,a；当元素d出栈后，元素c出栈，元素e进栈，则出栈序列为d,c,e,b,a；当元素d出栈后，元素c出栈，元素b出栈，元素e进栈，则出栈序列为d,c,b,e,a；当元素d出栈后，元素c出栈，元素b出栈，元素a出栈，元素e进栈，则出栈序列为d,c,b,a,e。因此以元素d开头的出栈序列可能有4个。所以答案选B。

5.【答案】D

【精解】第一个Pop栈中状态为a,b，Pop出栈元素为b；第二个Pop栈中状态为a,c，Pop出栈元素为c；第三个Pop栈中状态为a,d,e，Pop出栈元素为e。把序列连起来就是b,c,e。所以答案选D。

6.【答案】C

【精解】考点为栈的基本概念。初始栈如下图（a）所示，x入栈后栈如下图（b）所示。

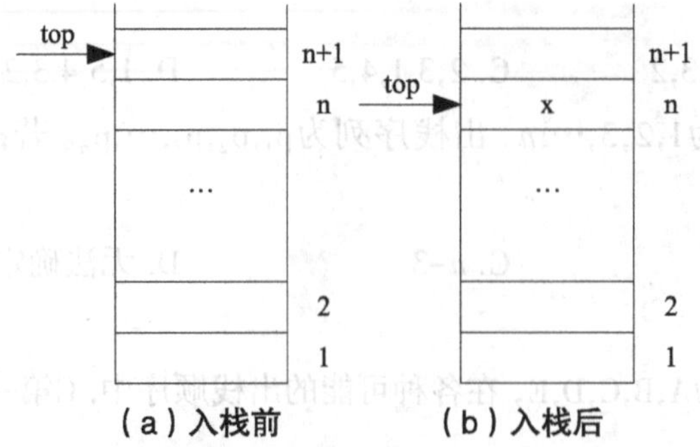

（a）入栈前　（b）入栈后

本题中初始栈顶指针为n+1，说明该向量将栈顶放在了下标大的一端，是向下存储的，所以在进行入栈操作时，先移动栈顶指针，top指针应该进行减1操作，再存入元素x。所以答案选C。

7.【答案】C

【精解】考点为栈的基本概念。选项A，每个元素入栈后立即出栈，则出栈顺序是a,b,c,d,e，与题意符合；选项B，元素全部入栈，再依次出栈，则出栈顺序是a,b,c,d,e，与题意符合；选项C，最后一个入栈的元素是a，而第一个出栈的元素也是a，说明元素全部入栈会后再依次出栈的，则出栈顺序是a,b,c,e,d，与题意不符合；选项D，元素a入栈后立即出栈，其余4个元素全部入栈之后，再依次出栈，则出栈顺序为a,b,c,d,e，与题意符合。所以答案选C。

8.【答案】A

【精解】考点为栈的基本概念。栈是一种特殊的线性表，它只允许在一端进行插入和删除操作，因此具有先进后出的特点。函数调用是一个递归过程，可以使用栈来实现。所以答案选A。

9.【答案】C。

【精解】考点为栈的基本概念。由输出序列的第一个元素是n可知，该栈是所有元素都入栈之后才开始出栈的，因此出栈顺序与入栈顺序完全相反。通过分析输入序列可知，输出的第i个元素是n−i+1。所以答案选C。

10.【答案】B

【精解】考点为栈的基本概念。选项A，元素1入栈，元素2入栈后立即出栈，元素3入栈后立即出栈，元素4入栈后立即出栈，元素1出栈，元素5入栈后立即出栈，输出序列为2,3,4,1,5，因此选项A可能是栈的输出序列；选项B，第一个入栈的是元素5，第一个出栈的也是元素5，说明元素是全部入栈后，再依次出栈的，则输出序列为5,4,3,2,1，因此选项B不可能是栈的输出序列；选项C，元素1入栈，元素2入栈后立即出栈，元素3入栈后立即出栈，元素1出栈，元素4入栈后立即出栈，元素5入栈后立即出栈，输出序列为2,3,1,4,5，因此选项C可能是栈的输出序列；选项D，1入栈后立即出栈，元素2,3,4,5全部入栈，再依次出栈，输出序列为1,5,4,3,2，因此选项D也可能是栈的输出序列。所以答案选B。

11.【答案】A

【精解】考点为栈的基本概念。本题分为两种情况分析：第一种情况，1入栈，2入栈，3入栈，3出栈，2出栈，此时$p_1=3$，$p_2=2$，p_3可能为1，也可能为4～n中的任意一个元素（一直入栈直到该元素入栈后马上出栈）。第二种情况，1入栈，1出栈，2入栈，2出栈，此时，$p_1=1$，$p_2=2$，p_3可能为3～n中的任意一个元素（一直入栈直到该元素入栈后立即出栈）。综上所示，p_3可能取值为除2以外的任意一个元素，则p_3可能取值的个数是n−1。所以答案选A。

● 综合应用题

1.【答案精解】

元素C第一个出栈，元素D第二个出栈，说明此时元素A和B已经在栈中了，因此除元素E之外的元素的出栈顺序可以确定为C,D,B,A。出栈的顺序取决于元素E的入栈时间，如果在元素D出栈之后，元素E立即入栈，那么出栈顺序为C,D,E,B,A；如果在元素D出栈之后，元素B先出栈，元素E再入栈，那么出栈顺序为C,D,B,E,A；如果在元素D出栈之后，元素B和A依次出栈，元素E再入栈，那么出栈顺序为C,D,B,A,E。综上所述，在各种可能的出栈顺序中，C第一个出栈，D第二个出栈的顺序有3种，分别是C,D,E,B,A；C,D,B,E,A；C,D,B,A,E。

2.【答案精解】

退栈时能排成序列3,2,5,6,4,1，不能排成序列1,5,4,6,2,3。

退栈时排成序列3,2,5,6,4,1的进栈、退栈过程如下：

push(1);

```
push(2);
push(3);
pop(3);
pop(2);
push(4);
push(5):
pop(5);
push(6);
pop(6);
pop(4);
pop(1);
```

退栈时不能排成序列1,5,4,6,2,3的理由：在退栈序列中，第一个退栈的是1，第二个退栈的是5，说明2和3都在栈中，且2先进栈，3后进栈，由栈的先进后出特点可知，3先出栈，2后出栈，因此退栈时不能排成序列1,5,4,6,2,3。

3.3 队　列

3.3.1 队列的基本概念

队列（queue）简称队，也是一种操作受限的线性表，仅允许在表的一端进行插入操作，而在表的另一端进行删除操作，把进行插入的一端称为队尾（rear），把进行删除的一端称为队头或队首（front），如图3.6所示。

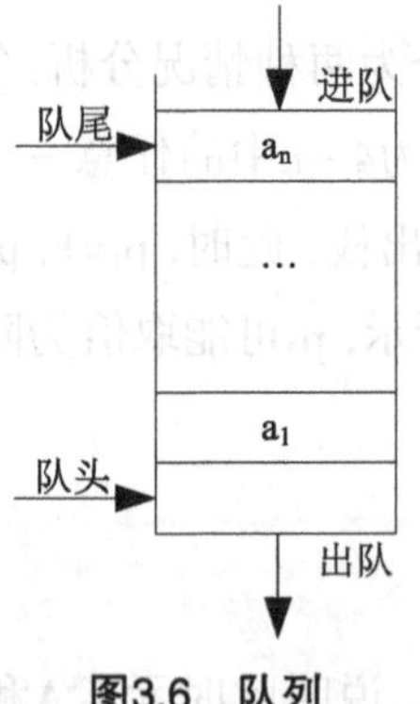

图3.6　队列

向队列中插入新元素称为进队或入队，新元素进队后就成为新的队尾元素；从队列中删除元素称为出队或离队，元素出队后，其直接后继元素就成为队首元素。

由于队列的插入和删除操作分别是在各自的一端进行的，每个元素必然按照进入的次序出队，所以又把队列称为先进先出表（First In First Out，FIFO）。

例如，若干辆汽车驶入一条机动车道的单行道，入道的顺序和出道的顺序相同。该单行道就是一个队列。

队列的基本运算包括：

InitQueue (&q)：初始化队列。构造一个空队列q。

DestroyQueue (&q): 销毁队列。释放队列q占用的存储空间。

QueueEmpty (q): 判断队列是否为空。若队列q为空，则返回真；否则返回假。

enQueue (&q, e): 进队列。将元素e进队作为队尾元素。

deQueue (&q, &e): 出队列。从队列q中出队一个元素，并将其值赋给e。

3.3.2 队列的顺序存储结构

队列中元素逻辑关系与线性表的相同，队列同样可以采用与线性表相同的存储结构。采用顺序存储结构的队列称为顺序队列。

假设队列中元素个数最多不超过整数Maxsize，所有的元素都具有QElemType数据类型，则顺序队列类型SqQueue声明如下：

```
#define MaxSize 100
typedef struct
{  QElemType data[MaxSize];
   int front,rear;      // 队首和队尾指针
} SqQueue;
```

本书规定在顺序队列中队头指针front指向当前队列中队头元素的位置，队尾指针rear指向当前队列中队尾元素的下一个位置。本节采用队列指针q的方式建立和使用顺序队列。

图3.7是一个顺序队列操作过程的示意图，其中MaxSize=6，初始时font=rear=0。图（a）表示1个空队；图（b）表示进队6个元素后的状态；图（c）表示出队1个元素后的状态；图（d）表示再出队5个元素后的状态。

从图中可以看到，队空的条件为front==rear（图（a）和图（d）都是这种情况）。

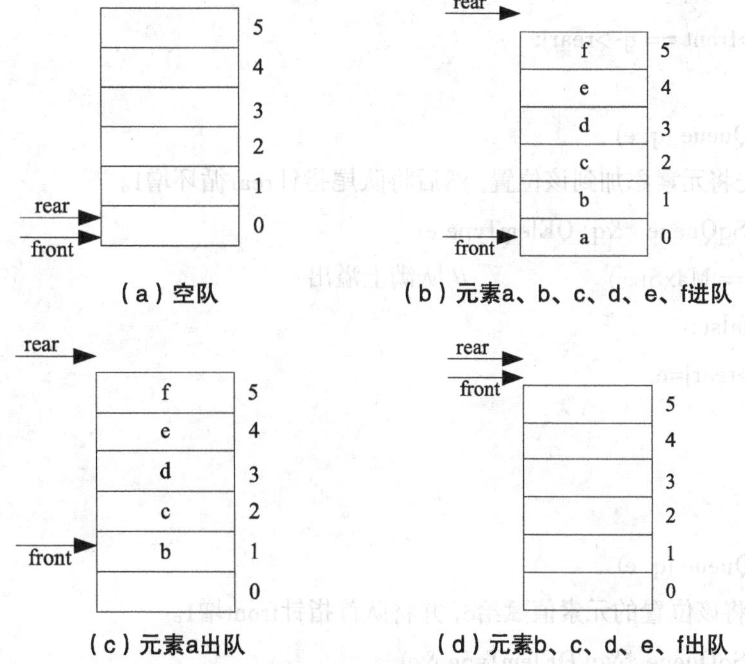

图3.7　顺序队列操作过程

初始状态或队空条件：q->front == q->rear。

队满条件：q->rear == MaxSize。

元素e进队：队列不满时，data[rear]=e; rear++。

元素e出队：队列非空时，e=data[front]; front++。

基本运算如下。

（1）初始化队列InitQueue (q)

构造一个空队列q。将front和rear指针均设置成初始状态，即0值。

```
void InitQueue (SqQueue *&q)
{   q= (SqQueue *) malloc (sizeof(SqQueue));
    q->front=q->rear=0;
}
```

（2）销毁队列DestroyQueue (q)

释放队列q占用的存储空间。

```
void DestroyQueue (SqQueue *&q)
{
    free (q);
}
```

（3）判断队列是否为空QueueEmpty (q)

若队列q满足q->front == q->rear条件，则返回true；否则返回false。

```
bool QueueEmpty (SqQueue *q)
{
    return (q->front == q->rear);
}
```

（4）进队列enQueue (q, e)

队列不满时，先将元素添加到该位置，然后将队尾指针rear循环增1。

```
bool enQueue (SqQueue *&q, QElemType e)
{   if (q->rear == MaxSize)           // 队满上溢出
        return false;
    q->data[q->rear]=e;
    q->rear++;
    return true;
}
```

（5）出队列deQueue (q, e)

队列q不空时，将该位置的元素值赋给e，并将队首指针front增1。

```
bool deQueue (SqQueue *&q, QElemType &e)
{   if (q->front == q->rear)          // 队空下溢出
        return false;
    e=q->data[q->front];
```

```
        q->front++;
        return true;
    }
```

假设当前队列分配的最大空间为6，则当队列处于图3.7（d）的状态时不可再继续插入新的队尾元素，否则会因数组越界而遭致程序代码被破坏。然而此时又不宜如顺序栈那样，进行存储再分配扩大数组空间，因为队列的实际可用空间并未占满。一个较巧妙的办法是将顺序队列臆造为一个环状的空间，如图3.8所示，称为循环队列。

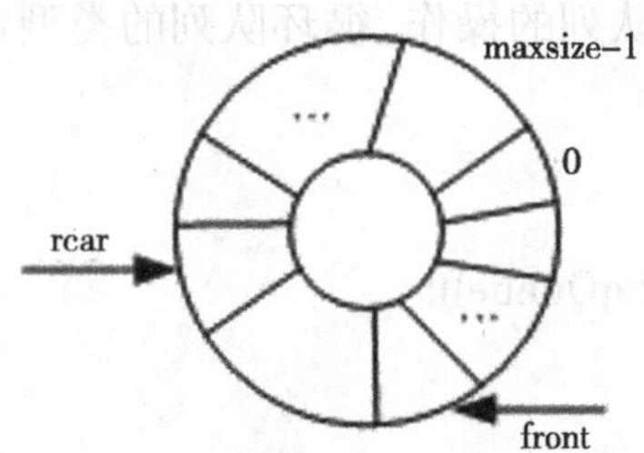

图3.8 循环队列

头指针、尾指针和队列元素之间关系不变，只是在循环队列中，头、尾指针依环增1的操作可用"模"运算来实现。通过该运算，头指针和尾指针就可以在顺序表空间内以头尾衔接的方式"循环"移动。

如图3.9（a）所示循环队列中，队列头元素是a，在b入队之前，q->rear的值为5，当元素b入队之后，通过"模"运算，q->rear=(q->rear+1) %6，得到q->rear的值为0，就不会出现图3.7（d）的假溢出状态。

在图3.9（b）中，c、d、e、f相继入队，则队列空间被真正占满，此时头、尾指针相同。

在图3.9（c）中，若a和b相继从图3.9（a）所示队列出队，则队列此时为空的状态，头、尾指针相同。

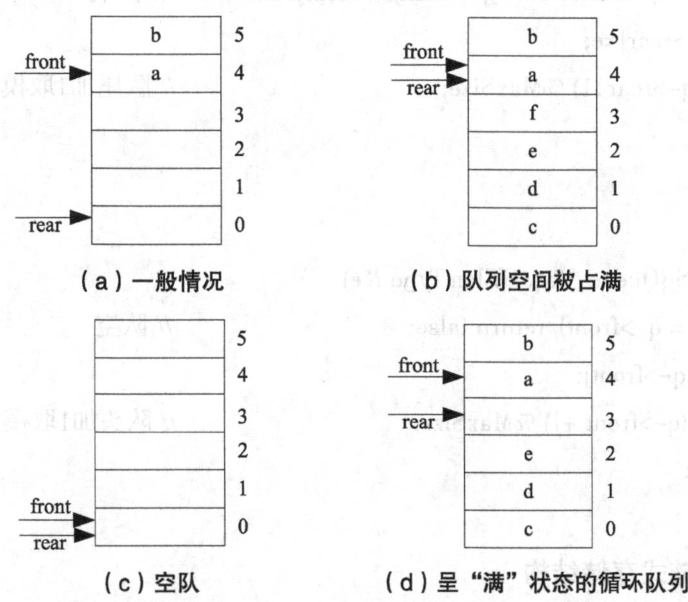

图3.9 循环队列栈头、指针和元素之间的关系

因此，对于循环队列不能以头、尾指针的值是否相同来判别队列空间是满还是空。

通常有以下两种处理方法。

（1）少用一个元素空间，即队列空间大小为m时，有m−1个元素就认为是队满。这样判断队空的条件不变，即当头、尾指针的值相同时，则认为队空；而当尾指针在循环意义上加1后是等于头指针时，则认为队满。因此，在循环队列中队空和队满的条件：

队空的条件：q->front==q->rear;

队满的条件：(q->rear+1) %MaxSize ==q->front。

如图3.9（d）所示，当c、d、e进入图3.9（a）所示的队列后，(q->rear+1) %MaxSize的值等于q->front，此时认为队满。

（2）另设一个标志位以区别队列是“空”还是“满”。

下面给出用第一种方法实现循环队列的操作，循环队列的类型定义同前面给出的顺序队列的一致。

① 初始化

```
void InitQueue (SqQueue *&q)
{   q= (SqQueue *) malloc (sizeof(SqQueue));
    q->front=q->rear=0;
}
```

② 判断队列是否为空

```
bool QueueEmpty (SqQueue *q)
{
     return (q->front == q->rear);
}
```

③ 进队列

```
bool enQueue (SqQueue *&q, QElemType e)
{   if ((q->rear+1) %MaxSize = q->front)    return false;       // 队满
    q->data[q->rear]=e;
    q->rear= (q->rear+1) %MaxSize;                               // 队尾加1取模
    return true;
}
```

④ 出　队

```
bool deQueue (SqQueue *&q, QElemType &e)
{   if (q->rear = q->front)  return false;                      // 队空
    e=q->data[q->front];
    q->front = (q->front +1) %MaxSize;                           // 队头加1取模
    return true;
}
```

3.3.3 队列的链式存储结构

采用链式存储结构的队列称为链队列。这里采用单链表来实现链队列。在这样的链队列中只允许在单链表的表头进行删除操作（出队）和在单链表的表尾进行插入操作（进队），因此需要使用队头指针front和队尾指针rear两个指针，用front指向队首结点，用rear指向队尾结点。和链栈一样，链队列中也不存在队满上溢出的情况。

链队列的链式存储结构声明如下：

```
// 队列的链式存储结构
typedef struct qnode
{  QElemType data;              // 数据元素
   struct qnode *next;
} DataNode;
typedef struct
{
   DataNode *front;
   DataNode *rear;
}LinkQuNode;
```

图3.10说明了一个链队列q的动态变化过程。

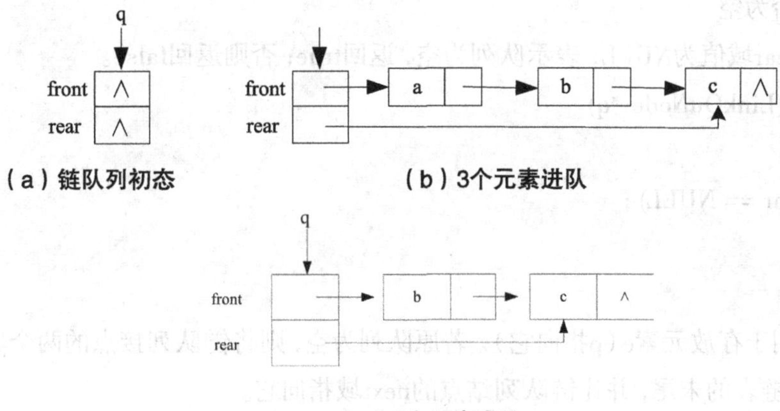

（a）链队列初态

（b）3个元素进队

（c）1个元素出队

图3.10　链队列的动态变化过程

链队列q的4个要素：

- 队空条件：q->front == NULL（也可以为q->rear == NULL）。
- 队满条件：不考虑。
- 进队操作：将包含e的结点插入单链表表尾。
- 出队操作：删除单链表首结点。

基本运算如下：

（1）初始化队列

构造一个空队列，即只创建一个链队列头结点，其front和rear域均置为NULL，不创建数据元素结点。

```
void InitQueue (LinkQuNode *&q)
{  q = (LinkQuNode *) malloc (sizeof(LinkQuNode));
   q->front=q->rear=NULL;
}
```

（2）销毁队列

释放队列占用的存储空间，包括链队列头结点和所有数据结点的存储空间。

```
void DestroyQueue (LinkQuNode *&q)
{  DataNode *pre=q->front, *p;        // pre指向队首结点
   if (pre!=NULL)                     // 释放数据结点占用空间
   {  p=pre->next;
      while (p!=NULL)
      {   free (pre);
          pre=p; p=p->next;
      }
      free (pre);
   }
   free (q);                          // 释放链队列结点占用空间
}
```

（3）判断队列是否为空

若链队列结点的rear域值为NULL，表示队列为空，返回true；否则返回false。

```
bool QueueEmpty (LinkQuNode *q)
{
    return (q->rear == NULL) ;
}
```

（4）进队列

创建一个新结点用于存放元素e（p指向它）。若原队列为空，则将链队列接点的两个域均指向结点p，否则将结点p链接到单链表的末尾，并让链队列结点的next域指向它。

```
void enQueue (LinkQuNode *&q, QElemType e)
{  DataNode *p;
   p = (DataNode *) malloc (sizeof(DataNode));
   p->data=e;
   p->next=NULL;
   if (q->rear == NULL)              // 若链队列为空，新结点是队首结点又是队尾结点
         q->front=q->rear=p;
   else
   {   q->rear->next=p;              // 将p结点链到队尾，并将rear指向它
       q->rear=p;
   }
}
```

（5）出队列

若原队列为空，则下溢出返回假；若原队列不空，则将首结点的data域值赋给e，并删除之；若原队列只有一个结点，则需将链队列接点的两个域均设置为NULL，表示队列已为空。

```
bool deQueue (LinkQuNode *&q, QElemType &e)
```

```
{  DataNode *t;
   if (q->rear == NULL)  return false;          // 队列为空
   t=q->front;                                  // t指向第一个数据结点
   if (q->front == q->rear)                     // 队列中只有一个结点时
        q->front=q->rear=NULL;
   else                                         // 队列中有多个结点时
        q->front=q->front->next;
   e=t->data;
   free(t);
   return true;
}
```

3.3.4 双端队列

双端队列是指两端都可以进行进队和出队操作的队列，如图3.11所示。将队列的两端分别称为前端和后端，两端都可以进队和出队。其元素的逻辑关系仍是线性关系。

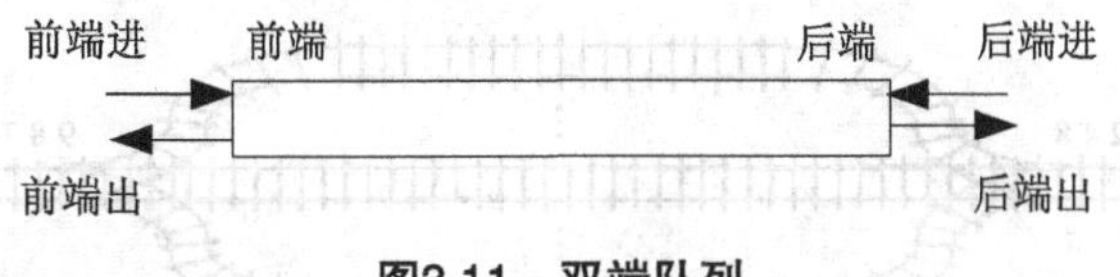

图3.11 双端队列

在双端队列中进队时，前端进的元素排列在队列中后端进的元素的前面，在双端队列中出队时，无论前端出还是后端出，先出的元素排列在后出的元素的前面。

例如有a、b、c、d元素进队，可以产生dcab的出队序列。其操作方式为a后端进，b后端进，c前端进，d前端进，再全部从前端出队，便可以得到这样的出队序列。

是不是可以通过双端队列得到任意次序的出队序列呢？答案是否定的，例如a、b、c、d元素进队就不能产生dacb的出队序列，因为a进队后，b从后端进，c无论从前端进还是从后端进都不可能在a、b的中间。

从前面的双端队列可以看出，从后端进、前端出或者从前端进、后端出体现先进先出的特点，从前端进、前端出或从后端进、后端出体现出后进先出的特点。

在实际使用中，还可以有输出受限的双端队列（即允许两端进队，但只允许一端出队的双端队列）和输入受限的双端队列（即允许两端出队，但只允许一端进队的双端队列），前者如图3.12所示，后者如图3.13所示。如果限定双端队列中从某端进队的元素只能从该端出队，则该双端队列就蜕变为两个栈底相邻的栈。

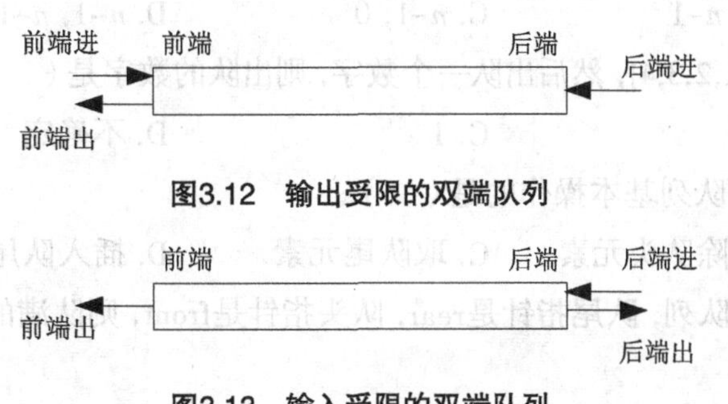

图3.12 输出受限的双端队列

图3.13 输入受限的双端队列

3.3.5 真题与习题精编

● 单项选择题

1. 某队列允许在其两端进行入队操作，但仅允许在一端进行出队操作。若元素a，b，c，d，e依次入此队列后再进行出队操作，则不可能得到的出队序列是（　）。【全国联考2010年】

A. b,a,c,d,e　　B. d,b,a,c,e　　C. d,b,c,a,e　　D. e,c,b,a,d

2. 设栈S和队列Q的初始状态均为空，元素a，b，c，d，e，f，g依次进入栈S，若每个元素出栈后立即进入队列Q，且7个元素出队的顺序是b，d，c，f，e，a，g，则栈S的容量至少是（　）。【全国联考2009年】

A. 1　　B. 2　　C. 3　　D. 4

3. 若用一个大小为6的数组来实现循环队列，且当前rear和 front的值分别为0和3。当从队列中删除一个元素，再加入两个元素后，rear和front的值分别为多少？（　）。【南京理工大学2013年】

A. 1和5　　B. 2和4　　C. 4和2　　D. 5和1

4. 设有如下图所示的火车车轨，入口到出口之间有n条轨道，列车的行进方向均为从左至右，列车可驶入任意一条轨道。现有编号为1~9的9列列车，驶入的次序依次是8,4,2,5,3,9,1,6,7。若期望驶出的次序依次为1~9，则n至少是（　）。【全国联考2016年】

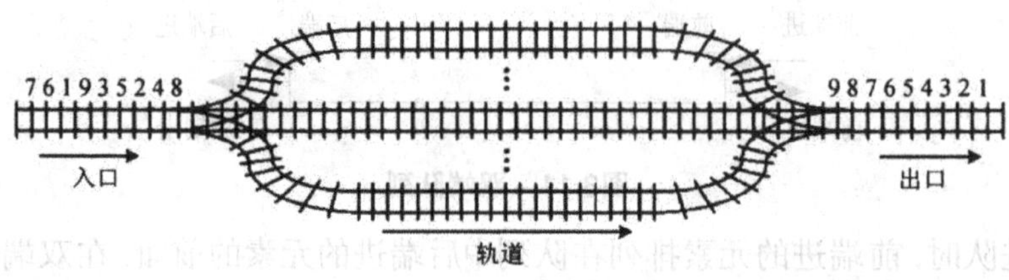

A. 2　　B. 3　　C. 4　　D. 5

5. 循环队列存放在一组数组A[0…M–1]中，end1指向队头元素，end2指向队尾元素的后一个位置，假设队列两端均可进行入队和出队操作，队列中最多能容纳M–1个元素，初始时为空。下列判断队空和队满的条件中，正确的是（　）。【全国联考2014年】

A. 队空：endl=end2；队满：endl==(end2+1)modM

B. 队空：endl==end2；队满：end2==(endl+1)mod(M–1)

C. 队空：end2==(emd+1)modM；队满：endl==(end2+1)modM

D. 队空：endl=(em2+1)modM；队满：end2==(endl+1)mod(M–1)

6. 已知循环队列存储在一维数组A[0…n–1]中，且队列非空时，front和rear分别指向队头元素和队尾元素。若初始时队列为空，且要求第1个进入队列的元素存储在A[0]处，则初始时front和rear的值分别是（　）。【全国联考2011年】

A. 0, 0　　B. 0, n–1　　C. n–1, 0　　D. n–1, n–1

7. 往队列中输入序列{1,2,3,4}，然后出队一个数字，则出队的数字是（　）。【中国计量大学2017年】

A. 4　　B. 3　　C. 1　　D. 不确定

8. 下列操作中，不属于队列基本操作的是（　）。【广东工业大学2017年】

A. 取队头元素　　B. 删除队头元素　　C. 取队尾元素　　D. 插入队尾元素

9. 最大容量为n的循环队列，队尾指针是rear，队头指针是front，则队满的条件是（　）。

【电子科技大学2014年】

A.（rear+1）mod n == front　　　　B. rear == front

C. rear+l == front　　　　D.（rear−1）mod n == front

10. 队列的特点是（　）。【桂林电子科技大学2015年】

A. 允许在表的任何位置进行插入和删除

B. 只允许在表的一端进行插入和删除

C. 允许在表的两端进行插入和删除

D. 只允许在表的一端进行插入，在另一端进行删除

● 综合应用题

1. 设以带头结点的循环链表表示队列，并且只设一个指针指向队尾元素结点（注意不设头指针），循环链表的类型定义如下：【广东工业大学2017年】

```
typedef struct LNode {
    ElemType data
    struct LNode *next;
} LNode, *Linklist;
```

算法f4实现相应的出队操作。请在空缺处填入合适的内容，使其成为完整的算法。

```
status f4(LinkList& rear, ElemType &e){
if ( (1)  )
retum ERROR;
    p=rear->next->next;
(2) =p->next;
if ( (3)  )
        rear=(4)
e=p->data;
    free(p);
return OK;
}
```

2. 循环队列结构定义如下：

```
typedef struct squeue{
DataType data[QueueSize];
int front;      // 队头
int rear;       // 队尾
}squeue;
```

分别给出队列判空、判满条件及长度计算方法。

3. 请设计一个队列，要求满足：①初始时队列为空；②入队时，允许增加队列占用空间；③出队后，出队元素所占用的空间可重复使用，即整个队列所占用的空间只增不减；④入队操作和出队操作的时间复杂度始终保持为O(1)。请回答下列问题：【全国联考2019年】

（1）该队列应该选择链式存储结构，还是顺序存储结构？

（2）画出队列的初始状态，并给出判断队空和队满的条件。

（3）画出第一个元素入队后的队列状态。

（4）给出入队操作和出队操作的基本过程。

3.3.6 答案精解

● 单项选择题

1.【答案】C

【精解】考点为双端队列的基本概念。依据题意分析这种特殊队列可知，该队列的出队序列中，以元素a为中心点，无论元素a向左或者向右，都是有序的序列，选项C不符合，其他三项均符合。

也可以采用更简便的方法快速选出正确答案，由于5个元素依次入此队列后再进行出队操作，因此无论元素a与元素b是从同一端进行入队操作的，还是分别从两端进行入队操作的，在出队序列中元素a与元素b都是相邻的，只有选项C不符合要求，所以答案选C。

2.【答案】C

【精解】考点为栈和队列的基本概念。队列是先进先出表，因此7个元素的出队顺序便是入队顺序，也是出栈顺序，即7个元素的进栈顺序是a，b，c，d，e，f，g，出栈顺序是b，d，c，f，e，a，g，进栈、出栈过程如下表所示。

编号	动作	栈内	栈外
1	a进栈	a	空
2	b进栈	a,b	空
3	b出栈	a	b
4	c进栈	a,c	b
5	d进栈	a,c,d	b
6	d出栈	a,c	b,d
7	c出栈	a	b,d,c
8	e进栈	a,e	b,d,c
9	f进栈	a,e,f	b,d,c
10	f出栈	a,e	b,d,c,f
11	e出栈	a	b,d,c,f,e
12	a出栈	空	b,d,c,f,e,a
13	g进栈	g	b,d,c,f,e,a
14	g出栈	空	b,d,c,f,e,a,g

所以栈的容量至少是3，答案选C。

3.【答案】B

【精解】考点为循环队列的基本概念。在循环队列中，先删除一个元素，即队头元素出队列，队头指针增1，front=(front+1)%MaxSize=(3+1)%6=4；再加入一个元素，队尾指针增1，rear=(rear+1)%MaxSize=(2+0)%6=2。所以答案选B。

4.【答案】C

【精解】考点为队列的基本概念。依据题意，可将本题中的火车轨道看作队列，需遵循队列先进先出的原则。期望驶出的次序依次为1~9，则要求每条轨道上的列车编号依次增大。本题求最少的轨道数量，则可以进行如下推演：8号列车驶入轨道1；4号列车由于编号比8小，因此驶入轨道2；2号列车由于编号比

8和4都小，因此驶入轨道3；5号列车由于编号比4大，因此驶入轨道2（当然也可以驶入轨道3，但是这时下一个3号列车只能驶入新的轨道，因此不满足题中“至少”的要求）；3号列车由于编号比2大，因此驶入轨道3；9号列车由于编号比8大，因此驶入轨道1；1号列车由于编号最小，因此驶入轨道4；6号列车和7号列车可以驶入轨道2或轨道3。由此可得最少需要4条轨道，即n=4。所以答案选C。

5.【答案】A

【精解】考点为队列的顺序存储结构。循环队列初始时为空，队头指针endl和队尾指针end2初始化时都置为0。队尾入队和队头出队时，endl和end2都按顺时针方向进1。如果循环队列取出元素比存入元素的速度快，队头指针end1便会追上队尾指针end2，一旦到达end1=end2，队空；反之，如果循环队列存入元素比取出元素的速度快，队尾指针end2便会追上队头指针endl，队满。为了区别队空与队满，使用endl==(end2+1)modM来判断是否队满，即end2指向endl的前一位置就认为队满。所以答案选A。

6.【答案】B

【精解】考点为队列的顺序存储结构。在循环队列中，需要判断队空与队满。入队时执行(rear+1)%n操作，所以如果入队后rear指针指向0，rear初始时的值为n–1。第一个进入队列的元素存储在A[0]处，且插入元素时只需要移动rear的位置，而不需要移动front的位置。所以答案选B。

7.【答案】C

【精解】考点为队列的基本概念。队列是先进先出的线性表，数字1最先入队，则最先出队的数字肯定是1。所以答案选C。

8.【答案】C。

【精解】考点为队列的基本概念。队列只允许在队尾插入元素，在队头删除元素。删除队头元素即出队列，插入队尾元素即进队列，队列可以读取队头元素而不出队列，但是队列的基本操作不包括取队尾元素。所以答案选C。

9.【答案】A。

【精解】考点为队列的基本概念。在循环队列中，需要判断队空与队满。队满为了区别于队空，用(rear+1)modn==front来判断是否队满，即队满时，指针rear指向font的前一个位置。此时，队满时实际空了一个元素位置，因为队尾指针rear指向的是实际队尾的后一个位置。所以答案选A。

10.【答案】D

【精解】考点为栈和队列的基本概念。队列是一种限制存取位置的线性表，它只允许在表的一端进行插入操作，在表的另一端进行删除操作，允许插入的一端称为表尾，允许删除的一端称为表头。栈只允许在表的一端进行插入和删除操作。所以答案选D。

● 综合应用题

1.【答案精解】

（1）rear–>next==rear。

（2）rear–>next–>next。

（3）rear==p。

（4）rear–>next。

2.【答案精解】

队列的判空条件：rear==front。

队列的判满条件：(rear+1)%MaxSize==front。

队列长度：QueueSize==(rear–front+MaxSize) %MaxSize。

3.【答案精解】

（1）采用链式存储结构，队头指针为Q.front，队尾指针为Q.rear。

根据题目给的四个要求，采用链式存储结构要比顺序存储结构更符合条件。另外按照题目要求：出队后，出队元素所占用的空间可重复使用，即整个队列所占用的空间只增不减。如果采用普通链队列，元素出队后，队头指针Q.front将指向下一个元素，由于之前的空间不再有指针指向它，则必将被释放，不符合题目要求。因此最好采用循环链队列。

（2）初始时，创建只有一个空闲结点的单循环链表，头指针Q.front与尾指针Q.rear均指向空闲结点。如下图所示。

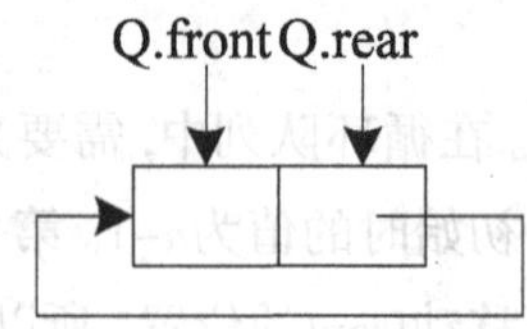

队空的判定条件：Q.front==Q.rear。

队满的判定条件：Q.front==Q.rear–>next。

（3）插入第一个元素后的队列状态：

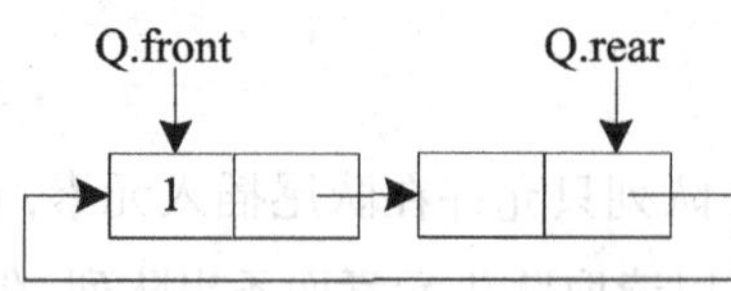

（4）操作的基本过程：

入队操作：

若 (Q.front==Q.rear–>next) //队满

则在Q.rear后面插入一个新的空闲结点；

入队元素保存到Q.rear 所指结点中；Q.rear=Q.rear–>next；返回。

其实队空时，Q.front==Q.rear–>next，也符合队满的条件，因此，当元素1要入队时，需要在Q.rear后面插入一个新的空闲结点，将元素1保存到Q.rear所指结点，Q.rear=Q.rear–>next。

当元素2要入队时，Q.front==Q.rear–>next，符合队满的条件，因此在Q.rear后面插入一个新的空闲结点，将元素2保存到Q.rear所指结点，Q.rear=Q.rear–>next。如下图所示。

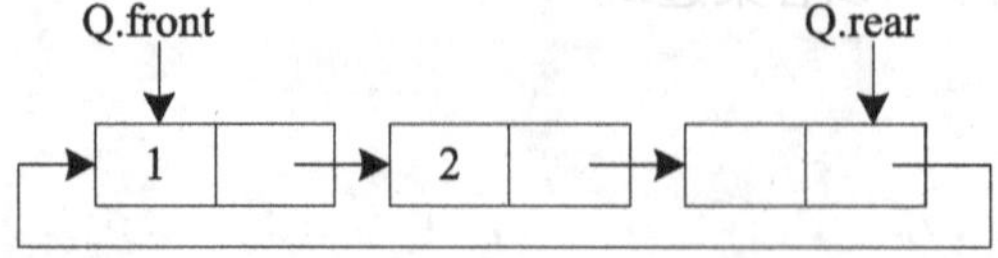

同理，元素3入队后，如下图所示。

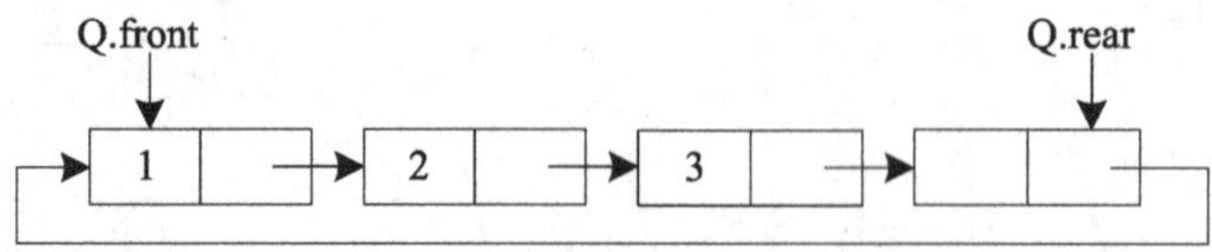

出队操作：

若 (Q.front==Q.rear) //队空

则出队失败，返回；

取Q.front所指结点中的元素e；Q.front=Q.front->next；返回e。

例如队头元素1出队时，元素1返回，Q.front=Q.front->next，但是元素1所在的结点空间有所释放，该空间可以重复使用。如下图所示。

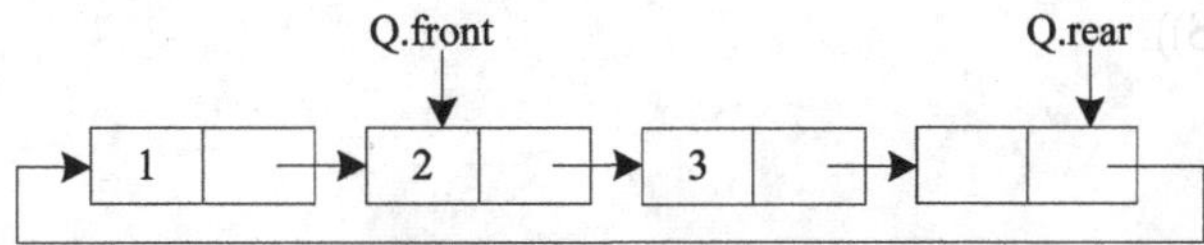

当此时元素4入队时，Q.front!=Q.rear->next，入队元素4保存到Q.rear所指结点中，Q.rear=Q.rear->next，并不需要增加新的空间。如下图所示。

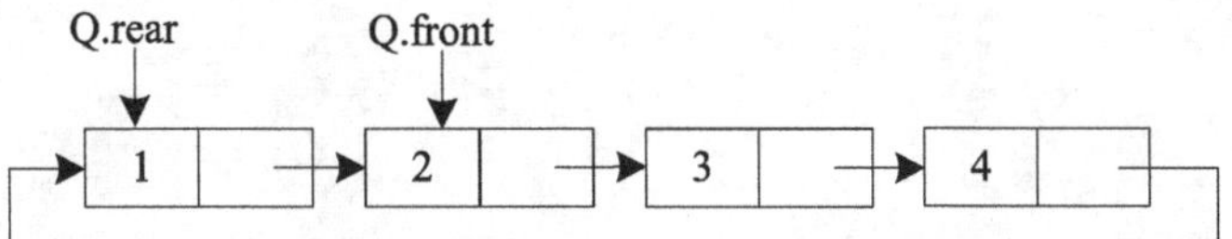

当继续让元素5入队时，由于Q.front==Q.rear->next，符合队满的条件，因此在Q.rear后面插入一个新的空闲结点，将元素5保存到Q.rear所指结点，Q.rear=Q.rear->next。如下图所示。

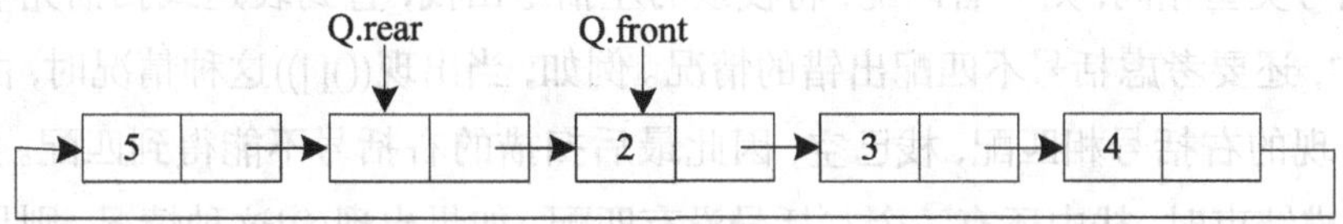

3.4 栈和队列的应用

只有通过栈和队列的具体应用案例，才能真正理解栈和队列的特点。

3.4.1 数制转换

当将一个十进制整数*N*转换为八进制数时，在计算过程中，将*N*与8求余得到的八进制数的各位依次进栈，计算完毕后将栈中的八进制数依次出栈输出，输出结果就是待求得的八进制数。

在具体实现时，栈可以采用顺序存储表示，也可以采用链式存储表示。算法步骤如下：

(1) 初始化一个空栈S。

(2) 当十进制数*N*非零时，循环执行以下操作：

- 把*N*与8求余得到的八进制数压入栈S；
- *N*更新为*N*与8的商。

(3) 当栈S非空时，循环执行以下操作：

- 弹出栈顶元素；
- 输出e。

算法如下：

```
void conversion()
{   // 对于输入的任意一个非负十进制数，打印输出与其等值的八进制数
    InitStack (S);           // 构造空栈
    scanf ("%d",N) ;
    while (N)
```

```
    {
            Push (S,N%8);
            N=N/8;
        }
    while (!StackEmpty(S))
    {
            Pop (S,e);
            printf ("%d",e);

     }
}
```

3.4.2 括号匹配

借助一个栈，每当读入一个左括号，则直接入栈，等待相匹配的同类右括号；每当读入一个右括号，若与当前栈顶的左括号类型相同，则二者匹配，将栈顶的左括号出栈，直到表达式扫描完毕。

在处理过程中，还要考虑括号不匹配出错的情况。例如，当出现(()[]))这种情况时，由于前面入栈的左括号均已和后面出现的右括号相匹配，栈已空，因此最后扫描的右括号不能得到匹配。如果出现[([])这种情况，当表达式扫描结束时，栈中还有一个左括号没有匹配。如果出现(()]这种情况，则是因为栈顶的左括号和最后的右括号不匹配。

算法步骤如下：

(1)初始化一个空栈S。

(2)设置一个标记性变量flag，用来标记匹配结果以控制循环及返回结果，1表示正确匹配，0表示错误匹配，flag初值为1。

(3)扫描表达式，依次读入字符ch，如果表达式没有扫描完毕且flag非零，则循环执行以下操作：

- 若ch是左括号“[”或“(”，则将其压入栈；
- 若ch是右括号“)”，则根据当前栈顶元素的值分情况考虑：若栈非空且栈顶元素是“(”，则正确匹配，否则错误匹配，flag置为0；
- 若ch是右括号“]”，则根据当前栈顶元素的值分情况考虑：若栈非空且栈顶元素是“[”，则正确匹配，否则错误匹配，flag置为0。

(4)退出循环后，如果栈空且flag值为1，则匹配成功，返回true，否则返回 false。

3.4.3 表达式求值

一个表达式是由操作数(operand)、运算符(operator)和界限符(delimiter)组成的。

操作数既可以是常数，也可以是被说明为变量或常量的标识符；运算符可以分为算术运算符、关系运算符和逻辑运算符三类；基本界限符有左右括号和表达式结束符等。在此仅讨论简单算术表达式的求值问题，这种表达式只含加、减、乘、除四种运算符。可以将其推广到更一般的表达式上。以下内容将运算符和界限符统称为算符。

算术四则运算遵循以下三条规则：

(1)先乘除，后加减；

(2)从左算到右;

(3)先算括号内,后算括号外。

根据这三条运算规则,任意两个相继出现的算符θ_1和θ_2之间的优先关系,至多是下面三种关系之一:

- $\theta_1<\theta_2$,θ_1的的优先权低于θ_2;
- $\theta_1=\theta_2$,θ_1的优先权等于θ_2;
- $\theta_1>\theta_2$,θ_1的优先权高于θ_2。

表3.2定义了算符之间的这种优先关系。

表3.2　算符间的优先关系

θ_2 \ θ_1	+	−	*	/	(	)	#
+	>	>	<	<	<	>	>
−	>	>	<	<	<	>	>
*	>	>	>	>	<	>	>
/	>	>	>	>	<	>	>
(	<	<	<	<	<	=	
)	>	>	>	>			>
#	<	<	<	<	<		=

为实现算符优先算法,可以使用两个工作栈:一个称作OPTR,用以寄存运算符;另一个称作OPND,用以寄存操作数或运算结果。

算法步骤如下:

(1)初始化OPTR栈和OPND栈,将表达式起始符"#"压入OPTR栈。

(2)扫描表达式,读入第一个字符ch,如果表达式没有扫描完毕至"#"或当OPTR的栈顶元素不为"#"时,则循环执行以下操作:

1)若ch不是运算符,则压入OPND栈,读入下一字符ch;

2)若ch是运算符,则根据OPTR的栈顶元素和ch的优先级比较结果,做不同的处理:

- 若是小于,则ch压入OPTR栈,读入下一字符ch;
- 若是大于,则弹出OPTR栈顶的运算符,从OPND栈弹出两个数,进行相应运算,结果压入OPND栈;
- 若是等于,则OPTR的栈顶元素是"("且ch是")",这时弹出OPR栈顶的"("相当于括号匹配成功,然后读入下一字符ch。

3)OPND栈顶元素即为表达式求值结果,返回此元素。

3.4.4　舞伴配对问题

舞会上,男士和女士们进入舞厅后,各自排成一队。跳舞开始时,依次从男队和女队队头各出一人配成舞伴。若两队初始人数不相同,则较长的那一队中未配对者等待下一轮舞曲开始后,重新找舞伴。因为先入队的男士或女士先出队配成舞伴,因此设置两个队列分别存放男士和女士入队者。假设将男士和女士的记录存放在一个数组中作为输入,然后依次扫描该数组的各元素,并根据性别来决定是进入男队还是女队。当这两个队列构造完成之后,依次让两队当前的队头元素出队来配成舞伴,直至某队列变空为止。此时，若某队仍有等待配对者，则输出此队列中排在队头的等待者的姓名，此人将是下一轮舞曲开始时第一个可获得舞伴的人。

为实现舞伴配对算法，可以使用队列Mdancers用以表示男士入队者队列；Fdancers用以表示女士入队者队列。

算法步骤如下：

（1）初始化Mdancers队列和Fdancers队列。

（2）反复循环，依次将跳舞者根据其性别插入Mdancers队列或 Fdancers队列。

（3）当Mdancers队列和Fdancers队列均为非空时，反复循环，依次输出男女舞伴的姓名。

（4）如果Mdancers队列为空而Fdancers队列非空，则输出Fdancers队列的队头女士的姓名。

（5）如果Fdancers队列为空而Mdancers队列非空，则输出Mdancers队列的队头男士的姓名。

3.4.5 真题与习题精编

● 单项选择题

1. 假设栈初始为空，在将中缀表达式a/b+（c*d–e*f）/g转换为等价后缀表达式的过程中，当扫描到f时，栈中的元素依次是（　）。【全国联考2014年】

A. +（*–　B. +（–*　C. /+（*–*　D. /+–*

2. 已知操作符包括“+”“–”“*”“/”“（”和“）”。将中缀表达式a+b–a*((c+d)/e–)+g转换为等价的后缀表达式ab+acd+e/f–*–g+时，用栈来存放暂时还不能确定运算次序的操作符。若栈初始时为空，则转换过程中同时保存在栈中的操作符的最大个数是（　）。【全国联考2012年】

A. 5　B. 7　C. 8　D. 11

3. 为解决计算机主机与打印机之间速度不匹配问题，通常设置一个打印数据缓冲区，主机将要输出的数据依次写入该缓冲区，而打印机则依次从该缓冲区中取出数据。该缓冲区的逻辑结构应该是（　）。【全国联考2009年】

A. 栈　B. 队列　C. 树　D. 图

● 综合应用题

1. 解答下列有关栈的问题：【常州大学2015年】

（1）一个入栈序列是$a_1,a_2,\cdots,a_n$，其出栈序列为$p_1,p_2,\cdots,p_n$。若$p_1=a_n$，则p_i是什么？

（2）写出算术表达式a+b/(c+d*e–f)–g的后缀表达式，并简述后缀表达式的栈操作实现过程。

2. 如果允许在循环队列的两端都可以进行插入和删除操作。要求：

（1）写出循环队列的类型定义。

（2）写出“从队尾删除”和“队头插入”的算法。

3.4.6 答案精解

● 单项选择题

1.【答案】B

【精解】考点为栈和队列的应用。中缀表达式：<操作数><操作符><操作数>。后缀表达式：<操作数><操作数><操作符>。通过使用栈，可以将中缀表达式转换成相应的后缀表达式，具体转换过程为：从左向右扫描中缀表达式；访问到数字，加入后缀表达式；访问到左括号“（”，立即进栈；访问到右括号“）”，栈中运算符依次出栈并加入后缀表达式，直到出现左括号“（”，并删除“（”；访问到除括号之外的其他运算符，当其优先级比栈顶除“(”之外的运算符高时入栈，否则比当前运算符优先级高或者与当前优先级相等的运算符依次出栈。

利用栈将中缀表达式转换为等价后缀表达式的过程如下表所示。

扫描项	动作	栈的变化	后缀表达式
a	a加入后缀表达式	空	a
/	/入栈	/	a
b	b加入后缀表达式	/	ab
+	/出栈，+入栈	+	ab/
(	(入栈	+(	ab/
c	c加入后缀表达式	+(	ab/c
*	*入栈	+(*	ab/c
d	d加入后缀表达式	+(*	ab/cd
–	*出栈，–入栈	+(–	ab/cd*
e	e加入后缀表达式	+(–	ab/cd*e
*	*入栈	+(–*	ab/cd*e
f	f加入后缀表达式	+(–*	ab/cd*ef
)	*出栈，–出栈，删除(	+	ab/cd*ef*–
/	/入栈	+/	ab/cd*ef*–
g	g加入后缀表达式	+/	ab/cd*ef*–g
	/出栈，+出栈	空	ab/cd*ef*–g/+

根据该表可知，当扫描到f时，栈中的元素依次是+(–*。所以答案选B。

2.【答案】A

【精解】考点为栈和队列的应用。利用栈将中缀表达式转换为等价的后缀表达式的过程如下表所示。

扫描项	动作	栈的变化	后缀表达式
a	a加入后缀表达式	空	a
+	+入栈	+	a
b	b加入后缀表达式	+	ab
–	+出栈，–入栈	–	ab+
a	a加入后缀表达式	–	ab+a
*	*入栈	–*	ab+a
(	(入栈	–*(	ab+a
(	(入栈	–*((	ab+a
c	c加入后缀表达式	–*((	ab+ac
+	+入栈	–*((+	ab+ac
d	d加入后缀表达式	–*((+	ab+acd
)	+出栈，删除(	–*(	ab+acd+
/	/入栈	–*(/	ab+acd+

表（续）

扫描项	动作	栈的变化	后缀表达式
e	e加入后缀表达式	–*(/	ab+acd+e
–	/出栈，–入栈	–*(–	ab+acd+e/
f	f加入后缀表达式	–*(–	ab+acd+e/f
)	–出栈，删除(	–*	ab+acd+e/f–
+	*出栈，–出栈，+入栈	+	ab+acd+e/f– * –
g	g加入后缀表达式	+	ab+acd+e/f– * – g
	+出栈	空	ab+acd+e/f– * –g+

由上表可以看出，在转换过程中，同时保存在栈中的操作符的最大个数为5，所以答案选A。

3.【答案】B

【精解】考点为栈和队列的应用。缓冲区的作用是解决计算机主机与打印机之间速度不匹配的问题，又保证打印数据的顺序不会改变，因此具有先进先出的特点，逻辑结构应该是队列，而不能是其他的逻辑结构。所以答案选B。

● 综合应用题

1.【答案精解】

（1）根据栈具有后进先出的特点，并且$p_1=a_n$，可以推断出$p_i=a_{n-i+1}$。

（2）该算术表达式的后缀表达式为：abcde *+f–/+g–。

使用栈可以将算术表达式转换成它的后缀表达式，对于转换过程的处理如下：从左向右扫描算术表达式；访问到数字，加入后缀表达式；访问到左括号“(”，立即进栈；访问到右括号“)”，栈中运算符依次出栈并加入后缀表达式，直到出现左括号“(”，并删除“(”；访问到除括号之外的其他运算符，当其优先级比栈顶除“(”之外的运算符高时入栈，否则比当前运算符优先级高或者与当前优先级相等的运算符依次出栈。

利用栈将算术表达式转换为等价后缀表达式的过程如下表所示。

扫描项	动作	栈的变化	后缀表达式
a	a加入后缀表达式	空	a
+	+入栈	+	a
b	b加入后缀表达式	+	ab
/	/入栈	+/	ab
(	(入栈	+/(	ab
c	c加入后缀表达式	+/(	abc
+	+入栈	+/(+	abc
d	d加入后缀表达式	+/(+	abcd
*	*入栈	+/(+*	abcd
e	e加入后缀表达式	+/(+*	abcde
–	*出栈，+出栈，–入栈	+/(–	abcde*+
f	f加入后缀表达式	+/(–	abcde*+f
)	–出栈，删除(	+/	abcde*+f–

表（续）

扫描项	动作	栈的变化	后缀表达式
–	/出栈，+出栈，–入栈	–	abcde*+f–/+
g	g加入后缀表达式	–	abcde*+f–/+g
	–出栈	空	abcde*+f–/+g–

2.【答案精解】

用长度为M的一维数组base[0…M–1]实现循环队列。其中队头指针和队尾指针分别为front和rear，约定front指向队头元素，rear指向队尾元素的后一位置。当 front=rear时为队空，当 (q.rear+1) %M=q.front时为队满。从队头插入元素时向下标小的方向发展，从队尾入队则向下标大的方向发展。

```
typedef struct
{   QElemType *base;                // 存储空间的基地址
    int front;                      // 头指针
    int rear;                       // 尾指针
}SqQueue;
status Enqueue (SqQueue &Q, QElemType e)
{                                   // 在Q的队头插入新元素e
    if ((Q.rear+1) %M=Q.front)
        return ERROR;               // 队满
    Q.base[(Q.front–1+M) %M]=e;     // 新元素插入队头
    Q.front=(Q.front–1+M) %M;       // 修改队头指针
    return OK;
}
status DeQueue (SqQueue &Q, QElemType &e)
{ // 删除Q的队尾元素，用e返回其值
    if (Q.front=Q.rear)             // 队空
        return ERROR;
    e=Q.base[(Q.rear–1+M) %M];      // 保存队尾元素
    Q.rear=(Q.rear–1+M) %M;         // 队尾指针减1
    return OK;
}
```

3.5 特殊矩阵的压缩存储

3.5.1 数组的基本概念

一维数组A是n（n>1）个相同类型数据元素a_1，a_2，…，a_n，构成的有限序列，其逻辑表示如下：

$A=(a_1,a_2,\cdots,a_n)$

其中，a_i（1≤i≤n）表示数组A的第i个元素。

一个二维数组可以看作是每个数据元素都是相同类型的一维数组的一维数组。依此类推，任何多维

数组都可以看作一个线性表，这时线性表中的每个数据元素也是一个线性表。

推广到d($d≥3$)维数组，不妨把它看作是一个由d–1维数组作为数据元素的线性表；或者可以这样理解，它是一种较复杂的线性结构，由简单的数据结构（即线性表）辗转合成而得。所以说数组是线性表的推广。在d维数组中，每个元素的位置由d个整数的d维下标来标识。

在数组中通常只有下面两种操作。

读操作：给定一组下标，读取相应的数组元素。

写操作：给定一组下标，存储或者修改相应的数组元素。

很多计算机高级语言都实现了数组数据结构，并称为数组类型。以C/C++语言为例，其中数组数据类型具有以下性质：

（1）数组中的数据元素数目固定，一旦定义了一个数组，其数据元素数目不再有增减的变化。

（2）数组中的数据元素具有相同的数据类型。

（3）数组中的每个数据元素都和一组唯一的下标对应。

（4）数组是一种随机存储结构，可随机存取数组中的任意数据元素。

因此，用户可以在C/C++程序中直接使用数组来存放数据，并使用数组的运算符来完成相应的功能。

需要注意的是，本章讲解的数组是将其作为一种数据结构进行讨论的，而C/C++中的数组是一种数据类型，前者可以借助后者来存储，像线性表的顺序存储结构（即顺序表）就是借助一维数组这种数据类型来存储的，但二者不能混淆。

3.5.2 数组的存储结构

在设计数组的存储结构时，通常将数组的所有元素存储到存储器的一块地址连续的内存单元中，即数组特别适合采用顺序存储结构来存储。

（1）一维数组的存储结构

对于一维数组$(a_1,a_2,\cdots,a_i,\cdots,a_n)$，按元素顺序存储到一块地址连续的内存单元中。假设第一个元素a_1的存储地址用$LOC(a_1)$表示，每个元素占用k个存储单元，则任一数组元素a_i的存储地址$LOC(a_i)$可由以下公式求出：

$$LOC(a_i)=LOC(a_1)+(i-1)\times k \qquad (1\leq i\leq n)$$

该式说明一维数组中任一元素的存储地址可直接计算得到，即一维数组中的任一元素可直接存取，正因为如此，一维数组具有随机存储的特性。

（2）二维数组的存储结构

对于一个m行n列的二维数组$A_{m\times n}$：

$$A_{m\times n}=\begin{bmatrix} a_{1,1} & a_{1,2} & \cdots & a_{1,n} \\ a_{2,1} & a_{2,2} & \cdots & a_{2,n} \\ \vdots & \vdots & \ddots & \vdots \\ a_{m,1} & a_{m,2} & \cdots & a_{m,n} \end{bmatrix}$$

把$A_{m\times n}$简记为A，$A=(A_1,A_2,\cdots,A_i,\cdots,A_m)$，$A_i=(a_{i,1},a_{i,2},\cdots,a_{i,n})(1\leqslant i\leqslant m)$。

二维数组的存储方式主要有两种，即按行优先存放和按列优先存放。

1）二维数组按行优先存放

二维数组按行优先存放的示意图如图3.14所示，即先存储第1行，紧接着存储第2行，依此类推，最后存放第m行。

$a_{1,1}$	$a_{1,2}$	…	…	…	$a_{1,n}$
$a_{2,1}$	$a_{2,2}$	…	…	…	$a_{2,n}$
…	…	…	…	…	…
$a_{i,1}$	$a_{i,2}$	…	$a_{i,j}$	…	$a_{i,n}$
…	…	…	…	…	…
$a_{m,1}$	$a_{m,2}$	…	…	…	$a_{m,n}$

$a_{1,1}$ $a_{1,2}$ … $a_{1,n}$ $a_{2,1}$ $a_{2,2}$ … $a_{2,n}$ … $a_{i,1}$ $a_{i,2}$ … $a_{i,j-1}$ $a_{i,j}$ $a_{i,j+1}$ … $a_{i,n}$ … $a_{m,1}$ $a_{m,2}$ … $a_{m,n}$

图3.14 二维数组按行优先存放的示意图

假设第一个元素a_1的存储地址用LOC(a_1)表示，每个元素占用k个存储单元，则该维数组中的任一元素a的存储地址可由下式确定：

$$LOC(a_{i,j})=LOC(a_{1,1})+[(i-1)\times n+(j-1)]\times k$$

因为元素$a_{i,j}$前面有$i-1$行，每行n个元素，即已存放了$(i-1)\times n$个元素，占用了$(i-1)\times n\times k$个内存单元。在第i行中，元素$a_{i,j}$前面有$j-1$个元素，即已存放了$j-1$个元素，占用了$(j-1)\times k$个内存单元；该数组是从基地址LOC($a_{1,1}$)开始存放的。因此，元素$a_{i,j}$的内存地址为上述三个部分之和。

2）二维数组按列优先存放

当二维数组采用以列序为主序的存储方式时，先存储第1列，紧接着存储第2列，依此类推，最后存储第n列。

此时，元素$a_{i,j}$的存储地址可由下式确定：

$$LOC(a_{i,j})=LOC(a_{1,1})+[(j-1)\times m+(i-1)]\times k$$

可以将以上二维数组存储方法推广到高维数组。对于高维数组，按行优先存储的方法是最右边的下标先变化，即最右下标从小到大，循环一遍后，右边第二个下标再变化……依此类推，最后是最左下标。按列优先存储的方法是最左边的下标先变化，即最左下标从小到大，循环一遍后，左边第二个下标再变化……依此类推，最后是最右下标。

3.5.3 特殊矩阵

特殊矩阵是指非零元素或零元素的分布有一定规律的矩阵。为了节省存储空间，可以利用特殊矩阵的规律对它们进行压缩存储，以提高存储空间效率。

特殊矩阵的主要形式有对称矩阵、三角矩阵和对角矩阵等。它们都是方阵，即行数和列数相同。

（1）对称矩阵的压缩存储

若一个n阶方阵$A[n][n]$中的元素满足$a_{i,j}=a_{j,i}$（$0\leqslant i, j\leqslant n-1$），则称其为$n$阶对称矩阵。一个$n$阶方阵的所有元素可以分为三个部分，即主对角部分、上三角部分和下三角部分，如图3.15所示。若知道一个元素的下标，就可以确定它属于哪个部分。

对称矩阵中的元素是按主对角线对称的，即上三角部分和下三角部分中的对应元素相等，因此在存储时可以只存储主对角线加上三角部分的元素，或者主对角线加下三角部分的元素，让对称的两个元素共享一个存储空间。

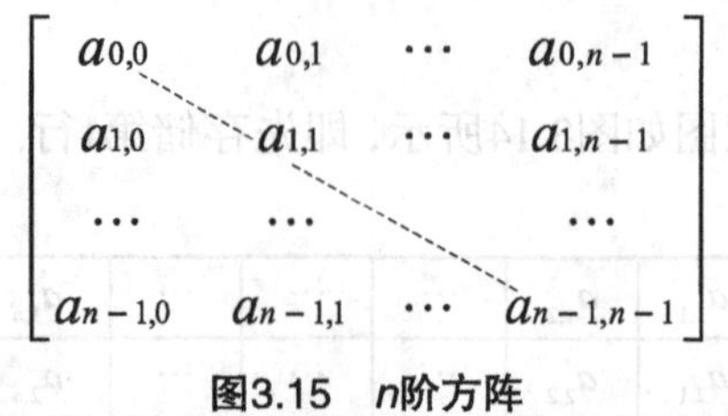

图3.15　n阶方阵

对称矩阵采用以行序为主序的方式，则需要存储主对角线和下三角部分的元素，如图3.16所示。

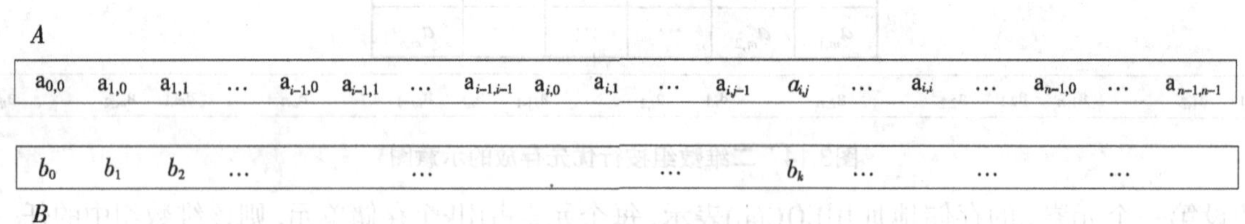

图3.16　对称矩阵的压缩存储

假设以一维数组$B[0\cdots n(n+1)/2-1]$ 作为n阶对称矩阵A的存储结构，A中的元素$a_{i,j}$存储在B中的元素b_k中，k与i、j之间是什么关系分为两种情况讨论：

1）若$a_{i,j}$是A中主对角线或者下三角部分的元素，有$i \geqslant j$。在以行序为主序的存储方式下，不计行下标为i的行，元素$a_{i,j}$的前面存储第0行到第i-1行，共有元素个数为$1+2+\cdots+i=i(i+1)/2$；在第i行中，元素$a_{i,j}$的前面也存储j个元素，所以元素$a_{i,j}$的前面共存储了$i(i+1)/2+j$个元素，而B数组的下标也是从0开始的，所以有$k=i(i+1)/2+j$。

2）若$a_{i,j}$是A中上三角部分的元素，有$i<j$。$a_{i,j}$等于$a_{j,i}$，而同理可求得$k=j(j+1)/2+i$。

因此k与i、j的关系如下：

$$k=\begin{cases}\dfrac{i(i+1)}{2}+j & i \geqslant j \\ \dfrac{j(j+1)}{2}+i & i<j\end{cases}$$

所以，一维数组B中存放的元素个数为$1+2+\cdots+n=n(n+1)/2$，如果A直接采用一个n行n列的二维数组存储，所需要的存储空间为n^2个元素，所以这种压缩存储方法几乎节省了一半的存储空间。并且，一维数组B具有随机存取特性，所以采用这种压缩存储方法后，对称矩阵A仍然具有随机存取特性。

（2）三角矩阵的压缩存储

三角矩阵包括上三角矩阵和下三角矩阵。上三角矩阵的下三角部分中的元素均为常数c的n阶方阵。而下三角矩阵是指矩阵的上三角部分中的元素均为常数c的n阶方阵。

对于上三角矩阵，其压缩存储方法是采用以行序为主序的方式存储其主对角线加上三角部分的元素，另外用一个元素存储常数c，并将压缩结果存放在一维数组B中，如图3.17所示。

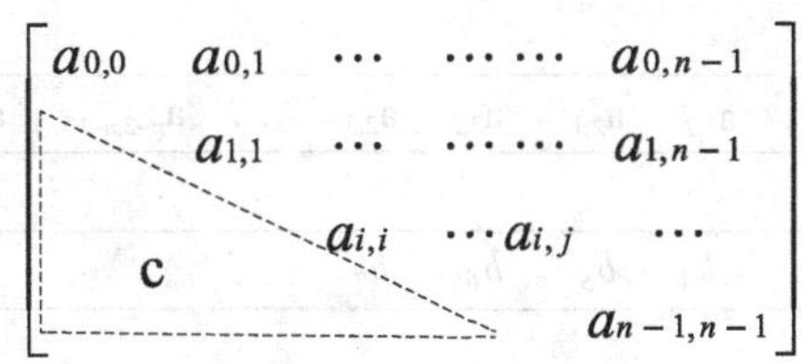

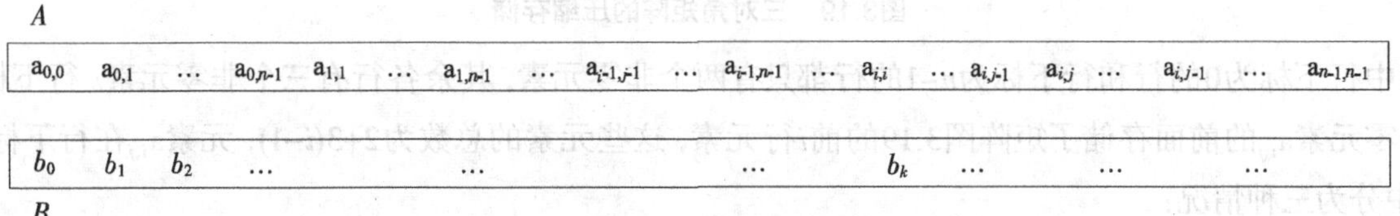

图3.17 上三角矩阵的压缩存储

B中元素的个数为$n(n+1)/2+1$，即用$B[0\cdots n(n+1)/2]$存放A中的元素。

同样，A中元素$a_{i,j}$存储在B的元素b_k中，那么k与i、j之间的关系分为两种情况。

1）若$a_{i,j}$是A中主对角线或者上三角部分的元素，有$i \leqslant j$。在以行序为主序的存储方式下，元素$a_{i,j}$的前面共存储了$i(2n-i+1)/2+j-i$个元素，而B数组的下标也是从0开始的，所以有$k=i(2n-i+1)/2+j-i$。

2）若$a_{i,j}$是A中下三角部分的元素，有$i>j$。用B中最后一个位置，即下标为$n(n+1)/2$的元素存放常数c。

因此，得到k与i、j的关系如下：

$$k=\begin{cases}\dfrac{i(2n-i+1)}{2}+j-i & i \leqslant j \\ \dfrac{n(n+1)}{2} & i>j\end{cases}$$

对于下三角矩阵A，常见的压缩存储方法是采用以行序为主序的方式存储其主对角线及下三角部分的元素，并用一个元素存储常数c，压缩结果存放在一维数组B中，采用类似于对称矩阵的推导过程，得到k与i、j的关系如下：

$$k=\begin{cases}\dfrac{i(i+1)}{2}+j & i \geqslant j \\ \dfrac{n(n+1)}{2} & i<j\end{cases}$$

（3）对角矩阵的压缩存储

若一个n阶方阵A满足其所有非零元素都集中在以主对角线为中心的带状区域中，则称其为n阶对角矩阵，其主对角线上、下方各有b条非零元素构成的次对角线，称b为矩阵半带宽，$(2b+1)$为矩阵的带宽。对于$b=1$的三对角矩阵如图3.18所示。

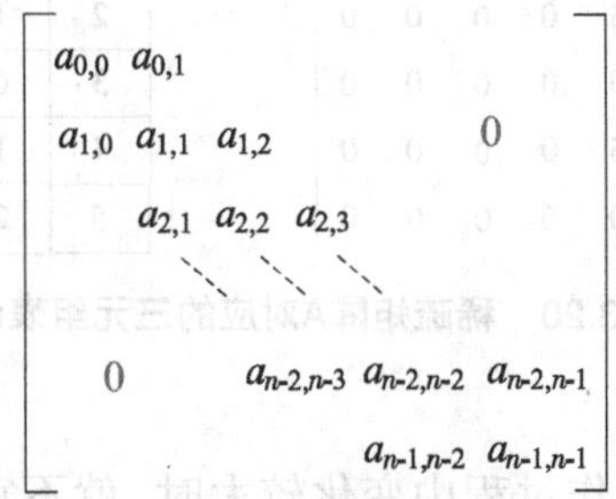

图3.18 三对角矩阵

三对角矩阵只存储其非零元素，并存储到一维数组中，将A的非零元素$a_{i,j}$存储到B的元素b_k中，其存储形式如图3.19所示。

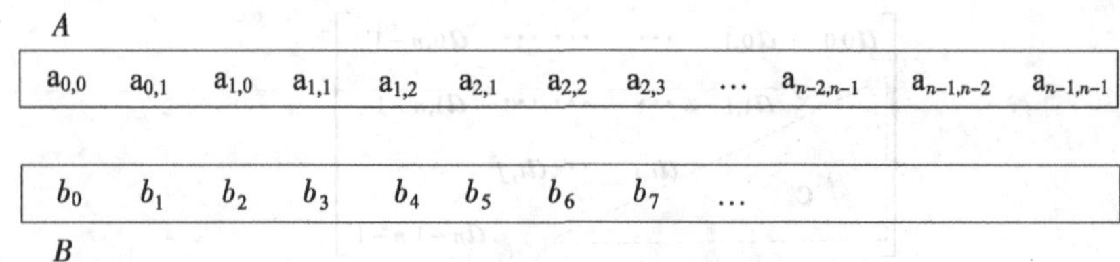

图3.19 三对角矩阵的压缩存储

A中行下标为0的行和行下标为$n-1$的行都只有两个非零元素，其余各行有三个非零元素。行下标不为0的非零元素$a_{i,j}$的前面存储了矩阵图3.19的前i行元素，这些元素的总数为$2+3(i-1)$，元素$a_{i,j}$在行下标为i的本行中分为三种情况：

① 若a是本行中的第1个非零元素，则$k=2+3(i-1)=3i-1$，此时$j=i-1$，即$k=2i+i-1=2i+j$。

② 若a是本行中的第2个非零元素，则$k=2+3(i-1)+1=3i$，此时$i=j$，即$k=2i+i=2i+j$。

③ 若a是本行中的第3个非零元素，则$k=2+3(i-1)+2=3i+1$，此时$j=i+1$，即$k=2i+i+1=2i+j$。

所以这三种情况下，$k=2i+j$。

这些矩阵中k与i、j的关系公式仅凭背诵很难记忆，且容易记混。考生应掌握每种矩阵的具体推导方法，在考试中才能确保正确求解。

3.5.4 稀疏矩阵

当一个阶数较大的矩阵中的非零元素个数s相对于矩阵元素的总个数t来说非常小时，即$s<<t$时，称该矩阵为稀疏矩阵。例如一个100×100的矩阵，若其中只有100个非零元素，就可称其为稀疏矩阵。

稀疏矩阵和前面介绍的特殊矩阵相比，两者的主要不同是特殊矩阵中特殊元素的分布具有某种规律，而稀疏矩阵中特殊元素（非零元素）的分布没有规律。

（1）稀疏矩阵的三元组表示法

稀疏矩阵常用的表示方法是三元组表示法。该表示方法在存储非零元素时必须同时存储该非零元素对应的行下标、列下标和元素值，这样稀疏矩阵中的每一个非零元素由一个三元组$(i,j,a_{i,j})$唯一确定，稀疏矩阵中的所有非零元素构成三元组线性表。若把稀疏矩阵的三元组线性表按顺序存储结构存储，则称为稀疏矩阵的三元组顺序表，简称三元组表。

假设有一个6×6阶稀疏矩阵A，其对应的三元组顺序表如图3.20所示。这种有序存储结构可简化大多数稀疏矩阵运算算法。

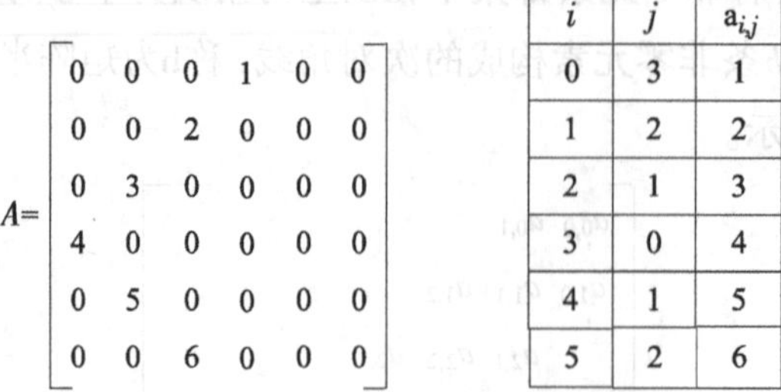

$$A=\begin{bmatrix}0&0&0&1&0&0\\0&0&2&0&0&0\\0&3&0&0&0&0\\4&0&0&0&0&0\\0&5&0&0&0&0\\0&0&6&0&0&0\end{bmatrix}$$

i	j	$a_{i,j}$
0	3	1
1	2	2
2	1	3
3	0	4
4	1	5
5	2	6

图3.20 稀疏矩阵A对应的三元组表示

（2）稀疏矩阵的十字链表表示法

当矩阵的非零元个数和位置在操作过程中变化较大时，就不宜采用顺序存储来表示三元组的线性表。而采用链式存储结构表示三元组的线性表更为恰当。链表中的每个非零元既是某个行链表中的一个结点，又是某个列链表中的一个结点，整个矩阵构成了一个十字交叉的链表，故称这样的存储结构为十字

链表。已知3行4列的稀疏矩阵B:

$$B=\begin{bmatrix}1&0&0&5\\0&0&6&0\\7&0&0&0\end{bmatrix}$$

可以用两个分别存储行链表的头指针和列链表的头指针的一维数组表示它。矩阵B对应的十字链表如图3.21所示。

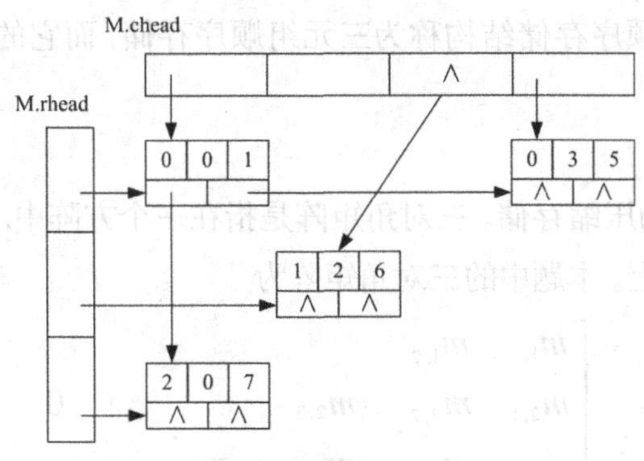

图3.21 稀疏矩阵对应的十字链表

3.5.5 真题与习题精编

● **单项选择题**

1. 适用于压缩存储稀疏矩阵的两种存储结构是（　）。【全国联考2017年】

A. 三元组表和十字链表　　B. 三元组表和邻接矩阵

C. 十字链表和二叉链表　　D. 邻接矩阵和十字链表

2. 有一个100阶的三对角矩阵M，其元素$m_{i,j}$ $(1\leqslant i\leqslant 100, 1\leqslant j\leqslant 100)$ 按行优先依次压缩存入下标从0开始的一维数组N中。元素$m_{30,30}$在N中的下标是（　）。【全国联考2016年】

A. 86　　B. 87　　C. 88　　D. 89

3. 将一个10×10对称矩阵M的上三角部分的元素$m_{i,j}$$(1\leqslant i\leqslant j\leqslant 10)$按列优先存入C语言的一位数组N中，元素$m_{7,2}$在N中的下标是（ ）。【全国联考2020年】

A. 15　　B. 16　　C. 22　　D. 23

4. $A[N,N]$是对称矩阵，将下三角（包括对角线）以行序存储到一维数组$T[N(N+1)2]$中，则对任一上三角元素a[i][j]对应$T[k]$的下标k是（　）。【中国科学院大学2015年】

A. $\dfrac{i(i-1)}{2}+j$　B. $\dfrac{j(j-1)}{2}+i$　C. $\dfrac{i(j-i)}{2}+1$　D. $\dfrac{j(j-1)}{2}+1$

5. 把一个n阶上三角矩阵存储在一维数组$B[1\cdots\dfrac{n(n+1)}{2}]$中，如果元素$a_{i,j}$$(n\geqslant j\geqslant i\geqslant 1)$对应数组中的B[k]，则k的值为（　）。【常州大学2015年】

A. $\dfrac{j(j-1)}{2}+i$　B. $\dfrac{i(i-1)}{2}+j$　C. $\dfrac{j(j+1)}{2}+i$　D. $\dfrac{i(i+1)}{2}+j$

6. 下列关于数组的描述，正确的是（　）。【广东工业大学2017年】

A. 数组的大小是固定的，但可以有不同的类型的数组元素

B. 数组的大小是可变的，所有数组元素的类型必须相同

C. 数组的大小是固定的，所有数组元素的类型必须相同

D. 数组的大小是可变的，可以有不同的类型的数组元素

3.5.6 答案精解

● 单项选择题

1.【答案】A

【精解】考点为特殊矩阵的压缩存储。稀疏矩阵是一种特殊矩阵，其非零元素的个数远远小于零元素的个数。采用三元组<行下标,列下标,值>来唯一确定一个非零元素，因此稀疏矩阵需要使用一个三元组表来表示。矩阵三元组表的顺序存储结构称为三元组顺序存储，而它的链式存储结构是十字链表。所以答案选A。

2.【答案】B

【精解】考点为特殊矩阵的压缩存储。三对角矩阵是指在一个方阵中，所有非零元素集中在主对角线和主对角线相邻两侧的对角线上。本题中的三对角矩阵为

$$M=\begin{bmatrix} m_{1,1} & m_{1,2} & & & \\ m_{2,1} & m_{2,2} & m_{2,3} & & 0 \\ & m_{3,2} & m_{3,3} & m_{3,4} & \\ & \ddots & \ddots & \ddots & \\ 0 & & m_{99,98} & m_{99,99} & m_{99,100} \\ & & & m_{100,99} & m_{100,100} \end{bmatrix}$$

按行优先的原则依次将三对角矩阵M中的元素压缩存入一维数组，数组的下标从0开始，则N[0]存放$m_{1,1}$，存储形式如下表所示。

$m_{1,1}$	$m_{1,2}$	$m_{2,1}$	$m_{2,2}$	$m_{2,3}$	…	$m_{100,99}$	$m_{100,100}$

经过计算可得出M中的任一元素$m_{i,j}$在一维数组N中的下标为$2\times i+j-3$。元素$m_{30,30}$在N中的下标是$2\times30+30-3=87$。所以答案选B。

3.【答案】C

【精解】按上三角存储，$m_{7,2}$对应的是$m_{2,7}$，在它之前有：

第1列：1；

第2列：2；

……

第6列：6；

第7列：1。

前面一共1+2+3+4+5+6+1个元素，共22个元素，数组下标从0开始，故下标为$m_{2,7}$的数组下标为22。

4.【答案】B

【精解】考点为特殊矩阵的压缩存储。由于$A[N,N]$是对称矩阵，因此$a[i][j]=a[j][i]$，求任一上三角元素$a[i][j]$对应$T[k]$的下标k，则转换成求元素$a[j][i]$对应的下标。经过分析，发现本题目中的公式与不同教材中介绍的有所不同，本题目中对称矩阵A中的元素$a[i][j]$中的$1\leqslant i,j\leqslant n$，一维数组$T[N(N+1)2]$中的任一元素

$T[k]$, $1 \leqslant k \leqslant N(N+1)2$, 所以需要对公式加以调整，$k=\begin{cases}\dfrac{i(i-1)}{2}+j & i \geqslant j \\ \dfrac{j(j-1)}{2}+i & i<j\end{cases}$。所以答案选B。

5.【答案】A

【精解】考点为特殊矩阵的压缩存储。本题是将上三角矩阵以列序为主序压缩存储在一维数组中。因为题目中元素$a_{i,j}(n \geqslant j \geqslant i \geqslant 1)$，一维数组$B[1 \cdots \dfrac{n(n+1)}{2}]$中的下标从1开始，当$i \leqslant j$时，矩阵的元素$a_{i,j}$在数组$B$中存放位置为$\dfrac{j(j-1)}{2}+i$，即$k=\dfrac{j(j-1)}{2}+i$。所以答案选A。

6.【答案】C

【精解】考点为数组。根据数组的定义，数组的大小是固定的，在声明数组时需要给定数组大小，并且数组中数据元素应当是相同数据类型的，所以答案选C。

3.6 重难点答疑

1. 不同的教材对于顺序栈的定义不同，该如何处理？

【答疑】不同的教材对于顺序栈的定义不同，这是因为不同的专家对同一个知识点的理解有区别，这些都是无关紧要的事情，关键是掌握顺序栈的基本原理，这两个定义虽然不同，但栈的根本思想是一致的，那就是先进后出，入栈前先判断栈是否满，出栈前先判断栈是否空。在具体考研试题中，这些是不影响考生答题的，考生不必在意。本书中还会出现其他相关概念与别的教材中的定义有所差别的情况，就不再赘述。

2. 循环队列与普通队列相比有何特点？

【答疑】本教材中普通队列的队空条件为q->front == q->rear，队满条件为q->rear == MaxSize。但是会出现如图3.7的情况，q->front == q->rear == MaxSize，此时虽然队列为空，但是却符合队满条件，我们称之为假溢出。所以要引入循环队列来解决问题，且常使用少用一个空间的方法来处理该情况的发生。

循环队列队空的条件为q->front == q->rear，队满的条件为(q->rear+1)%MaxSize == q->front。并且以后进队时，执行的相关操作；

① q->data[q->rear]=e;

② q->rear=(q->rear+1) %MaxSize。

出队时，执行的相关操作：

① e=q->data[q->front];

② q->front=(q->front +1) %MaxSize。

3. 线性表、数组、矩阵、方阵、特殊矩阵和稀疏矩阵之间有何区别与联系？

【答疑】数组是线性表的推广。一维数组可看作是一个线性表。二维数组可看作元素是线性表的线性表。当然也存在三维数组、四维数组等高维数组。二维数组称为矩阵。行、列数相等的矩阵称为方阵。假若在一个矩阵里，如果值相同的元素或者零元素在矩阵中的分布有一定规律，则称此类矩阵为特殊矩阵；反之，称为稀疏矩阵。

4. 数组或矩阵的下标究竟从0开始还是从1开始？

【答疑】不同的教材因不同专家的观点不同，有的定义为数组或矩阵的下标都从1开始；有的定义数组的下标从0开始，而矩阵的下标从1开始；也有的定义为数组或矩阵的下标都从0开始的。另外，在存储特殊矩阵时，有的以行序为主序进行存储，也有的以列序为主序进行存储，非常灵活。所以提醒考生要认真读题，及时根据题目要求变换相关公式，不能死背公式，要能够灵活运用公式。如果是选择题的话，也可以通过具体案例来快速解题。

3.7 命题研究与模拟预测

3.7.1 命题研究

本章主要介绍了栈和队列的基本概念，栈和队列的顺序存储结构，栈和队列的链式存储结构，栈和队列的应用，特殊矩阵的压缩存储。通过对考试大纲的解读和历年联考真题的统计与分析，可以发现本章知识点的命题一般规律和特点如下：

（1）从内容上看，考点都集中在栈的基本概念、队列的基本概念、队列的顺序存储结构、队列的链式存储结构、栈和队列的应用、特殊矩阵的压缩存储。

（2）从题型上看，基本都是选择题，有时也会出综合应用题。

（3）从题量和分值上看，从2010年至2019年每年必考。2010年至2018年连续9年，都考查了选择题，其中2010年、2011年、2014年、2016年、2017都考查了两道选择题，占4分；在2012年、2013年、2015年都考查了一道选择题，占2分；2018年考查了三道选择题，占6分；在2019年考查了一道综合应用题，占10分。

（4）从试题难度上看，总体难度适中，但比较灵活，不容易得分。总的来说，历年考核的内容都在大纲要求的范围之内，符合考试大纲中考查目标的要求。

总的来说，联考近10年真题对本章知识点的考查都在大纲范围之内，试题占分趋势将会增大，总体难度适中，以选择题为主，但以后可能会出综合应用题，这点要求需要引起考生的注意。建议考生备考时，要注意从选择题角度出发，结合以上特点和注意事项，加深对基本概念的理解，熟练掌握栈和队列的应用，有针对性地进行复习。

3.7.2 模拟预测

● 单项选择题

1. 若双栈共享空间$S[0,\cdots,n-1]$，初始时top1=-1，top2=n，则判断栈满为真的条件是（　）。

A. top1==top2　　B. top1-top2==1　　C. top1+top2==n　　D. top2-topl==1

2. 若用带头结点的单循环链表表示非空队列，队列只设一个尾指针Q，则插入新元素结点P的操作语句序列是（　）。

A. P->next=Q>next; Q->next=P; Q=P　　B. Q->next=P; P->next=Q->next; Q=P

C. P->next=Q->next->next; Q=P　　D. P->next=Q->next; Q=P

3. 将三对角矩阵$A[1,\cdots,100][1,\cdots,100]$按行优先存入一维数组B[[1,⋯,198]中，$A$中元素$A[66][65]$在$B$中的位置$K$为（　）。

A. 198　　B. 195　　C. 197　　D. 199

3.7.3 答案精解

1.【答案】D

【精解】考点为共享栈的概念。共享栈就是一个数组被两个栈共同使用。两个栈刚好有两个栈底，让一个栈的栈底为数组的始端，即下标为0处，另一个栈的栈底为数组的末端，这里下标为n-1，这样在两个栈中，元素进栈时，栈顶向中间伸展。栈满条件：top1==top2−1或栈top2−top1==1。可以设n=4，让元素从右侧的栈2入栈，依次为a、b、c、d，则top2=0，而top1=−1，只有选项D符合条件，所以答案选D。

2.【答案】A

【精解】考点为队列的链式存储的概念。该队列采用带头结点的单循环链表来表示非空队列，队列只设一个尾指针Q，则若插入新元素结点P时，操作语句序列：

首先P−>next=Q>next；其次Q−>next=P；最后Q=P 。所以答案选A。

3.【答案】B

【精解】考点为矩阵的压缩存储。三对角矩阵的特点：只有对角线以及对角线的两侧有值，其余元素均为0。如图3.19所示。将三对角矩阵A存入数组B中的元素依次为：A[1][1]，A[1][2]，A[2][1]，A[2][2]，A[2][3]，A[3][2]，A[3][3]，A[3][4]…，当存储到元素A[66][65]时，总计有65×3−1=194个元素，而A[66][65]是数组A中第66行中的第一个元素，故其在B数组中的下标为195。所以答案选B。

第 4 章

树与二叉树

<4.1> 考点解读
<4.2> 树的基本概念
<4.3> 二叉树
<4.4> 树和森林
<4.5> 树与二叉树的应用
<4.6> 重难点答疑
<4.7> 命题研究与模拟预测

第4章 树与二叉树

4.1 考点解读

本章考点如图4.1所示。本章内容包括树，二叉树，树、森林，树与二叉树的应用。考试大纲没有明确指出对这些知识点的具体要求，通过对最近10年联考真题与本章有关考点的统计与分析（表4.1），结合数据结构课程知识体系的结构特点来看，关于本章考生应掌握树的基本概念，掌握二叉树的定义及特征，掌握二叉树的存储结构，掌握二叉树的遍历，掌握线索二叉树，理解树的存储结构，掌握森林与二叉树的转换，理解树和森林的遍历，掌握二叉排序树，掌握平衡二叉树，掌握哈夫曼编码。

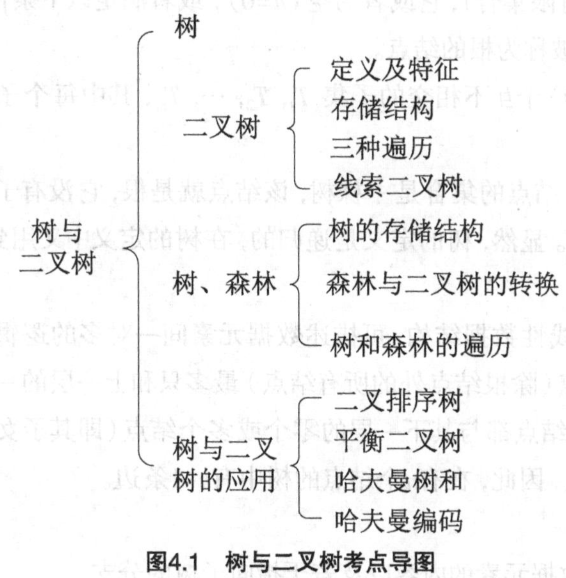

图4.1　树与二叉树考点导图

表4.1　本章最近10年考情统计表

年份	题型		分值			联考考点
	单项选择题（题）	综合应用题（题）	单项选择题（分）	综合应用题（分）	合计（分）	
2011	4	0	8	0	8	二叉树、树和森林、树与二叉树的应用
2012	2	0	4	0	4	二叉树、树与二叉树的应用
2013	4	0	8	0	8	二叉树、树与二叉树的应用
2014	3	1	6	13	19	二叉树、树和森林、树与二叉树的应用
2015	3	0	6	0	6	二叉树、树与二叉树的应用
2016	1	1	2	8	10	二叉树、树和森林

表4.1（续）

年份	题型		分值			联考考点
	单项选择题（题）	综合应用题（题）	单项选择题（分）	综合应用题（分）	合计（分）	
2017	3	1	6	15	21	二叉树、树与二叉树的应用
2018	3	0	6	0	6	二叉树、树与二叉树的应用
2019	3	0	6	0	6	树和森林、树与二叉树的应用
2020	3	1	6	10	16	二叉树、森林与二叉树、二叉排序树生成、哈夫曼编码

4.2 树的基本概念

4.2.1 树的定义及基本术语

（1）树的定义

树是n（$n \geqslant 0$）个结点的有限集合T，它或者为空（$n=0$），或者满足以下条件：

1）有且仅有一个特定的被称为根的结点。

2）其余结点分为m（$m>0$）个互不相交的子集 T_1，T_2，…，T_m，其中每个子集又是一棵树，称为根的子树。

从该定义可知，只有一个结点的集合是一棵树，该结点就是根，它没有子树。如果集合中元素个数大于 1，则它至少含有一棵子树。显然，树的定义是递归的，在树的定义中又用到树的概念，因此，树是一种递归的数据结构。

树是一种十分重要的非线性数据结构，可描述数据元素间一对多的逻辑关系，其结点之间形成分支和层次关系。树中的某个结点（除根结点外的所有结点）最多只和上一层的一个结点（即其父结点或前驱结点）有直接关系；树中每个结点都与其下一层的零个或多个结点（即其子女结点或后继结点）有直接关系。根结点没有直接上层结点，因此，在有n个结点的树中有n–1条边。

（2）基本术语

1）树的结点：包含一个数据元素的内容以及若干指向子树的分支。

2）结点的度与树的度：一个结点的子树个数称为该结点的度。一棵树的度是指该树中结点的最大度数。度为 k 的树也称为 k叉树，它的每个结点最多有k个子树。

3）分支结点和叶子结点：度不为零的结点称为分支结点或非终端结点，除根结点之外的分支结点统称为内部结点或内结点，而根结点也称为开始结点。度为零的结点称为叶子、叶结点，或终端结点，或外结点，或外部结点。在分支结构中，每个结点的分支数就是该结点的度数。如对于度为1的结点，其分支数为1，称为单分支结点；对于度为2的结点，其分支数为2，称为双分支结点，其余类推。

4）孩子结点、双亲结点、兄弟结点、堂兄弟结点：树中某个结点的子树的根称为该结点的孩子或儿子，相应地，该结点称为孩子的双亲或父亲。同双亲的孩子互称为兄弟。双亲是兄弟关系的结点称为堂兄弟。

5）子孙结点和祖先结点：以某结点为根的子树中任意结点称为该结点的子孙。结点的祖先是从根到该结点所经分支上的所有结点。

6）路径与路径长度：若树中存在一个结点序列$\{k_1, k_2, \cdots, k_j\}$，使得$k_i$是$k_{i+1}$的双亲，则称这个结点序列为从$k_1$到$k_j$的一条路径或道路，或称从$k_1$到$k_j$有路径。路径中边（即连接两个结点的线段）的个数称为路径长度。路径中的结点序列“自上而下”地通过路径上的各边。树的外部路径长度是各外结点到根结点的路径长度之和，树的内部路径长度是各内结点到根结点的路径长度之和。

7）结点的层次和树的高度：树中的每个结点都处在一定的层次上。结点的层数是从根开始算起的，根为第1层，其他结点的层数为其双亲的层数加1。树中结点的最大层数称为树的高度（Height）或深度（Depth）。注意，树的深度是从根结点开始（其深度为1）自顶向下逐层累加的，而高度是从叶结点开始（其高度为1）自底向上逐层累加的，虽然树的深度与树的高度一样，但具体到树中某个结点，其深度和高度是不一样的。

8）有序树和无序树：若树中每个结点的各子树从左到右是有次序的（即位置不能互换，否则互换后认为是不同的树），则称该树为有序树（Ordered Tree）；否则称为无序树（Unordered Tree）。

9）树的等价和同构：若两棵树中，各结点对应相等，对应结点的相关关系也对应相等，则称这两棵树相等或等价；若两棵树中，适当地重命名其中一棵中的结点，可以使两者相等，则称这两棵树同构。

10）森林：是m（$m \geqslant 0$）棵互不相交的树的集合。显然，删去一棵树的根，就得到一个森林；反之，加上一个结点作树根，森林就变为一棵树。因此，可以用森林和树相互递归的定义来描述树。

4.2.2 树的性质

性质1：树中的结点数等于所有结点的度数加1。

性质2：度为m的树中第i层上至多有m^{i-1}个结点（$i \geqslant 1$）。

性质3：高度为h的m叉树至多有$(m^h-1)/(m-1)$个结点。

性质4：具有n个结点的m叉树的最小高度为$\lceil \log m(n(m-1)+1) \rceil$。

4.2.3 真题与习题精编

● 单项选择题

1. 一棵度为4的树，n_1，n_2，n_3，n_4分别是度为1，2，3，4的结点个数，终端结点个数为n_0，则有（　）。

【桂林电子科技大学2015年】

A. $n_0=n_1+n_2+n_3+n_4$　　B. $n_0=2n_4+n_3+1$

C. $n_0=4n_4+3n_3+2n_2+n_1$　　D. $n_0=3n_4+2n_3+n_2+1$

2. 在一棵度为4的树T中，若有20个度为4的结点、10个度为3的结点、1个度为2的结点、10个度为1的结点，则树T的叶结点个数是（　）。【全国联考2010年】

A. 41　　B. 82　　C. 113　　D. 122

3. 若一棵二叉树具有20个度为2的结点、10个度为1的结点，则度为0的结点个数是（　）。

【电子科技大学2014年】

A. 10　　B. 11　　C. 21　　D. 30

4.2.4 答案精解

● 单项选择题

1.【答案】D

【精解】考点为树的基本概念。任意一棵树的结点总数等于总度数加1。所以，可以设该树的结点总数为n，总度数为m，可得出$n=m+1$。另外$n=n_0+n_1+n_2+n_3+n_4$，$m=n_0\times 0+n_1\times 1+n_2\times 2+n_3\times 3+n_4\times 4= n_1+2n_2+3n_3+4n_4$，因

此，$n_0+n_1+n_2+n_3+n_4=n_1+2n_2+3n_3+4n_4+1$，所以$n_0=n_2+2n_3+3n_4+1$。所以答案选D。

2.【答案】B

【精解】考点为树的基本概念。任意一棵树，设结点总数为n，度为0的结点数为n_0，度为1的结点数为n_1，度为2的结点数为n_2，度为3的结点数为n_3，度为4的结点数为n_4，可以得n=分支数+1=度数和+1，即$n=n_0+n_1+n_2+n_3+n_4=1+n_1+2n_2+3n_3+4n_4$。根据已知条件可以求得，$n_0+n_1+n_2+n_3+n_4=n_0+10+1+10+20=n_0+41$。

而$1+n_1+2n_2+3n_3+4n_4=1+10+2+30+80=123$，可得出$n_0+41=123$，所以$n_0=82$。即叶结点的个数是82。所以答案选B。

3.【答案】C

【精解】考点为树的基本概念。根据二叉树的性质可知，度为0的叶结点个数比度为2的结点个数多1。所以度为0的结点个数为21。所以答案选C。

4.3 二叉树

4.3.1 二叉树的定义及其主要特征

（1）二叉树的定义

二叉树（Binary Tree）是n（$n\geqslant 0$）个结点的有限集，它或者为空（$n=0$），或者由一个根结点及两棵互不相交的、分别称作该根的左子树和右子树的二叉树组成。这是个递归定义。

由于二叉树本身及子二叉树都可为空，故二叉树有5种形态，如图4.2所示。

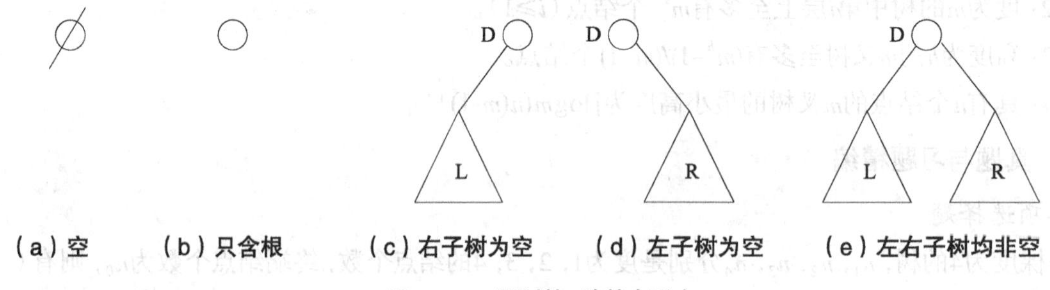

图 4.2　二叉树的5种基本形态

二叉树的主要特征：每个结点最多只能有两棵子树（即二叉树中不存在度大于2的结点），并且有左右之分，其次序不能任意颠倒，显然它不是无序树。但它与度为2的有序树也不同（度为2的树至少有3个结点，而二叉树可以为空）。因为有序树的孩子之间虽然有左右之分，但若只有一个孩子，则不分左右；而二叉树即使只有一个孩子，也要严格区分左右。可见，二叉树与树是两个不同的概念，它既不是树的特殊情形，也不是有序树的特殊情形。

（2）几种特殊的二叉树

1）满二叉树

一棵深度为k且有2^k-1个结点的二叉树称为满二叉树（Full Binary Tree）。它的特点是每一层上的结点数都达到了最大，即对给定的高度，它是具有最多结点数的二叉树。满二叉树中不存在度为1的结点（除叶子结点之外的每个结点度数均为2），每个分支结点均有两棵高度相同的子树，且所有叶子都在最下一层上，见图4.3（a）。可对满二叉树的结点进行连续编号，一般约定从根结点开始，按“自上而下，自左至右”的原则进行。

2）完全二叉树

如果深度为k，有n个结点的二叉树，当且仅当其每一个结点都与深度为k的满二叉树中编号从1到n的结点一一对应，则该二叉树称为完全二叉树（Complete Binary Tree）。或深度为k的满二叉树中编号从1到n的前n个结点构成了一棵深度为k的完全二叉树，其中$2^{k-1}\leqslant n\leqslant 2^k-1$ 。在完全二叉树中，至多只有最下面两层上的结点的度可以小于2，并且最下层上的结点都集中在该层最左边的若干位置上。它相当于在满二叉树的最底层，从右向左连续去掉若干个结点后得到的二叉树，见图4.3（b）。显然，在完全二叉树中，若一个结点没有左孩子，则它一定没有右孩子，即必定是叶子。满二叉树是完全二叉树，但完全二叉树不一定是满二叉树。空二叉树和只含一个结点的二叉树既是满二叉树，也是完全二叉树。

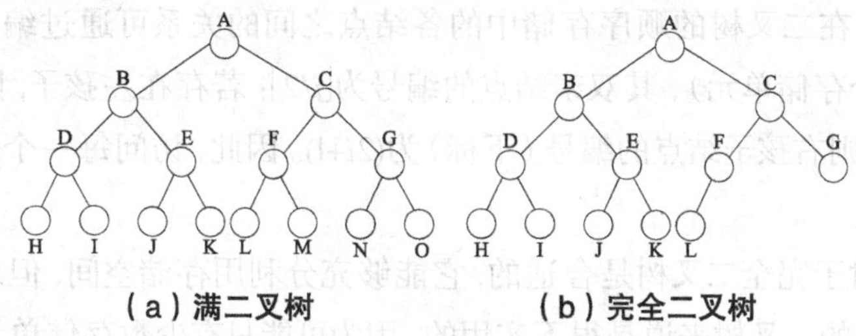

图 4.3 满二叉树和完全二叉树示例

3）二叉排序树

二叉排序树或者是空二叉树，或者是具有如下性质的二叉树：左子树上所有结点的关键字均小于根结点的关键字；右子树上的所有结点的关键字均大于根结点的关键字。左子树和右子树又各是一棵二叉排序树。

4）平衡二叉树

平衡二叉树上任一结点的左子树和右子树的深度之差不超过1。

（3）二叉树的性质

性质1：二叉树第 i 层上的结点数最多为2^{i-1}（$i\geqslant 1$）。

性质2：深度为k的二叉树至多有2^k-1个结点（$k\geqslant 1$）。

性质3：对任何一棵二叉树，若其叶子结点数为n_0，度为2的结点数为n_2，则$n_0=n_2+1$。

性质4：具有n（$n>0$）个结点的完全二叉树的深度为$\lfloor\log_2 n\rfloor+1$或$\lceil\log_2(n+1)\rceil$。

性质5：如果对一棵有n个结点的完全二叉树（其深度为$\lfloor\log_2 n\rfloor+1$）的结点按层序编号（从第1层到$\lfloor\log_2 n\rfloor+1$层，每层从左到右），则对任一结点i（$1\leqslant i\leqslant n$），有：

1）若$i=1$，则结点i是二叉树的根，无双亲；若$i>1$，则其双亲是结点$\lfloor i/2\rfloor$。

2）若$2i>n$，则结点i无左孩子（结点i为叶子结点）；否则其左孩子是结点$2i$。完全二叉树中的结点若无左孩子，则肯定也无右孩子，即为叶子，故编号$i>\lfloor n/2\rfloor$的结点必定是叶子。

3）若$2i+1>n$，则结点i无右孩子，否则其右孩子为结点$2i+1$。

4）结点i所在层次（深度）为$\lfloor\log_2 i\rfloor+1$。

4.3.2 二叉树的存储结构

二叉树的存储结构应能反映结点的双亲和孩子关系，即体现二叉树的逻辑关系。二叉树通常有两类存储结构：顺序存储结构和链式存储结构。

（1）顺序存储结构

二叉树的顺序存储就是将所有结点存储到一组连续的存储单元中（如数组），并能通过结点间的物理位置关系反映逻辑关系。这实际上就是要将二叉树的所有结点按一定次序排成一个线性序列，并且序列中结点间的次序关系要能反映结点间的逻辑关系。因此，必须确定好树中各元素的存放次序，使得各数据元素在这个存放次序中的相互位置能反映出数据元素之间的逻辑关系。

二叉树的顺序存储结构中结点的存放次序：对该树中每个结点进行编号，其编号从小到大的顺序就是结点存放在连续存储单元的先后次序。若把二叉树存储到一维数组中，则该编号就是下标值加1（C语言中数组的起始下标为0）。树中各结点的编号与等高度的完全二叉树中对应位置上结点的编号相同。其编号过程：首先把树根结点的编号定为1，然后按照层次从上到下、每层从左到右的顺序，对每一结点进行编号。当它是编号为i的双亲结点的左孩子时，则它的编号应为$2i$；当它是右孩子时，则它的编号应为$(2i+1)$。

根据二叉树的性质，在二叉树的顺序存储中的各结点之间的关系可通过编号（存储位置）确定。对于编号为i的结点（即第i个存储单元），其双亲结点的编号为$\lfloor i/2 \rfloor$；若存在左孩子，则左孩子结点的编号（下标）为$2i$；若存在右孩子，则右孩子结点的编号（下标）为$(2i+1)$。因此，访问每一个结点的双亲和左、右孩子（若有的话）都非常方便。

二叉树的顺序存储对于完全二叉树是合适的，它能够充分利用存储空间，但对于一般二叉树，特别是对于那些单分支结点较多的二叉树来说是很不实用的，因为可能只有少数存储单元被利用，特别是对退化的二叉树（即每个分支结点都是单分支的），空间浪费更是严重。另外，由于顺序存储结构固有的一些缺陷，使得二叉树的插入、删除等运算十分不方便。因此，对于一般二叉树采用顺序存储是不合适的。

（2）链式存储结构

一般二叉树通常采用链式存储方式。二叉树中每个结点最多有两个孩子，所以为它设计一个数据域和两个指针域的链式结点结构是很自然的想法。结点结构如图4.4所示。

lchild	data	rchild

图4.4　结点结构图

其中，data表示数据域，用于存储对应的数据元素；lchild和rchild都是指针域，分别表示左指针域和右指针域，用来分别存储左孩子结点和右孩子结点（即左、右子树的根结点）的位置。这种存储结构称为二叉链表存储结构。

对应的结点类型的定义如下：

```
typedef struct BTNode
{
        ElemType data;
        struct BTNode *lchild;
        struct BTNode *rchild;
}BTNode;
```

例如图4.5（a）所示的二叉树对应的链式存储的结构如图4.5（b）所示。

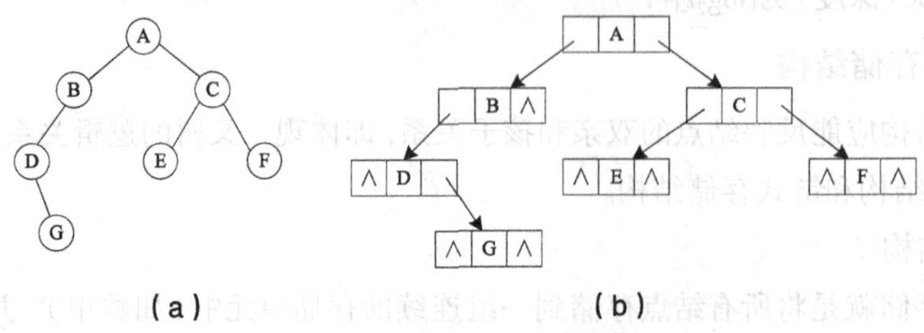

图4.5　二叉树及其链式存储结构

容易证得，在含有n个结点的二叉链表中有$n+1$个空链域，以后将利用这些空链域存储其他有用信息，从而得到另一种链式存储结构——线索链表。

4.3.3 二叉树的遍历

二叉树的遍历（Traversal）是指沿某条搜索路径巡访二叉树，对每个结点访问一次且仅访问一次。这里的访问是指对结点进行某种处理，处理的内容依具体问题而定，可以是读、写、修改和输出结点信息等。通过一次完整的遍历，可使二叉树中结点信息由非线性排列变为某种意义上的线性序列。

在二叉树的递归定义中，二叉树由根结点、左子树和右子树三个基本单元组成。因此，若能依次遍历这三部分，便是遍历了整个二叉树。假如以L、D、R分别表示遍历左子树、访问根结点和遍历右子树，那么在遍历一棵非空二叉树时，根据访问根结点、遍历左子树和遍历右子树之间的先后关系可以组合成六种遍历方法，即DLR、LDR、LRD、DRL、RDL和RLD。如果再限定先遍历左子树，后遍历右子树，那么对于非空二叉树，仅可得到三种递归的遍历方法，分别称为先（根）序遍历DLR、中（根）序遍历LDR和后（根）序遍历LRD 。

（1）先序遍历

先序遍历的操作过程如下：

若二叉树为空，则什么都不做；否则：

1）访问根结点；

2）先序遍历左子树；

3）先序遍历右子树。

对应的递归算法描述如下：

```
void preorder (BTNode  *T)
{                                        // 先序遍历
    if (T!=NULL)
    {
        visit (T->data);               // 访问根结点
        preorder (T->Lchild);          // 先序遍历左子树
        preorder (T->Rchild);          // 先序遍历右子树
    }
}
```

（2）中序遍历

中序遍历的操作过程如下：

若二叉树为空，则什么都不做；否则：

1）中序遍历左子树；

2）访问根结点；

3）中序遍历右子树。

对应的递归算法描述如下：

```
void inorder (BTNode  *T)
```

```
{                                      // 中序遍历
    if (T!=NULL)
    {
        inorder (T->Lchild);           // 中序遍历左子树
        visit (T->data);               // 访问根结点
        inorder (T->Rchild);           // 中序遍历右子树
    }
}
```

(3)后序遍历

后序遍历的操作过程如下：

如果二叉树为空树，则什么都不做；否则：

1)后续遍历左子树；

2)后续遍历右子树；

3)访问根结点。

对应的递归算法描述如下：

```
void postorder (BTNode *T)
{                                      // 后序遍历
    if (T!=NULL)
    {
        postorder (T->Lchild);         // 后续遍历左子树
        postorder (T->Rchild);         // 后序遍历右子树
        visit(T->data);                // 访问根结点
    }
}
```

注意，以上三种遍历算法中，递归遍历左子树、右子树的顺序都是固定的，只是访问根结点的顺序不同。不论哪种算法，二叉树中每个结点都是访问一次且仅访问一次，故时间复杂度都是$O(n)$。在递归遍历中，最坏的情况是，二叉树有n个结点且深度为n的单支树，遍历算法的空间复杂度为$O(n)$。

(4)递归算法和非递归算法的转换

利用用户自己定义的栈，可以将二叉树的递归算法转换为非递归算法。以先序遍历为例给出先序遍历的非递归算法如下：先定义一个栈并初始化，根结点先入栈，然后根结点出栈输出为栈顶结点，访问该结点。如果它有左子树，则将左子树根结点入栈；如果它有右子树，则将右子树根结点入栈。注意，因为栈是先进后出，所以右孩子先入栈，左孩子后入栈，后入栈的会先出栈访问，这符合先序遍历的要求。接下来将后入栈的左孩子结点出栈并作为栈顶结点输出，栈顶结点的右孩子存在，则右孩子入栈；栈顶结点的左孩子存在，则左孩子入栈，如此循环继续，直至栈空循环退出，遍历结束。

先序遍历的非递归算法如下：

```
void preorder (BTNode *T)
{
    if (T! = Null)
```

```
{
        BTNode *Stack[maxSize];                   // 定义一个栈
        int top = -1;                             // 初始化栈
        BTNode *p;
        Stack[++top] = T;                         // 根结点入栈
        while (top!= -1)                          // 栈空循环退出，遍历结束
        {
            p = Stack[top--];                     // 出栈并输出顶结点
            Visit(p);
            if (p->rchild!= NULL)                 // 栈顶结点的右孩子存在，则右孩子入栈
                Stack[++top] = p->rchild;
            if (p->lchild!= NULL)                 // 栈顶结点的左孩子存在，则左孩子入栈
                Stack[++top] = p->lchild;
        }
    }
}
```

（5）层次遍历

所谓二叉树的层次遍历，是指从第一层（即根）开始，按从上层到下层，每层内按从左到右的顺序对结点逐个进行访问。由于上下层结点之间具有父子关系，在层序遍历中必然是先访问的结点其孩子结点也先访问，所以在层次遍历中，可以设置一个队列（初始化时为空）来保存待访问的结点（已访问结点的孩子）。层次遍历算法为：每访问一个结点，就将它的孩子指针入队，下一个要访问的结点是队头（出队）；这个过程不断进行，直到队列为空。除第一个结点（即根）外，其他结点都是从队列中取出并进行处理的。为了使根结点和其他结点的处理一致，可以采用预入队技术，即在算法开始时先将根结点入队，然后马上出队再进行有关处理。具体来说，先设T是指向根结点的指针变量，层次遍历非递归算法如下：

若二叉树为空，则返回；否则，令p=T，p入队。

1）队首元素出队到p；

2）访问p所指向的结点；

3）将p所指向的结点的左、右子结点依次入队，直到队空为止。

```
/*二叉树层次遍历的非递归算法*/
#define MAX_NODE 50
void levelorder (BTNode  *T)
{
    BTNode  *Queue[MAX_NODE], *p=T ;
    int front=0, rear=0;
    if (p!=NULL)
    {
        Queue[++rear]=p;                      // 根结点入队
        while (front<rear)
```

```
        {
            p=Queue[++front];
            visit (p->data);
            if (p->Lchild!=NULL)
            Queue[++rear]=p->Lchild;          // 左结点入队
            if (p->Rchild!=NULL)
            Queue[++rear]=p->Rchild;          // 右结点入队
        }
    }
}
```

4.3.4 线索二叉树

（1）线索二叉树的基本概念

n个结点的二叉树，采用链式存储结构时，有n+1个空链域。这是因为n个结点的二叉树必然含有2n个链域（因为每个结点都有2个链域），而n个结点的二叉树只需使用其中n−1个链域即可（这是由树的基本性质决定的）。因此空链域数为$2n-(n-1)=n+1$。能否利用这些空链域提高二叉树遍历的效率呢？答案是肯定的，可以利用这些空链域存放指向结点的直接前驱和直接后继结点的指针。这种附加的指针称为"线索"，加上线索的二叉链表称为线索链表，相应的二叉树称为线索二叉树。这时，结点中的指针可能是孩子，也可能是线索，可在结点中设置两个线索标志位（左线索标志LTag和右线索标志RTag）进行区分，相应的结点结构如图4.6所示。

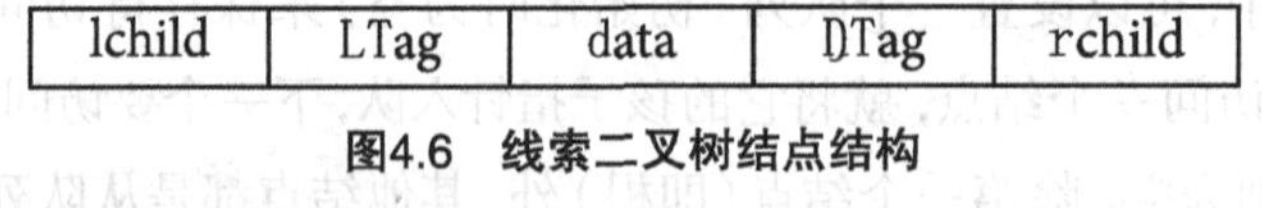

lchild	LTag	data	DTag	rchild

图4.6　线索二叉树结点结构

其中：

$$LTag=\begin{cases}0 & \text{lchild域指示结点的左孩子}\\1 & \text{lchild域指示结点的前驱}\end{cases}$$

$$RTag=\begin{cases}0 & \text{rchild域指示结点的右孩子}\\1 & \text{rchild域指示结点的后继}\end{cases}$$

对应的线索二叉树的结点定义如下：

```
// 二叉树的二叉线索存储表示
typedef struct BiThrNode
{   TElemType   data;
    struct BiThrNode * lchild, * rchild;          // 左右孩子指针
    int LTag, RTag;                               // 左右标志
}BiThrNode, *BiThrTree;
```

线索二叉树的引入加快了查找结点前驱和后继的速度。对二叉树以某种次序遍历使其变为线索二叉树的过程称为线索化。

图4.7（a）所示为中序线索二叉树，与其对应的中序线索链表如图4.7（b）所示。其中实线为指针（指向左、右子树），虚线为线索（指向前驱和后继）。为了方便起见，仿照线性表的存储结构，在二叉树的线索

链表上也添加一个头结点，并令其lchild域的指针指向二叉树的根结点，其rchild域的指针指向中序遍历时访问的最后一个结点。同时，令二叉树中序序列中第一个结点的lchild域指针和最后一个结点rchild域的指针均指向头结点。这好比为二叉树建立一个双向链表，既可以从第一个结点起顺后进行遍历，也可以从最后一个结点起顺前驱进行遍历。

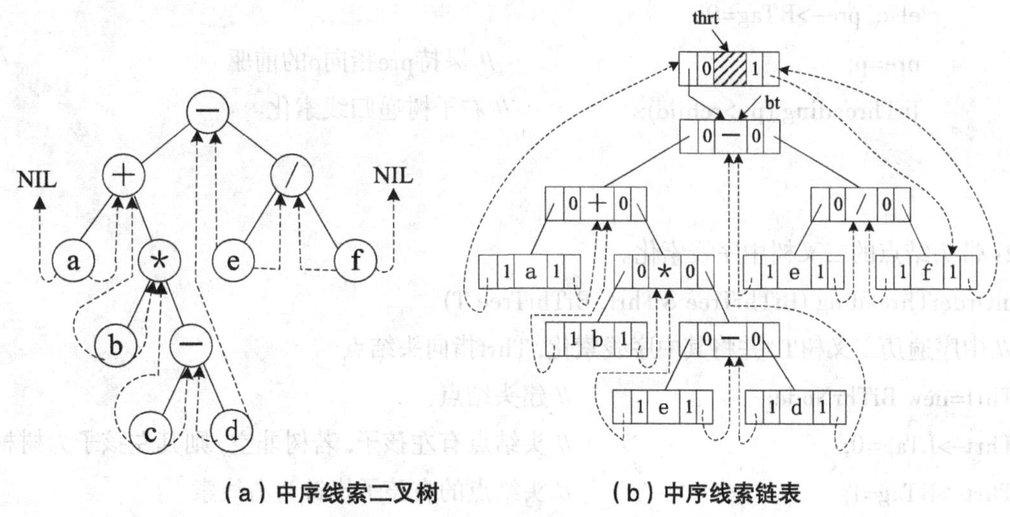

（a）中序线索二叉树　（b）中序线索链表

图4.7　线索二叉树及其存储结构

（2）构造线索二叉树

由于线索二叉树构造的实质是将二叉链表中的空指针改为指向前驱或后继的线索，而前驱或后继的信息只有在遍历时才能得到，因此线索化的过程即为在遍历的过程中修改空指针的过程，可以用递归算法。对二叉树按照不同的遍历次序进行线索化，可以得到不同的线索二叉树，包括先序线索二叉树、中序线索二叉树和后序线索二叉树。下面重点介绍中序线索化的算法。

为了记下遍历过程中访问结点的先后关系，附设一个指针prc始终指向刚刚访问过的结点，而指针p指向当前访问的结点，由此记录下遍历过程中访问结点的先后关系。算法1是对树中任意一个结点p为根的子树中序线索化的过程，算法2通过调用算法1来完成整个二叉树的中序线索化。

算法1：以结点p为根的子树中序线索化。

```
void InThreading (BiThrTree p)
{     // pre是全局变量，初始化时其右孩子指针为空，便于在树的最左点开始建线索
      if (p)
      {
          InThreading (p->lchild);          // 左子树递归线索化
          if (!p->lchild)                   //p的左孩子为空
          {
               p->LTag=1;                   // 给p加上左线索
               p->lchild=pre;               // p的左孩子指针指向pre（前驱）
          }
          else   p->LTag=0;
          if (!pre->rchild)                 // pre的右孩子为空
```

```
        {
            pre->RTag=1;                        // 给pre加上右线索
            pre->rchild=p;                      // pre的右孩子指针指向p（后继）
        }
        else  pre->RTag=0;
        pre=p;                                  // 保持pre指向p的前驱
        InThreading (p->rchild);                // 右子树递归线索化
    }
}
```

算法2：带头结点的二叉树中序线索化。

```
void InOrderThreading (BiThrTree &Thrt, BiThrTree T)
{     // 中序遍历二叉树T，并将其中序线索化，Thrt指向头结点
    Thrt=new BiThrNode;                 // 建头结点
    Thrt->LTag=0;                       // 头结点有左孩子，若树非空，则其左孩子为树根
    Thrt->RTag=1;                       // 头结点的右孩子指针为右线索
    Thrt->rchild=Thrt;                  // 初始化时右指针指向自己
    if (!T) Thrt->lchild=Thrt;          // 若树为空，则左指针也指向自己
    else
    {
        Thrt->lchild=T;  pre=Thrt;      // 头结点的左孩子指向根，pre初值指向头结点
        InThreading (T);                // 调用算法1，对以T为根的二叉树进行中序线索化
        pre->rchild=Thrt;               // 算法1结束后，pre为最右结点，pre的右线索指向头结点
        pre->RTag=1;
        Thrt->rchild=pre;               // 头结点的右线索指向pre
    }
}
```

4.3.5 真题与习题精编

● 单项选择题

1. 设一棵非空完全二叉树T的所有叶结点均位于同一层，且每个非叶结点都有2个子结点。若T有k个叶结点，则T的结点总数是（　）。【全国联考2018年】

A. $2k-1$　　B. $2k$　　C. k^2　　D. 2^k-1

2. 要使一棵非空二叉树的先序序列与中序序列相同，其所有非叶结点需满足的条件是（　）。

【全国联考2017年】

A. 只有左子树　B. 只有右子树　C. 结点的度均为1　D. 结点的度均为2

3. 某二叉树的树形如下图所示，其后序序列为e,a,c,b,d,g,f，树中与结点a同层的结点是（ ）。

【全国联考2017年】

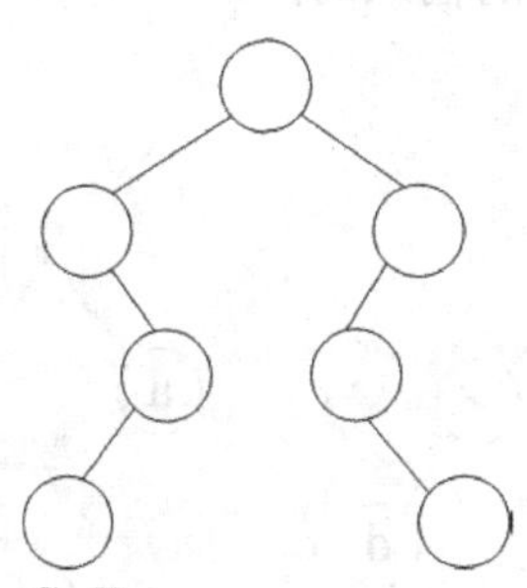

A. C　B. d　C. F　D. g

4. 先序序列为a,b,c,d的不同二叉树的个数是（　）。【全国联考2015年】

A. 13　B. 14　C. 15　D. 16

5. 若对下图所示的二叉树进行中序线索化，则结点X的左、右线索指向的结点分别是（　）。

【全国联考2014年】

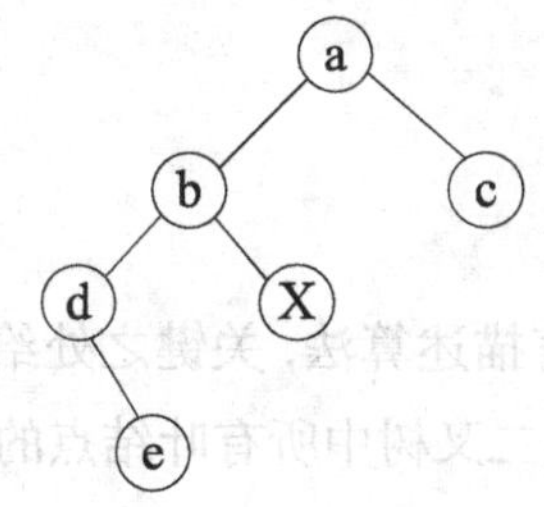

A. e、c　B. e、a　C. d、c　D. b、a

6. 若X是后序线索二叉树中的叶结点，且X存在左兄弟结点Y，则X的右线索指向的是（　）。

【全国联考2013年】

A. X的父结点　B. 以Y为根的子树的最左下结点

C. X的左兄弟结点Y　D. 以Y为根的子树的最右下结点

7. 若一棵二叉树的前序遍历序列为a,e,b,d,c，后序遍历序列为b,c,d,e,a，则根结点的孩子结点（　）。【全国联考2012年】

A. 只有e　B. 有e、b　C. 有e、c　D. 无法确定

8. 若一棵完全二叉树有768个结点，则该二叉树中叶结点的个数是（　）。【全国联考2011年】

A. 257　B. 258　C. 384　D. 385

9. 若一棵二叉树的前序遍历序列和后序遍历序列分别为1,2,3,4和4,3,2,1，则该二叉树的中序遍历序列不会是（　）。【全国联考2011年】

A. 1,2,3,4　B. 2,3,4,1　C. 3,2,4,1　D. 4,3,2,1

10. 对与任意一棵高度为5且有10个节点的二叉树，若采用顺序存储结构保存，每个结点占1个存储单元（仅存放结点的数据信息），则存放该二叉树需要的存储单元数量至少是（ ）。【全国联考2020年】

A. 31　B. 16　C. 15　D. 10

● 综合应用题

1. 请设计一个算法，将给定的表达式树（二叉树）转换为等价的中缀表达式（通过括号反映操作符的计算次序）并出。

例如，当下列两棵表达式树作为算法的输入时：

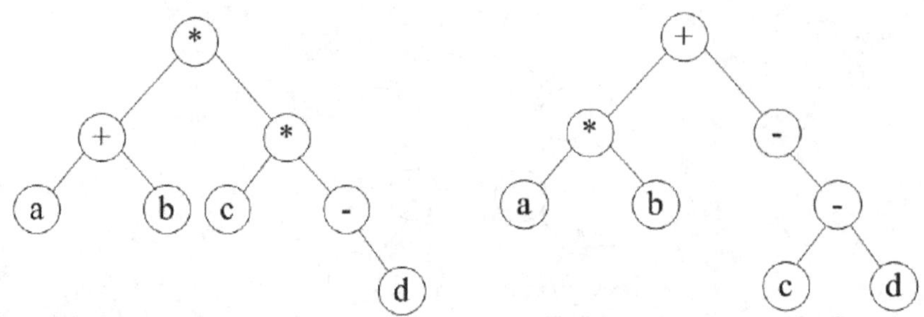

输出的等价中缀表达式分别为(a+b)*(c*(−d))和(a*b)+(−(c−d))。

二叉树结点定义如下：

```
typedef struct node{
char data[10];                //存储操作数或操作符
struct node*left, *right;
}BTree;
```

要求： 【全国联考2017年】

（1）给出算法的基本设计思想。

（2）根据设计思想，采用C或C++语言描述算法，关键之处给出注释。

2. 二叉树的带权路径长度（WPL）是二叉树中所有叶结点的带权路径长度之和。给定一棵二叉树T，采用二叉链表存储，结点结构为

left	weight	right

其中叶结点的weight域保存该结点的非负权值。设root为指向T的根结点的指针，请设计求T的WPL的算法，要求： 【全国联考2014年】

（1）给出算法的基本设计思想。

（2）使用C或C++语言，给出二叉树结点的数据类型定义。

（3）根据设计思想，采用C或C++语言描述算法，关键之处给出注释。

4.3.6 答案精解

● 单项选择题

1.【答案】A

【精解】考点为二叉树的概念。非叶结点的度均为2，且所有的叶结点都位于同一层的完全二叉树就是满二叉树。一棵高度为h的满二叉树，若空树，则高度为0，其最后一层都是叶结点，数目为2^{h-1}，总结点数目为2^h-1，所以，当$2^{h-1}=k$时，可以求得$2^h=2k$，因此$2^h-1=2k-1$。所以答案选A。

2.【答案】B

【精解】考点为二叉树的遍历。先序序列是先访问根结点，再先序遍历左子树，最后先序右子树。中序序列是先中序遍历左子树，再访问根结点，最后中序遍历右子树。若所有非叶结点只有右子树，则先序序列和中序序列都是先访问根结点，然后再访问右子树，递归进行，此时，所得的先序序列和中序序列相同，

所以答案选B。

3.【答案】B

【精解】考点为二叉树的遍历。后序序列是先后序遍历左子树，再后序遍历右子树，最后访问根结点。根结点的左子树的叶结点最先被访问，它是e，然后是它的父结点a，然后是a的父结点c，接着访问根结点的右子树。此时，叶结点b将首先被访问，然后访问b的父结点d，接着访问d的父结点g，最后访问根结点f。所以，与a同层的结点应当是d，所以答案选B。相应的二叉树如下图所示。

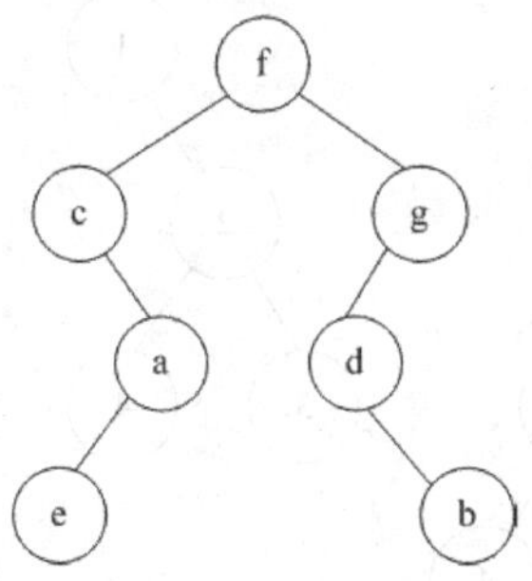

4.【答案】B

【精解】考点为二叉树的遍历。二叉树的先序遍历和中序遍历的递归算法都需要使用工作栈，其中先序序列为入栈顺序，中序序列为出栈顺序，并且先序序列和中序序列可以唯一确定一棵二叉树，所以本题其实是在求若以序列a,b,c,d顺序入栈，可以得出多少个出栈序列个数。因为对于n个不同的元素进栈，出栈序列的个数为$\frac{1}{n+1}C_{2n}^{n}=14$。所以答案选B。

5.【答案】D

【精解】考点为线索二叉树。线索二叉树的线索本质上是指相应遍历序列特定结点的前驱结点和后继结点，因此可以先求出该二叉树的中序遍历序列为debxac，此时在x左边和右边的字符分别是b和a，它们就是x在中序线索化的左线索和右线索，所以答案选D。

6.【答案】A

【精解】考点为线索二叉树。后序遍历是先后序遍历左子树，再后序遍历右子树，最后才访问根结点。根据题意所画的后序线索二叉树的部分结点关系图如下图所示。

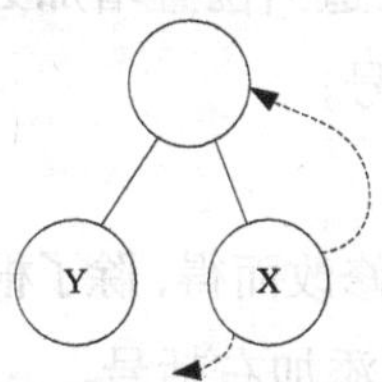

X是叶结点，所以它的后序后继结点是其父结点，所以它的右线索指向的是X的父结点。所以答案选A。

7.【答案】A

【精解】考点为二叉树的遍历。前序序列和后序序列不能唯一确定一棵二叉树，但可以确定二叉树中结点的祖先关系：当两个结点的前序序列为XY与后序序列为YX时，则X为Y的祖先。考虑前序序列a,e,b,d,c、后序序列b,c,d,e,a，可知a为根结点，e为a的孩子结点；此外，由a的孩子结点的前序序列e,b,d,c、后序序列b,c,d,e，可知e是b,c,d的祖先，故根结点的孩子结点只有e。所以答案选A。

8.【答案】C

【精解】考点为二叉树。叶结点数为n，根据二叉树的性质可知度为2的结点数为n-1。而完全二叉树中度为1的结点数为0或1，本题中的总结点数为偶数，所以度为1的结点个数只能为1，所以$n+n-1+1=2n=768$。

n=384。所以答案选C。

9.【答案】C

【精解】考点为二叉树。根据二叉树的前序序列和中序序列可以唯一地确定一个二叉树，所以如果中序序列是选项A，则所确定的二叉树如图(a)所示；如果中序序列是选项B，或选项C，或选项D，则相应二叉树分别如图(b)、(c)、(d)所示。此时，根据四个图所得的后序序列只有(c)的为3,4,2,1，而其他三个均为4,3,2,1，所以答案选C。

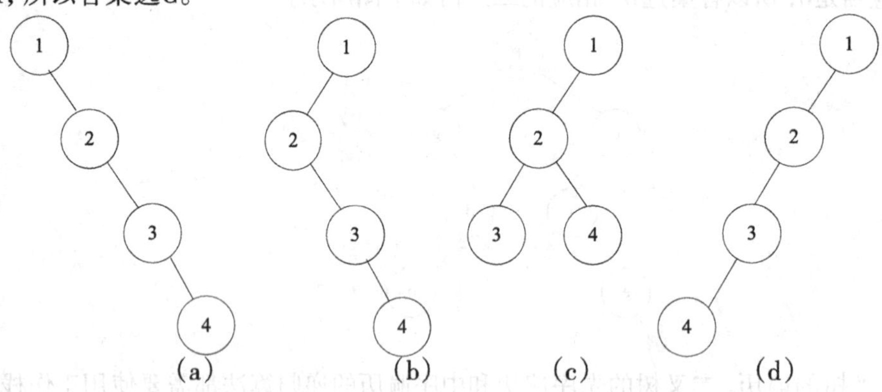

10.【答案】A

【精解】由于题目明确说明只存储结点数据信息，所以采用顺序存储时要用数组的下标保存结点的父子关系，所以对于这棵二叉树存储的结果就是存储了一棵五层的满二叉树，五层的满二叉树结点个数为1+2+4+8+16=31，所以至少需要31个存储单元。

● 综合应用题

1.【答案精解】

(1)算法的基本设计思想

表达式树的中序序列加上必要的括号即为等价的中缀表达式。可以基于二叉树的中序遍历策略得到所需的表达式。

表达式树中分支结点所对应的子表达式的计算次序，由该分支结点所处的位置决定。为得到正确的中缀表达式，需要在生成遍历序列的同时，在适当位置增加必要的括号。显然，表达式的最外层(对应根结点)及操作数(对应叶结点)不需要添加括号。

(2)算法实现

本算法是将二叉树的中序遍历算法进行修改而得，除了根结点和叶结点，当遍历到其他结点时，遍历左子树之前先添加左括号，而遍历完右子树后添加右括号。

```
void BtreeToE (BTree *root)
{
    BtreeToExp (root,1);                              // 根的高度为1
}
void BtreeToExp (BTree *root,int deep)
{
    if (root==NULL)  return;
    else  if (root->left==NULL&&root->right==NULL)    // 若为叶结点
```

```
            printf ("%s",root->data);          // 输出操作数
    else
    {
        if (deep>1)  printf("(");              // 若有子表达式则加1层括号
        BtreeToExp (root->left,deep+1);
        printf ("%s",root->data);              // 输出操作符
        BtreeToExp (root->right,deep+1);
        if (deep>1)  printf(")");              // 若有子表达式则加1层括号
    }
}
```

2.【答案精解】

本题考查二叉树的带权路径长度。二叉树的带权路径长度为每个叶子结点的深度与权值之积的总和，可以使用先序遍历或层次遍历解决问题。

（1）算法的基本设计思想：

① 基于先序递归遍历的算法思想是用一个static变量记录wpl，把每个结点的深度作为递归函数的一个参数传递，算法步骤如下：

若该结点是叶子结点，那么变量wpl加上该结点的深度与权值之积；

若该结点非叶子结点，那么若左子树不为空，对左子树调用递归算法，若右子树不为空，对右子树调用递归算法，深度参数均为本结点的深度参数加1；

最后返回计算出的wpl即可。

② 基于层次遍历的算法思想是使用队列进行层次遍历，并记录当前的层数：

当遍历到叶子结点时，累计wpl；

当遍历到非叶子结点时，把该结点的子树加入队列；

当某结点为该层的最后一个结点时，层数自增1；

队列空时遍历结束，返回wpl。

（2）二叉树结点的数据类型定义如下：

```
typedef struct BiTNode{
    int weight;
    struct BiTNode *lchild, *rchild;
}BiTNode, *BiTree;
```

（3）算法代码如下：

① 基于先序遍历的算法：

```
int WPL (BiTree root){
    return wpl_PreOrder (root, 0);
}
int wpl_PreOrder (BiTree root, int deep){
    static int wpl = 0;                                   // 定义一个 static变量存储wpl
    if (root->lchild == NULL && root->lchild == NULL)     // 若为叶子结点，累计wpl
```

```
        wpl += deep*root->weight;
    if (root->lchild != NULL)                    // 若左子树不空，对左子树递归遍历
        wpl_PreOrder (root->lchild, deep+1);
    if (root->rchild != NULL)                    // 若右子树不空，对右子树递归遍历
        wpl_PreOrder(root->rchild, deep+1);
    return wpl;
}
```

② 基于层次遍历的算法：

```
#define MaxSize 100                              // 设置队列的最大容量
int wpl_LevelOrder (BiTree root){
    BiTree q[MaxSize];                           // 声明队列，end1为头指针，end2为尾指针
    int end1, end2;                              // 队列最多容纳MaxSize-1个元素
    end1 = end2 = 0;                             // 头指针指向队头元素，尾指针指向队尾的后一个元素
    int wpl = 0, deep = 0;                       // 初始化wpl和深度
    BiTree lastNode;                             // lastNode用来记录当前层的最后一个结点
    BiTree newlastNode;                          // newlastNode用来记录下一层的最后一个结点
    lastNode = root;                             // lastNode初始化为根结点
    newlastNode = NULL;                          // newlastNode初始化为空
    q[end2++] = root;                            // 根结点入队
    while (end1 != end2){                        // 层次遍历，若队列不空则循环
        BiTree t = q[end1++];                    // 拿出队列中的头一个元素
        if (t->lchild == NULL && t->lchild == NULL){
            wpl += deep*t->weight;
        }                                        // 若为叶子结点，统计 wpl
        if (t->lchild != NULL){                  // 若非叶子结点，把左结点入队
            q[end2++] = t->lchild;
            newlastNode = t->lchild;
        }                                        // 并设下一层的最后一个结点为该结点的左结点
        if (t->rchild != NULL){                  // 处理叶结点
            q[end2++] = t->rchild;
            newlastNode = t->rchild;
    }
    if (t == lastNode){                          // 若该结点为本层最后一个结点，更新lastNode
        lastNode = newlastNode;
        deep += 1;                               // 层数加1
    }
}
```

```
    return wpl;                              // 返回wpl
}
```

上述两个算法一个为递归的先序遍历，一个为非递归的层次遍历，考生应当选取自己最擅长的书写方式。直观看去，先序遍历代码行数少，不必运用其他工具，书写也更容易，希望读者能掌握。

在先序遍历的算法中，static是一个静态变量，只在首次调用函数时声明wpl并赋值为0，以后的递归调用并不会使得wpl为0，具体用法请参考相关资料中的static关键字说明，也可以在函数之外预先设置一个全局变量，并初始化。不过考虑到历年真题算法答案通常都直接仅仅由一个函数构成，所以参考答案使用static。对 static不熟悉的同学可以使用以下形式的递归：

```
int wpl_PreOrder (BiTree root, int deep){
    int lwpl, rwpl;                          // 用于存储左子树和右子树的产生的wpl
    lwpl = rwpl = 0;
    if (root->lchild == NULL && root->rchild == NULL) // 若为叶结点，计算当前叶结点的wpl
        return deep*root->weight;
    if (root->lchild != NULL)                // 若左子树不空，对左子树递归遍历
        lwpl = wpl_PreOrder(root->lchild, deep+1);
    if (root->rchild != NULL)                // 若右子树不空，对右子树递归遍历
        rwpl = wpl_PreOrder(root->rchild, deep+1);
    return lwpl + rwpl;
}
```

C/C++语言基础好的同学可以下使用以下这种更简便的形式：

```
int wpl_PreOrder (BiTree root, int deep){
    if (root->lchild == NULL && root->lchild == NULL)    // 若为叶子结点，累计wpl
        return deep*root->weight;
    return (root->lchild != NULL? wpl_PreOrder(root->lchild,deep+1): 0)
    +(root->rchild != NULL? wpl_PreOrder(root->rchild,deep+1): 0);
}
```

这个形式只是上面方法的简化而已，二者本质是一样的，而这个形式的代码更短，在时间有限的情况下更具优势，能比写层次遍历的考生节约很多时间，所以考生应当在保证代码正确的情况下，尽量写一些较短的算法，为解其他题目赢得更多的时间。但是，对于基础不扎实的考生，还是建议使用写对把握更大的方法，否则可能会得不偿失。例如在上面的代码中，考生容易忘记三元式(x? y: z)两端的括号，若不加括号，则答案就会是错误的。

在层次遍历的算法中，读者要理解lastNode和newlastNode的区别，lastNode指的是当前遍历层的最后一个结点，而newlastNode指的是下一层的最后一个结点，是动态变化的，直到遍历到本层的最后一个结点，才能确认下层真正的最后一个结点是哪个结点，而函数中入队操作并没有判断队满，若考试时用到，考生最好加上队满条件，这里队列的队满条件为$end_1==(end_2+1)\%M$，采用的是2014年真题选择题中第3题的队列形式。同时，考生也可以尝试使用记录每层的第一个结点来进行层次遍历的算法，这里不再给出代码，请考生自行练习。

4.4 树和森林

4.4.1 树的存储结构

树的存储要求既要存储结点的数据元素，又要存储结点之间的逻辑关系。有关树的存储方式有多种，常用的三种数据的存储结构是双亲存储结构、孩子存储结构和孩子兄弟存储结构。

(1)双亲表示法

这种存储结构是用一组连续空间存储树的所有结点，同时在每个结点中附加一个指示器（整数域）指示其双亲结点的位置（下标值）。数组元素及数组的类型定义如下：

```
# define MAX__TREE_SIZE 100                    // 树中最多结点数
typedef struct PTNode
{                                              // 树的结点定义
    TElemType data;                            // 数据元素
    int parent;                                // 双亲位置域
}PTNode;
typedef struct
{                                              // 树结构
    PTNode nodes[MAX_TREE_SIZE];
    int root;                                  // 根结点位置
    int n;                                     // 结点数
}PTree
```

图4.8所示是一棵树及其双亲表示的存储结构。这种存储结构利用了任一结点（根结点除外）只有唯一的双亲的性质，可以方便地直接找到任一结点的双亲结点，若遇无双亲的结点时，便找到了树的根。但是，在这种表示法中，求结点的孩子时需要遍历整个结构。

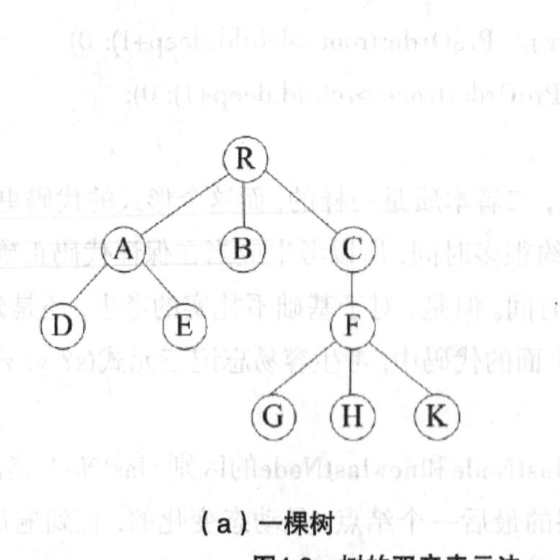

(a)一棵树

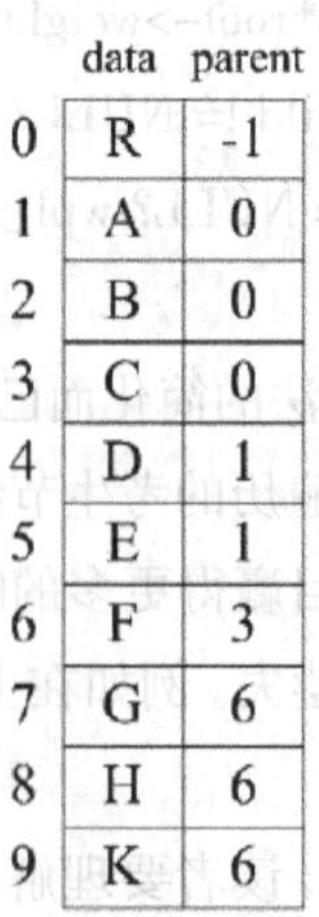

	data	parent
0	R	-1
1	A	0
2	B	0
3	C	0
4	D	1
5	E	1
6	F	3
7	G	6
8	H	6
9	K	6

(b)双亲表示

图4.8　树的双亲表示法

(2)孩子表示法

由于树中每个结点可能有多棵子树，则可用多重链表，即每个结点有多个指针域，其中每个指针指向一棵子树的根结点，此时链表中的结点可以有如下两种结点格式：

data	child1	child2	…	childd

data	degree	child1	child2	…	childd

若采用第一种结点格式，则多重链表中的结点是同构的，其中d为树的度。由于树中很多结点的度小于d，所以链表中有很多空链域，空间较浪费，不难推出，在一棵有n个结点的度为k的树中必有$n(k-1)+1$个空链域。若采用第二种结点格式，则多重链表中的结点是不同构的，其中d为结点的度，degree域的值同d。此时，虽能节约存储空间，但操作不方便。

另一种办法是把每个结点的孩子结点排列起来，看成是一个线性表，且以单链表作存储结构，则n个结点有n个孩子链表（叶子的孩子链表为空表）。而n个头指针又组成一个线性表，为了便于查找，可采用顺序存储结构。这种存储结构可形式地说明如下：

```
------树的孩子链表存储表示------
typedef struct CTNode
{                                          // 孩子结点
    int child;
    struct CTNode *next;
}*ChildPtr;
typedef struct
{
    TElemType data;
    ChildPtr firstchild;                   // 孩子链表头指针
}CTBox;
typedef struct
{
    CTBox nodes[MAX-TREE.SIZE];
    int n,r;                               // 结点数和根的位置
}CTree;
```

图4.9（a）是图4.8中的树的孩子表示法。与双亲表示法相反，孩子表示法便于那些涉及孩子的操作的实现，却不适用于寻找双亲的操作。可以把双亲表示法和孩子表示法结合起来，即将双亲表示和孩子链表合在一起。图4.9（b）就是这种存储结构的一例，它和图4.9（a）表示的是同一棵树。

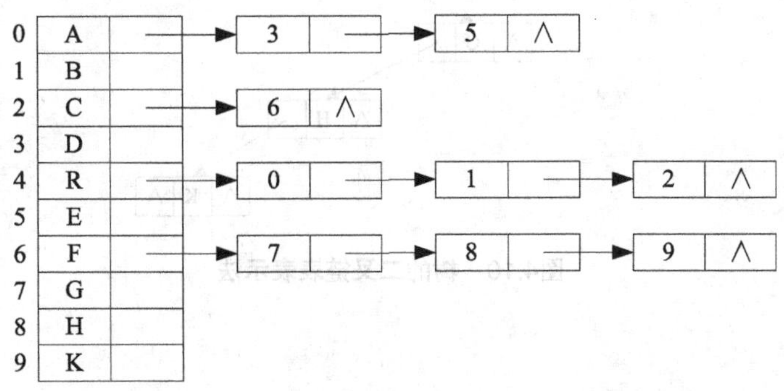

（a）孩子链表

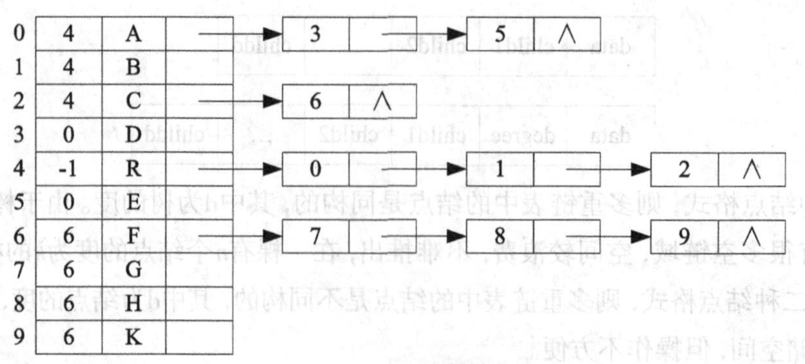

0	4	A
1	4	B
2	4	C
3	0	D
4	-1	R
5	0	E
6	6	F
7	6	G
8	6	H
9	6	K

（b）带双亲的孩子链表

图4.9　树的孩子表示法

（3）孩子兄弟表示法

又称二叉树表示法，或二叉链表表示法。即以二叉链表作树的存储结构。链表中结点的两个链域分别指向该结点的第一个孩子结点和下一个兄弟结点，分别命名为firstchild域和nextsibling域。

孩子兄弟表示法的存储结构描述如下：

```
typedef struct CSNode
{
    ElemType data;                              // 数据域
    struct CSNode  *firstchild, *nextsibling;
}CSNode, *CSTree;
```

图4.10是图4.8中的树的孩子兄弟链表。利用这种存储结构便于实现各种树的操作。首先易于实现找结点孩子等的操作。例如：若要访问结点x的第i个孩子，则只要先从firstchild域找到第1个孩子结点，然后沿着孩子结点的nextsibling域连续走i–1步，便可找到x的第i个孩子。当然，如果为每个结点增设一个PARENT域，则同样能方便地实现查找双亲的操作。

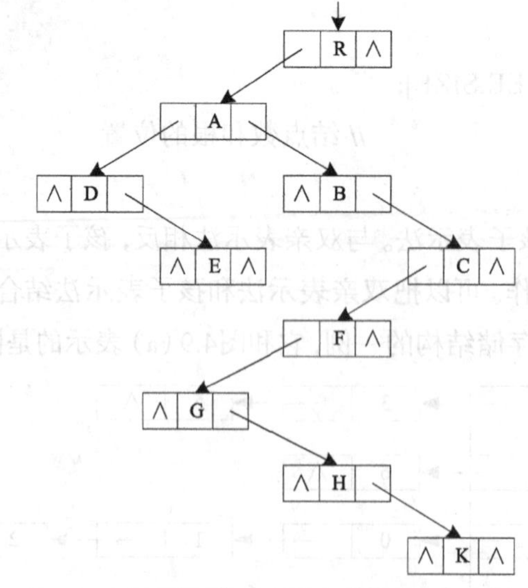

图4.10　树的二叉链表表示法

4.4.2 森林与二叉树的转换

由于二叉树和树都可用二叉链表作为存储结构，则以二叉链表作为媒介可导出树与二叉树之间的一个对应关系。也就是说，给定一棵树，可以找到唯一的一棵二叉树与之对应，从物理结构来看，它们的二叉链表是相同的，只是解释不同而已。图4.11直观地展示了树与二叉树之间的对应关系。

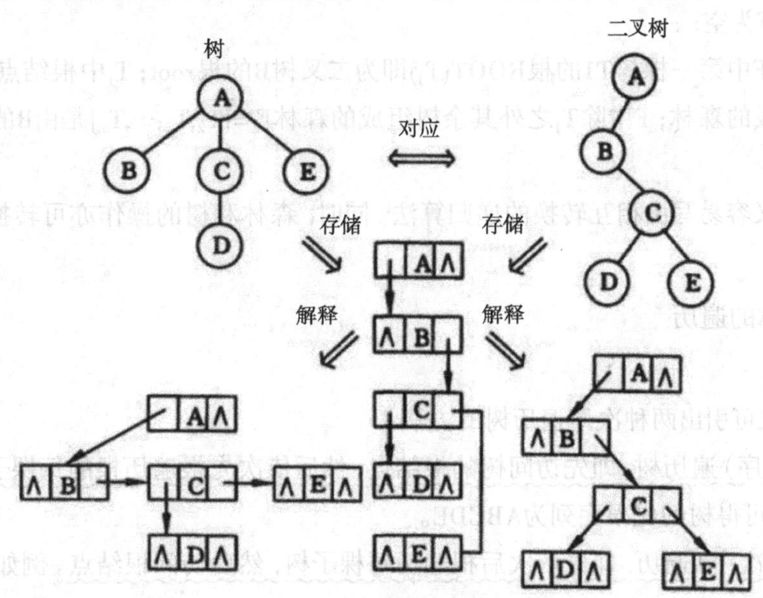

图4.11 树与二叉树的对应关系

从树的二叉链表表示的定义可知，任何一棵和树对应的二叉树，其右子树必空。若把森林中第二棵树的根结点看成是第一棵树的根结点的兄弟，则同样可导出森林和二叉树的对应关系。

例如，图4.12展示了森林与二叉树之间的对应关系。

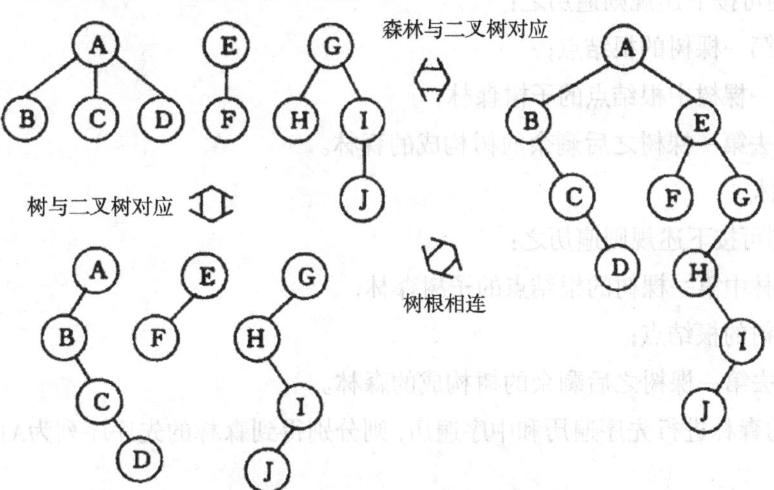

图4.12 森林与二叉树的对应关系

这个一一对应的关系使得森林或树与二叉树可以相互转换，其形式定义如下：

（1）森林转换成二叉树

如果F={T_1,T_2,…,T_m}是森林，则可按如下规则转换成一棵二叉树B=(root,LB,RB)。

1）若F为空，即m=0，则B为空树；

2）若F非空，即m≠0，则B的根root即为森林中第一棵树的根ROOT(T_1)；B的左子树LB是从T_1中根结点的子树森林F1={T_{11},T_{12},…,T_{1m1}}转换而成的二叉树；其右子树RB是从森林F'={T_2,T_3,…,T_m}转换而成的二叉树。

（2）二叉树转换成森林

如果B=(root,LB,RB)是一棵二叉树，则可按如下规则转换成森林F={T_1,T_2,…,T_m}：

1）若B为空，则F为空；

2）若B非空，则F中第一棵树T1的根ROOT(T_1)即为二叉树B的根root；T_1中根结点的子树森林F_1是由B的左子树LB转换而成的森林；F中除T_1之外其余树组成的森林F'={T_2,T_3,…,T_m}是由B的右子树RB转换而成的森林。

从上述递归定义容易写出相互转换的递归算法。同时，森林和树的操作亦可转换成二叉树的操作来实现。

4.4.3 树和森林的遍历

（1）树的遍历

由树结构的定义可引出两种次序遍历树的方法：

一种是先根（次序）遍历树，即先访问树的根结点，然后依次先根遍历根的每棵子树。例如，对图4.11的树进行先根遍历，可得树的先根序列为ABCDE。

另一种是后根（次序）遍历，即先依次后根遍历每棵子树，然后访问根结点。例如，若对图4.11的树进行后根遍历，则得树的后根序列为BDCEA。

（2）森林的遍历

按照森林和树相互递归的定义，可以推出森林的两种遍历方法：

1）先序遍历森林

若森林非空，则可按下述规则遍历之：

① 访问森林中第一棵树的根结点；

② 先序遍历第一棵树中根结点的子树森林；

③ 先序遍历除去第一棵树之后剩余的树构成的森林。

2）中序遍历森林

若森林非空，则可按下述规则遍历之：

① 中序遍历森林中第一棵树的根结点的子树森林；

② 访问第一棵树的根结点；

③ 中序遍历除去第一棵树之后剩余的树构成的森林。

若对图4.12中的森林进行先序遍历和中序遍历，则分别得到森林的先序序列为ABCDEFGHIJ，中序序列为BCDAFEHJIG。

由森林与二叉树之间转换的规则可知，当森林转换成二叉树时，其第一棵树的子森林转换成左子树，剩余树的森林转换成右子树，则上述森林的先序和中序遍历即为其对应的二叉树的先序和中序遍历。若对图4.12中的森林对应的二叉树分别进行先序和中序遍历，可得和上述相同的序列。

由此可见，当以二叉链表作树的存储结构时，树的先根遍历和后根遍历可借用二叉树先序遍历和中序遍历的算法实现。

4.4.4 真题与习题精编

● 单项选择题

1. 若将一棵树T转化为对应的二叉树BT，则下列对BT的遍历中，其遍历序列与T的后根遍历序列相同的是（ ）。【全国联考2019年】

A. 先序遍历　B. 中序遍历　C. 后序遍历　D. 按层遍历

2. 若森林F有15条边、25个结点，则F包含树的个数是（ ）。【全国联考2016年】

A. 8　B. 9　C. 10　D. 11

3. 将森林F转换为对应的二叉树T，F中叶结点的个数等于（ ）。【全国联考2014年】

A. T中叶结点的个数　B. T中度为1的结点个数

C. T中左孩子指针为空的结点个数　D. T中右孩子指针为空的结点个数

4. 已知森林F及与之对应的二叉树T，若F的先根遍历序列是a,b,c,d,e,f，后根遍历序列是b,a,d,f,e,c，则T的后遍历序列是（ ）。【全国联考2020年】

A. b,a,d,f,e,c　B. b,d,f,e,c,a　C. b,f,e,d,c,a　D. f,e,d,c,b,a

● 综合应用题

若一棵非空k（$k\geqslant 2$）叉树T中的每个非叶结点都有k个孩子，则称T为正则k叉树。请回答下列问题并给出推导过程。【全国联考2016年】

（1）若T有m个非叶结点，则T中的叶结点有多少个？

（2）若T的高度为h（单结点的树h=1），则T的结点数最多为多少个？最少为多少个？

4.4.5 答案精解

● 单项选择题

1.【答案】B

【精解】考点为树和森林。一棵树T转换成二叉树BT后，BT中的左分支还表示T中的孩子关系，但BT的右分支表示T中的兄弟关系。因为T的根结点没有兄弟结点，所以BT的根结点一定没有右孩子结点。如下图所示。

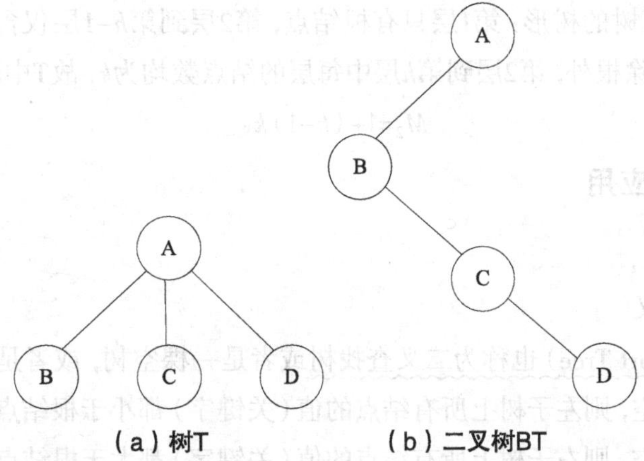

（a）树T　（b）二叉树BT

T的后根序列为BCDA，BT的先序序列为ABCD，BT的中序序列为BCDA，BT的后序序列为DCBA，BT的按层遍历为ABCD。所以答案选B。

2.【答案】C

【精解】考点为树和森林。一棵树中的结点个数比边数多1，而森林是若干棵树的集合，此处的森林中的结点个数比边数多10，所以应该有10棵树。所以答案选C。

3.【答案】C

【精解】考点为树和森林。把森林转化为二叉树相当于用孩子兄弟表示法表示森林。此时，原来森林中某结点的第一个孩子作为它的左子树，兄弟结点作为右子树。森林中的叶结点因为没有孩子，当转化为二叉树时，该结点就没有左结点。所以F中叶结点的个数就等于T中左孩子指针为空的结点数目，所以答案选C。

4.【答案】C

【精解】森林的先根遍历对应它自己转化后二叉树的先序遍历，森林的后根遍历对应它自己转化后二叉树的中序遍历，所以先根和后根可以唯一确定森林转化后的二叉树，如下图所示。所以答案选C。

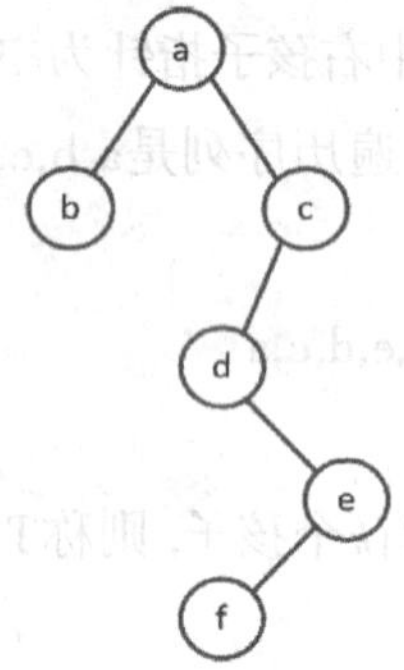

后序遍历为：b,f,e,d,c,a

● 综合应用题

【答案精解】

(1) 根据定义，正则k叉树中仅含有两类结点：叶结点（个数记为n_0）和度为k的分支结点（个数记为n_k）。树T中的结点总数$n=n_0+n_k=n_0+m$。树中所含的边数$e=n-1$，这些边均为m个度为k的结点发出的，即$e=m\times k$。整理得：$n_0+m=m\times k+1$，故$n_0=(k-1)\times m+1$。

(2) 高度为h的正则k叉树T中，含最多结点的树形：除第h层外，第1层到第$h-1$层的结点都是度为k的分支结点，而第h层均为叶结点，即树是"满"树。此时第j（$1\leqslant j\leqslant h$）层结点数为k^{j-1}，结点总数M_1：

$$M_1=\sum_{j=1}^{h}k^{j-1}=\frac{k^h-1}{k-1}。$$

含最少结点的正则k叉树的树形：第1层只有根结点，第2层到第$h-1$层仅含1个分支结点和$k-1$个叶结点，第h层有k个叶结点。即除根外，第2层到第h层中每层的结点数均为k，故T中所含结点总数M_2：

$$M_2=1+(h-1)k。$$

4.5 树与二叉树的应用

4.5.1 二叉排序树

(1) 二叉排序树的定义

二叉排序树（Binary Sort Tree）也称为二叉查找树或者是一棵空树，或者是具有下列性质的二叉树：

1) 若它的左子树不为空，则左子树上所有结点的值（关键字）都小于根结点的值；

2) 若它的右子树不为空，则右子树上所有结点的值（关键字）都大于根结点的值；

3) 它的左、右子树都分别是二叉排序树。

由此定义可知，二叉排序树是一个递归的数据结构；左子树结点值＜根结点值＜右子树结点值，所以若按中序遍历一棵二叉排序树，所得到的结点序列是一个递增序列。例如图4.13所示为两棵二叉排序树。

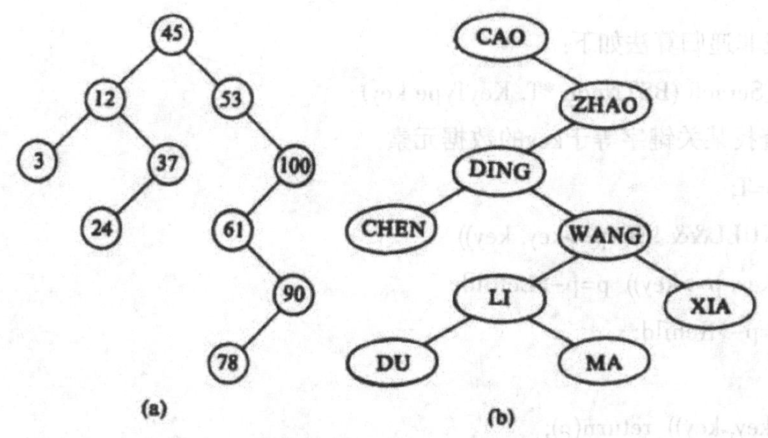

图4.13 二叉排序树

若中序遍历图4.13（a），则可得到一个按数值大小排序的递增序列：

3,12,24,37,45,53,61,78,90,100。

若中序遍历图4.13（b），则可得到一个按字符大小排序的递增序列：

CAO,CHEN,DING,DU,LI,MA,WANG,XIA,ZHAO。

二叉排序树通常采用二叉链表进行存储，其结点类型的定义如下：

```
typedef struct Node
{
    KeyType key;                        // 关键字域
    InfoType data;                      // 其他数据域
    struct Node *Lchild, *Rchild;       // 左右孩子指针
}BSTNode;
```

（2）二叉排序树的查找

由二叉排序树的定义可知，根结点中的关键字将所有关键字分成了两部分，即大于根结点中关键字的部分和小于根结点中关键字的部分。所以二叉排序树的查找可以按下面步骤进行：首先将给定的*K*值与二叉排序树的根结点的关键字进行比较，若相等，则查找成功；若不相等，则当给定的*K*值小于BST的根结点的关键字时，继续在该结点的左子树上进行查找；否则，当给定的*K*值大于BST的根结点的关键字时，继续在该结点的右子树上进行查找。这是一个递归的过程。

二叉排序树查找递归算法如下：

```
BSTNode *BST_Serach (BSTNode *T, KeyType key)
{     // 递归查找某关键字等于key的数据元素
    if (T==NULL)  return(NULL);
    else
    {   if  (EQ(T->key, key))  return(T);
        else  if (LT(key, T->key))
                return (BST_Serach(T->Lchild, key));
            else  return (BST_Serach(T->Rchild, key));
    }
}
```

二叉排序树查找非递归算法如下：

```
BSTNode *BST_Serach (BSTNode *T, KeyType key)
{      // 非递归查找某关键字等于key的数据元素
       BSTNode p=T;
       while (p!=NULL&& !EQ(p->key, key))
       {     if(LT(key, p->key))  p=p->Lchild;
             else p=p->Rchild;
       }
       if (EQ(p->key, key))  return(p);
       else return (NULL);
}
```

例如：在图4.13（a）所示的二叉排序树中查找关键字等于100的记录（树中结点内的数均为记录的关键字）。首先将key=100和根结点的关键字做比较，因为key>45，则查找以45为根的右子树，此时右子树不空，且key>53，则继续查找以结点53为根的右子树，由于key和53的右子树根的关键字100相等，则查找成功，返回指向结点100的指针值。又如在图4.13（a）中查找关键字等于40的记录，和上述过程类似，在将给定值key与关键字45、12及37相继比较之后，继续查找以结点37为根的右子树，此时右子树为空，则说明该树中没有待查记录，故查找不成功，返回指针值为“NULL”。

（3）二叉排序树的插入

在二叉排序树中插入一个新结点后要保证插入后仍满足二叉排序树的性质。其插入过程如下：

假设在二叉排序树中插入的一个新结点为x，若二叉排序树为空，则令新结点x为插入后二叉排序树的根结点；否则，将结点x的关键字与根结点T的关键字进行比较：①若相等，则说明树中已有此关键字，不需要插入；②若x.key<T->key，则结点x插入T的左子树中；③若x.key>T->key，则结点x插入T的右子树中。而子树中的插入过程与上述树中插入过程相同，如此进行下去，直到将x的关键字插入二叉排序树中，或者直到发现树中已有此关键字为止。

显然，上述的插入过程是递归定义的，易于写出递归算法。另外，由于插入过程是从根记录开始逐层向下查找插入位置，故也易于给出其非递归算法如下：

```
void Insert_BST (BSTNode *T, KeyType key)
{
      BSTNode *x, *p, *q;
      x=(BSTNode *)malloc(sizeof(BSTNode));
      x->key=key;
      x->Lchild=x->Rchild=NULL;
      if (T==NULL)  T=x;
      else
      {     p=T;
            while(p!=NULL)
            {
```

```
        if (EQ(p->key, x->key))  return;
        q=p;                          // q作为p的父结点
        if (LT(x->key, p->key))
              p=p->Lchild;
          else p=p->Rchild;
     }
    if (LT(x->key, q->key))  q->Lchild=x;
    else q->Rchild=x;
  }
}
```

由结论可知，对于一个无序序列，可以通过构造一棵二叉排序树而变成一个有序序列。由算法可知，每次插入的新结点都是二叉排序树的叶子结点，即在插入时不必移动其他结点，仅需修改某个结点的指针。

（4）二叉排序树的构造

利用BST树的插入操作，可以从空树开始逐个插入每个结点，从而建立一棵BST树，算法如下：

```
#define ENDKEY  65535
BSTNode *create_BST()
{
     KeyType  key;
     BSTNode *T=NULL;
     scanf ("%d", &key);
     while (key!=ENDKEY)
     {
           Insert_BST(T, key);
           scanf ("%d", &key);
      }
     return(T);
  }
```

若从空树出发，经过一系列的查找、插入操作之后，可生成一棵二叉树。设查找的关键字序列为{45,24,53,45,12,24,90}，则生成的二叉排序树如图4.14所示。

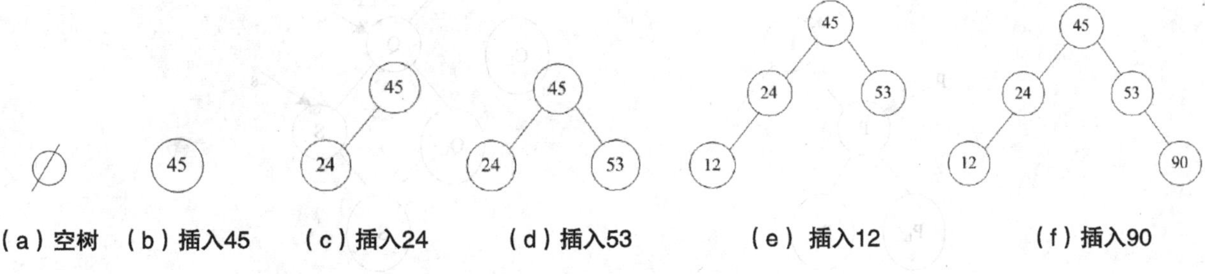

图4.14　二叉排序树的构造

容易看出，中序遍历二叉排序树可得到一个关键字的有序序列。也就是说，一个无序序列可以通过构造一棵二叉排序树而变成一个有序序列，构造树的过程即为对无序序列进行排序的过程。不仅如此，从上面的插入过程还可以看到，每次插入的新结点都是二叉排序树上新的叶子结点，则在进行插入操作时，不必移动其他结点，仅需改动某个结点的指针，由空变为非空即可。这就相当于在一个有序序列上插入一个记录而不需要移动其他记录。它表明，二叉排序树既拥有类似于折半查找的特性，又采用了链表作为存储结构，因此是动态查找表的一种适宜表示。

（5）二叉排序树的删除

在二叉排序树上删去一个结点也很方便。对于一般的二叉树来说，删去树中一个结点是没有意义的。因为它将使以被删结点为根的子树成为森林，破坏了整棵树的结构。然而，对于二叉排序树，删去树上一个结点相当于删去有序序列中的一个记录，只要在删除某个结点之后依旧保持二叉排序树的特性即可。

如何在二叉排序树上删去一个结点呢？假设在二叉排序树上被删结点为*p（指向结点的指针为p），其双亲结点为*f（结点指针为f），且不失一般性，可设*p是*f的左孩子（如图4.15（a）所示）。

下面分三种情况进行讨论：

1）若*p结点为叶子结点，即P_1和P_R均为空树。由于删去叶子结点不破坏整棵树的结构，则只需修改其双亲结点的指针即可。

2）若*p结点只有左子树P_1或者只有右子树P_R，此时只要令P_1或P_R直接成为其双亲结点*f的左子树即可。显然，做此修改也不破坏二叉排序树的特性。

3）若*p结点的左子树和右子树均不空，显然，此时不能如上简单处理。从图4.15（b）可知，在删去*p结点之前，中序遍历该二叉树得到的序列为{$\cdots C_LC\cdots Q_LQS_LSPP_RF\cdots$}，在删去*p之后，为保持其他元素之间的相对位置不变，可以有两种做法：其一是令*p的左子树为*f的左子树，而*p的右子树为*s的右子树，如图4.15（c）所示；其二是令*p的直接前驱（或直接后继）替代*p，然后再从二叉排序树中删去它的直接前驱（或直接后继）。如图4.15（d）所示，当以直接前驱*s替代*p时，由于*s只有左子树S_L，则在删去*s之后，只要令SL为*s的双亲*q的右子树即可。

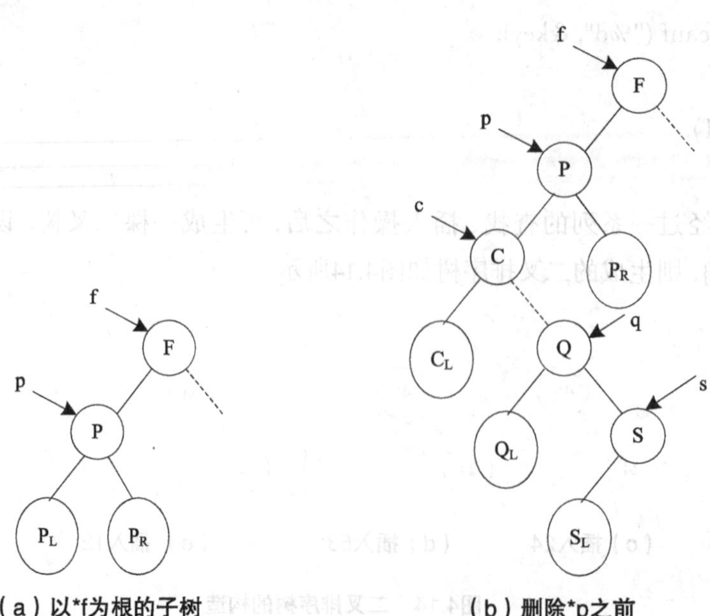

（a）以*f为根的子树　　（b）删除*p之前

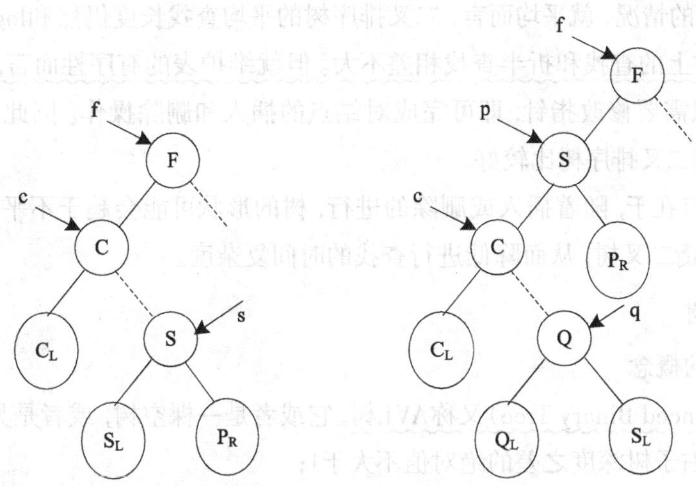

（c）删除*p之后，以PR作为*s的右子树　　（d）删除*p之后，以*s替代*p

图4.15　二叉排序树中删除*p

（6）二叉排序树的查找分析

从前述的两个查找例子（key=100和key=40）可见，在二叉排序树上查找其关键字等于给定值的结点的过程，恰是走了一条从根结点到该结点的路径的过程，和给定值比较的关键字个数等于路径长度加1（或结点所在层次数），因此，和折半查找类似，与给定值比较的关键字个数不超过树的深度。然而，折半查找长度为n的表的判定树是唯一的，而含有n个结点的二叉排序树却不唯一。图4.16中（a）和（b）的两棵二叉排序树中结点的值都相同，但前者由关键字序列（45,24,53,12,37,93）构成，而后者由关键字序列（12,24,37,45,53,93）构成。（a）树的深度为3，而（b）树的深度为6。再从平均查找长度来看，假设6个记录的查找概率相等，为1/6，则（a）树的平均查找长度为$ASL_{(a)}=\frac{1}{6}[1+2+2+3+3]=\frac{14}{6}$，而（b）树的平均查找长度为$ASL_{(b)}=\frac{1}{6}[1+2+3+4+5+6]=\frac{21}{6}$。

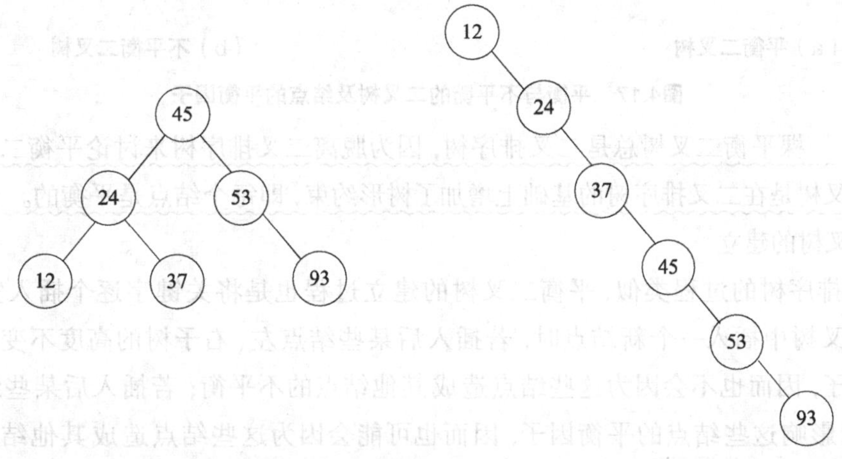

（a）关键字序列（45,24,53,12,37,93）　　（b）关键字序列（12,24,37,45,53,93）

图4.16　不同形态的二叉排序树

所以，含有n个结点的二叉排序树的平均查找长度和树的形态有关。当先后插入的关键字有序时，构成的二叉排序树蜕变为单支树。树的深度为n，其平均查找长度为$\frac{n+1}{2}$（和顺序查找相同），这是最差的情况。显然，最好的情况是，二叉排序树的形态和折半查找的判定树相似，其平均查找长度和$\log_2 n$成正比。若考虑把n个结点按各种可能的次序插入二叉排序树中，则有$n!$棵二叉排序树（其中有的形态相同）。可以证明，综合所有可能的情况，就平均而言，二叉排序树的平均查找长度仍然和$\log_2 n$是同数量级的。

可见，二叉排序树上的查找和折半查找相差不大。但就维护表的有序性而言，二叉排序树更加有效，因为无须移动记录，只需要修改指针，即可完成对结点的插入和删除操作。因此，对经常进行插入、删除和查找运算的表，采用二叉排序树比较好。

二叉排序树的缺点在于，随着插入或删除的进行，树的形状可能会趋于不平衡，所以需要进行“平衡化”处理，使其成为平衡二叉树，从而降低进行查找的时间复杂度。

4.5.2 平衡二叉树

（1）平衡二叉树的概念

平衡二叉树（Balanced Binary Tree）又称AVL树，它或者是一棵空树，或者是具有下列性质的二叉树：

1）它的左子树和右子树深度之差的绝对值不大于1；

2）它的左子树和右子树也都是平衡二叉树。

若将二叉树上结点的左子树的深度减去其右子树深度定义为该结点的平衡因子BF（Balance Factor），则平衡二叉树上每个结点的平衡因子只可能是−1、0和1，否则，只要有一个结点的平衡因子的绝对值大于1，该二叉树就不是平衡二叉树。如果一棵二叉树既是二叉排序树又是平衡二叉树，则称为平衡二叉排序树（Balanced Binary Sort Tree）。如图4.17（a）所示为两棵平衡二叉树，而图4.17（b）所示为两棵不平衡的二叉树，结点中的值为该结点的平衡因子。

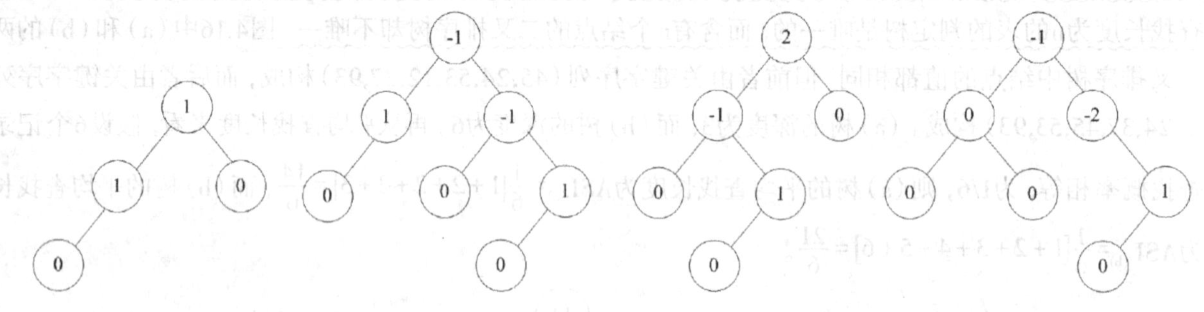

（a）平衡二叉树　　（b）不平衡二叉树

图4.17　平衡与不平衡的二叉树及结点的平衡因子

一般情况下，一棵平衡二叉树总是二叉排序树，因为脱离二叉排序树来讨论平衡二叉树是没有意义的。所以，平衡二叉树是在二叉排序树的基础上增加了树形约束，即每个结点是平衡的。

（2）平衡二叉树的建立

和建立二叉排序树的过程类似，平衡二叉树的建立过程也是将关键字逐个插入空树中的过程。当向一棵平衡二叉树中插入一个新结点时，若插入后某些结点左、右子树的高度不变，就不会影响这些结点的平衡因子，因而也不会因为这些结点造成其他结点的不平衡；若插入后某些结点的左子树高度增加1，就可能影响这些结点的平衡因子，因而也可能会因为这些结点造成其他结点的不平衡。因此，在平衡二叉树的建立过程中，每插入一个新的关键字，都要进行检查，看是否新关键字的插入会使得原平衡二叉树失去平衡，即树中出现平衡因子绝对值大于1的结点。如果失去平衡，则需要进行平衡调整。

（3）平衡调整

使平衡二叉树保持平衡的基本思想是：每当在平衡二叉树中插入一个结点时，首先检查在其插入路径上的结点是否因为插入而导致了不平衡。若是，则找出其中的最小不平衡二叉树，在保持二叉排序树特性的情况下，调整最小不平衡子树中结点之间的关系，使之达到新的平衡。最小不平衡子树指在插入路径上离插入结点最近的平衡因子的绝对值大于1的结点作为根的子树。

假设用A表示最小不平衡子树的根结点，则重新平衡化的调整情况可归纳为下列四种情况：

1）LL型调整（LL型平衡化旋转）

① 失衡原因：这是因在A结点的左孩子（设为B结点）的左子树上插入结点，使得A结点的平衡因子1变为2而引起的不平衡。

② 平衡化旋转方法：LL型调整的一般情况如图4.18所示。在图中，用长方框表示子树，用长方框的高度（并在长方框旁标有高度值h或h+1）表示子树的高度，用带阴影的小方框表示被插入的结点。调整的方法是：单向右旋平衡，即将A的左孩子B向右上旋转代替A成为根结点，将A结点向右下旋转成为B的右子树的根结点，而B的原右子树则作为A结点的左子树。因调整前后对应的中序序列相同，所以调整后仍保持了二叉排序树的性质不变。

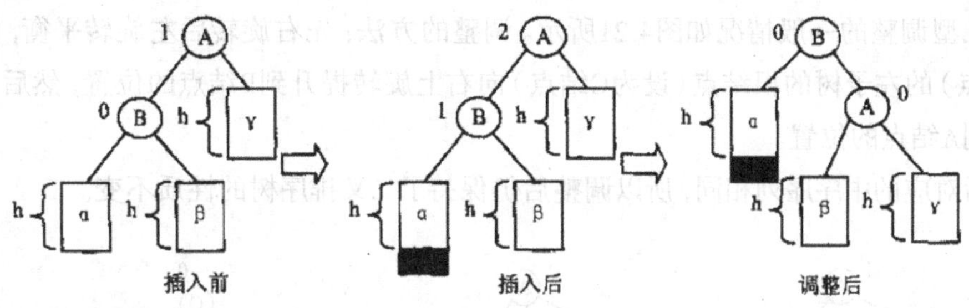

图4.18 LL型调整过程

2）RR型调整（RR型平衡化旋转）

这是因在A结点的右孩子（设为B结点）的右子树上插入结点，使得A结点的平衡因子由-1变为-2而引起的不平衡。RR型调整的一般情况如图4.19所示。调整的方法：单向左旋平衡，即将A的右孩子B向左上旋转代替A成为根结点，将A结点向左下旋转成为B的左子树的根结点，而B的原左子树则作为A结点的右子树。因调整前后对应的中序序列相同，所以调整后仍保持了二叉排序树的性质不变。

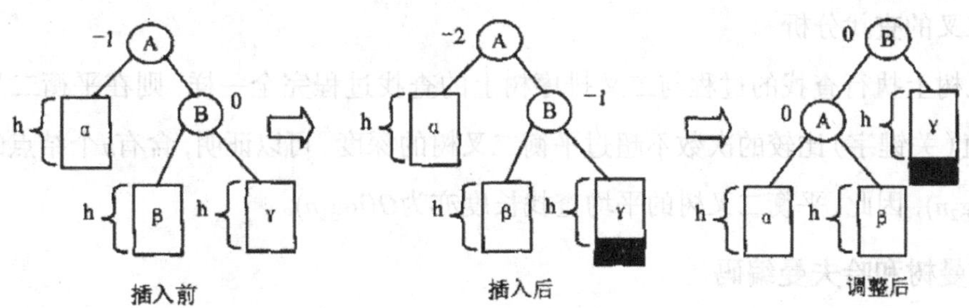

图4.19 RR型调整过程

3）LR型调整（LR型平衡化旋转）

这是因在A结点的左孩子（设为B结点）的右子树上插入结点，使得A结点的平衡因子由1变为2而引起的不平衡。LR型调整的一般情况如图4.20所示。调整的方法：先左旋转后右旋转平衡，即先将A结点的左孩子（即B结点）的右子树的根结点（设为C结点）向左上旋转提升到B结点的位置，然后再把该C结点向右上旋转提升到A结点的位置。

因调整前后对应的中序序列相同，所以调整后仍保持了二叉排序树的性质不变。

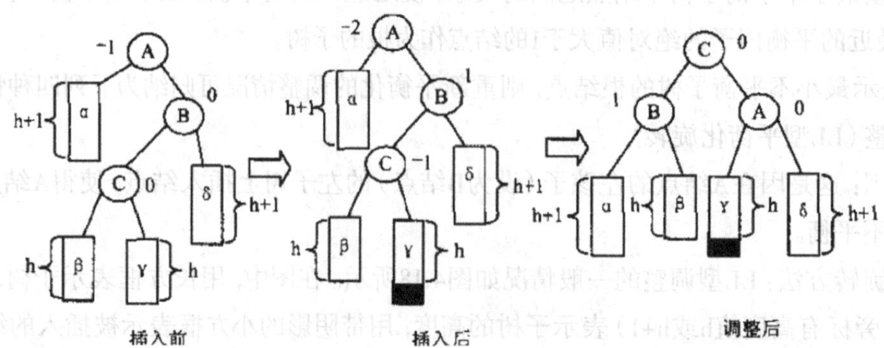

图4.20　LR型调整过程

4) RL型调整（RL型平衡化旋转）

这是因在A结点的右孩子（设为B结点）的左子树上插入结点，使得A结点的平衡因子由-1变为-2而引起的不平衡。RL型调整的一般情况如图4.21所示。调整的方法：先右旋转后左旋转平衡，即先将A结点的右孩子（即B结点）的左子树的根结点（设为C结点）向右上旋转提升到B结点的位置，然后再把该C结点向左上旋转提升到A结点的位置。

因调整前后对应的中序序列相同，所以调整后仍保持了二叉排序树的性质不变。

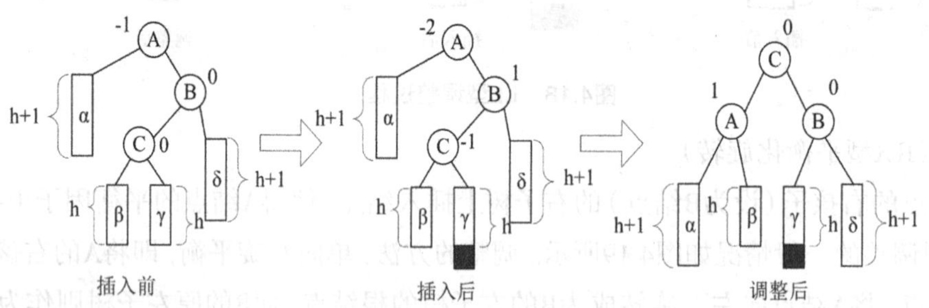

图4.21　RL型调整过程

(4) 平衡二叉的查找分析

在平衡二叉树上执行查找的过程与二叉排序树上的查找过程完全一样，则在平衡二叉树上执行查找时，和给定的K值（关键字）比较的次数不超过平衡二叉树的深度。可以证明，含有n个结点的平衡二叉树的最大深度为$O(\log_2 n)$，因此，平衡二叉树的平均查找长度亦为$O(\log_2 n)$。

4.5.3 哈夫曼树和哈夫曼编码

(1) 哈夫曼树

哈夫曼（Huffman）树，也称最优树，是一类带权路径长度最短的树，有着广泛的应用。首先需要明确几个有关概念。

1) 路径和路径长度：路径是指从树中一个结点到另一个结点的分支所构成的路线。路径长度是指路径上的分支数目。

2) 树的路径长度：指从树根到每一结点的路径长度之和。

3) 树的带权路径长度：若将树中结点赋给一个有着某种含义的数值，则这个数值称为该结点的权。

树的带权路径长度为所有叶子结点的带权路径长度之和，通常记为$WPL=\sum_{k=1}^{n}w_k l_k$。

式中，n为叶子结点数目，w_k为第k个叶子结点的权值，l_k为第k个叶子结点的路径长度。

4）哈夫曼树：如果有n个带权值的叶子结点，可使用这些叶子结点生成很多二叉树，这些二叉树中带权路径长度WPL最小的二叉树称为哈夫曼树或者最优二叉树。显然，哈夫曼树不唯一。

图4.22权值分别为2、3、6、7，具有4个叶子结点的二叉树，它们的带权路径长度分别为：

（a）WPL=2×2+3×2+6×2+7×2=36；

（b）WPL=2×1+3×2+6×3+7×3=47；

（c）WPL=7×1+6×2+2×3+3×3=34。

其中（c）的 WPL值最小，可以证明是哈夫曼树。

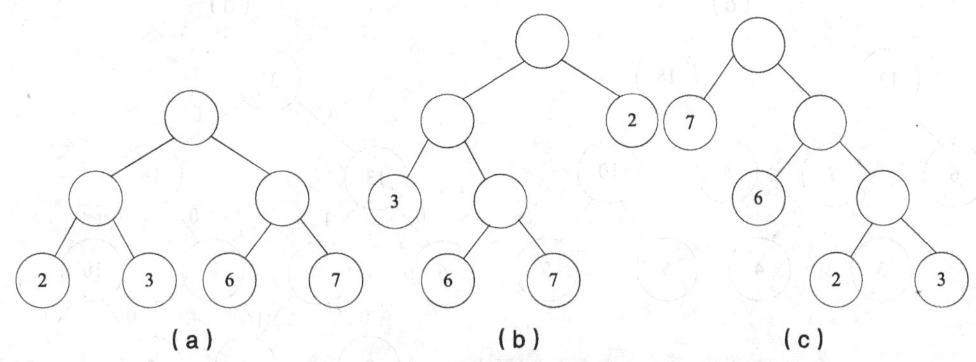

图4.22 具有相同叶子结点、不同带权路径长度的二叉树

（2）哈夫曼树的构造算法

给定n个权值，构造一棵有n个带有给定权值的叶子结点的二叉树，使其带权路径长度WPL最小（即构造最优二叉树或哈夫曼树），可以通过哈夫曼算法来实现。算法描述如下：

① 根据给定的n个权值$\{w_1,w_2,\cdots,w_n\}$，构造成n棵二叉树的集合$F=\{T_1,T_2,\cdots,T_n\}$，其中每棵二叉树只有一个权值为w_i的根结点，没有左、右子树；

② 在F中选取两棵根结点权值最小的树作为左、右子树构造一棵新的二叉树，且新的二叉树根结点权值为其左、右子树根结点的权值之和；

③ 在F中删除这两棵树，同时将新得到的树加入F中；

④ 重复②③，直到F只含一棵树为止。

例如，给定6个权值8、3、4、6、5、5来构造一棵哈夫曼树，按照哈夫曼算法给出一棵哈夫曼树的构造过程如图4.23所示，图4.23（f）是最后生成的哈夫曼树，其带权路径长度是79。

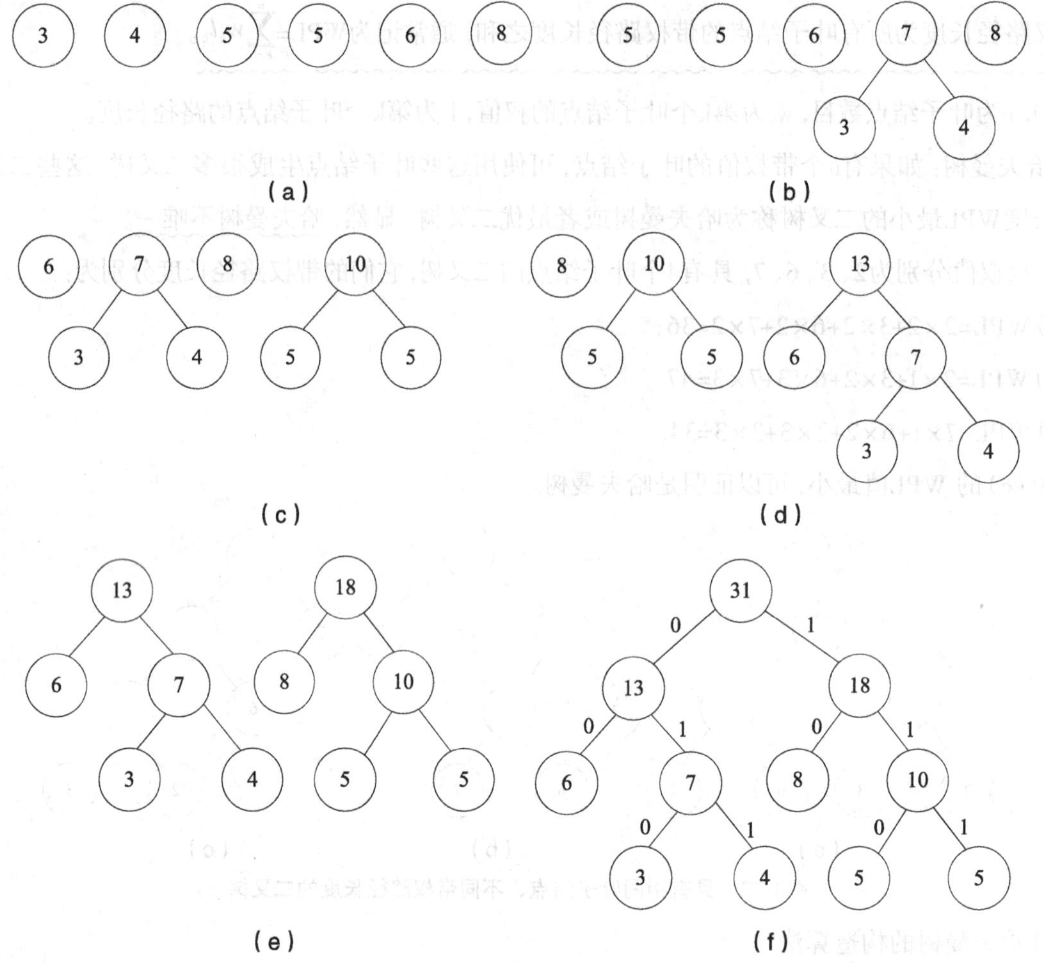

图4.23 构造哈夫曼树的过程

从哈夫曼树的构造过程可以看出哈夫曼树具有如下特点：

1）每个初始结点最终都成为叶子结点，且权值越大的结点，距离根结点越近。

2）因为每次构造都选择两棵树作为新结点的孩子，所以树中不存在度为1的结点。这类树又叫作正则二叉树。

3）哈夫曼树中结点总数为$2n-1$，且带权路径长度最短。

（3）哈夫曼编码

在数据通信中，经常需要将传送的文字转换为二进制字符0和1组成的二进制字符串，这个过程称为编码。为了提高收发速度，电文编码就要尽可能地短。显然，希望电文编码的代码长度最短。此外，要设计长短不等的编码，还必须保证任意字符的编码都不是另一个字符编码的前缀，这种编码称为前缀编码。

哈夫曼树可用于构造使电文编码的代码长度最短的编码方案，且这些编码就是前缀编码。我们将由各个字符为叶子结点生成一棵哈夫曼树，然后根据这棵哈夫曼树得到的编码称为哈夫曼编码。具体构造方法如下：

设需要编码的字符集合为$\{d_0,d_1,\cdots,d_{n-1}\}$，各个字符在电文中出现的次数集合为$\{w_0,w_1,\cdots,w_{n-1}\}$，以$d_0$，$d_1$，…，$d_{n-1}$作为叶结点，以$w_0$，$w_1$，…，$w_{n-1}$作为各根结点到每个叶结点的权值构造一棵二叉树，规定哈夫曼树中的左分支为0，右分支为1，则从根结点到每个叶结点所经过的分支对应的0和1组成的序列便为该结点对应字符的编码。这样的编码即为哈夫曼编码。

若字符集$C=\{a,b,c,d,e,f\}$所对应的权值集合为$W=\{8,3,4,6,5,5\}$，如图4.24所示，则字符a，b，c，d，e，f所

对应的哈夫曼编码为：10，010，011，00，110，111。

哈夫曼编码的实质就是使用频率越高的字符采用越短的编码。由于每个字符都是叶子结点，不可能出现在根结点到其他字符结点的路径上，所以一个字符的哈夫曼编码不可能是另一个字符的哈夫曼编码的前缀。

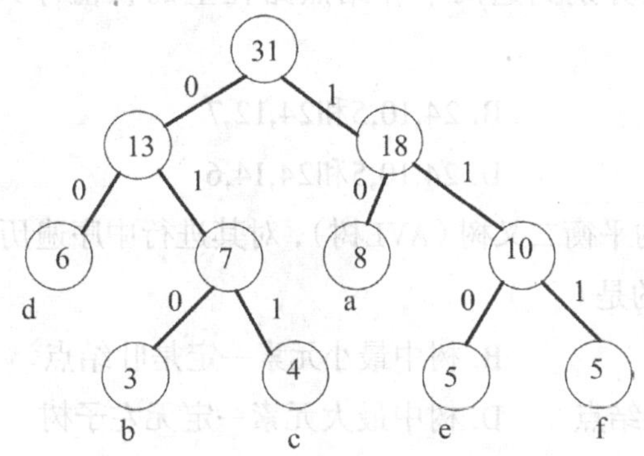

图4.24 字符集C对应权值集合

4.5.4 真题与习题精编

单项选择题

1. 对n个互不相同的符号进行哈夫曼编码。若生成的哈夫曼树共有115个结点，则n的值是（　）。

【全国联考2019年】

A. 56　　B. 57　　C. 58　　D. 60

2. 在任意一棵非空平衡二叉树（AVL树）T_1中，删除某结点v之后形成平衡二叉树T_2，再将v插入T_2形成平衡二叉树T_3。下列关于T_1与T_3的叙述中，正确的是（　）。【全国联考2019年】

Ⅰ. 若v是T_1的叶结点，则T_1与T_3可能不相同

Ⅱ. 若v不是T_1的叶结点，则T_1与T_3一定不相同

Ⅲ. 若v不是T_1的叶结点，则T_1与T_3一定相同

A. 仅Ⅰ　　B. 仅Ⅱ　　C. 仅Ⅰ、Ⅱ　　D. 仅Ⅰ、Ⅲ

3. 已知字符集{a,b,c,d,e,f}，若各字符出现的次数分别为6，3，8，2，10，4，则对应字符集中各字符的哈夫曼编码可能是（　）。【全国联考2018年】

A. 00，1011，01，1010，11，100　　B. 00，100，110，000，0010，01

C. 10，1011，11，0011，00，010　　D. 0011，10，11，0010，01，000

4. 已知二叉排序树如下图所示，元素之间应满足的大小关系是（　）。【全国联考2018年】

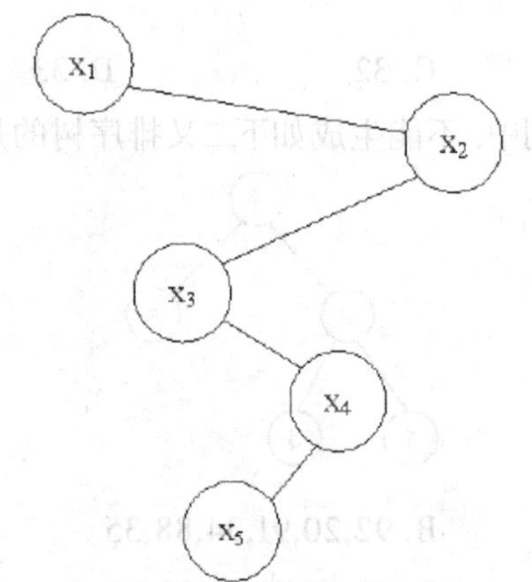

A. $x_1<x_2<x_5$　　B. $x_1<x_4<x_5$　　C. $x_3<x_5<x_4$　　D. $x_4<x_3<x_5$

5. 已知字符集{a,b,c,d,e,f,g,h}，若各字符的哈夫曼编码依次是0100，10，0000，0101，001，011，11，0001，则编码序列0100011001001011110101的译码结果是（ ）。【全国联考2017年】

A. acgabfh　　B. adbagbb　　C. afbeagd　　D. afeefgd

6. 下列选项给出的是从根分别到达两个叶结点路径上的权值序列，属于同一棵哈夫曼树的是（ ）。【全国联考2015年】

A. 24,10,5和24,10,7　　B. 24,10,5和24,12,7

C. 24,10,10和24,14,11　　D. 24,10,5和24,14,6

7. 现有一棵无重复关键字的平衡二叉树（AVL树），对其进行中序遍历可得到一个降序序列。下列关于该平衡二叉树的叙述中，正确的是（ ）。【全国联考2015年】

A. 根结点的度一定为2　　B. 树中最小元素一定是叶结点

C. 最后插入的元素一定是叶结点　　D. 树中最大元素一定无左子树

8. 5个字符有如下4种编码方案，不是前缀编码的是（ ）。【全国联考2014年】

A. 01，0000，0001，001，1　　B. 011，000，001，010，1

C. 000，001，010，011，100　　D. 0，100，110，1110，1100

9. 若将关键字1，2，3，4，5，6，7依次插入初始为空的平衡二叉树T，则T中平衡因子为0的分支结点的个数是（ ）。【全国联考2013年】

A. 0　　B. 1　　C. 2　　D. 3

10. 已知三叉树T中6个叶结点的权分别是2，3，4，5，6，7，T的带权（外部）路径长度最小是（ ）。【全国联考2013年】

A. 27　　B. 46　　C. 54　　D. 56

11. 在任意一棵非空二叉排序树T_1中，删除某结点v之后形成二叉排序树T_2，再将v插入T_2形成二叉排序树T_3。下列关于T_1与T_3的叙述中，正确的是（ ）。【全国联考2013年】

Ⅰ. 若v是T_1的叶结点，则T_1与T_3不同

Ⅱ. 若v是T_1的叶结点，则T_1与T_3相同

Ⅲ. 若v不是T_1的叶结点，则T_1与T_3不同

Ⅳ. 若v不是T_1的叶结点，则T_1与T_3相同

A. 仅Ⅰ、Ⅲ　　B. 仅Ⅰ、Ⅳ　　C. 仅Ⅱ、Ⅲ　　D. 仅Ⅱ、Ⅳ

12. 若平衡二叉树的高度为6，且所有非叶子结点的平衡因子均为1，则该平衡二叉树的结点总数为（ ）。【全国联考2012年】

A. 10　　B. 20　　C. 32　　D. 33

13. 下列给定的关键字输入序列中，不能生成如下二叉排序树的是（ ）。【全国联考2020年】

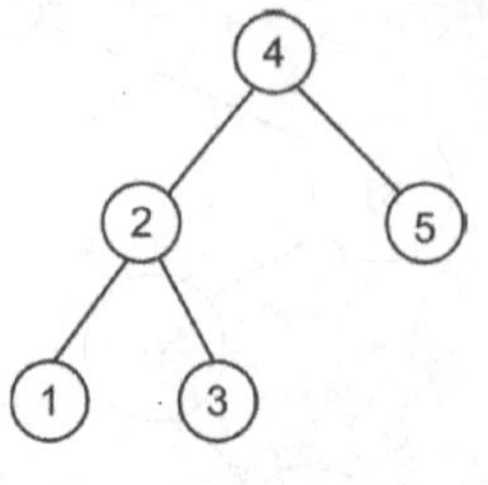

A. 95,22,91,24,94,71　　B. 92,20,91,34,88,35

C. 21,89,77,29,36,38　　D. 12,25,71,68,33,34

14. 在如下图所示的平衡二叉树中插入关键字48后得到一棵新平衡二叉树，在新平衡二叉树中，关键字37所在结点的左、右子结点中保存的关键字分别是（ ）。【全国联考2010年】

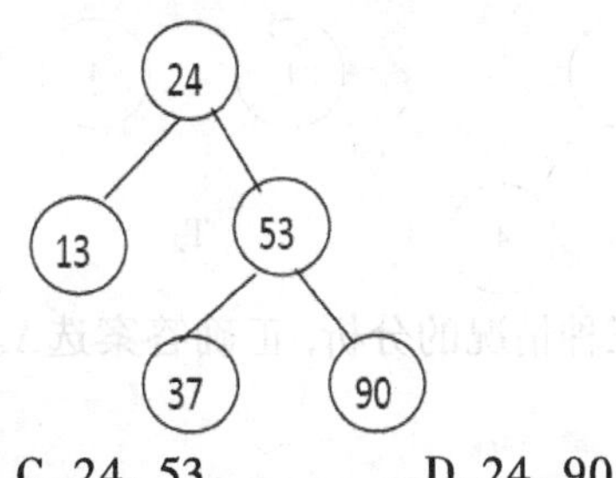

A. 13，48　　B. 24，48　　C. 24，53　　D. 24，90

15. n（$n\geqslant 2$）个权值均不相同的字符构成哈夫曼树，关于该树的叙述中，错误的是（ ）。

【全国联考2010年】

A. 该树一定是一棵完全二叉树

B. 树中一定没有度为1的结点

C. 树中两个权值最小的结点一定是兄弟结点

D. 树中任一非叶结点的权值一定不小于下一层任一结点的权值

4.5.5 答案精解

● 单项选择题

1.【答案】C

【精解】考点为树与二叉树的应用。哈夫曼树是带权路径长度最小的二叉树，在哈夫曼树中没有度为1的结点树，只有度为0和度为2的结点。这里叶子结点个数n_0为n，根据二叉树的性质可知$n_0=n_2+1$，总结点个数$=n_0+n_2=n_0+n_0-1=2n-1$，$2n-1=115$，可以计算出$n=58$，所以答案选C。

2.【答案】A

【精解】考点为平衡二叉树。下面通过具体例子来求解。

Ⅰ. 若v是T_1的叶结点1，相应的变化过程如下图所示。

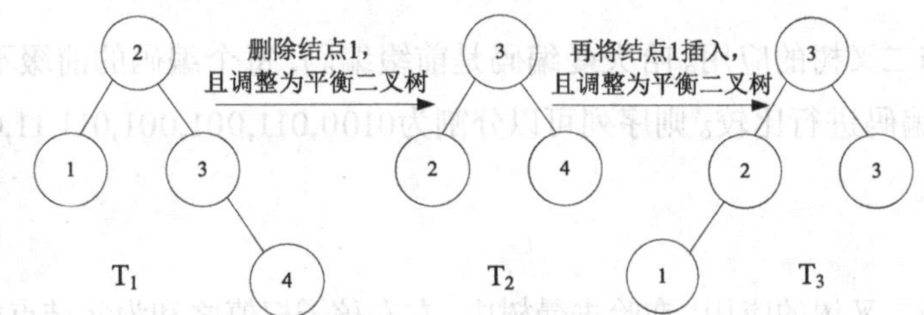

所以Ⅰ正确。

Ⅱ. 若v不是T_1的叶结点，相应的变化过程如下图所示。

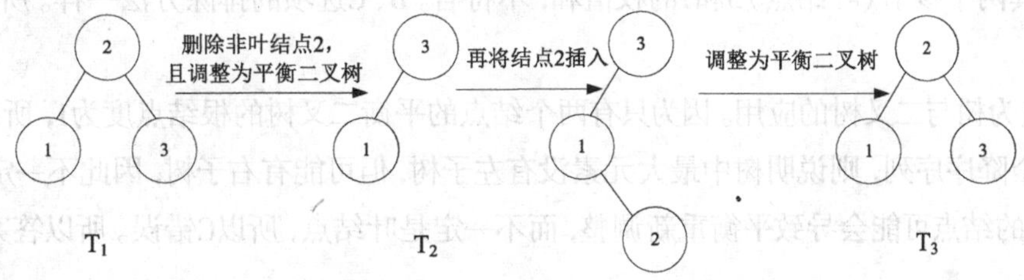

所以Ⅱ不正确。

Ⅲ. 若v不是T_1的叶结点，相应的变化过程如下图所示。

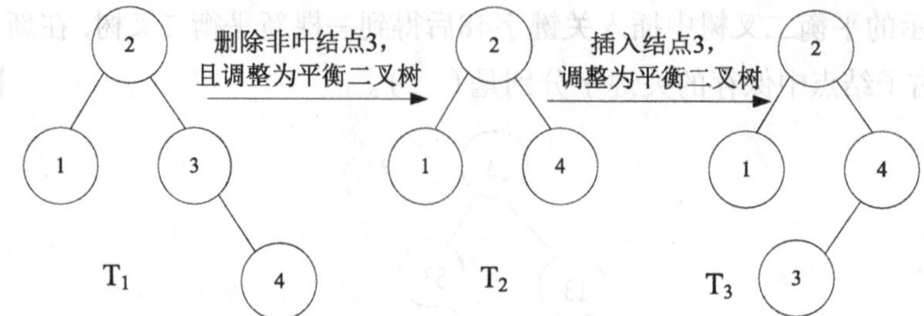

所以Ⅲ不正确。根据对以上三种情况的分析，正确答案选A。

3.【答案】A

【精解】考点为树与二叉树的应用。根据已知条件构造相应的哈夫曼树，如下图所示。设左分支表示字符“0”，右分支表示字符“1”，所以答案为A。

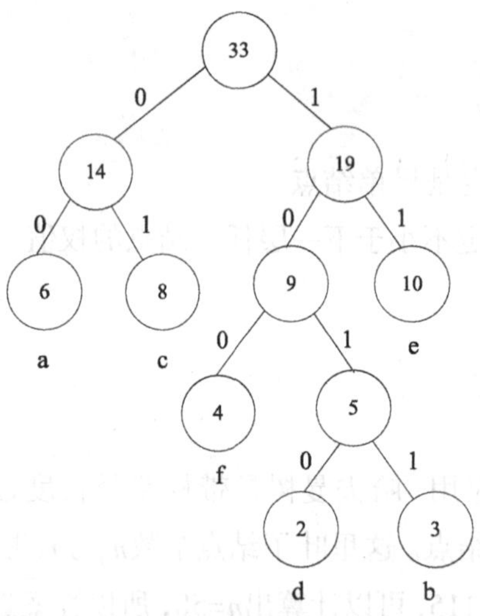

4.【答案】C

【精解】考点为树与二叉树的应用。根据二叉排序树的特性可知，对其进行中序遍历可以得到一个递增序列：x_1,x_3,x_5,x_4,x_2，所以对四个选项进行判读可以得出$x_3<x_5<x_4$，所以答案选C。

5.【答案】D

【精解】考点为树与二叉树的应用。哈夫曼编码是前缀编码，每个编码的前缀不能相同，所以，可以直接用编码序列与哈夫曼编码进行比较。则序列可以分割为0100,011,001,001,011,11,0101。所以译码结果：a f e e f g d。所以答案选D。

6.【答案】D

【精解】考点为树与二叉树的应用。在哈夫曼树中，左右孩子权值之和为父结点权值。以选项A为例：若两个10分别属于两棵不同的子树，但是根的权值24不等于其孩子的权值和，不符合；若两个10属同一棵子树，则其权值不等于其两个孩子（叶结点）5和7的权值和，不符合。B、C选项的排除方法一样。所以答案选D。

7.【答案】D

【精解】考点为树与二叉树的应用。因为只有两个结点的平衡二叉树的根结点度为1，所以A错误。中序遍历后可以得到一个降序序列，则说明树中最大元素没有左子树，但可能有右子树，因此不一定是叶结点，所以B错误。最后插入的结点可能会导致平衡重新调整，而不一定是叶结点，所以C错误。所以答案选D。

8.【答案】D

【精解】考点为树与二叉树的应用。根据前缀码的定义可知，任何一个字符的编码都不应该是另一个字符编码的前缀。D中的编码110是编码1100的前缀，不符合定义，所以答案选D。

9.【答案】D

【精解】考点为树与二叉树的应用。根据平衡二叉树的构建方法，所构建的平衡二叉树T如图所示。

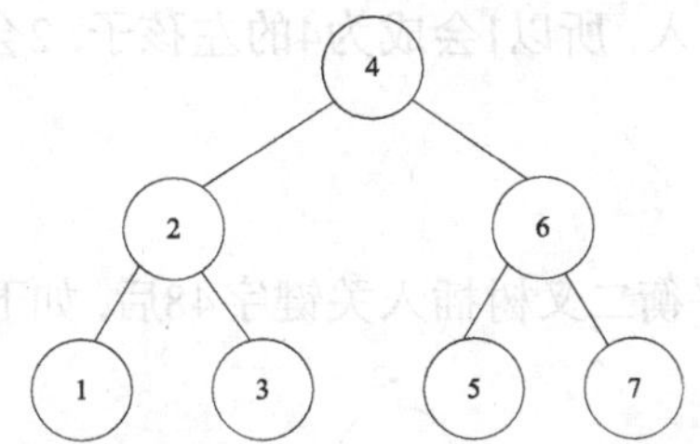

T中平衡因子为0的分支结点分别是2，4，6，共3个，所以答案选D。

10.【答案】B

【精解】考点为树与二叉树的应用。根据三叉树的性质可以画出类似哈夫曼树的带权路径长度最小的三叉树如图所示。

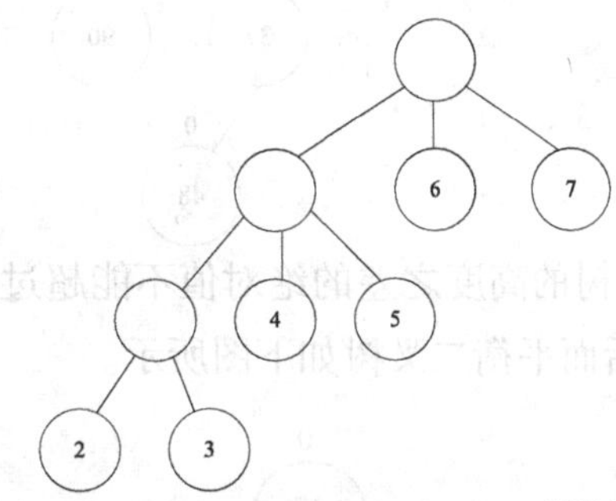

所以，最小的带权路径长度为：(2+3)×3+(4+5)×2+6+7=46。所以答案选B。

11.【答案】C

【精解】考点为二叉排序树。根据二叉排序树的插入与删除结点的规律可知，若删除的是叶结点，再进行插入该结点，则插入结点后的二叉排序树与删除之前的相同。若删除的不是叶结点，则在插入结点后的二叉排序树会发生变化，不完全相同。所以答案选C。

12.【答案】B

【精解】考点为平衡二叉树。所有非叶结点的平衡因子均为1，即平衡二叉树满足平衡的最少结点情况，如下图所示。画图时，先画出T_1和T_2；然后新建一个根结点，连接T_2、T_1构成T_3；新建一个根结点，连接T_3、T_2构成T_4……依此类推，直到画出T_6，可知T_6的结点数为20。对于高度为N的题述的平衡二叉树，它的左、右子树分别为高度为N–1和N–2的所有非叶结点的平衡因子均为1的平衡二叉树。二叉树的结点总数公式：$C_N=C_{N-1}+C_{N-2}+1$，$C_2=2$，$C_3=4$，递推可得$C_6=20$。

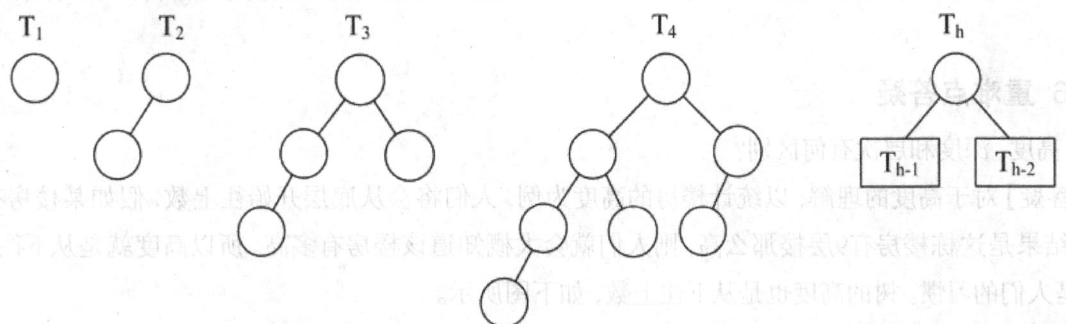

对于选项A，高度为6、结点数为10的树怎么也无法达到平衡。对于选项C，接点较多时，考虑较极端情形，即第6层只有最左叶子的完全二叉树刚好有32个结点，虽然满足平衡的条件，但显然再删去部分结点，依然不影响平衡，不是最少结点的情况。同理，D错误。所以答案选B。

13.【答案】B

【精解】在4,5,1,2,3中由于1先插入，所以1会成为4的左孩子，2会成为1的右孩子，不能生成图中二叉树，故选B。

14.【答案】C

【精解】考点为平衡二叉树。原平衡二叉树插入关键字48后，如下图所示。

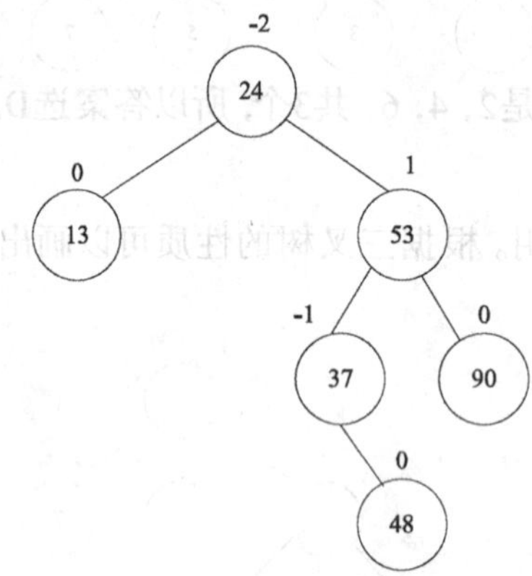

由于平衡二叉树的左子树和右子树的高度之差的绝对值不能超过1，并且其左右子树也必须是平衡二叉树。所以该图需要重新调整，调整后而平衡二叉树如下图所示。

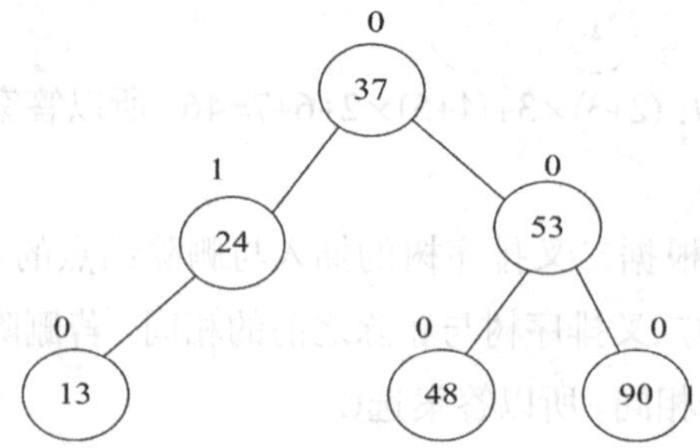

所以关键字37所在结点的左右子结点保存的关键字分别是24和53，所以答案选C。

15.【答案】A

【精解】考点为哈夫曼树。哈夫曼树是带权路径长度最小的二叉树，不一定是完全二叉树。在哈夫曼树中没有度为1的结点，所以选项B正确。构造哈夫曼树时，首先选取两个权值最小的结点作为左、右子树构造一棵新的二叉树，所以选项C也正确。哈夫曼树中任一非叶结点的权值为其左、右子树根结点的权值之和，所以任一非叶结点的权值一定不小于下一层任一结点的权值，所以选项D也正确。所以答案选A。

4.6 重难点答疑

1. 高度、深度和层次有何区别？

【答疑】对于高度的理解，以统计楼房的高度为例，人们将会从底层开始往上数，假如某楼房有9层，则统计结果是这栋楼房有9层楼那么高，则人们就会大概知道该楼房有多高。所以高度就是从下往上来计数，这是人们的习惯。树的高度也是从下往上数，如下图所示。

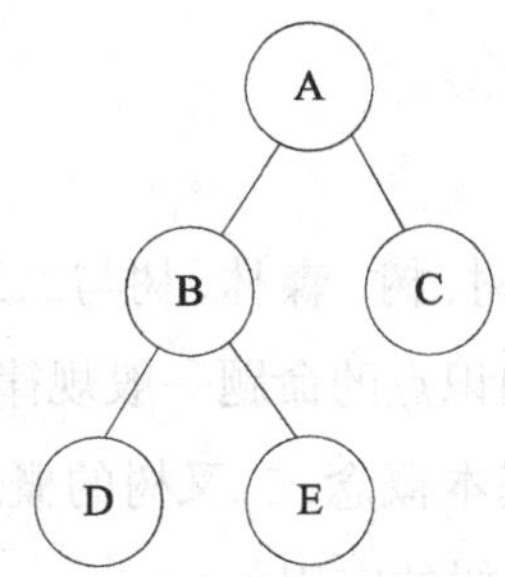

D结点在树的底层，是一个叶子结点，则一般定义为D的高度为1，同样，E的高度也是1，那么A结点的高度是多少呢？从C–A来统计，则A结点的高度为2，而从D–B–A来统计，则A结点的高度为3。所以再补充一个更"严格"的高度的定义：从结点x向下到某个叶结点最长简单路径中边的条数。注意：边的条数初值是1。所以，A结点的高度是3，C结点的高度是1。

深度和层次含义相同，深度是从根结点往下开始计算，在上图中：A的深度为1，B的深度为2，C的深度为2，D的深度为3，E的深度为3。

对于整棵树来说，最深的叶结点的深度就是树的深度；树根的高度就是树的高度。这样树的高度和深度是相等的。图中叶结点C的深度为2，但最深的叶结点E的深度为3，所以该树的深度为3。根结点A的深度为1，高度为3，所以，该树的高度为3。

对于树中相同深度的每个结点来说，它们的高度不一定相同，这取决于每个结点下面的叶结点的深度。比如结点B和C的深度都为2，但是结点B的高度为2，而结点C的高度为1。

2. 树中结点的度、树的度和图中顶点的度有何区别？

【答疑】树中结点拥有的子树数称为结点的度，所以，叶结点的度为0；树的度是树内各结点度的最大值；图中顶点的度是指和该顶点相关联的边的数目，对于有向图，顶点的度分为入度和出度。

3. 同一组结点构造出的哈夫曼树是唯一的吗？

【答疑】所构造出的哈夫曼树不唯一。例如，a、b、c、d、e这5个字符的权值分别为4、2、1、7、3，先选取权值最小的结点1和2，就有两种可能的选择，即先以b、c作为左、右两个叶子构成一棵树，还是先以c、b作为左、右两个叶子构成一棵树，这就会出现两种情况。另外，所产生一个新结点的权值为3，但是本来字符e的权值也为3，这两个结点的左右如何确定，也会对应两棵不同的树，所以，相应的哈夫曼编码也不同，但是对于同一组结点的不同的哈夫曼树和哈夫曼编码，相应的字符的前缀码长度都是相等的，同时得到的哈夫曼树的WPL都是相同的。

其实，在编程实现时，同一组结点的哈夫曼树和哈夫曼编码是唯一的，一般建议左子树根权值小于右子树根权值，两子树根权值相同时，则较矮的子树在左边。

4. 有些教材把二叉排序树和平衡二叉树划分到查找的相关章节来进行讲解，为什么？

【答疑】本教材是按照考试大纲的内容顺序把二叉排序树和平衡二叉树划分到树与二叉树的章节来进行介绍的，其实很多教材是把二叉排序树和平衡二叉树划分到查找的章节进行介绍的，这都是可以的。因为，二叉排序树和平衡二叉树都属于树结构，并且它们本质上属于动态查找表，只不过将查找表组织成特定树的形式，并在树结构上实现查找，这种查找方法称为基于树的查找方法，又称为树表式查找法，包括二叉排序树、平衡二叉树和B树等。

4.7 命题研究与模拟预测

4.7.1 命题研究

本章主要介绍了树的基本概念，二叉树、树、森林、树与二叉树的应用。通过对考试大纲的解读和历年联考真题的统计与分析，可以发现本章知识点的命题一般规律和特点如下：

(1) 从内容上看，考点都集中在树的基本概念，二叉树的概念，二叉树的遍历、线索二叉树、树与二叉树的转换、森林与二叉树的转换、树与二叉树的应用。

(2) 从题型上看，不但有选择题，而且也有综合应用题。

(3) 从题量和分值上看，从2010年至2019年每年必考。在2010年至2019年，连续10年，都考查了选择题。其中2010年、2011年、2013年，都考查了四道选择题，占8分；在2012年，考查了两道选择题，4分；2014年、2015年、2017年、2018年、2019年都考查了三道选择题，占6分；2016年，考查了一道选择题，占2分。在2014年、2016年、2017年还考查了一道综合应用题，分别占13分、8分、15分。

(4) 从试题难度上看，总体难度适中，虽然灵活，但比较容易得分。总的来说，历年考核的内容都在大纲要求的范围之内，符合考试大纲中考查目标的要求。

总的来说，联考近10年真题对本章知识点的考查都在大纲范围之内，试题占分趋势比较平稳，总体难度适中，以选择题为主，以后也可能会出综合应用题，这点要求需要引起考生的注意。建议考生备考时，要注意从选择题角度出发，兼顾综合应用题的特点，加深对树、二叉树、二叉排序树、平衡二叉树、哈夫曼树、哈夫曼编码基本概念的掌握，熟练掌握树与二叉树的应用，有针对性地进行复习。考生可以将各种典型算法熟练背诵下来，尤其重点记忆二叉树各种遍历的代码，只有这样才能在考试中迅速写出相应的答案。

4.7.2 模拟预测

● 单项选择题

1. 一棵完全二叉树上有1003个结点，其中叶子结点个数是（　）。

A. 250　　B. 500　　C. 501　　D. 502

2. 若一棵非空二叉树的前序序列和中序序列正好相同，则该二叉树一定满足（　）。

A. 所有结点都无左孩子　　B. 所有结点都无右孩子

C. 是一棵满二叉树　　D. 是一棵完全二叉树

3. 在平衡二叉树中，结点的平衡因子可能的取值是（　）。

A. 0, 1, 2　　B. 1, 2, 3　　C. 0, 1, 3　　D. −1, 0, 1

4. 一棵线索二叉树中有n个结点，则该二叉树中有（　）个线索。

A. $n-1$　　B. n　　C. $n+1$　　D. $n+2$

5. 一根哈夫曼树中共有n个叶结点，则其结点总数共为（　）。

A. $2n-1$　　B. $2n$　　C. $2n+1$　　D. 不确定

6. 给定二叉树如下图所示。设N代表二叉树的根，L代表根结点的左子树，R代表根结点的右子树。若遍历后的结点序列是3,1,7,5,6,2,4，则其遍历方式是（　）。

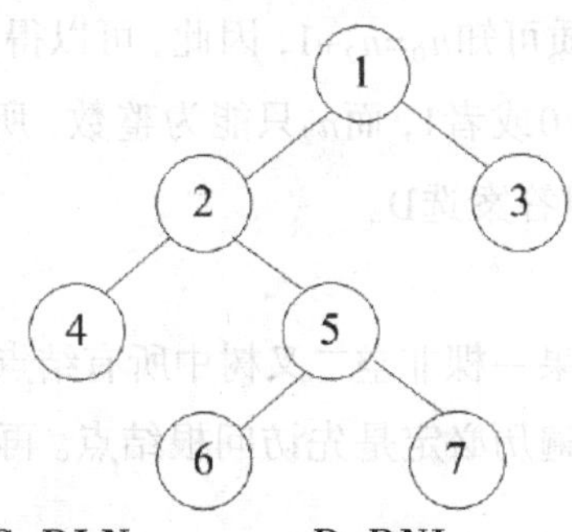

A. LRN　　B. NRL　　C. RLN　　D. RNL

7. 下列二叉排序树中，满足平衡二叉树定义的是（　）。

A.　　B.　　C.　　D.

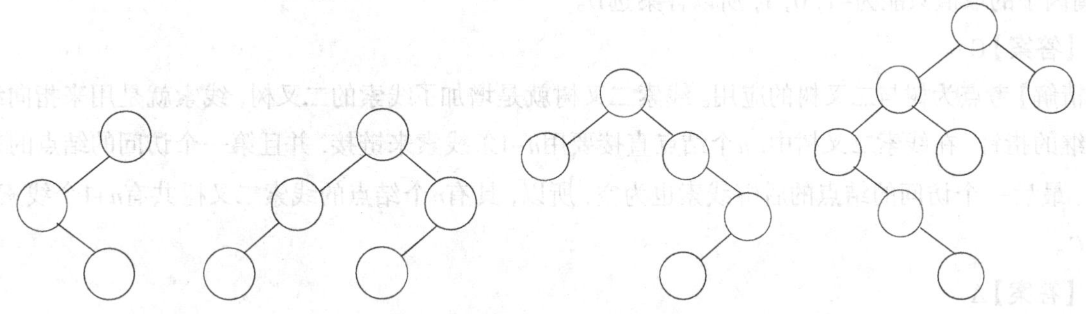

8. 已知一棵完全二叉树的第6层（设根为第1层）有8个叶结点，则该完全二叉树的结点个数最多是（　）。

A. 39　　B. 52　　C. 111　　D. 119

9. 将森林转换为对应的二叉树，若在二叉树中，结点u是结点v的父结点的父结点，则在原来的森林中，u和v可能具有的关系是（　）。

Ⅰ. 父子关系　Ⅱ. 兄弟关系　Ⅲ. u的父结点与v的父结点是兄弟关系

A. 只有Ⅱ　　B. Ⅰ和Ⅱ　　C. Ⅰ和Ⅲ　　D. Ⅰ、Ⅱ和Ⅲ

● 综合应用题

已知二叉树中结点定义如下：

```
typedef struct node{
    int data;                          //数据域
    struct node *lchild, *rchild;      //左右孩子结点
}BiTree;
```

请设计实现交换二叉树中所有结点左子树和右子树的算法。

要求：

（1）给出算法的基本设计思想。

（2）根据设计思想，采用C或C++语言描述算法，关键之处给出注释。

4.7.3 答案精解

● 单项选择题

1.【答案】D

【精解】考点为二叉树的概念。设叶结点个数为n_0、度为1的结点个数为n_1，度为2的结点个数为

n_2，则$n_0+n_1+n_2=1003$。由二叉树的性质可知$n_0=n_2+1$，因此，可以得到$2n_2+1+n_1=1003$，$2n_2+n_1=1002$。而完全二叉树的n_1只有两种可能，即n_1为0或者1，而n_2只能为整数，所以n_1只能为0，则可以求得$n_2=501$，$n_0=502$，所以，共有502个叶结点，所以答案选D。

2.【答案】A

【精解】考点为二叉树的遍历。如果一棵非空二叉树中所有结点都没有左孩子，则前序遍历必定是先访问根结点，再前序遍历右子树；中序遍历必定是先访问根结点。再中序遍历右子树。所以前序序列和中序序列相同。所以答案选A。

3.【答案】D

【精解】考点为树与二叉树的应用。在平衡二叉树中，任一结点的平衡因子的绝对值不能超过1，所以，平衡因子的取值只能为−1，0，1，所以答案选D。

4.【答案】C

【精解】考点为树与二叉树的应用。线索二叉树就是增加了线索的二叉树，线索就是用来指向结点前驱和后继的指针。在线索二叉树中，n个结点直接要用$n-1$条线索来链接，并且第一个访问的结点的前驱线索为空，最后一个访问的结点的后继线索也为空，所以，具有n个结点的线索二叉树共有$n+1$个线索，所以答案选C。

5.【答案】A

【精解】考点为树与二叉树的应用。哈夫曼树是一种二叉树，并且树中没有度为1的结点，只有叶结点和度为2的结点，根据二叉树的性质得知叶结点个数等于度为2的结点个数加1，所以结点总数$=n+n-1=2n-1$。所以答案选A。

6.【答案】D

【精解】考点为二叉树的遍历。因为遍历后的结点序列第1个结点是3，所以本题目的遍历应该是先访问右子树。所以选项A和B都不正确。RLN遍历是先RLN遍历右子树，再RLN遍历左子树，最后访问根结点。图中二叉树的RLN遍历序列应该为3,7,6,5,4,2,1，与题目中遍历后的结点序列不匹配，因此选项C不正确。RNL遍历是先RNL遍历右子树，再访问根结点，最后遍历左子树。图中的二叉树的RNL遍历序列为3,1,7,5,6,2,4，与题中遍历后的结点序列一致，所以答案选D。

7.【答案】B

【精解】考点为树与二叉树的应用。平衡二叉树的左子树和右子树的高度之差的绝对值不超过1，并且左子树和右子树都必须是平衡二叉树。选项A中的左子树和右子树高度之差的绝对值为2，不符合定义。选项B中二叉树的左子树和右子树的高度之差为0，且左子树和右子树也都符合定义，因此是平衡二叉树。选项C中的二叉树的左子树和右子树的高度之差的绝对值为2，不符合定义。选项D中的二叉树的左子树和右子树的高度之差的绝对值为3，不符合定义。所以答案选B。

8.【答案】C

【精解】考点为二叉树的概念。一棵高度为h的完全二叉树的第1层至第$h-1$层的各层结点都是满的，只有第h层不是满的。存在叶结点的可能是第h层，也可能是第$h-1$层，因此本题中的完全二叉树高度为6或7。如果高度为7，该完全二叉树的结点数最多。第6层有8个叶结点，则前6层是满二叉树，第7层缺$8\times2=16$个结点。高度为h的满二叉树的结点个数为2^h-1，因此该完全二叉树的结点个数最多是$2^7-1-16=111$，所以答案选C。

9.【答案】B

【精解】考点为树和森林。如果结点u和结点v不属于森林中的同一棵树，则二者在原来的森林中没有任何关系。如下图所示。

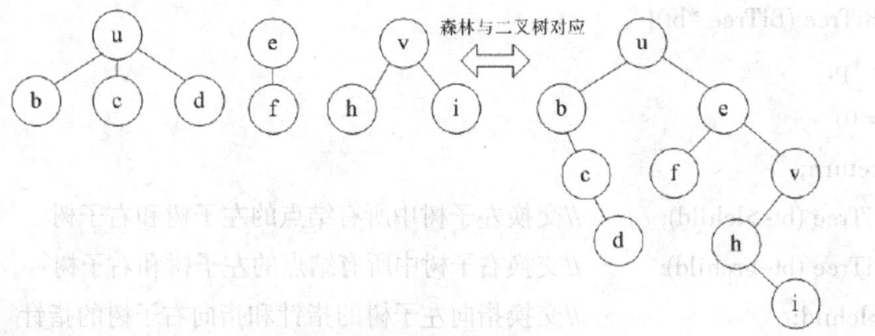

所以，结点u和结点v应该属于森林中的同一棵树。如果结点u和结点v是父子关系，且结点v是结点u的第二个孩子，则当森林转换为二叉树时，才能使u转换成v的父结点的父结点，如下图所示。

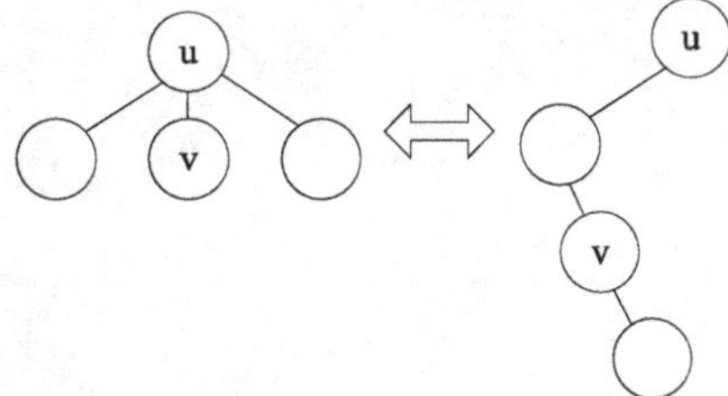

如果u和v是兄弟关系，且u是其父结点的第一个孩子，v是第三个孩子，那么当森林转换为二叉树时，也能使u转换成v的父结点的父结点，如下图所示。

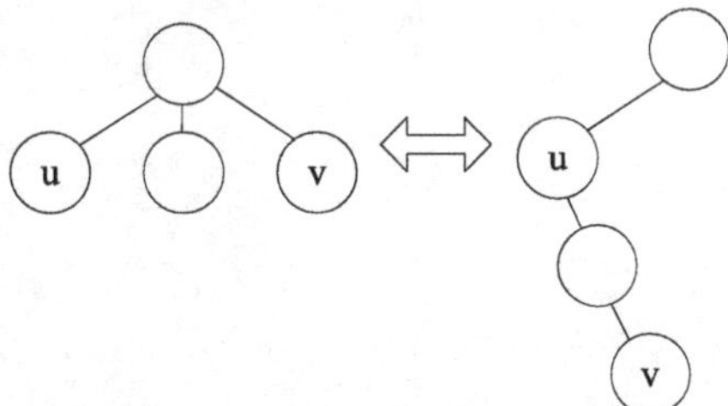

如果u的父结点与v的父结点是兄弟关系，那么当森林转换为二叉树时，不能使u转换成v的父结点的父结点，如下图所示。

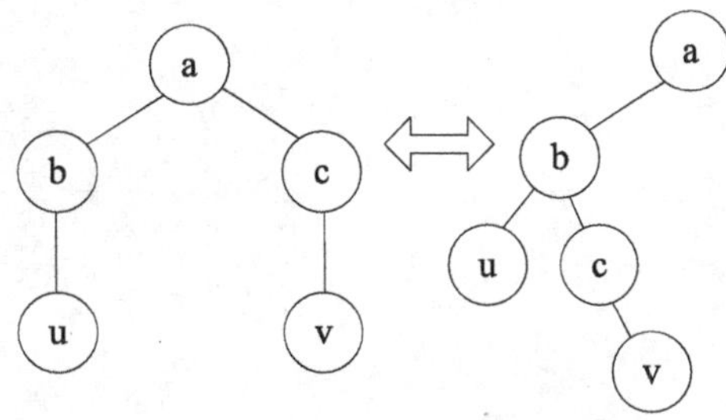

所以答案选B。

● 综合应用题

【答案精解】

（1）算法的基本设计思想如下：

① 如果为空二叉树，则退出。

② 交换左子树中所有结点的左子树和右子树。

③ 交换右子树中所有结点的左子树和右子树。

④ 交换指向左子树的指针和指向右子树的指针。

（2）用C语言描述算法，代码如下：

```
void SwapBiTree (BiTree *bt){
    BiTree *p;
    if (bt==0)
        return;
    SwapBiTree (bt->lchild);        //交换左子树中所有结点的左子树和右子树
    SwapBiTree (bt->rchild);        //交换右子树中所有结点的左子树和右子树
    p=bt->lchild;                   //交换指向左子树的指针和指向右子树的指针
    bt->lchild=bt->rchild;
    bt->rchild=p;
}
```

第 5 章

图

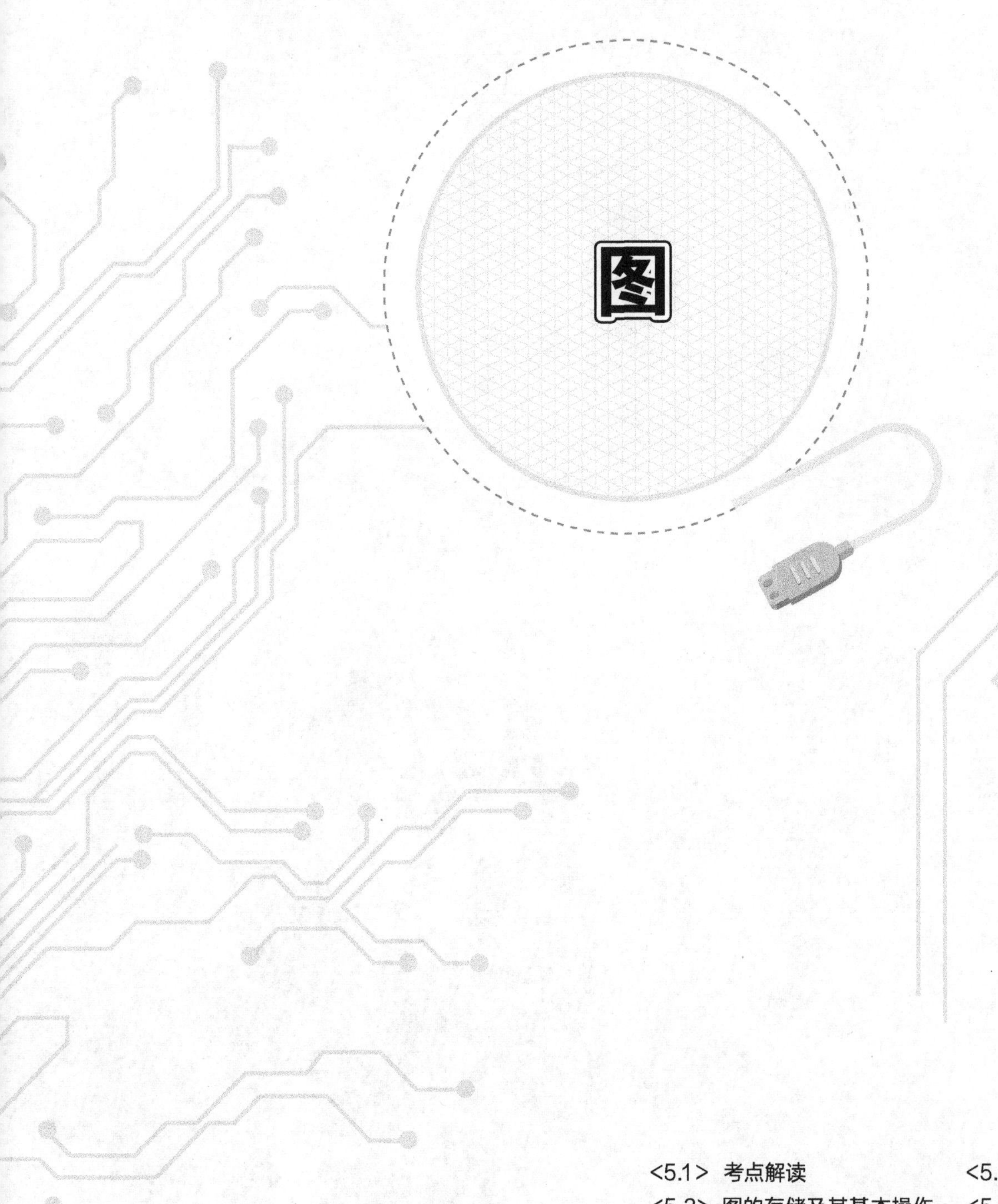

第5章　图

5.1　考点解读

本章考点如图5.1所示。本章内容包括图的基本概念、图的存储及基本操作、图的遍历、图的基本应用四大部分。考试大纲没有明确指出对这些知识点的具体要求，通过对最近10年联考真题与本章有关考点的统计与分析（表5.1），结合数据结构课程知识体系的结构特点来看，关于本章考生应掌握图的基本概念，掌握图的邻接矩阵表示法、邻接表表示法，了解图的十字链表表示法，了解图的邻接多重表表示法，掌握图的深度优先搜索和广度优先搜索，掌握最小生成树，掌握最短路径，掌握拓扑排序，掌握关键路径。

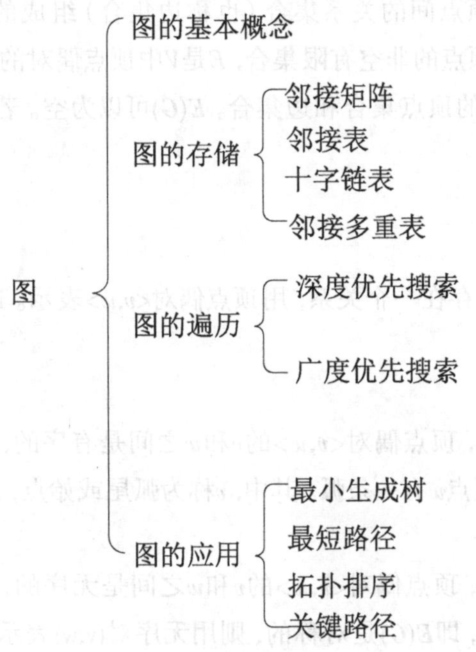

图5.1　考点导图

表5.1　本章最近10年考情统计表

年份	题型		分值			联考考点
	单项选择题（题）	综合应用题（题）	单项选择题（分）	综合应用题（分）	合计（分）	
2011	1	1	2	8	10	图的应用
2012	4	0	8	0	8	图的遍历、图的应用
2013	3	0	6	0	6	图的基本概念、图的遍历、图的应用

表5.1（续）

年份	题型		分值			联考考点
	单项选择题（题）	综合应用题（题）	单项选择题（分）	综合应用题（分）	合计（分）	
2014	1	1	2	10	12	图的应用
2015	2	1	4	8	12	图的存储及基本操作、图的遍历、图的应用
2016	3	0	6	0	6	图的遍历、图的应用
2017	1	1	2	8	10	图的基本概念、图的应用
2018	1	1	2	10	12	图的应用
2019	2	0	4	0	4	图的应用
2020	3	0	6	0	6	图的应用、最小生成树、关键路径算法

5.2 图的基本概念

5.2.1 图的定义及基本术语

（1）图的定义

一个图是由顶点集合及顶点间的关系集合（也称边集合）组成的一种数据结构，定义为一个偶对(V,E)，记为$G=(V,E)$。其中V是顶点的非空有限集合，E是V中顶点偶对的有穷集合，这些顶点偶对称为边。$V(G)$和$E(G)$通常分别表示图G的顶点集合和边集合。$E(G)$可以为空。若$E(G)$为空，则图G只有顶点而没有边。

（2）基本术语

1）弧

弧表示两个顶点v和w之间存在一个关系，用顶点偶对$<v,w>$表示。通常根据图的顶点偶对将图分为有向图和无向图。

2）有向图

若图G的关系集合$E(G)$中，顶点偶对$<v,w>$的v和w之间是有序的，称图G是有向图。在有向图中，若$<v,w>\in E(G)$，表示从顶点v到顶点w有一条弧。其中，v称为弧尾或始点，w称为弧头或终点。

3）无向图

若图G的关系集合$E(G)$中，顶点偶对$<v,w>$的v和w之间是无序的，称图G是无向图。在无向图中，若$\forall <v,w>\in E(G)$，有$<w,v>\in E(G)$，即$E(G)$是对称的，则用无序对(v,w)表示v和w之间的一条边，因此，(v,w)和(w,v)代表的是同一条边。

4）完全无向图

对于无向图，若图中顶点数为n，用e表示边的数目，则$e\in[0,n(n-1)/2]$。具有$n(n-1)/2$条边的无向图称为完全无向图。

5）完全有向图

对于有向图，若图中顶点数为n，用e表示弧的数目，则$e\in[0,n(n-1)]$。具有$n(n-1)$条边的有向图称为完全有向图。

6）稀疏图和稠密图

有很少边或弧的图（如$e<n\log_2 n$）称为稀疏图，反之称为稠密图。

7）权

与图的边和弧相关的数。权可以表示从一个顶点到另一个顶点的距离或耗费。

8）子图和生成子图

设有图G=(V,E)和G'=(V',E')，若$V'\subset V$且$E'\subset E$，则称图G'是G的子图；若$V'=V$且$E'\subset E$，则称图G'是G的一个生成子图。

9）顶点的邻接

对于无向图G=(V,E)，若边$(v,w)\in E$，则称顶点v和w互为邻接点，即v和w相邻接。边(v,w)依附于顶点v和w。

对于有向图G=(V,E)，若有向弧$<v,w>\in E$，则称顶点v“邻接到”顶点w，顶点w“邻接自”顶点v，弧$<v,w>$与顶点v和w“相关联”。

10）顶点的度、入度、出度

对于无向图G=(V,E)，$\forall v_i\in V$，图G中依附于v_i的边的数目称为顶点v_i的度，记为TD(v_i)。显然，在无向图中，所有顶点度的和是图中边的2倍。即$\sum$TD(v_i)=2e，其中，i=1, 2, …, n，e为图的边数。

对有向图G=(V,E)，若$\forall v_i\in V$，图G中以v_i作为起点的有向边（弧）的数目称为顶点v_i的出度，记为OD(v_i)；以v_i作为终点的有向边（弧）的数目称为顶点v_i的入度，记为ID(v_i)。顶点v_i的出度与入度之和称为v_i的度，记为TD(v_i)，即TD(v_i)=OD(v_i)+ID(v_i)。

11）路　径

对于无向图G=(V,E)，若从顶点v_i经过若干条边能到达v_j，称顶点v_i和v_j是连通的，又称顶点v_i到v_j有路径。

对于有向图G=(V,E)，从顶点v_i到v_j有有向路径，指的是从顶点v_i经过若干条有向边（弧）能到达v_j。

12）路径长度

路径上边或有向边（弧）的数目称为该路径的长度。

13）简单路径

在一条路径中，若没有重复相同的顶点，则该路径称为简单路径。

14）回路和简单回路

第一个顶点和最后一个顶点相同的路径称为回路（环）；在一个回路中，若除第一个与最后一个顶点外，其余顶点不重复出现的回路，称为简单回路（简单环）。

15）连通图和图的连通分量

对于无向图G=(V,E)，若$\forall v_i,v_j\in V$，v_i和v_j都是连通的，则称图G是连通图，否则称为非连通图。若G是非连通图，则极大的连通子图称为G的连通分量。

16）强连通图和强连通分量

对于有向图G=(V,E)，若$\forall v_i,v_j\in V$，都有以v_i为起点、v_j为终点以及以v_j为起点、v_i为终点的有向路径，称图G是强连通图，否则称为非强连通图。若G是非强连通图，则极大的强连通子图称为G的强连通分量。“极大”的含义指的是对子图再增加图G中的其他顶点，子图就不再连通。

17）连通图的生成树

一个连通图（无向图）G的生成树是一个极小连通子图，它含有图中全部n个顶点，包含且只包含G的n−1条边，称为图的生成树。

关于无向图的生成树的几个重要结论如下：① 一棵有n个顶点的生成树有且仅有n-1条边；② 如果一个图有n个顶点和小于n-1条边，则是非连通图；③ 如果多于n-1条边，则一定有环；④ 有n-1条边的图不一定是生成树。

18）生成森林

在非连通图中，每个连通分量都可得到一个极小连通子图，即一棵生成树；这些连通分量的生成树就组成了一个非连通图的生成森林。

有向图的生成森林是这样的一个子图：由若干棵有向树组成，含有图中全部顶点。

有向树是只有一个顶点的入度为0、其余顶点的入度均为1的有向图。

19）网

每个边（或弧）都附加一个权值的图，称为带权图。带权的连通图（包括弱连通的有向图）称为网或网络。

5.2.2 真题与习题精编

● 单项选择题

1. 已知无向图G含有16条边，其中度为4的顶点个数为3，度为3的顶点个数为4，其他顶点的度均小于3。图G所含的顶点个数至少是（　）。【全国联考2017年】

A. 10　　B. 11　　C. 13　　D. 15

2. 若无向图G=(V,E)中含有7个顶点，要保证图G在任何情况下都是连通的，则需要的边数最少是（　）。【全国联考2010年】

A. 6　　B. 15　　C. 16　　D. 21

5.2.3 答案精解

● 单项选择题

1.【答案】B

【精解】考点为图的基本概念。无向图中边数的2倍等于各顶点度数的总和。由于其他顶点的度均小于3，要想求出最少的顶点个数，应尽量设这些未明确度数的顶点度数尽可能大，所以设它们的度都为2，设图中总顶点个数为x，可以列出相应的方程$16\times2-3\times4-4\times3=(x-4-3)\times2$，可以解得$x=11$，所以答案选B。

2.【答案】C

【精解】考点为图的基本概念。要保证无向图G在任何情况下都是连通的，可以从7个顶点中选取6个顶点构成一个完全无向图，然后再从6个顶点中选取一个顶点与剩余的1个顶点相连，则此时必然会形成一个连通图，而且边数达到最小值=(6×5)/2+1=16。否则，若边数小于16，比如15，可以让这15条边仅连接7个顶点中的6个，无向图G不能满足连通。所以答案选C。

5.3 图的存储及其基本操作

图的结构比较复杂，一方面，任意顶点之间可能存在联系，无法以数据元素在存储区中的物理位置来表示元素之间的关系；另一方面，图中各个结点的度数各不相同，最大度数和最小度数可能相差很大，若按度数最大的顶点设计结构，则会浪费很多存储单元，反之按每个顶点自己的度数设计不同的结构，又会影响操作。因此，在实际应用中，应根据具体的图和需要进行的操作，设计恰当的结点结构和表结构。图的常用的存储结构有邻接矩阵、邻接表、十字链表和邻接多重表等。

5.3.1 邻接矩阵

（1）基本思想

邻接矩阵（数组）表示法的基本思想：对于有n个顶点的图，用一维数组vexs[n]存储顶点信息，用二维数组$A[n][n]$存储顶点之间关系的信息。该二维数组称为邻接矩阵。在邻接矩阵中，以顶点在vexs数组中的下标代表顶点，邻接矩阵中的元素$A[i][j]$存放的是顶点i到顶点j之间关系的信息。

（2）存储方法

1）无向无权图的邻接矩阵

无向无权图G=(V,E)有n（n≥1）个顶点，其邻接矩阵是n阶对称方阵，如图5.2所示。其元素的定义如下：

$$A[i][j]=\begin{cases}1\text{ 若 }<V_i,V_j>\in E,\text{ 即}V_i,\ V_j\text{邻接}\\0\text{ 若 }<V_i,V_j>\notin E,\text{ 即}V_i,\ V_j\text{不邻接}\end{cases}$$

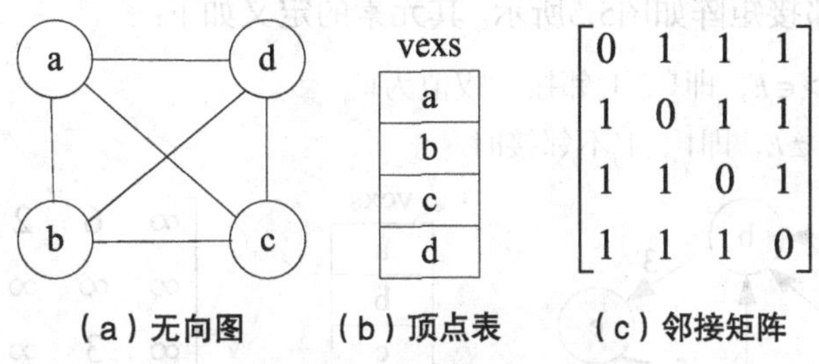

图5.2 无向无权图的数组存储

2）无向带权图的邻接矩阵

无向带权图G=(V,E)的邻接矩阵如图5.3所示。其元素的定义如下：

$$A[i][j]=\begin{cases}W_{ij}\text{ 若 }<V_i,V_j>\in E,\text{ 即}V_i,\ V_j\text{邻接，权值为}W_{ij}\\\infty\text{ 若 }<V_i,V_j>\notin E,\text{ 即}V_i,\ V_j\text{不邻接时}\end{cases}$$

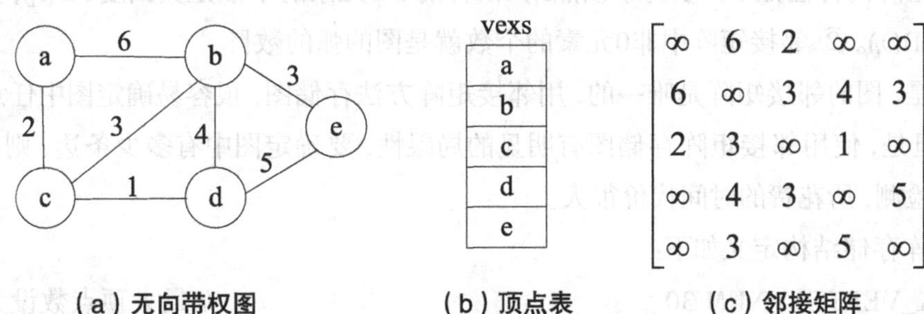

图5.3 无向带权图的数组存储

无向图的邻接矩阵有如下特性：

① 无向图邻接矩阵一定是对称矩阵。因此，按照压缩存储的思想，在具体存放邻接矩阵时，只需存放上（或下）三角形阵的元素即可。

② 对于顶点v_i，其度数是第i行（或第i列）的非0元素（或非∞元素）的个数。

③ 无向图的边数是上（或下）三角型矩阵中非0元素的个数。

3）有向无权图的邻接矩阵

若有向无权图G=(*V*,*E*)有*n*（*n*≥1）个顶点，则其邻接矩阵是*n*阶对称方阵，如图5.4所示。元素定义如下：

$$A[i][j]=\begin{cases}1\ 若<V_i,V_j>\in E，从V_i到V_j有弧\\0\ 若<V_i,V_j>\notin E，从V_i到V_j没有弧\end{cases}$$

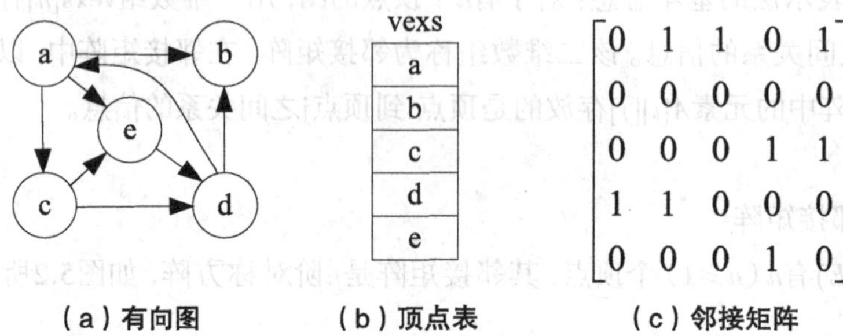

（a）有向图　　（b）顶点表　　（c）邻接矩阵

图5.4　有向无权图的数组存储

4）有向带权图的邻接矩阵

有向带权图G=(*V*,*E*)的邻接矩阵如图5.5所示。其元素的定义如下：

$$A[i][j]=\begin{cases}W_{ij}\ 若<V_i,V_j>\in E，即V_i，V_j邻接，权值为W_{ij}\\\infty\ 若<V_i,V_j>\notin E，即V_i，V_j不邻接时\end{cases}$$

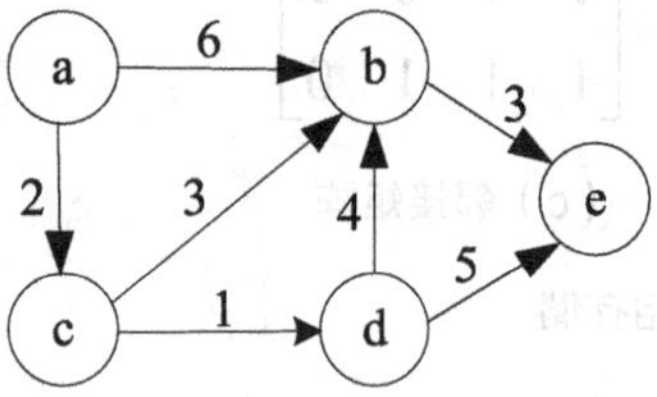

vexs: a, b, c, d, e

$$\begin{bmatrix}\infty & 6 & 2 & \infty & \infty\\\infty & \infty & \infty & \infty & 3\\\infty & 3 & \infty & 1 & \infty\\\infty & 4 & \infty & \infty & 5\\\infty & \infty & \infty & \infty & \infty\end{bmatrix}$$

（a）有向带权图　　（b）顶点表　　（c）邻接矩阵

图5.5　有向带权图的数组存储

有向图邻接矩阵的特性如下：① 对于顶点v_i，第*i*行的非0元素的个数是其出度OD(v_i)；第*i*列的非0元素的个数是其入度ID(v_i)。② 邻接矩阵中非0元素的个数就是图的弧的数目。

需要注意的是，图的邻接矩阵是唯一的，用邻接矩阵方法存储图，很容易确定图中任意两个顶点之间是否有边相连。但是，使用邻接矩阵存储图有明显的局限性，要确定图中有多少条边，则必须按行、按列对每个元素进行检测，所花费的时间代价很大。

图的邻接矩阵存储结构定义如下：

```
#define MAX_VERTEX_NUM 30                                   // 最大顶点数设为30
typedef char VertexType;                                    // 顶点类型设为字符型
typedef int EdgeType;                                       // 边的权值设为整型
typedef struct
{
    VertexType vexs[MAX_VERTEX_NUM];                        // 顶点表
    EdgeType vdegs[MAX_VERTEX_NUM][MAX_VERTEX_NUM];         // 邻接矩阵
    int vexnum, arcnum;                                     // 图的当前定点数和弧数
}MGraph;                                                    // MGraph是邻接矩阵存储图的类型
```

注意，在简单应用中，可直接用二维数组作为图的邻接矩阵。邻接矩阵表示法的空间复杂度是$O(n^2)$，其中n为图的顶点数$|V|$。

5.3.2 邻接表

邻接表是图的一种链式存储结构，其基本思想是对图的每个顶点建立一个单链表，存储该顶点所有邻接顶点及其相关信息。每一个单链表设一个表头结点。第i个单链表表示依附于顶点v_i的边（对有向图是以顶点v_i为头或尾的弧）。

链表中的结点称为边结点，每个结点由三个域组成，如图5.6（a）所示。其中邻接点域（adjvex）指示与顶点v_i邻接的顶点在图中的位置（顶点编号），链域（nextarc）指向下一个与顶点v_i邻接的表结点；数据域（info）存储和边或弧相关的信息，如权值等。对于无权图，如果没有与边相关的其他信息，可省略此域。每个链表附设一个表头结点（称为顶点结点），由两个域组成，如图5.6（b）所示。其中链域（firstarc）指向链表中的第一个结点，数据域（data）存储顶点名或其他信息。

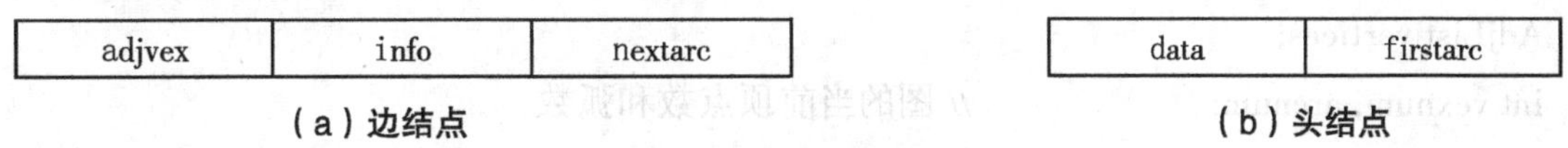

（a）边结点　　（b）头结点

图5.6　邻接表结点结构

在图的邻接表表示中，所有顶点结点用一个向量以顺序结构形式存储，可以随机访问任意顶点的链表，该向量称为表头向量，向量的下标指示顶点的序号。

用邻接表存储图时，对于无向图，其邻接表是唯一的，如图5.7所示；对于有向图，其邻接表有两种形式，如图5.8所示。在邻接表上，容易找出任意顶点的第一个邻接点和下一个邻接点。

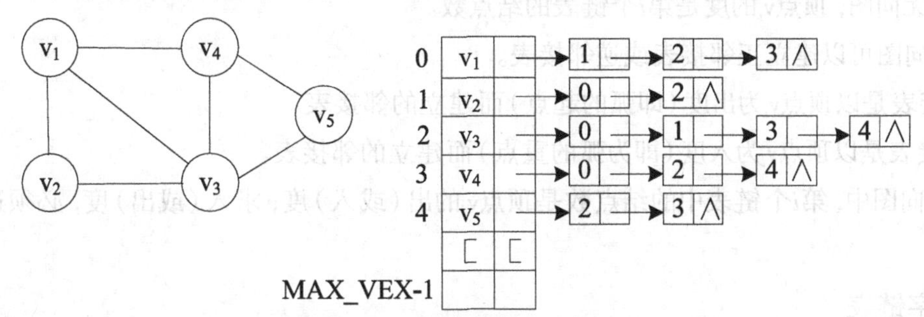

图5.7　无向图及其邻接表

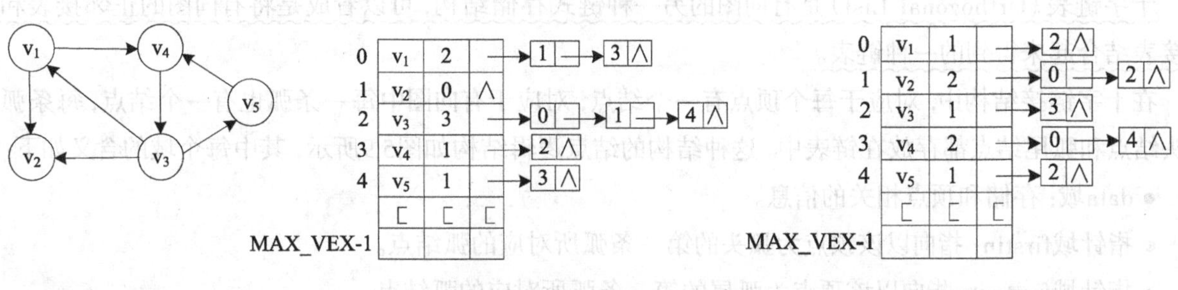

（a）有向图　　（b）正邻接表，出队直观　　（c）逆邻接表，入队直观

图5.8　有向图及其邻接表

一个图的邻接表存储结构可形式地说明如下：

```
# define MAX_VEX 30
typedef struct ArcNode
```

```
{
    int adjvex;                          // 该弧所指向的顶点的位置
    struct ArcNode  *nextarc;            // 指向下一条边的指针
    intinfo;                             // 与边或弧相关的信息，如权值等
}ArcNode                                 // 邻接表结点类型定义
typedef struct VNode
{
    VertexType data;                     // 顶点信息
    ArcNode *firstarc                    // 指向第一条依附该顶点的弧的指针
}VNode, AdjList[MAX_VEX];
typedef struct
{
    AdjList vertices;
    int vexnum, arcnum;                  // 图的当前顶点数和弧数
    intkind;                             // 图的种类标志
}ALGraph;                                // 图的结构定义
```

图的邻接表法具有的一些特点如下：

（1）表头向量中每个分量就是一个单链表的头结点，分量个数为图中的顶点数目。

（2）在边或弧稀疏的条件下，用邻接表表示比用邻接矩阵表示节省存储空间。

（3）对于无向图，顶点v_i的度是第i个链表的结点数。

（4）对有向图可以建立正邻接表或逆邻接表。

1）正邻接表是以顶点v_i为出度（即弧的起点）而建立的邻接表。

2）逆邻接表是以顶点v_i为入度（即为弧的重点）而建立的邻接表。

（5）在有向图中，第i个链表中的结点数是顶点v_i的出（或入）度；求入（或出）度，必须遍历整个邻接表。

5.3.3 十字链表

十字链表（Orthogonal List）是有向图的另一种链式存储结构，可以看成是将有向图的正邻接表和逆邻接表结合起来得到的一种链表。

在十字链接结构中，对应于每个顶点有一个结点，对应于有向图中每一条弧也有一个结点，每条弧的弧头结点和弧尾结点都存放在链表中。这种结构的结点逻辑结构如图5.9所示，其中每个域的含义如下：

- data域：存储和顶点相关的信息。
- 指针域firstin：指向以该顶点为弧头的第一条弧所对应的弧结点。
- 指针域firstout：指向以该顶点为弧尾的第一条弧所对应的弧结点。
- 尾域tailvex：指示弧尾顶点在图中的位置。
- 头域headvex：指示弧头顶点在图中的位置。
- 指针域hlink：指向弧头相同的下一条弧。
- 指针域tlink：指向弧尾相同的下一条弧。

- Info域：指向该弧的相关信息。

data	firstin	firstout

顶点结点

tailvex	headvex	hlink	tlink	info

弧结点

图5.9 十字链表结点结构

有向图的十字链表存储表示的形式说明如下所示：

```
/*结点类型定义*/
#define MAX_VEX 30                      // 最大顶点数
typedef struct ArcNode
{   int tailvex, headvex;               // 尾结点和头结点在图中的位置
    InfoType *info;                     // 与弧相关的信息，如权值
    struct ArcNode *hlink, *tlink;
}ArcNode;                               // 弧结点类型定义
typedef struct VexNode
{   VexType data;                       // 顶点信息
    ArcNode *firstin, *firstout;
}VexNode;                               // 顶点结点类型定义
typedef struct
{   int vexnum, arcnum;
  VexNode xlist[MAX_VEX];
}OLGraph;                               // 图的类型定义
```

图5.10所示是一个有向图及其十字链表（略去了表结点的info域）。

从这种存储结构图可以看出，从一个顶点结点的firstout出发，沿表结点的tlink指针构成了正邻接表的链表结构，而从一个顶点结点的firstin出发，沿表结点的hlink指针构成了逆邻接表的链表结构。

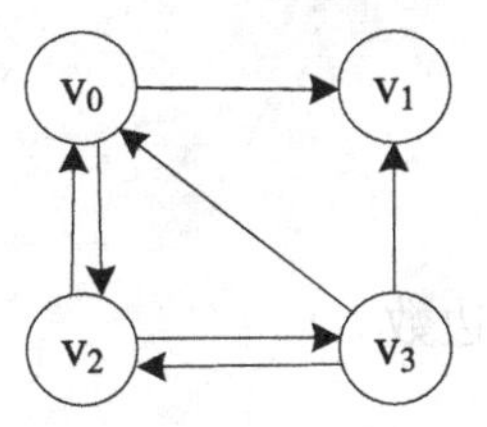

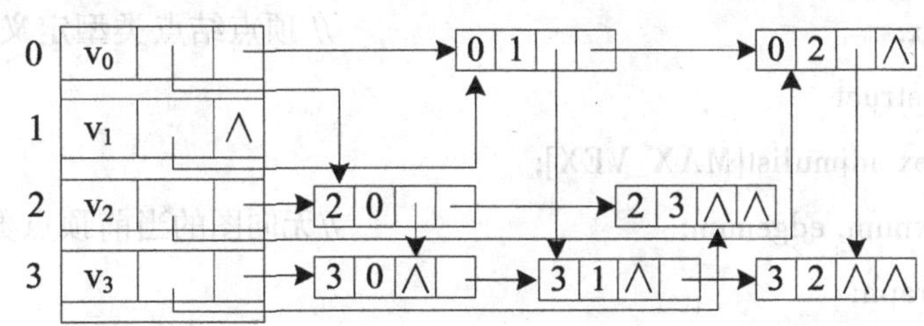

图5.10 有向图的十字链结构

5.3.4 邻接多重表

邻接多重表（Adjacency Multilist）是无向图的另一种链式存储结构。虽然邻接表是无向图的一种很有效的存储结构，在邻接表中容易求得顶点和边的各种信息，但是在邻接表中的每一条边(v_i,v_j)的两个结点分别在第i个和第j个链表中，这会给图的操作带来不便。例如在某些图的应用问题中需要对边进行某种操作，如对已经被搜索过的边做记号或删除一条边等，此时需要找到表示同一条边的两个结点。因此，在进行这一类操作的无向图的问题中采用邻接多重表作为存储结构更为适宜。

邻接多重表的结构和十字链表类似，每条边用一个结点表示；邻接多重表中的顶点结点结构与邻接表中的完全相同，而表结点包括六个域，如图5.11所示，每个域的含义如下：

data	firstedge

（a）顶点结点

mark	ivex	ilink	jvex	jlink	info

（b）表结点

图5.11　邻接多重表的结点结构

- data域：存储和顶点相关的信息。
- 指针域firstedge：指向依附于该顶点的第一条边所对应的表结点。
- 标志域mark：用以标识该条边是否被访问过。
- ivex和jvex域：分别保存该边所依附的两个顶点在图中的位置。
- 指针域ilink：指向下一条依附于顶点ivex的边。
- 指针域jlink：指向下一条依附于顶点jvex的边。
- info域：保存该边的相关信息。

图5.12所示是一个无向图及其邻接多重表。无向图的邻接多重表存储表示的形式说明如下所示：

```
//无向图的邻接多重表存储表示
#define MAX_VEX  20                              // 最大顶点数
typedef  emnu {unvisited,visited}   VisitIf;
typedef struct EBox
{    VisitIf  mark;                             // 访问标记
     int  ivex , jvex;                          // 该边依附的两个结点在图中的位置
     struct EBox  *ilink , *jlink;              // 分别指向依附于这两个顶点的下一条边
     InfoType    *info ;                        // 该边信息指针
} EBox;                                         // 弧边结点类型定义
typedef struct VexBox
{  VextexType  data;                            // 顶点信息
   EBox  *firsedge;                             // 指向依附于该顶点的第一条边
} VexBox;                                       // 顶点结点类型定义
typedef struct
{  VexBox adjmulist[MAX_VEX];
   int vexnum, edgenum;                         //无向图的当前顶点数和边数
}AMLGraph;
```

邻接多重表与邻接表的区别：后者的同一条边用两个表结点表示，而前者只用一个表结点表示；除标志域外，邻接多重表与邻接表表达的信息是相同的，因此，操作的实现也基本相似。

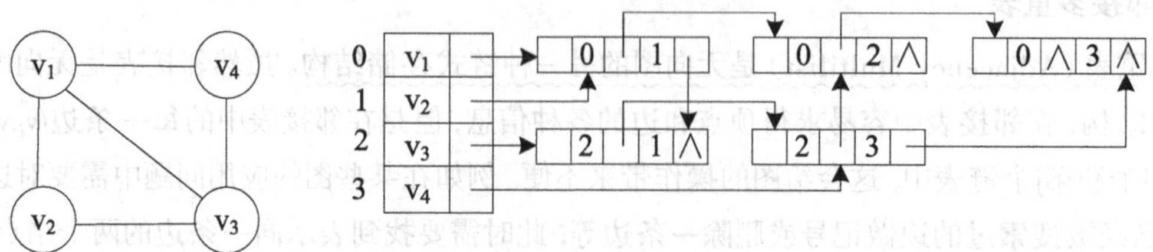

图5.12　无向图及其多重邻接链表

5.3.5 图的基本操作

图作为一种数据结构，它的抽象数据类型有自己的特点，正因为它的复杂、运用广泛，使得不同的应用需要不同的运算集合，构成不同的抽象数据操作。图的基本操作是独立于图的存储结构的，不同的存储方式对应的操作算法的具体实现也不同。一般地，具体算法如何实现，必须结合所采用的存储方式并考虑算法的时间复杂度和空间复杂度。图的基本操作主要如下：

- CreateGraph(&G,V,VR)：按照顶点集V和边弧集VR的定义构造图G。
- DestroyGraph(&G)：图G若存在，则销毁。
- LocateVex(G,u)：若图G中存在顶点u，则返回途中的位置。
- GetVex(G,v)：返回图G中顶点v的值。
- PutVex(G,v,value)：将图G中顶点v赋值value。
- Adjacent(G,x,y)：判断图G是否存在边<x,y>或(x,y)。
- Neighbors(G,x)：列出图G中与结点x邻接的边。
- InsertVertex(G,x)：在图G中插入顶点x。
- DeleteVertex(G,x)：从图G中删除顶点x。
- AddEdge(G,x,y)：若无向边(x,y)或有向边<x,y>不存在，则向图G中添加该边。
- RemoveEdge(G,x,y)：若无向边(x,y)或有向边<x,y>存在，则从图G中删除该边。
- FirstAdjVex(G,v)：返回顶点v的一个邻接顶点，若顶点在G中无邻接顶点，返回“空”。
- NextAdjVex(G,v,w)：返回顶点v(相对于顶点w)的下一个邻接顶点，若w是v的最后一个邻接点，则返回“空”。
- InsertArc(G,v,w)：在图G中增添弧<v,w>，若G是无向图，还需要增添对称弧<w,v>。
- DeleteArc(G,v,w)：在图G中删除弧<v,w>，若G是无向图，则还删除对称弧<w,v>。
- DFSTraverse(G,Visit())：对图G进行深度优先遍历。在遍历过程中对每个顶点调用函数Visit一次且仅一次。一旦Visit()失败，则操作失败。
- BFSTraverse(G,Visit())：对图G进行广度优先遍历。在遍历过程中对每个顶点调用函数Visit一次且仅一次。一旦Visit()失败，则操作失败。

5.3.6 真题与习题精编

● 单项选择题

1. 邻接表是图的一种（ ）。

A. 顺序存储结构　　B. 链接存储结构　　C. 索引存储结构　　D. 散列存储结构

2. 带权有向图G用邻接矩阵A存储，则顶点i的入度等于A中（　）。

A. 第i行非∞的元素之和　　B. 第i列非∞的元素之和

C. 第i行非∞且非0的元素个数　　D. 第i列非∞且非0的元素个数

3. 有n个顶点e条边的无向图，采用邻接表存储时，有（　）个表头结点，有（　）个链表结点。

A. n，$2e$　　B. n，$2e+1$　　C. $n-1$，$2e$　　D. $n-1$，$2e+1$

4. 用邻接矩阵A表示图，判定任意两个顶点v_i和v_j之间是否有长度为m的路径相连，则只要检查（　）的第i行、第j列的元素是否为零即可。

A. mA　　B. A　　C. A^m　　D. A^{m-1}

● 综合应用题

已知含有5个顶点的图G如下图所示。【全国联考2015年】

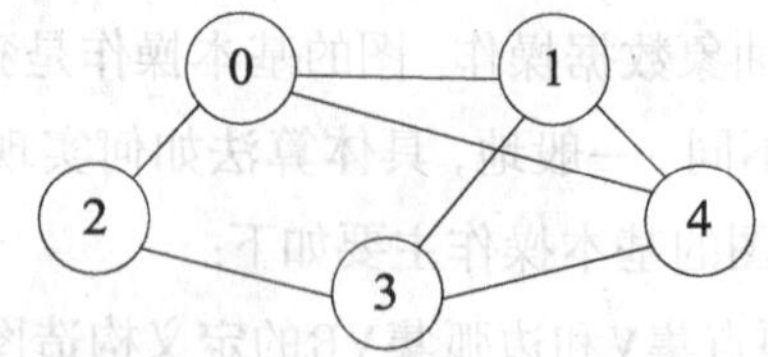

请回答下列问题：

（1）写出图G的邻接矩阵A（行、列下标从0开始）。

（2）求A^2，矩阵A^2中位于0行3列元素值的含义是什么?

（3）若已知具有n（$n\geqslant 2$）个顶点的图的邻接矩阵为B，则B^m（$2\leqslant m\leqslant n$）中非零元素的含义是什么?

5.3.7 答案精解

● 单项选择题

1.【答案】B

【精解】考点为图的存储及基本操作。图的邻接表存储结构是一种链接存储结构。所以答案选B。

2.【答案】D

【精解】考点为图的存储及基本操作。有向图的邻接矩阵中，0和∞表示的都不是有向边，而入度是由邻接矩阵的列中元素计算出来的。所以答案选D。

3.【答案】A

【精解】考点为图的存储及基本操作。根据邻接表的结构，无向图对应的邻接表有n个表头结点，有2e个链表结点（每条边对应两个链表结点）。所以答案选A。

4.【答案】C

【精解】考点为图的存储及基本操作。在图的邻接矩阵中，两点之间有边，则值为1，否则为0。本题只要考虑$A^m=A\times A\times\cdots\times A$（$m$个$A$矩阵相乘后的乘积矩阵）中$(i,j)$的元素值是否为0就行了。所以答案选C。

● 综合应用题

【答案精解】

（1）图G的邻接矩阵A为：

$$A=\begin{bmatrix}0&1&1&0&1\\1&0&0&1&1\\1&0&0&1&0\\0&1&1&0&1\\1&1&0&1&0\end{bmatrix}$$

（2）A^2为：

$$A^2=\begin{bmatrix}3&1&0&3&1\\1&3&2&1&2\\0&2&2&0&2\\3&1&0&3&1\\1&2&2&1&3\end{bmatrix}$$

0行3列的元素值3表示从顶点0到顶点3之间长度为2的路径共有3条。

（3）B^m（$2\leqslant m\leqslant n$）中位于i行j列（$0\leqslant i,\ j\leqslant n-1$）的非零元素的含义是，图中从顶点$i$到顶点$j$的长度为$m$的路径总条数。

5.4 图的遍历

图的遍历(Travering Graph)是指从图的某一顶点出发，按照某种搜索方法沿着图的边访遍图中的其余顶点，且每个顶点仅被访问一次。图的遍历算法是各种图的操作的基础。如果给定的图是连通的无向图或是强连通的有向图，则遍历过程一次就能完成，并可按访问的先后顺序得到由该图所有顶点组成的一个序列。根据搜索方法的不同，图的遍历方法通常有深度优先搜索和广度优先搜索两种。采用的是数据结构邻接表。

5.4.1 深度优先搜索

深度优先搜索(Depth First Search—DFS)遍历类似树的先序遍历，是树的先序遍历的推广，其基本思想如下：设初始状态时图中的所有顶点未被访问，则有：

(1)从图中某个顶点v_i出发，访问v_i；然后找到v_i的一个邻接顶点v_{i1}；

(2)从v_{i1}出发，深度优先搜索访问和v_{i1}相邻接且未被访问的所有顶点；

(3)转(1)，直到和v_i相邻接的所有顶点都被访问为止；

(4)继续选取图中未被访问的顶点v_j作为起始顶点，转(1)，直到图中所有顶点都被访问为止。

图5.13是无向图的深度优先搜索遍历示例(虚线箭头)。某种DFS次序是：$v_1 \rightarrow v_3 \rightarrow v_2 \rightarrow v_4 \rightarrow v_5$。

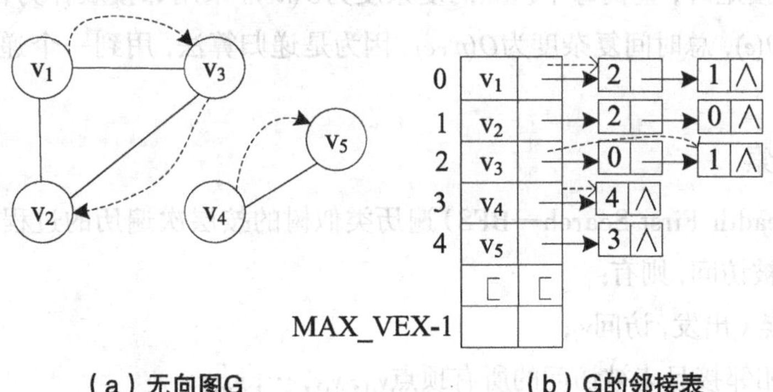

(a)无向图G (b)G的邻接表

图5.13 无向图深度优先搜索遍历

由算法的基本思想可知，深度优先搜索一个递归过程。因此，先设计一个从某个顶点(编号)为v_0开始深度优先搜索的函数，便于调用。

在遍历整个图时，可以对图中的每一个未访问的顶点执行所定义的函数。

```
typedef emnu {FALSE, TRUE} BOOLEAN;
BOOLEAN Visited[MAX_VEX];
void DFS (ALGraph *G, int v)
{
    ArcNode *p;
    Visited[v]=TRUE;                    // 置访问标志，访问顶点v
    p=G->AdjList[v].firstarc;           // 链表的第一个结点
    while (p!=NULL)
    {
        if (!Visited[p->adjvex])
            DFS (G, p->adjvex);         // 从v的未访问过的邻接顶点出发深度优先搜索
```

```
            p=p->nextarc;
        }
    }
void DFS_traverse_Grapg (ALGraph *G)
{
    int v;
    for (v=0;v<G->vexnum;v++)
        Visited[v]=FALSE;                    // 访问标志初始化，若被访问过，让Visited[v]为true
    p=G->AdjList[v].firstarc;
    for (v=0; v<G->vexnum; v++)
        if (!Visited[v])
            DFS (G,v);
}
```

遍历时，对图的每个顶点至多调用一次DFS函数。其实质就是对每个顶点查找邻接顶点的过程，取决于存储结构。如果是邻接矩阵，查找每个顶点的复杂度为$O(n^2)$。采用邻接表作为存储结构时，当图有e条边时，其时间复杂度为$O(e)$，总时间复杂度为$O(n+e)$。因为是递归算法，用到一个递归工作栈，它的空间代价为$O(n)$。

5.4.2 广度优先搜索

广度优先搜索（Breadth First Search—BFS）遍历类似树的按层次遍历的过程，算法思想是设初始状态时图中的所有顶点未被访问，则有：

（1）从图中某个顶点v_i出发，访问v_i；

（2）访问v_i的所有相邻接且未被访问的所有顶点v_{i1}，v_{i2}，…，v_{im}；

（3）以v_{i1}，v_{i2}，…，v_{im}的次序，以v_{ij}（$1\leqslant j\leqslant m$）依此作为v_i，转(1)；

（4）继续选取图中未被访问顶点v_k作为起始顶点，转(1)，直到图中所有顶点都被访问为止。

图5.14是有向图的广度优先搜索遍历示例。该图的BFS次序是：$v_1 \to v_2 \to v_4 \to v_3 \to v_5$。

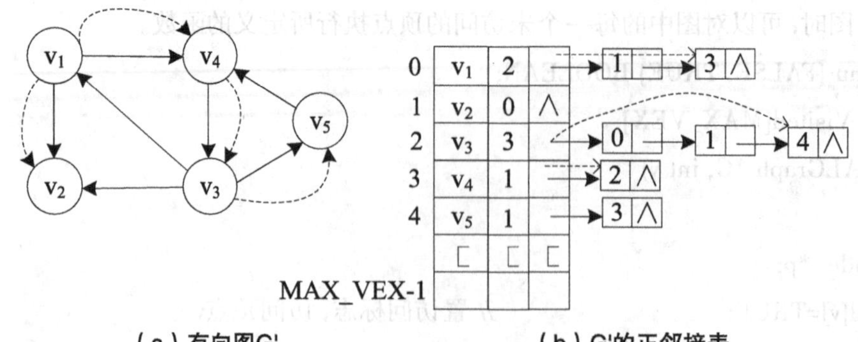

（a）有向图G'　　（b）G'的正邻接表

图5.14　有向图广度优先搜索遍历

为了标记图中顶点是否被访问过，同样需要一个访问标记数组；其次，为了依此访问与v_i相邻接的各个顶点，需要附加一个队列来保存访问v_i的相邻接的顶点。

```
typedef emnu {FALSE, TRUE} BOOLEAN;
BOOLEAN  Visited[MAX_VEX];
```

```
typedef struct Queue
{
    int  elem[MAX_VEX];
    int front, rear;
}Queue;                                    // 定义一个队列保存将要访问的顶点
void BFS_traverse_Grapg (ALGraph *G)
{
    int k, v, w;
    ArcNode  *p;
    Queue  *Q;
    Q= (Queue *)malloc(sizeof(Queue));
    Q->front=Q->rear=0;                    // 建立空队列并初始化
    for (k=0; k<G->vexnum; k++)
    Visited[k]=FALSE;                      // 访问标志初始化
    for (k=0; k<G->vexnum; k++)
    {
        v=G->AdjList[k].data;              // 单链表的头顶点
        if (!Visited[v])                   // v尚未访问
        {
            Q->elem[++Q->rear]=v;          // v入队
            while (Q->front!=Q->rear)
            {
                w=Q->elem[++Q->front];
                Visited[w]=TRUE;           // 置访问标志
                Visit(w);                  // 访问队首元素
                p=G->AdjList[w].firstarc;
              while (p!=NULL)
              {
                  if (!Visited[p->adjvex])
                  Q->elem[++Q->rear]=p->adjvex;
                  p=p->nextarc;
              }
            }
        }
    }
}
```

用邻接表表示图时，用广度优先搜索算法遍历图与深度优先搜索算法遍历图的唯一区别是邻接点搜索次序不同，广度优先搜索算法遍历图的总时间复杂度为$O(n+e)$。

需要注意的是，一个给定的图的邻接矩阵表示是唯一的，但对于邻接表来说，如果边的输入先后次序不同，生成的邻接表表示也不同。因此，对于同样一个图，基于邻接矩阵表示的遍历所得到的DFS序列和BFS序列是唯一的。基于邻接表表示的遍历所得到的DFS序列和BFS序列可以是不唯一的。

图的遍历可以系统地访问图中的每个顶点，因此，图的遍历算法是图的最基本、最重要的算法，许多有关图的操作都是在图的遍历基础之上加以变化来实现的。

5.4.3 真题与习题精编

● 单项选择题

1. 下列选项中，不是下图深度优先搜索序列的是（　）。【全国联考2016年】

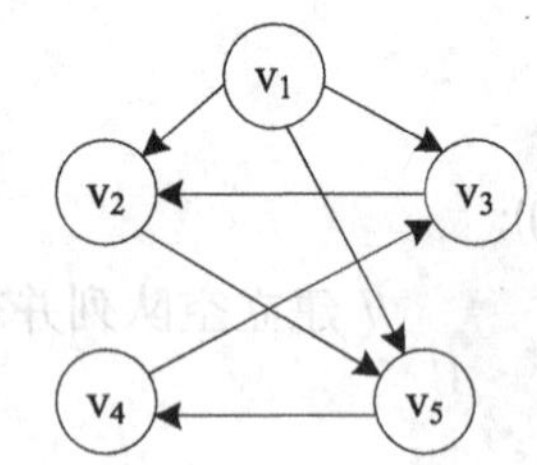

A. V_1,V_5,V_4,V_3,V_2　　B. V_1,V_3,V_2,V_5,V_4

C. V_1,V_2,V_5,V_4,V_3　　D. V_1,V_2,V_3,V_4,V_5

2. 设有向图$G=(V,E)$，顶点集$V=\{v_0,v_1,v_2,v_3\}$，边集$E=\{<v_0,v_1>, <v_0,v_2>, <v_0,v_3>, <v_1,v_3>\}$。若从顶点$v_0$开始对图进行深度优先遍历，则可能得到的不同遍历序列个数是（　）。【全国联考2015年】

A. 2　　B. 3　　C. 4　　D. 5

3. 若对如下无向图进行遍历，则下列选项中，不是广度优先遍历序列的是（　）。【全国联考2013年】

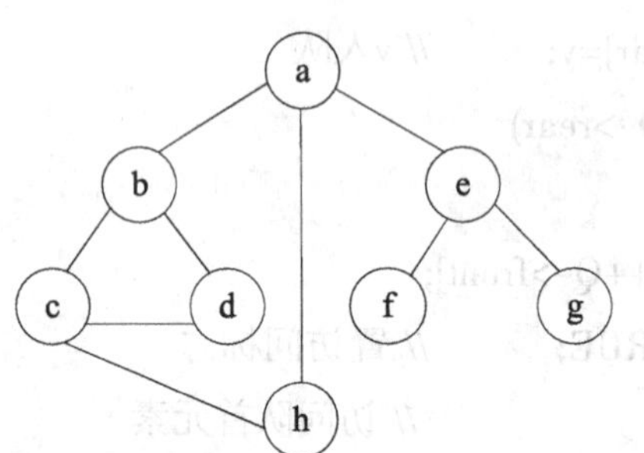

A. h,c,a,b,d,e,g,f　　B. e,a,f,g,b,h,c,d

C. d,b,c,a,h,e, f,g　　D. a,b,c,d,h,e,f,g

4.对有n个结点、e条边且使用邻接表存储的有向图进行广度优先遍历，其算法时间复杂度是（　）。【全国联考2012年】

A. $O(n)$　　B. $O(e)$　　C. $O(n+e)$　　D. $O(n*e)$

5.4.4 答案精解

● 单项选择题

1.【答案】D

【精解】考点为图的深度优先搜索。按照深度优先遍历的规则进行遍历。根据题中给出的四个选项，可以设V_1为起点，选项A、B、C所对应的三个选项均是正确的。只有选项D中，访问V_1后可以访问V_2，但不能继续访问V_3，因为V_3与V_2不邻接，所以答案选D。

2.【答案】D

【精解】考点为图的深度优先搜索。根据题意可以画出所对应的有向图，如下图所示。按照深度优先遍历的规则进行遍历。

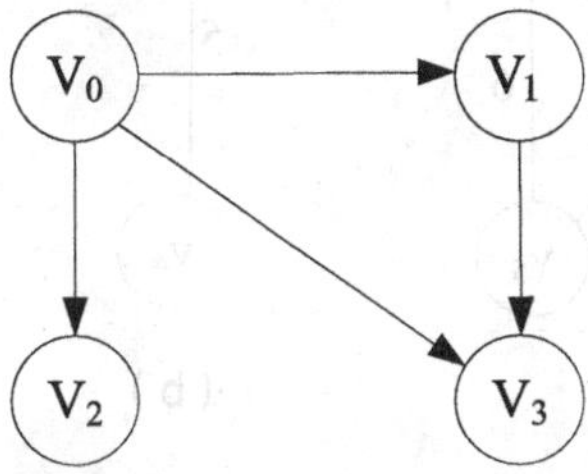

采用图的深度优先遍历，共有5种可能：$<v_0,v_1,v_3,v_2>$,$<v_0,v_2,v_3,v_1>$,$<v_0,v_2,v_1,v_3>$,$<v_0,v_3,v_2,v_1>$,$<v_0,v_3,v_1,v_2>$ 。所以答案选D。

3.【答案】D

【精解】考点为图的广度优先搜索。根据图的广度优先搜索的规则，分别以h、e和d为起点，可以得到选项A、B和C三种结果。若以a为起点，则其邻接点为b、h和e三个顶点，所以根据广度优先搜索规则，a后面的结点必是b、h和e三个顶点，不能是c，所以选项D所对应的序列不是广度优先搜索所得序列，所以答案选D。

4.【答案】C

【精解】考点为图的广度优先搜索。因为广度优先搜索需要借助队列来实现。采用邻接表存储方式对图进行广度优先搜索时，每个顶点均需入队一次，所以时间复杂度为$O(n)$，在搜索所有顶点的邻接点的过程中，每条边至少需要访问一次，所以时间复杂度为$O(e)$，算法总的时间复杂度为$O(n+e)$。所以答案选C。

5.5 图的应用

5.5.1 最小生成树

如果连通图是一个带权图，则其生成树中的边也带权，生成树中所有边的权值之和称为生成树的代价。带权连通图中代价最小的生成树称为最小生成树（Minimum Spanning Tree—MST）。

构造最小生成树的算法有很多，基本原则是：

① 尽可能选取权值最小的边，但不能构成回路；

② 选择n-1条边构成最小生成树。

以上的基本原则是基于MST的如下性质：

设G=(V,E)是一个带权连通图，U是顶点集V的一个非空子集。若$u\in U$，$v\in V-U$，且(u,v)是U中顶点到$V-U$中顶点之间权值最小的边，则必存在一棵包含边(u,v)的最小生成树。

基于以上MST性质构造最小生成树的算法主要有普里姆(Prim)算法和克鲁斯卡尔(Kruskal)算法。

（1）普里姆算法

为了从连通网N=(U,E)中找最小生成树T=(U,TE)，其中TE是N上最小生成树中边的集合，普里姆算法的基本思想如下：

① 若从顶点v_0出发构造，$U=\{v_0\}$，TE={}；

② 先找权值最小的边(u,v)，其中$u\in U$且$v\in V-U$，并且子图不构成环，则$U=U\cup\{v\}$，TE=TE$\cup\{(u,v)\}$；

③ 重复②，直到$U=V$为止。则TE中必有n-1条边，T=$(U$,TE)就是最小生成树。图5.15所示为按普里姆算法从v_2出发构造最小生成树的过程。

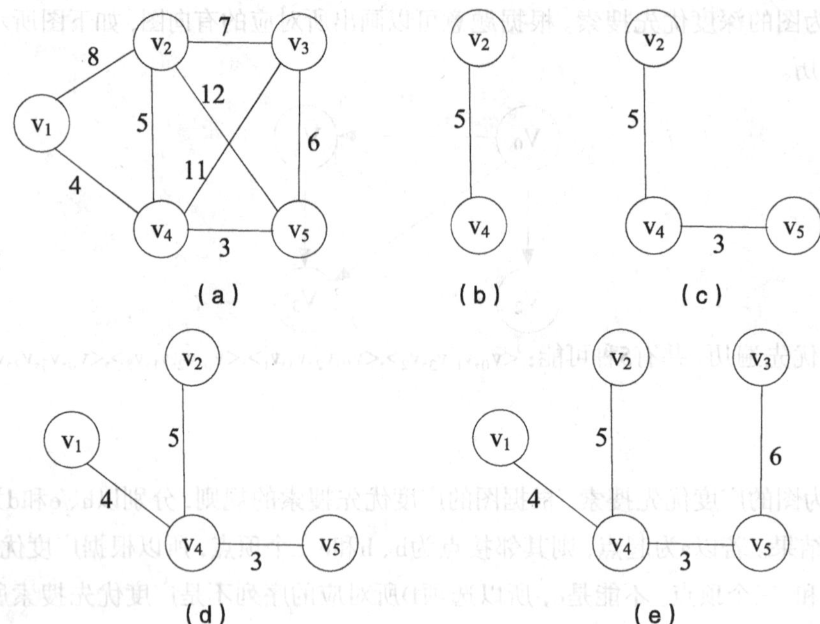

图5.15 Prim算法构造最小生成树的过程

假设一个无向网G以邻接矩阵形式存储，从顶点u出发构造G的最小生成树T，要求输出的各条边。为实现这个算法，需附设一个辅助数组closedge以记录从U到$V-U$具有最小权值的边。对每个顶点$v_i \in V-U$，在辅助数组中存在一个相应分量closedge[i-1]。它包括两个域：lowcost和adjvex，其中lowcost存储最小边上的权值，adjvex存储最小边在U中的那个顶点。显然closedge[i-1].lowcost=Min{cost(u,v_i)|∈U}，其中cos(u,v)表示赋于边(u,v)的权。

```
//辅助数组的定义，用来记录从顶点集U到V-U的权值最小的边
struct
{
    VerTexType  adjvex;                         // 最小边在U中的那个顶点
    ArcType  lowcost;                           // 最小边上的权值
}closedge[MVNum];
// 普里姆算法代码如下
void MiniSpanTree_Prim(MGraph G, VerTexType u)
{   // 无向网G以邻接矩阵形式存储，从顶点u出发构造G的最小生成树T，输出T的各条边
    int k, j, i;
    VerTexTypeu0, v0;
    k=LocateVex (G, u);                         // k为顶点u的下标
    for (j = 0; j < G.vexnum; ++j)
    {                                           // 对V-U的每一个顶点vj，初始化closedge[j]
        if (j != k)
        {
            closedge[j].adjvex = u;
            closedge[j].lowcost = G.arcs[k][j];    // {adjvex, lowcost}
```

```
        }
    }
    closedge[k].lowcost = 0;            // 初始，U = {u}
    for (i = 1; i < G.vexnum; ++i)
    {                                   // 选择其余n-1个顶点，生成n-1条边(n=G.vexnum)
        k = Min(G);                     // 求出T的下一个结点：第k个顶点，closedge[k]中存有当前最小边
        u0 = closedge[k].adjvex;        // u0为最小边的一个顶点，u0∈U
        v0 = G.vexs[k];                 // v0为最小边的另一个顶点，v0∈V-U
        cout << "边" <<u0 << "--->" << v0 << endl;        // 输出当前的最小边(u0, v0)
        closedge[k].lowcost = 0;                            // 第k个顶点并入U集
        for (j = 0; j < G.vexnum; ++j)
            if (G.arcs[k][j] < closedge[j].lowcost)
            {                                               // 新顶点并入U后重新选择最小边
                closedge[j].adjvex = G.vexs[k];
                closedge[j].lowcost = G.arcs[k][j];
            }
    }
}
```

普里姆算法分析如下：假设网中有n个顶点，则第一个进行初始化的循环语句的频度为n，第二个循环语句的频度为n-1。其中第二个有两个内循环：其一是在closedge[v].lowcost中求最小值，其频度为n-1；其二是重新选择具有最小权值的边，其频度为n。由此，普里姆算法的时间复杂度为$O(n^2)$，与网中的边数无关，因此适用于求稠密网的最小生成树。

（2）克鲁斯卡尔算法

克鲁斯卡尔算法是一种按给定图中各边权值的递增次序来选择合适的边来构造最小生成树的方法，其思想是：设G=(V,E)是具有n个顶点的连通网，T=(U,TE)是其最小生成树。初值：U=V, TE={} 。对G中的边按权值从小到大依次选取。① 选取权值最小的边(v_i,v_j)，若边(v_i,v_j)加入TE后形成回路，则舍弃该边；否则，将该边并入TE中，即TE=TE∪{(v_i,v_j)} 。② 重复①，直到TE中包含有n-1条边为止。图5.16是按kruskal算法构造最小生成树的过程。

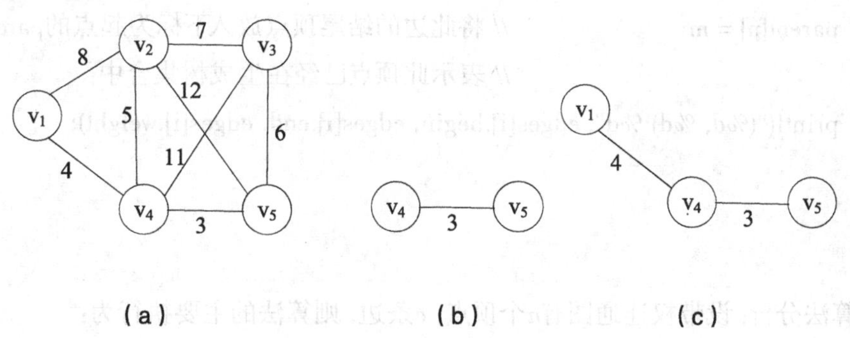

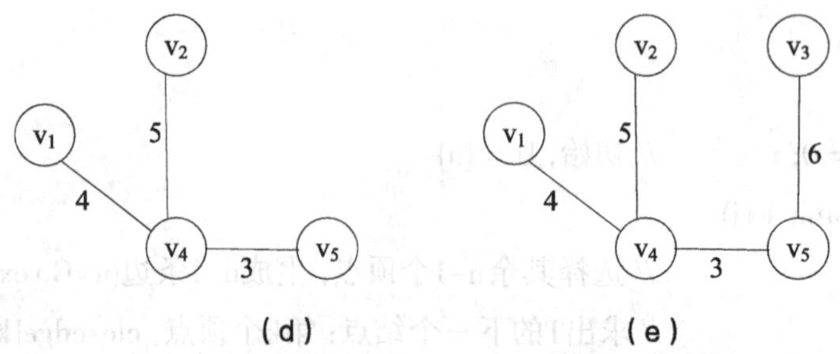

图5.16　克鲁斯卡尔算法求解最小生成树的过程

克鲁斯卡尔算法实现的关键是构建最小生成树时需要考虑是否会形成环路。此时，可以用图的存储结构中的边集数组结构。edge边集数组结构定义的代码如下：

```
typedef struct
{
        int begin;
        int end;
        int weight;
}Edge
// Kruskal算法代码
void MiniSpanTree_Kruskal (MGraph G)      // 生成最小生成树
{
        int i, n, m;
        Edge edges[MAXEDGE];                  // 定义边集数组
        int parent[MAXVEX];                   // 定义一个数组用来判断边与边是否形成环路
 /*这里略去把邻接矩阵G转化为边集数组edges并按权值由小到大排序的代码*/
      for(i=0; i<G.numEdges; i++)             // 循环每一条边
      {
            n = Find(parent, edges[i].begin);
            m = Find(parent, edges[i].end);
            if(n!= m)                         // 假如n与m不等，说明此边没有与有生成树形成环路
            {
                  parent[n] = m               // 将此边的结尾顶点放入下标为起点的parent中
                                              // 表示此顶点已经在生成树集合中
                  printf("(%d, %d) %d", edges[i].begin, edges[i].end, edges[i].weight);
            }
      }
}
```

克鲁斯卡尔算法分析：设带权连通图有n个顶点，e条边，则算法的主要执行为：

① Vset数组初始化：时间复杂度是$O(n)$；

② 边表按权值排序：若采用堆排序或快速排序，时间复杂度是$O(e\log_2 e)$；

③ while循环：最大执行频度是$O(n)$，其中包含修改Vset数组，共执行n-1次，时间复杂度是$O(n^2)$。

因此，整个算法的时间复杂度是$O(e\log_2 e)$，与网中的边数有关。与普里姆算法相比，克鲁斯卡尔算法更适合求稀疏网的最小生成树。

注意: 最小生成树不一定唯一。只有当图G中的各边的权值互不相等时，G的最小生成树才是唯一的。当G的各边的权值有相等情况时，最小生成树可能不唯一，但是最小生成树的边的权值之和是唯一的。

5.5.2 最短路径

在一个无权图中，若从一个顶点到另一顶点存在着一条路径，则称该路径长度为该路径上所经过的边的数目，它等于该路径上的顶点数减1。由于从一个顶点到另一顶点可能存在着多条路径，每条路径上所经过的边数可能不同，即路径长度不同，我们把路径长度最短（即经过的边数最少）的那条路径叫作最短路径，其路径长度叫作最短路径长度或最短距离。

对于带权图，考虑路径上各边上的权值，则通常把一条路径上所经边的权值之和定义为该路径的路径长度或称带权路径长度。从源点到终点可能不止一条路径，我们把带权路径长度最短的那条路径称为最短路径，其路径长度（权值之和）称为最短路径长度或者最短距离。

实际上，只要把无权图上的每条边看成是权值为1的边，那么无权图和带权图的最短路径和最短距离的定义是一致的。

求图的最短路径有两个方面的问题：求图中某一顶点到其余各项点的最短路径和求图中每一对顶点之间的最短路径。

（1）单源点最短路径（Dijkstra）算法

1）基本思想及其说明：从图的给定源点到其他各个顶点之间客观上应存在一条最短路径，在这组最短路径中，按其长度的递增次序，依次求出到不同顶点的最短路径和路径长度。即按长度递增的次序生成各顶点的最短路径，也就是先求出长度最小的一条最短路径，然后求出长度第二小的最短路径，依此类推，直到求出长度最长的最短路径。

设给定源点为v_s，S为已求得最短路径的终点集，开始时令$S=\{v_s\}$。当求得第一条最短路径(v_s,v_i)后，S为$\{v_s,v_i\}$。根据以下结论可求下一条最短路径。

设下一条最短路径终点为v_j，则v_j只有：

① 源点到终点有直接的弧$<v_s,v_j>$；

② 从v_s出发到v_j的这条最短路径所经过的所有中间顶点必定在S中。即只有这条最短路径的最后一条弧才是从S内某个顶点连接到S外的顶点v_j。

若定义一个数组dist[n]，其每个dist[i]分量保存从v_s出发中间只经过集合S中的顶点而到达v_i的所有路径中长度最小的路径长度值，则下一条最短路径的终点v_j必定是不在S中且值最小的顶点，即

$\text{dist}[i]=\text{Min}\{\text{dist}[k] \mid v_k \in V-S\}$

利用上述公式就可以依次找出下一条最短路径。

2）算法步骤

① 令$S=\{v_s\}$，用带权的邻接矩阵表示有向图，对图中每个顶点v_i按以下原则置初值：

$$\text{dist}[i]=\begin{cases}0 & i=s \\ W_{si} & s\neq i \text{且} <V_s,V_i>\in E,\ W_{si}\text{为弧上的权值} \\ \infty & i\neq s \text{且} <V_s,V_i>\notin E\end{cases}$$

② 选择一个顶点v_j，使得：

$\text{dist}[j]=\text{Min}\{\text{dist}[k] \mid V_k \in V-S\}$

v_j就是求得的下一条最短路径终点，将v_j并入S中，即$S=S\cup\{V_j\}$。

③ 对$V-S$中的每个顶点v_k，修改dist[k]，方法为：

若$dist[j]+W_{jk}<dist[k]$，则修改为：$dist[k]=dist[j]+W_{jk}(\forall V_k\in V-S)$。

④ 重复②③，直到$S=V$为止。

整个算法的时间复杂度是$O(n^2)$。

对图5.17的带权有向图，用Dijkstra算法求从顶点0到其余各顶点的最短路径，数组dist和pre的各分量的变化如表5.2所示。

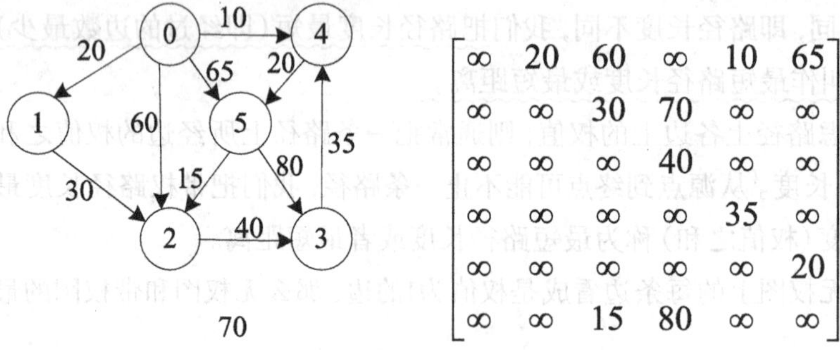

$$\begin{bmatrix} \infty & 20 & 60 & \infty & 10 & 65 \\ \infty & \infty & 30 & 70 & \infty & \infty \\ \infty & \infty & \infty & 40 & \infty & \infty \\ \infty & \infty & \infty & \infty & 35 & \infty \\ \infty & \infty & \infty & \infty & \infty & 20 \\ \infty & \infty & 15 & 80 & \infty & \infty \end{bmatrix}$$

图5.17 带权有向图及其邻接矩阵

表5.2 求最短路径时数组dist和pre的各分量的变化情况

步骤 \ 顶点		1	2	3	4	5	S
初态	Dist	20	60	∞	10	65	{0}
	pre	0	0	0	0	0	
1	Dist	20	60	∞	10	30	{0,4}
	pre	0	0	0	0	4	
2	Dist	20	50	90	10	30	{0,4,1}
	pre	0	1	1	0	4	
3	Dist	20	45	90	10	30	{0,4,1,5}
	pre	0	5	1	0	4	
4	Dist	20	45	85	10	30	{0,4,1,5,2}
	pre	0	5	2	0	4	
5	Dist	20	45	85	10	30	{0,4,1,5,2,3}
	pre	0	5	2	0	4	

（2）每对顶点间的最短路径算法

用Dijkstra算法也可以求得有向图G=(V,E)中每一对顶点间的最短路径。方法：每次以一个不同的顶点为源点重复Dijkstra算法便可求得每一对顶点间的最短路径，时间复杂度是$O(n^3)$。

弗罗伊德(Floyd)提出了另一个算法，其时间复杂度仍是$O(n^3)$，但算法形式更为简明，步骤更为简单，数据结构仍然是基于图的邻接矩阵。

1）算法思想

设顶点集S（初值为空），用数组A的每个元素$A[i][j]$保存从V_i只经过S中的顶点到达V_j的最短路径长度，其思想是：

① 初始时令$S=\{\}$，$A[i][j]$的赋初值方式为：

$$A[i][j]=\begin{cases}0 & i=j\text{时}\\ W_{ij} & i\neq j\text{且}<V_i,V_j>\in E,\ W_{ij}\text{为弧上的权值}\\ \infty & i\neq j\text{且}<V_i,V_j>\notin E\end{cases}$$

② 将图中一个顶点V_k加入S中，修改$A[i][j]$的值，修改方法：

$A[i][j]=\mathrm{Min}\{A[i][j],(A[i][k]+A[k][j])\}$

原因：从V_j只经过S中的顶点(V_k)到达V_j的路径长度可能比原来不经过V_k的路径更短。

③ 重复②，直到G的所有顶点都加入S中为止。

2）算法实现

定义二维数组Path[n][n]（n为图的顶点数），元素Path[i][j]保存从V_i到V_j的最短路径所经过的顶点。

- 若Path[i][j]=k：从V_i到V_j经过V_k，最短路径序列是$(V_i,\cdots,V_k,\cdots,V_j)$，则路径子序列$(V_i,\cdots,V_k)$和$(V_k,\cdots,V_j)$一定是从$V_i$到$V_k$和从$V_k$到$V_j$的最短路径。从而可以根据Path[i][k]和Path[k][j]的值再找到该路径上所经过的其他顶点，依此类推。
- 初始化为Path[i][j]=−1，表示从V_i到V_j不经过任何（S中的中间）顶点。当某个顶点V_k加入S中后使$A[i][j]$变小时，令Path[i][j]=k。

表5.3给出了利用Floyd算法求图5.18的带权有向图的任意一对顶点间最短路径的过程。

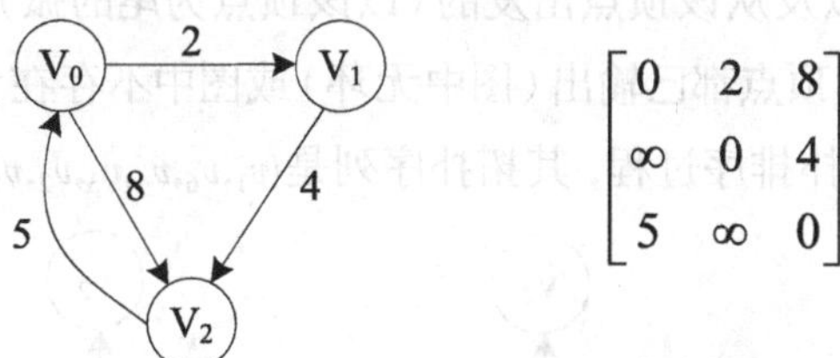

$$\begin{bmatrix}0 & 2 & 8\\ \infty & 0 & 4\\ 5 & \infty & 0\end{bmatrix}$$

图5.18 带权有向图及其邻接矩阵

表5.3 用Floyd算法求任意一对顶点间的最短路径

步骤	初态	k=0	k=1	k=2
A	$\begin{bmatrix}0&2&8\\ \infty&0&4\\ 5&\infty&0\end{bmatrix}$	$\begin{bmatrix}0&2&8\\ \infty&0&4\\ 5&7&0\end{bmatrix}$	$\begin{bmatrix}0&2&6\\ \infty&0&4\\ 5&7&0\end{bmatrix}$	$\begin{bmatrix}0&2&6\\ 9&0&4\\ 5&7&0\end{bmatrix}$
Path	$\begin{bmatrix}-1&-1&-1\\ -1&-1&-1\\ -1&-1&-1\end{bmatrix}$	$\begin{bmatrix}-1&-1&-1\\ -1&-1&-1\\ -1&0&-1\end{bmatrix}$	$\begin{bmatrix}-1&-1&1\\ -1&-1&-1\\ -1&0&-1\end{bmatrix}$	$\begin{bmatrix}-1&-1&1\\ 2&-1&-1\\ -1&0&-1\end{bmatrix}$
S	{}	{0}	{0,1}	{0,1,2}

根据上述过程中Path[i][j]数组，得出：

V_0到V_1：最短路径是{0,1}，路径长度是2；

V_0到V_2：最短路径是{0,1,2}，路径长度是6；

V_1到V_0：最短路径是{1,2,0}，路径长度是9；

V_1到V_2：最短路径是{1,2}，路径长度是4；

V_2到V_0：最短路径是{2,0}，路径长度是5；

V_2到V_1：最短路径是{2,0,1}，路径长度是7。

算法的时间复杂度是$O(n^3)$。

Floyd算法允许图中有带负权值的边，但不允许有包含带负权值的边组成的回路。Floyd算法同样适用于带权无向图，因为带权无向图可视为有往返二重边的有向图。

5.5.3 拓扑排序

用顶点表示活动、用弧表示活动间的优先关系的有向图称为顶点表示活动的网（Activity On Vertex Network），简称AOV网。在AOV网中，若有有向边$<i,j>$，则i是j的直接前驱，j是i的直接后继；推而广之，若从顶点i到顶点j有有向路径，则i是j的前驱，j是i的后继。在AOV网中，不能有环，否则，某项活动能否进行是以自身的完成作为前提条件的，而这显然是荒谬的。因此，对给定的AOV网应首先判定网中是否存在环。检测的办法是对有向图的顶点进行拓扑排序，若所有顶点都在其拓扑有序序列中，则无环。

设G=(V,E)是一个具有n个顶点的有向图，V中顶点序列$v_1,v_2,\cdots,v_n$称为一个拓扑序列，当且仅当该顶点序列满足下列条件：若$<v_i,v_j>$是图中的边（即从顶点v_i到v_j有一条路径），则在序列中顶点v_i必须排在顶点v_j之前。在一个有向图中找一个拓扑序列的过程称为拓扑排序。

有向图的拓扑排序算法的思想如下：

① 在AOV网中选择一个没有前驱的顶点且输出；

② 在AOV网中删除该顶点以及从该顶点出发的（以该顶点为尾的弧）所有有向弧（边）；

③ 重复①②，直到图中全部顶点都已输出（图中无环）或图中不存在无前驱的顶点（图中必有环）。

如图5.19是一个有向图的拓扑排序过程，其拓扑序列是$(v_1,v_6,v_4,v_3,v_2,v_5)$。

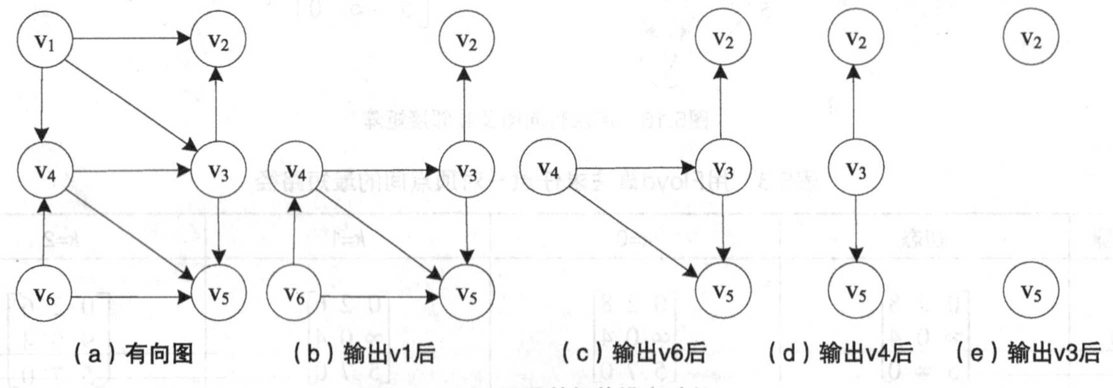

图5.19 AOV网及其拓扑排序过程

在算法实现时，可以采用邻接表作为AOV网的存储结构；并设立堆栈，用来暂存入度为0的顶点，供选择和输出无前驱的顶点，只要出现入度为0的顶点，就将它压入栈中，删除以它为尾顶点的弧（弧头顶点的入度减1）。

设AOV网有n个顶点，e条边，则算法的主要过程为：

① 统计各顶点的入度：时间复杂度是$O(n+e)$；

② 入度为0的顶点入栈：时间复杂度是$O(n)$；

③ 排序过程：顶点入栈和出栈操作执行n次，入度减1的操作共执行e次。

时间复杂度是$O(n+e)$；因此，整个算法的时间复杂度是$O(n+e)$。

5.5.4 关键路径

（1）AOE网

AOE网（Activity On Edge Network）是边表示活动的有向无环图，图中顶点表示事件，弧表示活动，弧上的权值表示相应活动所需的时间或费用。

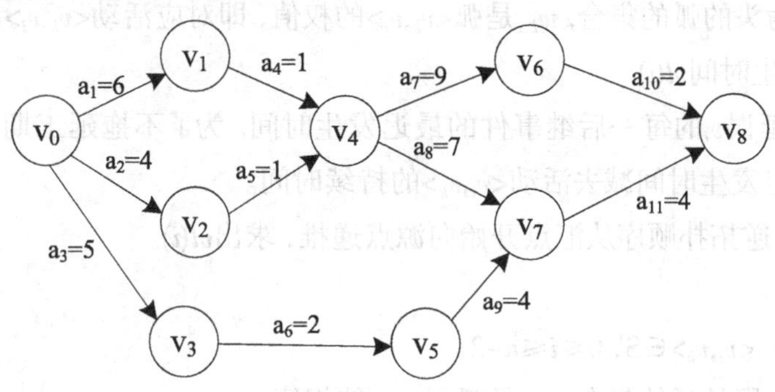

图5.20　一个AOE网

图5.20所示为一个有11项活动的AOE网。其中有9个事件的v_0，v_1，…，v_8，每个事件表示在它之前的活动已经完成，在它之后的活动可以开始。例如，v_0表示整个工程开始，v_8表示整个工程结束，v_4表示a_4和a_5已经完成，a_7和a_8可以开始。与每个活动相联系的数字是执行该活动所需的时间，比如，活动a_1需要6天，a_2需要4天等。

AOE网在工程计划和经营管理中有着广泛的应用，针对实际的应用问题，通常需要解决以下两个问题：

1）估算完成整项工程至少需要多少时间；

2）判断哪些活动是影响工程进度的关键。

工程进度控制的关键在于抓住关键活动。在一定范围内，非关键活动的提前完成对于整个工程的进度没有直接的好处，它的稍许拖延也不会影响整个工程的进度。工程的指挥者若可以把非关键活动的人力和物力资源暂时分配给关键活动，则可以加速其进展速度，以使整个工程提前竣工。

由于整个工程只有一个开始点和一个完成点，故在正常的情况（无环）下，网中只有一个入度为0的点，称作源点，也只有一个出度为0的点，称作汇点。在AOE网中，一条路径各弧上的权值之和称为该路径的带权路径长度（后面简称路径长度）。要估算整项工程完成的最短时间，就是要找一条从源点到汇点的带权路径长度最长的路径，称为关键路径（Critical Path）。关键路径上的活动叫作关键活动，这些活动是影响工程进度的关键，它们的提前或拖延将使整个工程提前或拖延。如果存在多条关键路径，则仅提高一条关键路径上关键活动的速度，不能导致整个工程缩短工期，必须同时提高所有关键路径上的关键活动的速度才能实现目标。

在图5.20中，v_0是源点，v_8是汇点，关键路径有两条：（v_0,v_1,v_4,v_6,v_8）或（v_0,v_1,v_4,v_7,v_8），长度均为18。关键活动为（a_1,a_4,a_7,a_{10}）或（a_1,a_4,a_8,a_{11}）。比如，关键活动a_1需要6天完成，如果a_1提前1天完成，整个工程也可以提前1天完成。所以不论是估算工期，还是研究如何加快工程进度，主要问题就在于要找到AOE网的关键路径。

如何确定关键路径？首先要定义4个参量：

① 事件v_i的最早发生时间ve(i)

进入事件v_i的每一个活动都结束，v_i才可以发生，所以ve(i)是从源点到v_i的最长路径长度。

求$ve(i)$的值，可根据拓扑顺序从源点开始向汇点递推。通常将工程的开始顶点事件v_0的最早时间定义为0，即

$ve(0)=0$;

$ve(i)=\text{Max}\{ve(k)+w_{k,i}\}$ $<v_k,v_i>\in T$, $1\leqslant i\leqslant n-1$。

其中，T是所有以v_i为头的弧的集合，$w_{k,i}$是弧$<v_k,v_i>$的权值，即对应活动$<v_k,v_i>$的持续时间。

② 事件v_i的最迟发生时间$vl(i)$

事件v_i的发生不得延误v_i的每一后继事件的最迟发生时间。为了不拖延工期，v_i的最迟发生时间不得迟于其后继事件v_k的最迟发生时间减去活动$<v_i,v_k>$的持续时间。

求出$ve(i)$后，可根据逆拓扑顺序从汇点开始向源点递推，求出$vl(i)$。

$vl(n-1)=ve(n-1)$;

$vl(i)=\text{Min}\{vl(k)-w_{i,k}\}$ $<v_i,v_k>\in S$, $0\leqslant i\leqslant n-2$。

其中，S是所有以v_i为尾的弧的集合，$w_{i,k}$是弧$<v_i,v_k>$的权值。

③ 活动$a_i=<v_j,v_k>$的最早开始时间$e(i)$

只有事件v_j发生了，活动a_i才能开始。所以，活动a_i的最早开始时间等于事件v_j的最早发生时间$ve(j)$，即$e(i)=ve(j)$。

④ 活动$a_i=<v_j,v_k>$的最晚开始时间$l(i)$

活动a_i的开始时间需保证不延误事件v_k的最迟发生时间。所以活动a_i的最晚开始时间$l(i)$等于事件v_k的最迟发生时间$vl(k)$减去活动a_i的持续时间$w_{j,k}$，即

$l(i)=vl(k)-w_{j,k}$。

对于关键活动而言，$e(i)=l(i)$。对于非关键活动，$l(i)-e(i)$的值是该工程的期限余量，在此范围内的适度延误不会影响整个工程的工期。

一个活动a_i的最迟开始时间$l(i)$和其最早开始时间$e(i)$的差值$l(i)-e(i)$是该活动完成的时间余量。它是在不增加完成整个工程所需的总时间的情况下，活动a_i可以拖延的时间。当一个活动时间余量为零时，说明该活动必须如期完成，否则就会拖延整个工程的进度。所以称$l(i)-e(i)=0$，即$l(i)=e(i)$时的活动a_i是关键活动。

（2）关键路径求解的过程

1）对图中顶点进行排序，在排序过程中按拓扑序列求出每个事件的最早发生时间$ve(i)$。

2）按逆拓扑序列求出每个事件的最迟发生时间$vl(i)$。

3）求出每个活动a_i的最早开始时间$e(i)$。

4）求出每个活动a_i的最晚开始时间$l(i)$。

5）找出$e(i)=l(i)$的活动a_i，即为关键活动。由关键活动形成的由源点到汇点的每一条路径就是关键路径，关键路径有可能不止一条。

对图5.20所示的AOE网，计算关键路径。

计算过程如下：

① 计算各顶点事件v_i的最早发生时间$ve(i)$。

$ve(0)=0$

$ve(1)=\text{Max}\{ve(0)+w_{0,1}\}=6$

$ve(2)=\text{Max}\{ve(0)+w_{0,2}\}=4$

$ve(3)=\text{Max}\{ve(0)+w_{0,3}\}=5$

$ve(4)=\text{Max}\{ve(1)+w_{1,4}, ve(2)+w_{2,4}\}=7$

$ve(5)=\text{Max}\{ve(3)+w_{3,5}\}=7$

$ve(6)=\text{Max}\{ve(4)+w_{4,6}\}=16$

$ve(7)=\text{Max}\{ve(4)+w_{4,7}, ve(5)+w_{5,7}\}=14$

$ve(8)=\text{Max}\{ve(6)+w_{6,8}, ve(7)+w_{7,8}\}=18$

② 计算各顶点事件v_i的最迟发生时间$vl(i)$。

$vl(8)=ve(8)=18$

$vl(7)=\text{Min}\{vl(8)-w_{7,8}\}=14$

$vl(6)=\text{Min}\{vl(8)-w_{6,8}\}=16$

$vl(5)=\text{Min}\{vl(7)-w_{5,7}\}=10$

$vl(4)=\text{Min}\{vl(6)-w_{4,6}, vl(7)-w_{4,7}\}=7$

$vl(3)=\text{Min}\{vl(5)-w_{3,5}\}=8$

$vl(2)=\text{Min}\{vl(4)-w_{2,4}\}=6$

$vl(1)=\text{Min}\{vl(4)-w_{1,4}\}=6$

$vl(0)=\text{Min}\{vl(1)-w_{0,1}, vl(2)-w_{0,2}, vl(3)-w_{0,3}\}=0$

③ 计算各活动a_i的最早开始时间$e(i)$。

$e(a_1)=ve(0)=0$

$e(a_2)=ve(0)=0$

$e(a_3)=ve(0)=0$

$e(a_4)=ve(1)=6$

$e(a_5)=ve(2)=4$

$e(a_6)=ve(3)=5$

$e(a_7)=ve(4)=7$

$e(a_8)=ve(4)=7$

$e(a_9)=ve(5)=7$

$e(a_{10})=ve(6)=16$

$e(a_{11})=ve(7)=14$

④ 计算各活动a_i的最迟开始时间$l(i)$。

$l(a_{11})=vl(8)-w_{7,8}=14$

$l(a_{10})=vl(8)-w_{6,8}=16$

$l(a_9)=vl(7)-w_{5,7}=10$

$l(a_8)=vl(7)-w_{4,7}=7$

$l(a_7)=vl(6)-w_{4,6}=7$

$l(a_6)=vl(5)-w_{3,5}=8$

$l(a_5)=vl(4)-w_{2,4}=6$

$l(a_4)=vl(4)-w_{1,4}=6$

$l(a_3)=vl(3)-w_{0,3}=3$

$l(a_2)=vl(2)-w_{0,2}=2$

$l(a_1)=vl(1)-w_{0,1}=0$

将顶点的发生时间和活动的开始时间分别汇总为表5.4（a）和表5.4（b）。

表5.4　关键路径求解的中间结果

（a）顶点的发生时间

顶点i	$ve(i)$	$vl(i)$
0	0	0
1	6	6
2	4	6
3	5	8
4	7	7
5	7	10
6	16	16
7	14	14
8	18	18

（b）活动的开始时间

活动a_i	$e(i)$	$l(i)$	$l(i)-e(i)$
*a*1	0	0	0
*a*2	0	2	2
*a*3	0	3	3
*a*4	6	6	0
*a*5	4	6	2
*a*6	5	8	3
*a*7	7	7	0
*a*8	7	7	0
*a*9	7	10	3
*a*10	16	16	0
*a*11	14	14	0

由表5.4（b）可以看出，图5.20所示的AOE网有两条关键路径：一条是由活动（a_1,a_4,a_7,a_{10}）组成的关键路径，另一条是由（a_1,a_4,a_8,a_{11}）组成的关键路径，如图5.21所示。

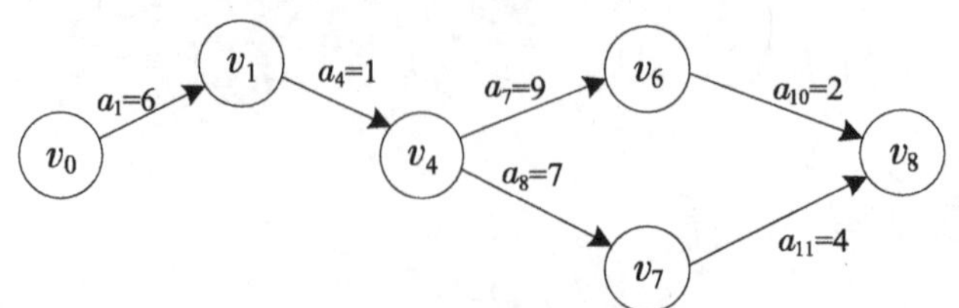

图5.21　所求出的关键路径

（3）关键路径算法分析

设AOE网有n个事件，e个活动，在求每个事件的最早发生时间和最迟发生时间，以及活动的最早开始时间和最晚开始时间时，都要对所有顶点及每个顶点边表中所有的边结点进行检查，因此，整个算法的时间复杂度是$O(n+e)$。

5.5.5 真题与习题精编

● 单项选择题

1. 下图所示的AOE网表示一项包含8个活动的工程。活动d的最早开始时间和最迟开始时间分别是（　）。【全国联考2019年】

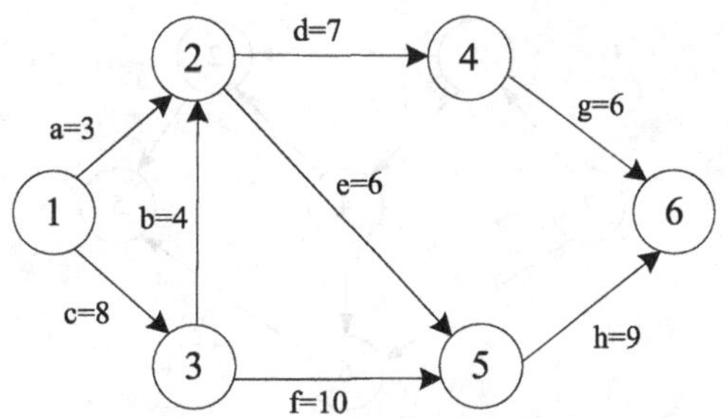

A. 3和7　　B. 12和12　　C. 12和14　　D. 15和15

2. 用有向无环图描述表达式$(x+y)*((x+y)/x)$，需要的顶点个数至少是（　）。【全国联考2019年】

A. 5　　B. 6　　C. 8　　D. 9

3. 下列选项中，不是如下有向图的拓扑序列的是（　）。【全国联考2018年】

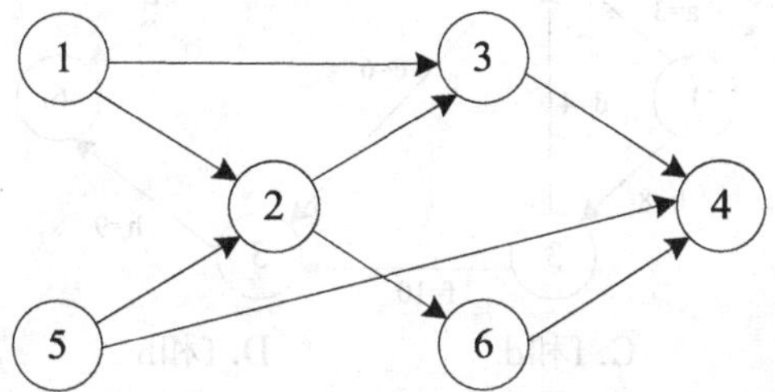

A. 1,5,2,3,6,4　　B. 5,1,2,6,3,4　　C. 5,1,2,3,6,4　　D. 5,2,1,6,3,4

4. 若对n个顶点、e条弧的有向图采用邻接表存储，则拓扑排序算法的时间复杂度是（　）。【全国联考2016年】

A. $O(n)$　　B. $O(n+e)$　　C. $O(n^2)$　　D. $O(n^e)$

5.使用Dijkstra算法求下图中从顶点1到其他各顶点的最短路径，依次得到的各最短路径的目标顶点是（　）。【全国联考2016年】

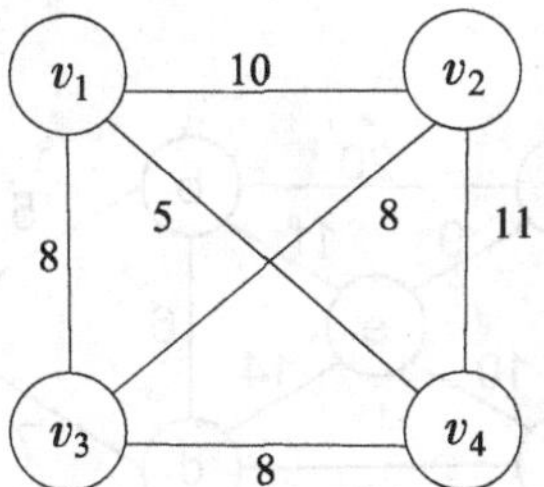

A. 5,2,3,4,6　　B. 5,2,3,6,4　　C. 5,2,4,3,6　　D. 5,2,6,3,4

6. 求下面的带权图的最小（代价）生成树时，可能是Kruskal算法第2次选中但不是Prim算法（从v_4开始）第2次选中的边是（ ）。【全国联考2015年】

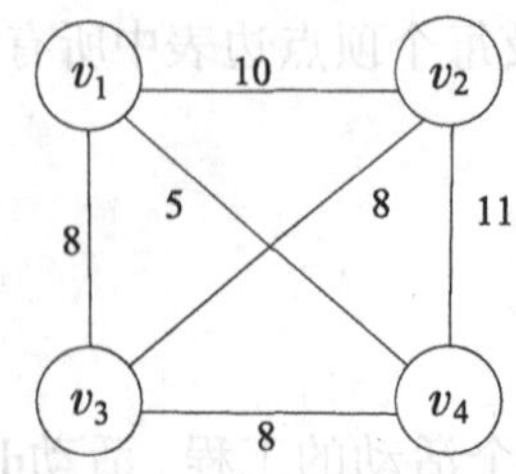

A. (v_1,v_3)　　B. (v_1,v_4)　　C. (v_2,v_3)　　D. (v_3,v_4)

7. 对如下所示的有向图进行拓扑排序，得到的拓扑序列可能是（ ）。【全国联考2014年】

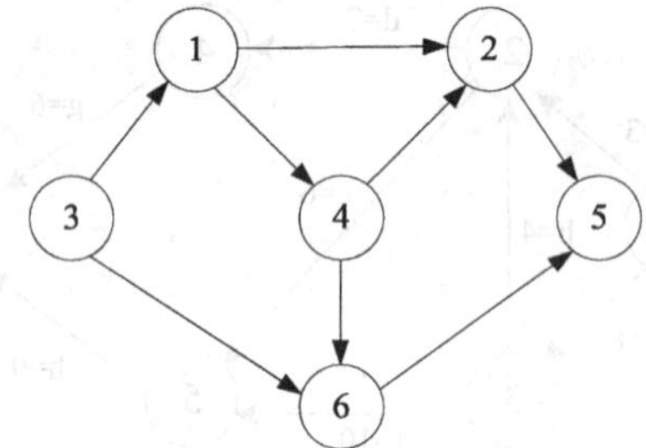

A. 3,1,2,4,5,6　　B. 3,1,2,4,6,5　　C. 3,1,4,2,5,6　　D. 3,1,4,2,6,5

8. 下列AOE网表示一项包含8个活动的工程。通过同时加快若干活动的进度可以缩短整个工程的工期。下列选项中，加快其进度就可以缩短工程工期的是（ ）。【全国联考2013年】

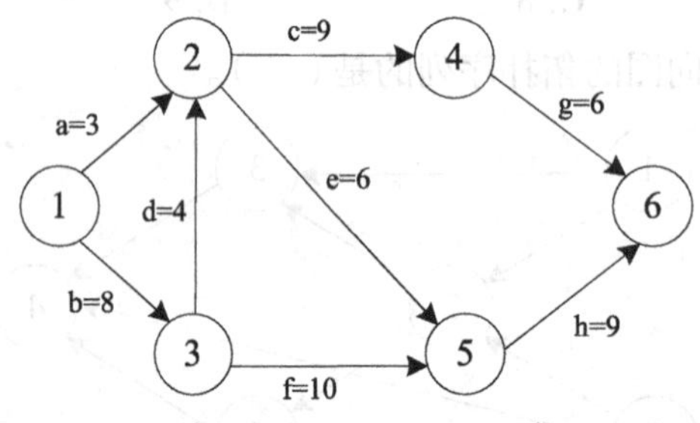

A. c和e　　B. d和c　　C. f和d　　D. f和h

9. 修改递归方式实现的图的深度优先搜索（DFS）算法，将输出（访问）顶点信息的语句移到退出递归前（即执行输出语句后立刻退出递归）。采用修改后的算法遍历有向无环图G，若输出结果中包含G中的全部顶点，则输出的顶点序列是G的（ ）。【全国联考2020年】

A. 拓扑有序序列　　B. 逆拓扑有序序列

C. 广度优先搜索序列　　D. 深度优先搜索序列

10. 已知无向图G如下所示，使用克鲁斯卡尔（Kruskal）算法求图G的最小生成树，加入最小生成树中的边依次是（ ）。【全国联考2020年】

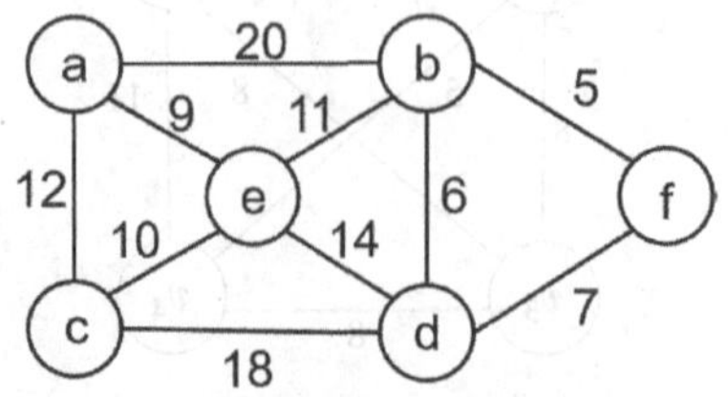

A. (b,f), (b,d), (a,e), (c,e), (b,e)

B. (b,f), (b,d), (b,e), (a,e), (c,e)

C. (a,e), (b,e), (c,e), (b,d), (b,f)

D. (a,e), (c,e), (b,e), (b,f), (b,d)

11. 下列关于最小生成树的叙述中，正确的是（　）。【全国联考2012年】

Ⅰ. 最小生成树的代价唯一

Ⅱ. 所有权值最小的边一定会出现在所有的最小生成树中

Ⅲ. 使用普里姆（Prim）算法从不同顶点开始得到的最小生成树一定相同

Ⅳ. 使用普里姆算法和Kruskal算法得到的最小生成树总不相同

A. 仅Ⅰ　B. 仅Ⅱ　C. 仅Ⅰ、Ⅲ　D. 仅Ⅱ、Ⅳ

12. 下列关于图的叙述中，正确的是（　）。【全国联考2011年】

Ⅰ. 回路是简单路径

Ⅱ. 存储稀疏图，用邻接矩阵比邻接表更省空间

Ⅲ. 若有向图中存在拓扑序列，则该图不存在回路

A. 仅Ⅱ　B. 仅Ⅰ、Ⅱ　C. 仅Ⅲ　D. 仅Ⅰ、Ⅲ

13. 若使用AOE网估算工程进度，则下列叙述中正确的是（）。【全国联考2020年】

A. 关键路径是从原点到汇点边数最多的一条路径

B. 关键路径是从原点到汇点路径长度最长的路径

C. 增加任一关键活动的时间不会延长工程的工期

D. 缩短任一关键活动的时间将会缩短工程的工期

● 综合应用题

1. 拟建设一个光通信骨干网络连通BJ、CS、XA、QD、JN、NJ、TL和WH等8个城市，下图中无向边上的权值表示两个城市之间备选光缆的铺设费用。请回答下列问题：【全国联考2018年】

（1）仅从铺设费用角度出发，给出所有可能的最经济的光缆铺设方案（用带权图表示），并计算相应方案的总费用。

（2）该图可采用图的哪种存储结构？给出求解问题（1）所用的算法名称。

（3）假设每个城市采用一个路由器按（1）中得到的最经济方案组网，主机H1直接连接在TL的路由器上，主机H2直接连接在BJ的路由器上。若H1向H2发送一个TTL=5的IP分组，则H2是否可以收到该IP分组？

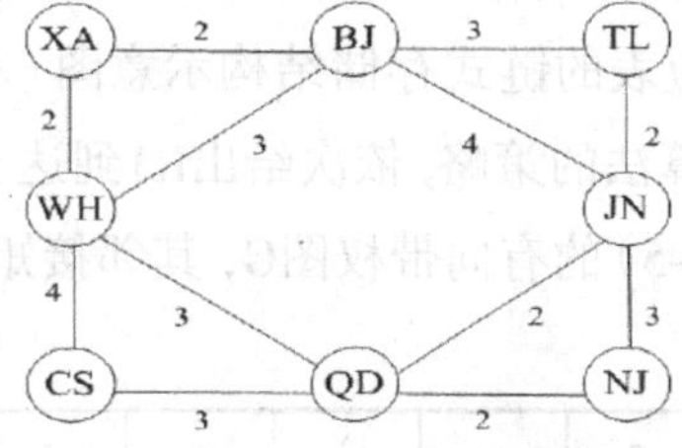

2. 使用Prim算法求带权连通图的最小（代价）生成树（MST）。请回答下列问题：【全国联考2017年】

（1）对下列图G，从顶点A开始求G的MST，依次给出按算法选出的边。

（2）图G的MST是唯一的吗？

（3）对任意的带权连通图，满足什么条件时，其MST是唯一的？

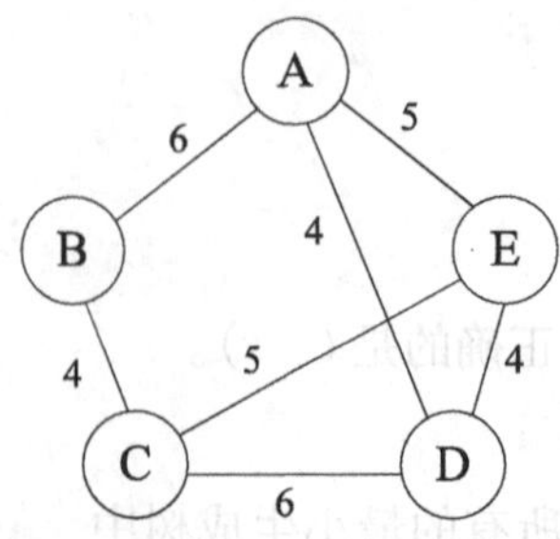

3. 某网络中的路由器运行OSPF路由协议，下表是路由器R1维护的主要链路状态信息（LSI），下图是根据下表及R1的接口名构造出来的网络拓扑。

		R1的LSI	R2的LSI	R3的LSI	R4的LSI	备 注
Router ID		10.1.1.1	10.1.1.2	10.1.1.5	10.1.1.6	标识路由器的IP地址
Link1	ID	10.1.1.2	10.1.1.1	10.1.1.6	10.1.1.5	所连路由器的Router ID
	IP	10.1.1.1	10.1.1.2	10.1.1.5	10.1.1.6	Link1的本地IP地址
	Metric	3	3	6	6	Link1的费用
Link2	ID	10.1.1.5	10.1.1.6	10.1.1.1	10.1.1.2	所连路由器的Router ID
	IP	10.1.1.9	10.1.1.16	10.1.1.10	10.1.1.14	Link2的本地IP地址
	Metric	2	4	2	4	Link2的费用
Net1	Prefix	192.1.1.0/24	192.1.6.1/24	192.1.5.0/24	192.1.7.0/24	直连网络Net1的网络前缀
	Metric	1	1	1	1	到达直连网络Net1的费用

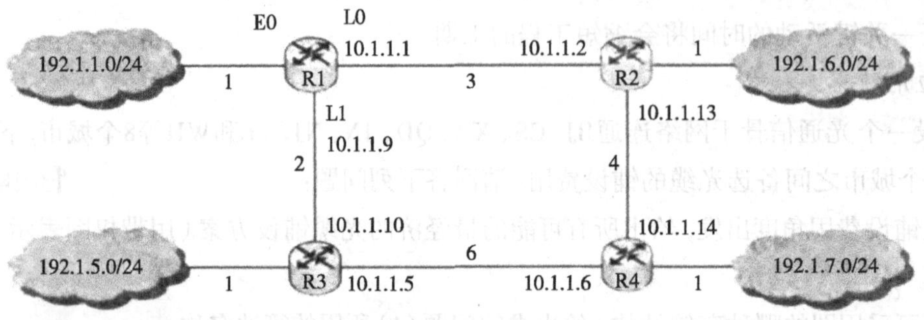

请回答下列问题：【全国联考2014年】

（1）本题中的网络可抽象为数据结构中的哪种逻辑结构？

（2）针对表中的内容，设计合理的链式存储结构，以保存表中的链路状态信息（LS1）。要求给出链式存储结构的数据类型定义，并画出对应表的链式存储结构示意图（示意图中可仅以ID标识结点）。

（3）按照迪杰斯特拉（Dijkstra）算法的策略，依次给出R1到达子网192.1.x.x的最短路径及费用。

4. 已知有6个顶点（顶点编号为0~5）的有向带权图G，其邻接矩阵*A*为上三角矩阵，按行为主序（行优先）保存在如下的一维数组中。

4	6	∞	∞	∞	5	∞	∞	∞	4	3	∞	∞	3	3

要求：【全国联考2011年】

（1）写出图G的邻接矩阵*A*。

（2）画出有向带权图G。

（3）求图G的关键路径，并计算该关键路径的长度。

5.5.6 答案精解

● 单项选择题

1.【答案】C

【精解】考点为关键路径。活动a_i=$<v_j,v_k>$的最早开始时间$e(i)$等于事件v_j的最早发生时间$ve(j)$，即$e(i)=ve(j)$。活动a_i=$<v_j,v_k>$的最晚开始时间$l(i)$等于事件v_j的最迟发生时间$vl(k)$减去活动a_i的持续时间$w_{j,k}$，即$l(i)=vl(k)-w_{j,k}$。

$j \xrightarrow{a_i} k$

活动d的最早开始时间等于12，活动d的最晚开始时间等于27−13=14，所以答案选C。

2.【答案】A

【精解】考点为拓扑排序。就是将一个表达式转化成二叉树，再将二叉树去重转换成有向无环图。相关过程如下图所示。

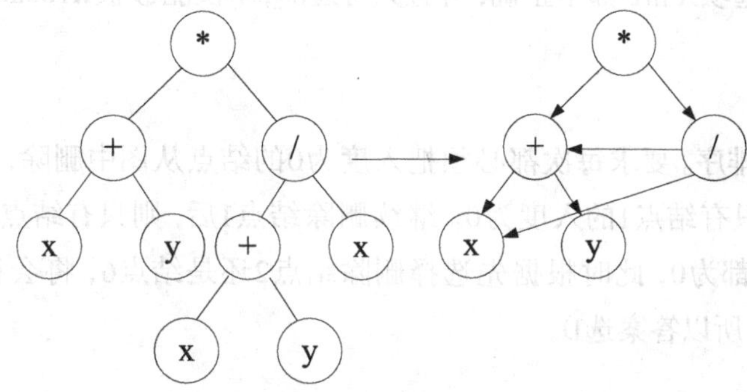

所以，需要5个顶点，6条边。所以答案选A。

3.【答案】D

【精解】考点为拓扑排序。拓扑排序每次选取入度为0的结点输出，所以本题目中拓扑序列前两位一定是1,5或5,1，其他结点都不满足，D中第2位是结点2，所以错误。所以答案选D。

4.【答案】B

【精解】考点为拓扑排序。当采用邻接表作为AOV网的存储结构进行排序时，需要对n个顶点做进栈、出栈、输出各一次，再处理e条边时，需要检测这n个顶点的边链表的e个边结点，所以需要的时间复杂度为$O(n+e)$。所以答案选B。

5.【答案】B

【精解】考点为最短路径。使用Dijkstra算法求从顶点1到其他各顶点的最短路径的过程如下表所示。

终点	从顶点1到各终点的长度和最短路径				
v_2	5 $v_1 \to v_2$	5 $v_1 \to v_2$			
v_3	∞	∞	7 $v_1 \to v_2 \to v_3$		
v_4	∞	11 $v_1 \to v_5 \to v_4$	11 $v_1 \to v_5 \to v_4$	11 $v_1 \to v_5 \to v_4$	11 $v_1 \to v_5 \to v_4$

表（续）

终点	从顶点1到各终点的长度和最短路径				
v_5	4 $v_1 \to v_5$				
v_6	∞	9 $v_1 \to v_5 \to v_6$	9 $v_1 \to v_5 \to v_6$	9 $v_1 \to v_5 \to v_6$	
v_j	v_5	v_2	v_3	v_6	v_4
S	$\{v_1,v_5\}$	$\{v_1,v_5,v_2\}$	$\{v_1,v_5,v_2,v_3\}$	$\{v_1,v_5,v_2,v_3,v_6\}$	$\{v_1,v_5,v_2,v_3,v_6,v_4\}$

v_j: S之外的当前最短路径之顶点，所以答案选B。

6.【答案】C

【精解】考点为最小生成树。从v_4开始，使用Kruskal算法选中的第一条边一定是权值最小的边(v_1,v_4)，所以，选项B肯定错误。按照Prim算法，第2次可以选中的边可以是(v_1,v_3)或(v_3,v_4)，当然Kruskal算法第2次也可以选中这两条边，所以选项A和D都不正确，并且只有边(v_2,v_3)仅能够被Kruskal算法第2次选中，所以答案选C。

7.【答案】D

【精解】考点为拓扑排序。要求每次都必须把入度为0的结点从图中删除，图中初始只有结点3的入度为0，删除结点3后，则只有结点1的入度为0。继续删除结点1后，则只有结点4的入度为0。删除结点4后，结点2和结点6的入度都为0，此时根据先选择删除结点2还是结点6，将会得出不同的拓扑序列，即3,1,4,6,2,5，或3,1,4,2,6,5，所以答案选D。

8.【答案】C

【精解】考点为关键路径。首先找出AOE网的全部关键路径分别为bdcg、bdeh和bfh。根据相关定义，只有关键路径上的活动时间同时减少时，才能缩短工期。选项A、B和D中的路径并不被包含在所有的关键路径中，所以不符合条件，只有选项C中的路径被包含，因此只有加快f和d的进度才能缩短工期，所以答案选C。

9.【答案】B

【精解】题目已经限定有向无环图，假设从a结点出发开始深度遍历，那么这一次递归到最大深度，必然终止于某结点(记为h结点)，h结点必然没有出度。此时h输出，程序栈退栈，回到h的前一个结点(记为f)，如果f还有其他出度，那么此时要访问其他出度，直到每一个出度的分支都访问结束才能访问f，这样来看，一个结点要被访问的前提必须是它的所有出度分支都要被访问，换句话说也就是等一个结点没有出度时才可以访问，这就是逆拓扑排序（每次删除的都是出度为0的结点）。

10.【答案】A

【精解】先将所有边按权值排序，然后依次取权值最小的边，但不能在图中形成环，此时取得权值序列为5,6，此时7不能取，因为形成了环，接下来取9,10,11，按权值对应的边分别为(b,f)，(b,d)，(a,e)，(c,e)，(b,e)。

11.【答案】A

【精解】考点为最小生成树。因为连通图中可能会存在权值相同的边，所以会造成最小生成树是不唯一的，但是构造最小生成树的代价是唯一的，所以Ⅰ是正确的。在任一带权图中，权值最小的边一定会被至少一棵最小生成树采用，权值次小的边也会被至少一棵最小生成树采用，但是所有权值最小的边不一定会被所有最小生成树采用，所以Ⅱ是错误的。使用普里姆算法从不同顶点开始得到的最小生成树可能不相同，如果一个连通图中存在n个顶点构成环，并且n–1条边的权值相等，则从不同顶点开始得到的最小生成树有n–1种，所以Ⅲ是错误的。另外，当连通图的所有边的权值均不相同时，使用普里姆算法和克鲁斯卡尔算法得到的最小生成树是相同的，所以Ⅳ是错误的。综上所述，答案选A。

12.【答案】C

【精解】考点为图的应用，其实本题目还与图的基本概念及图的存储有关，因为正确答案与图的应用有关，所以可以将该题目划分到图的应用这小节。简单路径是各个顶点均不互相重复，如果第一个顶点与最后一个顶点重合，则这样的路径为回路，所以，回路不是简单路径，因此答案B和D均错误。

稀疏图中的边数远远小于顶点数的平方，使用邻接表可以获得较高的空间利用率，稀疏图采用邻接表的空间复杂度为$O(n+e)$，采用邻接矩阵的空间复杂度为$O(n^2)$，所以采用邻接表比采用邻接矩阵更省空间，所以答案C也错误。如果有向图存在回路，那么该有向图就肯定不存在拓扑系列，因此，如果有向图存在拓扑序列，则该图一定不存在回路，所以答案选C。

13.【答案】B

【精解】A应改为权值之和最大的路径，B的最长就是指权值之和最大，C增加关键活动一定会增加工期，D减小任一关键活动不一定会缩短工期。所以答案选B。

● 综合应用题

1.【答案精解】

（1）最经济的光缆铺设方案可以抽象为求最小生成树的问题。根据题图可以求得两种最经济的光缆建设方案，如下图所示。

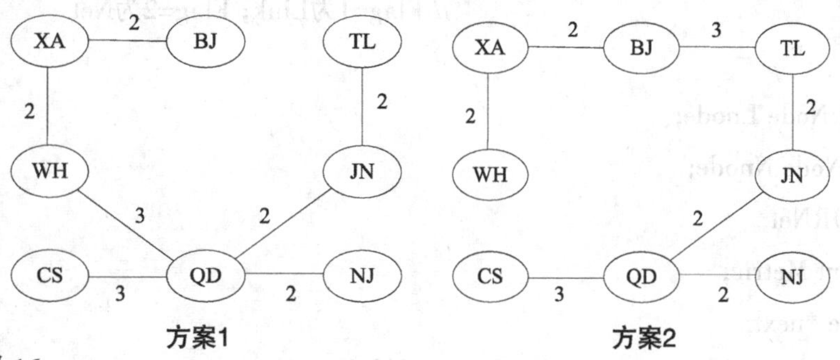

方案的总费用为16。

（2）该图可采用邻接矩阵来保存。求解问题（1）所用的算法名称为Prim算法。

（3）使用方案1，则H2不能收到该IP分组；使用方案2，则H2可以收到该IP分组。

2.【答案精解】

（1）依次选出的边为：

(A,D), (D,E), (C,E), (B,C)

（2）图G的MST是唯一的。

（3）当带权连通图的任意一个环中所包含的边的权值均不相同时，其MST是唯一的。

3.【答案精解】

该题很多考生乍看之下以为是网络的题目，其实题本身并没有涉及太多的网络知识点，只是应用了网络的模型，实际上考查的还是数据结构的内容。

（1）本题中给出的是一个简单的网络拓扑图，可以将其抽象为一个无向图。

(2)链式存储结构如下图所示。

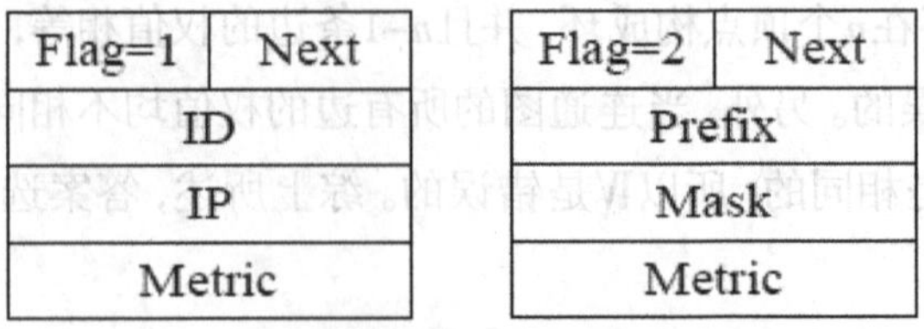

Flag=1	Next
ID	
IP	
Metric	

Flag=2	Next
Prefix	
Mask	
Metric	

弧结点的两种基本形态

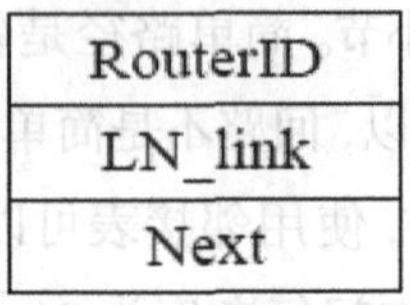

RouterID
LN_link
Next

表头结点结构示意图

其数据类型定义如下:

```
 typedef struct{
      unsigned int ID, IP;
 }LinkNode;                                  // Link 的结构
typedef struct{
      unsigned int Prefix, Mask;
}NetNode;                                    // Net 的结构
typedef struct Node{
      int Flag;                              // Flag=1为Link; Flag=2为Net
      union{
            LinkNode Lnode;
            NetNode Nnode;
        }LinkORNet;
      unsigned int Metric;
      struct Node *next;
   }ArcNode;                                 // 弧结点
 typedef struct HNode{
      unsigned int RouterID;
      ArcNode *LN_link;
      Struct HNode *next;
}HNODE;                                      // 表头结点
```

对应表的链式存储结构示意图如下所示。

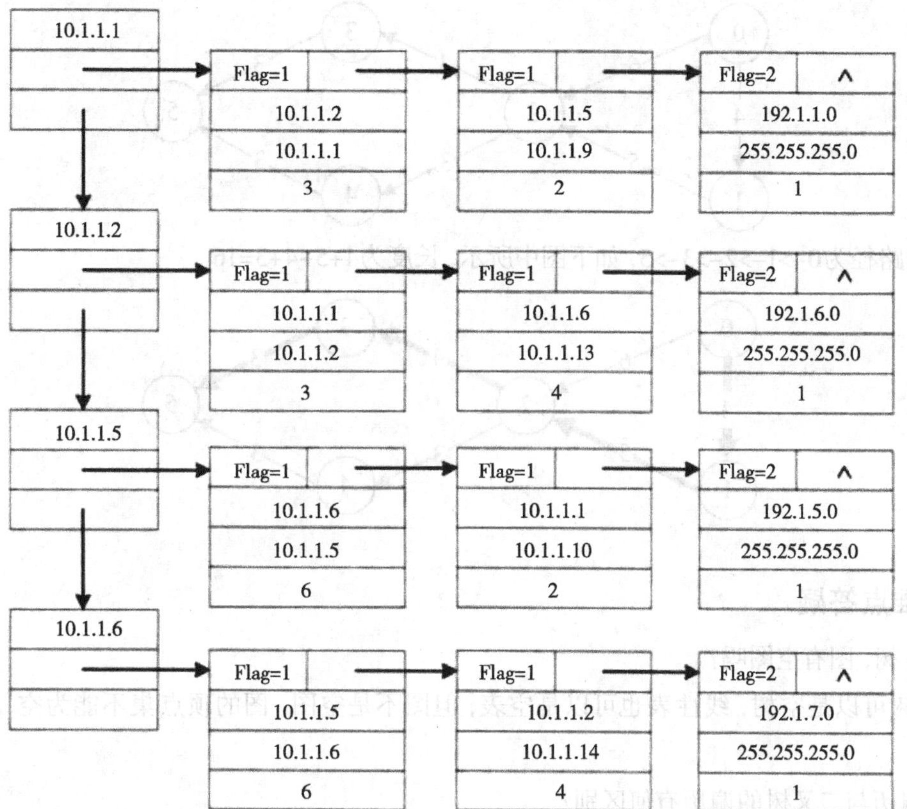

(3) 计算结果如下表所列。

	目的网络	路径	代价（费用）
步骤1	192.1.1.0/24	直接到达	1
步骤2	192.1.5.0/24	R1→R3→192.1.5.0/24	3
步骤3	192.1.6.0/24	R1→R2→192.1.6.0/24	4
步骤4	192.1.7.0/24	R1→R2→R4→192.1.7.0/24	8

4.【答案精解】

(1) 图G的邻接矩阵A为：

$$A=\begin{bmatrix}0 & 4 & 6 & \infty & \infty & \infty\\ \infty & 0 & 5 & \infty & \infty & \infty\\ \infty & \infty & 0 & 4 & 3 & \infty\\ \infty & \infty & \infty & 0 & \infty & 3\\ \infty & \infty & \infty & \infty & 0 & 3\\ \infty & \infty & \infty & \infty & \infty & 0\end{bmatrix}$$

(2) 有向带权图G如下图所示。

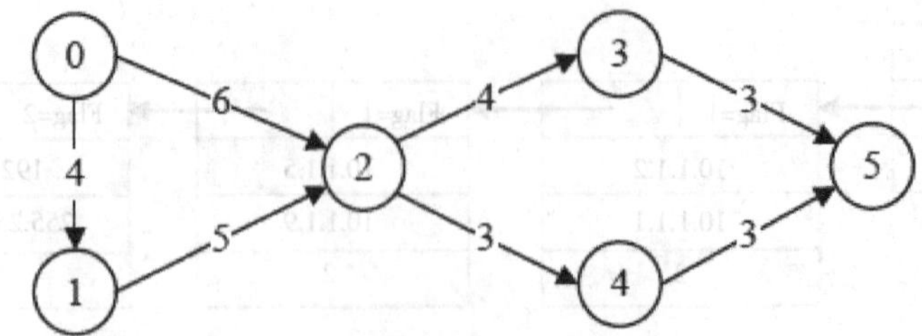

(3) 关键路径为0->1->2->3->5，如下图中所示，长度为4+5+4+3=16。

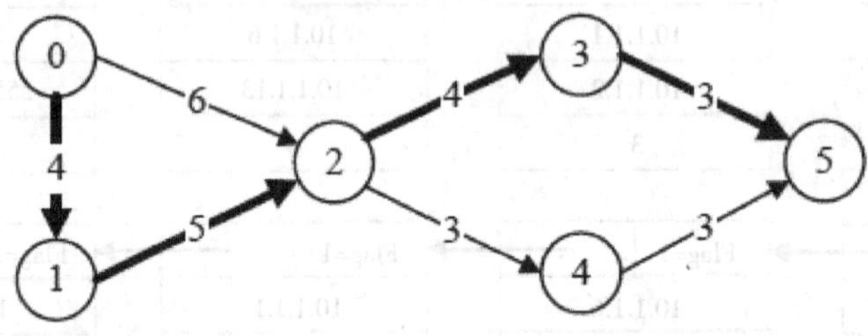

5.6 重难点答疑

1. 树有空树，图有空图吗？

【答疑】树可以是空树，线性表也可以是空表，但图不是空图。图的顶点集不能为空，但边集可以为空。

2. 图的遍历与二叉树的遍历有何区别？

【答疑】图的遍历分为深度优先搜索和广度优先搜索，其中，深度优先搜索类似于树的先序遍历，是树的先序遍历的推广；同理，广度优先搜索类似于树的按照层次遍历。

3. AOV网在实际工作和生活中有用吗？

【答疑】AOV网具有非常高的应用价值。比如学校在制订某专业人才培养方案中不同课程的排课顺序或者在建筑工程中不同子工程之间的施工顺序，AOV网对于这些情况都具有重要意义，的确可以提高工作效率，创造更大的收益，造福社会。

4. AOE网在实际工作和生活中有用吗？

【答疑】AOE网具有非常高的应用价值。通常，利用AOE网可用来估算工程的完成时间，可以有效地降低工程时间和成本费用，在实际项目管理中得到广泛的应用。

5. AOV网和AOE网有哪些区别？

【答疑】AOV是Activity On Vertex network的简称，AOV网中的顶点表示活动，弧表示活动间的优先关系的有向无环图。即如果a->b，那么a是b的先决条件。其中顶点表示事件，弧表示活动之间的优先关系。

AOE是Activity On Edge network的简称，AOE网中的边表示活动，顶点表示事件，是一个带权的有向无环图。

如果题目让求拓扑序列就是用AOV网，让求关键路径就用AOE网。

5.7 命题研究与模拟预测

5.7.1 命题研究

本章主要介绍了图的基本概念、图的存储及基本操作、图的遍历和基本应用。通过对考试大纲的解读和历年联考真题的统计与分析，可以发现本章知识点的命题一般规律和特点如下：

（1）从内容上看，考点都集中在图的基本概念、图的邻接矩阵、图的邻接表、图的深度优先搜索、图的广度优先搜索、最小生成树、最短路径、拓扑排序、关键路径。

（2）从题型上看，不但有选择题，而且也有综合应用题。

（3）从题量和分值上看，2010年至2019年每年必考。在2010年至2019年，连续10年，都考查了选择题。其中2010年、2015年、2019年，都考查了两道道选择题，占4分；在2011年、2014年、2017年、2018年，各考查了一道选择题，占2分；2012年考查了四道选择题，占8分；在2013年和2016年，都考查了三道选择题，占6分。在2011年、2014年、2015年、2017年、2018年还考查了一道综合应用题，分别占8分、10分、8分、8分、10分。

（4）从试题难度上看，总体难度适中，虽然灵活，但比较容易得分。总的来说，历年考核的内容都在大纲要求的范围之内，符合考试大纲中考查目标的要求。

总的来说，联考近10年真题对本章知识点的考查都在大纲范围之内，试题占分趋势比较平稳，总体难度适中，每年必考，以选择题为主，并且经常会出综合应用题，这点要求需要引起考生的注意。建议考生备考时，要注意从选择题角度出发，兼顾综合应用题的特点，加深对邻接矩阵、邻接表、深度优先搜索、广度优先搜索、最小代价树、最短路径、拓扑排序及关键路径的掌握，熟练掌握图的基本应用，有针对性地进行复习。考生可以将各种典型算法熟练背诵，尤其图的邻接矩阵和邻接表这两种存储结构的定义的代码，还有深度优先搜索和广度优先搜索这两种遍历方式的代码，只有这样才能在考试中迅速写出相应的答案。

5.7.2 模拟预测

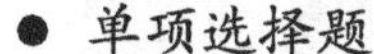

1. 图的深度优先搜索类似于树的（　　）次序遍历。

A. 先根　　B. 中根　　C. 后根　　D. 层次

2. 图的广度优先搜索类似于树的（　　）次序遍历。

A. 先根　　B. 中根　　C. 后根　　D. 层次

3. 一个连通图的生成树是包含图中所有顶点的一个（　　）子图。

A. 极小　　B. 连通　　C. 极小连通　　D. 无环

4. n（n>1）个顶点的强连通图中至少含有（　　）条有向边。

A. n-1　　B. n　　C. $n(n-1)/2$　　D. $n(n-1)$

5. 在一个带权连通图G中，权值最小的边一定包含在G的（　　）生成树中。

A. 最小　　B. 任何　　C. 广度优先　　D. 深度优先

6. 在用Dijkstra算法求解带权有向图的最短路径问题时，要求图中每条边带的权值必须是非负。对于下图所示的带权有向图，从顶点1到顶点5的最短路径为（　　）。

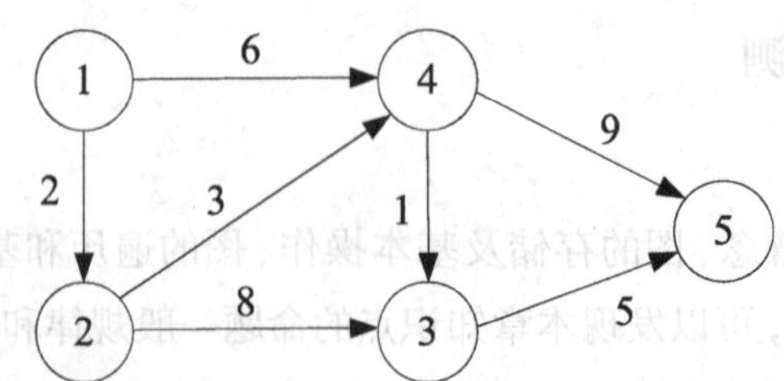

A. 1,4,5　　B. 1,2,3,5　　C. 1,4,3,5　　D. 1,2,4,3,5

7. 设AOV网有n个顶点和e条边，如果采用邻接表作为其存储表示，在进行拓扑排序时，总的计算时间为（　）。

A. $O(n\log_2 e)$　　B. $O(n+e)$　　C. $O(n^e)$　　D. $O(n^2)$

8. 设AOV网有n个顶点和e条边，如果采用邻接矩阵作为其存储表示，在进行拓扑排序时，总的计算时间为（　）。

A. $O(n\log_2 e)$　　B. $O(n+e)$　　C. $O(n^e)$　　D. $O(n^2)$

9. 在下列有关图的存储结构的说法中错误的是（　）。

A. 用邻接矩阵存储一个图时所占用空间大小与顶点个数有关，而与边数无关

B. 邻接表只能用于有向图的存储，邻接矩阵对于有向图和无向图的存储都适用

C. 邻接矩阵只适用于稠密图，邻接表适用于稀疏图

D. 邻接矩阵存储无向图时，只要存储邻接矩阵的下（上）三角部分即可。

10. 在下列有关关键路径的说法中错误的是（　）。

A. 在AOE网络中可能存在多条关键路径

B. 关键活动不按期完成就会影响整个工程的完成时间

C. 任何一个关键活动提前完成，那么整个工程将会提前完成

D. 所有的关键活动都提前完成，那么整个工程将会提前完成

- 综合应用题

1. 对下图所示的无向带权图G：

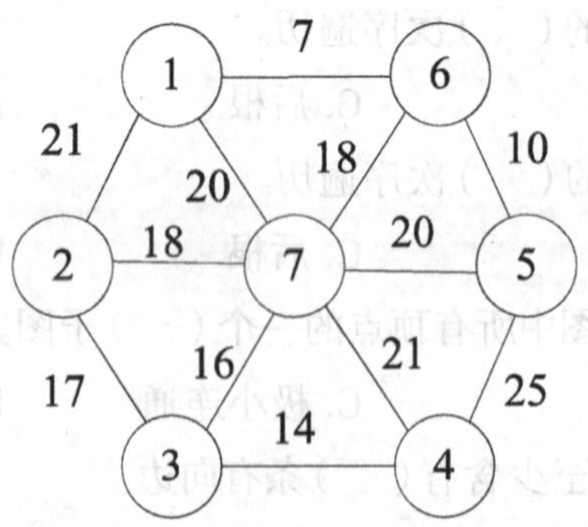

（1）写出对图G从顶点1出发进行深度优先搜索和广度优先搜索的遍历次序。

（2）画出图G的邻接矩阵。

（3）按照Prim算法生成最小生成树，按生成次序画出各条边。

2. 已知一个图的顶点集V和边集E分别为：V={1,2,3,4,5,6,7}；E={(1,2)3,(1,3)5,(1,4)8,(2,5)10,(2,3)6,(3,4)15,(3,5)12,(3,6)9,(4,6)4,(4,7)20,(5,6)18,(6,7)25}；

(1)给出相应的图。

(2)用克鲁斯卡尔算法得到最小生成树，按生成次序画出各条边。

5.7.3 答案精解

● 单项选择题

1.【答案】A

【精解】考点为图的遍历。图的深度优先搜索类似于树的先根次序遍历，都是先访问结点，再递归向外层结点历，都采用回溯算法。所以答案选A。

2.【答案】D

【精解】考点为图的遍历。图的广度优先搜索类似于树的层次次序遍历，都是一层一层向外层扩展遍历，都需要采用队列来辅助算法的实现。所以答案选D。

3.【答案】C

【精解】考点为最小生成树。一个连通图的生成树是包含图中所有顶点的一个极小连通子图，用n-1条边连通n个顶点。所以答案选C。

4.【答案】B

【精解】考点为图的基本概念。一个连n（n>1）个顶点的强连通图中至少含有n条有向边。如果这n条边形成一个有向环，就能强连通。所以答案选B。

5.【答案】A

【精解】考点为最小生成树。求解最小生成树的规则是要选择权值最小的n-1条边连通n个顶点，并要求选出的边不能构成回路。权值最小的边是第一个选择的边，它应在最小生成树的边集合中。所以答案选A。

6.【答案】D

【精解】考点为最短路径。在本图中，从顶点1到顶点5有4条路径，路径1,2,4,3,5这条路径的长度为11，是最短路径，所以答案选D。

7.【答案】B

【精解】考点为拓扑排序。采用邻接表作为AOV网的存储结构进行拓扑排序，需要对n个顶点做进栈、出栈、输出各一次，在处理e条边时，需要检测这n个顶点的边链表的e个边结点，总共需要的时间代价为$O(n+e)$。所以答案选B。

8.【答案】D

【精解】考点为拓扑排序。采用邻接矩阵作为AOV网的存储结构进行拓扑排序，在处理e条边时需要对每一个顶点检测相应矩阵中的某一行，寻找与它相关联的边，以便对这些边的入度减1，需要的时间代价为$O(n^2)$。所以答案选D。

9.【答案】B

【精解】考点为图的存储。用邻接表可以存储一个无向图，只不过同一条边如(v_i,v_j)在邻接表的与v_i相关联的边链表和与v_j相关联的边链表中都出现。而在存储有向图时，各顶点的边链表是由该顶点发出的有向边构成的，所以称为“出边表”。另外的逆邻接表的各顶点的边链表则是由进入该顶点的有向边构成，因而称为“入边表”。所以答案选B。

10.【答案】C

【精解】考点为关键路径。在AOE网络中可能存在多条关键路径，因此，任何一个关键活动提前完成，只影响到其中某一条关键路径，整个工程不一定能提前完成。但如果AOE网络中存在“桥”，即所有关键路径都要通过的关键活动，它提前完成，整个工程可以提前。所以答案选C。

● 综合应用题

1.【答案精解】

(1) 深度优先的遍历次序：1234567 。(答案不唯一)

广度优先的遍历次序：1276345 。(答案不唯一)

(2) 图G的邻接矩阵如下。

$$\begin{bmatrix} \infty & 21 & \infty & \infty & \infty & 7 & 20 \\ 21 & \infty & 17 & \infty & \infty & \infty & 18 \\ \infty & 17 & \infty & 14 & \infty & \infty & 16 \\ \infty & \infty & 14 & \infty & 25 & \infty & 21 \\ \infty & \infty & \infty & 25 & \infty & 10 & 20 \\ 7 & \infty & \infty & \infty & 10 & \infty & 18 \\ 20 & 18 & 16 & 21 & 20 & 18 & \infty \end{bmatrix}$$

(3) 按照Prim算法生成最小生成树，具体过程如下图所示。

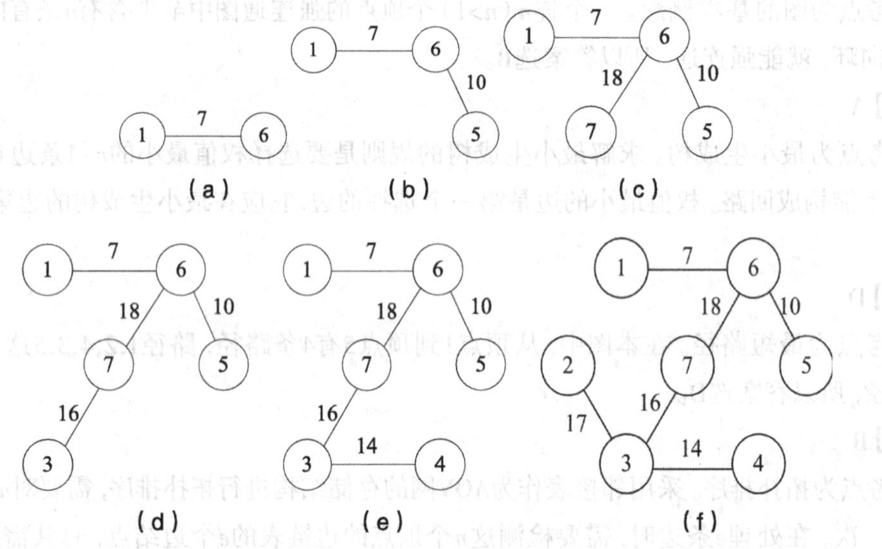
(a) (b) (c) (d) (e) (f)

2.【答案精解】

(1) 相应的图如下图所示。

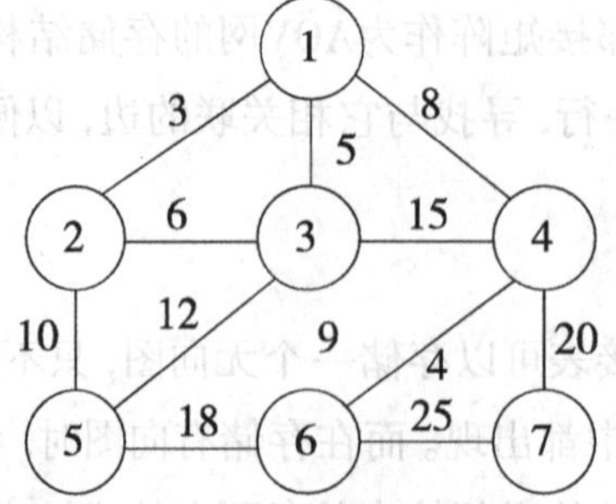

(2) 按照克鲁斯卡尔算法生成最小生成树，按下列顺序生成各条边。

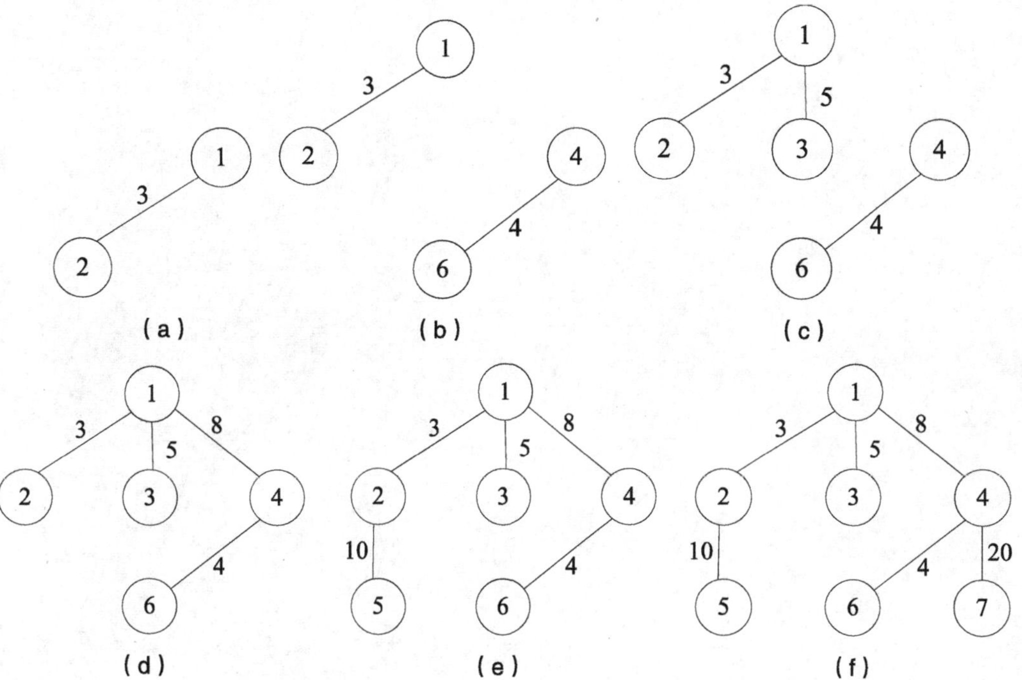
1
3
2
(a)
1
3
2
4
4
6
(b)
1
3
5
2
3
4
4
6
(c)
1
3
5
8
2
3
4
4
6
(d)
1
3
5
8
2
3
4
10
4
5
6
(e)
1
3
5
8
2
3
4
10
4
20
5
6
7
(f)

第 6 章

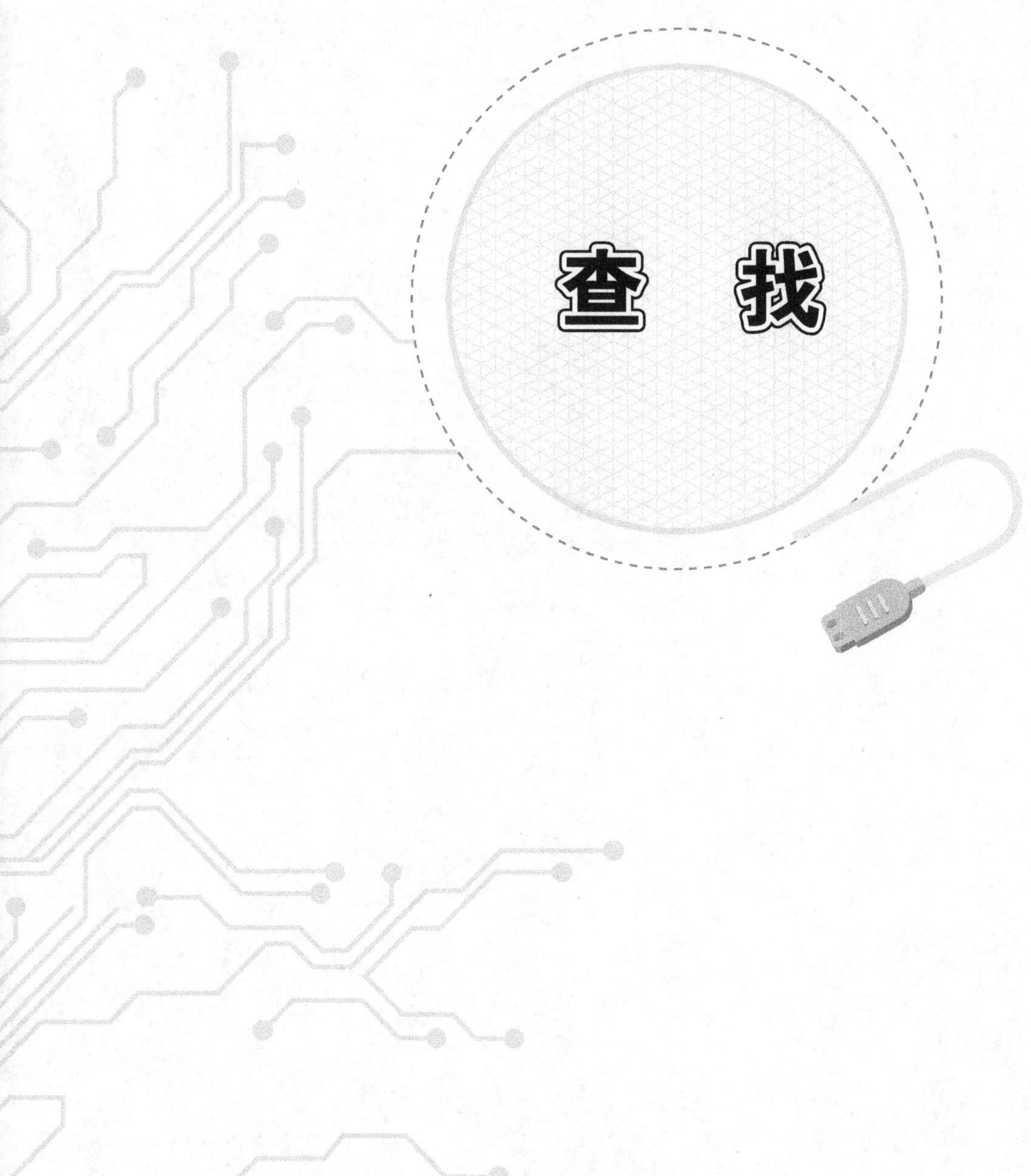

查 找

第6章 查 找

6.1 考点解读

本章考点如图6.1所示。本章内容包括查找的基本概念、顺序查找法、分块查找法、折半查找法、B树及其基本操作、B^+树的基本概念、散列表、字符串模式匹配、查找算法的分析及应用等。考试大纲没有明确指出对这些知识点的具体要求，通过对最近10年联考真题与本章有关考点的统计与分析（表6.1），结合数据结构课程知识体系的结构特点来看，关于本章考生应理解查找的基本概念，掌握顺序查找法，了解分块查找法，掌握折半查找法，掌握B树的特性及其基本操作，掌握B^+树的基本概念，熟练掌握散列表的构造方法处理冲突的方法以及查找成功和查找失败的平均查找长度，了解BF算法，理解KMP算法的工作原理，掌握next函数值的求解方法。

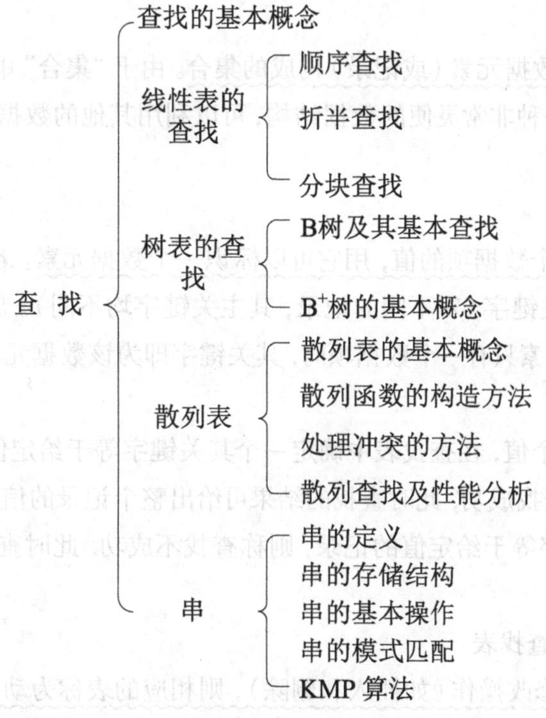

图6.1 查找考点导图

表6.1 本章最近10年考情统计表

年份	题型		分值			联考考点
	单项选择题（题）	综合应用题（题）	单项选择题（分）	综合应用题（分）	合计（分）	
2011	1	0	2	0	2	散列表
2012	1	0	2	0	2	树表的查找
2013	1	1	2	10	12	线性表的查找、树表的查找
2014	2	0	4	0	4	树表的查找、散列表
2015	2	0	4	0	4	线性表的查找、串
2016	2	0	4	0	4	线性表的查找、树表的查找
2017	2	0	4	0	4	线性表的查找、树表的查找
2018	2	0	4	0	4	树表的查找、散列表
2019	2	0	4	0	4	散列表、串
2020	1	0	2	0	2	B树的插入

6.2 查找的基本概念

为了便于后面各节对各种查找算法进行比较，这里首先介绍查找的概念和术语。

（1）查找表

查找表是由同一类型的数据元素（或记录）构成的集合。由于“集合”中的数据元素之间存在着完全松散的关系，因此查找表是一种非常灵便的数据结构，可以利用其他的数据结构来实现，比如线性表、树表及散列表等。

（2）关键字

关键字是数据元素中某个数据项的值，用它可以标识一个数据元素。若此关键字可以唯一地标识一个记录，则称此关键字为主关键字（对不同的记录，其主关键字均不同）。反之，称用以识别若干记录的关键字为次关键字。当数据元素只有一个数据项时，其关键字即为该数据元素的值。

（3）查找

查找是指根据给定的某个值，在查找表中确定一个其关键字等于给定值的记录或数据元素。若表中存在这样的一个记录，则称查找成功，此时查找的结果可给出整个记录的信息，或指示该记录在查找表中的位置；若表中不存在关键字等于给定值的记录，则称查找不成功，此时查找的结果可给出一个“空”记录或“空”指针。

（4）动态查找表和静态查找表

若在查找的同时对表做修改操作（如插入和删除），则相应的表称为动态查找表，否则称为静态查找表。换句话说，动态查找表的表结构本身是在查找过程中动态生成的，即在创建表时，对于给定值，若表中存在其关键字等于给定值的记录，则查找成功返回；否则插入关键字等于给定值的记录。

（5）平均查找长度

为确定记录在查找表中的位置，需和给定值进行比较的关键字个数的期望值称为查找算法在查找成功时的平均查找长度（Average Search Length, ASL）。

对于含有n个记录的表，查找成功时的平均查找长度为：

$$ASL=\sum_{i=1}^{n}P_iC_i$$

其中，P_i为查找表中第i个记录的概率，且$\sum_{i=1}^{n}P_i=1$；C_i为找到表中其关键字与给定值相等的第i个记录时，和给定值已进行过比较的关键字个数。显然，C_i随查找过程不同而不同。

由于查找算法的基本运算是关键字之间的比较操作，所以可用平均查找长度来衡量查找算法的性能。

6.3 线性表的查找

6.3.1 顺序查找

顺序查找的查找过程为：从表的一端开始，依次将记录的关键字和给定值进行比较，若某个记录的关键字和给定值相等，则查找成功；反之，若扫描整个表后，仍未找到关键字和给定值相等的记录，则查找失败。

顺序查找方法既适用于线性表的顺序存储结构，也适用于线性表的链式存储结构。

下面只介绍以顺序表作为存储结构时实现的顺序查找算法。

数据元素类型定义如下：

```
typedef struct
{
    KeyType key;                    // 关键字域
    InfoType otherinfo;             // 其他域
}ElemType;
// 顺序表的定义
typedef struct
{
    ElemType  *R;                   // 存储空间基地址，0号单元留空
    int length;                     // 当前长度
}SSTable;
// 顺序查找算法
int Search_Seq (SSTable ST, int key)
{   // 在顺序表ST中顺序查找其关键字等于key的数据元素
    // 若找到，则函数值为该元素在表中的位置，否则为0
    for (int i=ST.length; i>=1; --i)
        if (ST.R[i].key==key) return i;       // 从后往前找
    return 0;
}
```

顺序查找算法在查找过程中每步都要检测整个表是否查找完毕，即每步都要在循环变量是否满足条件1>=1的检测。改进这个程序，可以免去这个检测过程。改进方法是查找之前先对ST.R[0]的关键字赋值

key，在此，ST.R[0]起到了监视哨的作用。

设置监视哨的顺序查找算法如下：

```
int Search_Seq (SSTable ST, KeyType key)
{   // 在顺序表中顺序查找其关键字等于key的数据元素
    // 若找到，则函数值为该元素在表中的位置，否则为0
    ST.R[0]. key=key;                          // 哨兵
    For (i=ST.length; ST.R[il. key!=key;--i);       // 从后往前找
    return i;
}
```

即通过设置监视哨，免去查找过程中每一步都要检测整个表是否查找完毕。然而实践证明，这个改进能使顺序查找在ST.length≥1000时，进行一次查找所需的平均时间几乎减少一半。当然，监视哨也可设在高下标处。

假设每个元素的查找概率相等，即$P_i=1/n$，

则$\mathrm{ASL}=\frac{1}{n}\sum_{i=1}^{n}i=\frac{n+1}{2}$。

所以，这两个算法的时间复杂度都为$O(n)$。

顺序查找的优点：算法简单，对表结构无任何要求，既适用于顺序结构，也适用于链式结构，无论记录是否按关键字有序均可应用。其缺点：平均查找长度较大，查找效率较低，所以当n很大时，不宜采用顺序查找。

6.3.2 分块查找

分块查找又称索引顺序查找，这是顺序查找的一种改进方法。在此查找法中，除表本身以外，还需要建立一个“索引表”。例如，图6.2所示为一个表及其索引表，表中含有18个记录，可分成3个子表$(R_1,R_2,\cdots,R_6)$、$(R_7,R_8,\cdots,R_{12})$、$(R_{13},R_{14},\cdots,R_{18})$，对每个子表（或块）建立一个索引项，其中包括两项内容：关键字项（其值为该子表内的最大关键字）和指针项（指示该子表的第一个记录在表中位置）。索引表按关键字有序，则表或者有序或者分块有序。所谓“分块有序”指的是第二个子表中所有记录的关键字均大于第一个子表中的最大关键字，第三个子表中的所有关键字均大于第二个子表中的最大关键字……依此类推。

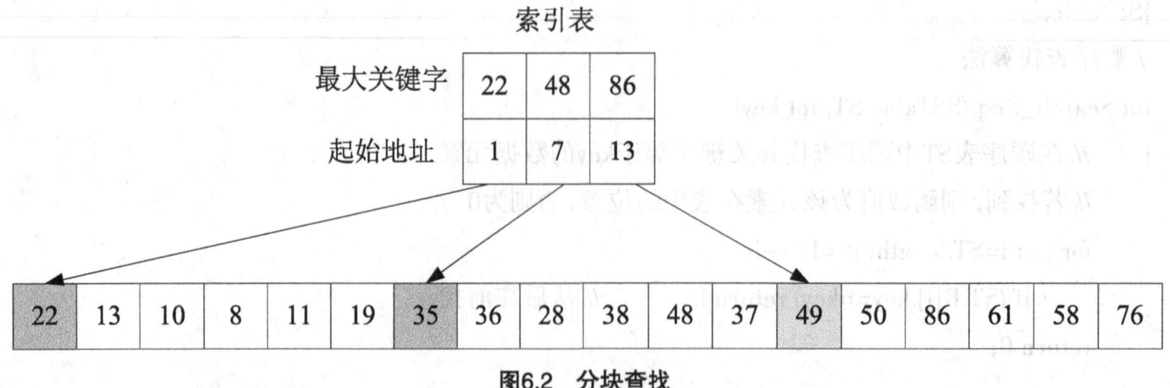

图6.2 分块查找

因此，分块查找过程需要分成两步进行。先确定待查记录所在的块（子表），然后在块中顺序查找。

假设给定值key=37，则先将key依次和索引表中各最大关键字进行比较，因为22<key<48，则关键字为

37的记录若存在，必定在第二个子表中，由于同一索引项中的指针指示第二个子表中的第一个记录是表中第7个记录，则自第7个记录起进行顺序查找，直到ST.elem[12].key=key为止。

假如此子表中没有关键字等于key的记录，例如，key=29时，自第7个记录起至第12个记录的关键字和key比较都不等，则查找不成功。

由于由索引项组成的索引表按关键字有序，则确定块的查找可以用顺序查找，亦可用折半查找，而块中记录是任意排列的，则在块中只能是顺序查找。

所以，分块查找的算法即为这两种查找算法的简单合成。

分块查找的平均查找长度为$ASL_{bs}=L_b+L_w$。

其中：L_b为查找索引表确定所在块的平均查找长度，L_w为在块中查找元素的平均查找长度。

一般情况下，为进行分块查找，可以将长度为n的表均匀地分成b块，每块含有s个记录，即$b=\lceil n/s \rceil$；又假定表中每个记录的查找概率相等，则每块查找的概率为$1/b$，块中每个记录的查找概率为$1/s$。

若用顺序查找确定所在块，则分块查找的平均查找长度为：

$$ASL_{bs}=L_b+L_w=\frac{1}{b}\sum_{j=1}^{b}j+\frac{1}{s}\sum_{i=1}^{s}i=\frac{b+1}{2}+\frac{s+1}{2}=\frac{1}{2}\left(\frac{n}{s}+s\right)+1$$

可见，此时的平均查找长度不仅和表长n有关，而且和每一块中的记录个数s有关。在给定n的前提下，s是可以选择的。容易证明，当s取$\sqrt{n}$时，ASL_{bs}取最小值$\sqrt{n}+1$。这个值比顺序查找有了很大改进，但远不及折半查找。

若用折半查找确定所在块，则分块查找的平均查找长度为$ASL_{bs}\cong\log_2\left(\frac{n}{s}+1\right)+\frac{s}{2}$。

所以，分块查找的效率介于顺序查找和折半查找之间。

6.3.3 折半查找

折半查找也称二分查找，它是一种效率较高的查找方法。但是，折半查找要求线性表必须采用顺序存储结构，而且表中元素按关键字有序排列。在下面及后续的讨论中均假设有序表是递增有序的。

折半查找的查找过程为：从表的中间记录开始，如果给定值和中间记录的关键字相等，则查找成功；如果给定值大于或者小于中间记录的关键字，则在表中大于或小于中间记录的那一半中查找，这样重复操作，直到查找成功，或者在某一步中查找区间为空，则代表查找失败。

折半查找每一次查找比较都使查找范围缩小一半，与顺序查找相比，很显然会提高查找效率。

为了标记查找过程中每一次的查找区间，下面分别用low和high来表示当前查找区间的下界和上界，mid为区间的中间位置。

折半查找算法步骤：

（1）置查找区间初值，low为1，high为表长。

（2）当low小于等于high时，循环执行以下操作：

1）mid取值为low和hgh的中间值；

2）将给定值key与中间位置记录的关键字进行比较，若相等则查找成功，返回中间位置mid；

3）若不相等则利用中间位置记录将表对分成前、后两个子表。如果key比中间位置记录的关键字小，则high取为mid-1，否则low取为mid+1。

（3）循环结束，说明查找区间为空，则查找失败，返回0。

折半查找算法如下：

```
intSearch_Bin (SSTable ST, KeyTypekey)
{   // 在有序表中折半查找其关键字等于key的数据元素
    // 若找到，则函数值为该元素在表中的位置，否则为0
    low=l; high=ST.length;                          // 置查找区间初值
    while (low<=high)
    {
        mide=(low+high)/2;
        if (key==ST.R[mid].key) return mid;         // 找到待查元素
        else if (key<ST.R[mid].key) high=mid-1;     // 继续在前一子表进行查找
        else low=mid+1;                             // 继续在后一子表进行查找
    }
    return 0;                                       // 表中不存在待查元素
}
```

使用本算法需要注意的是，循环执行的条件是low<=high，而不是low<high，因为low=high时，查找区间还有最后一个结点，还要进一步比较。

例如，已知11个数据元素的有序表(5,16,20,27,30,36,44,5560,67,71)，要查找关键字为27和65的数据元素。

查找关键字key=27的折半查找过程如图6.3（a）所示。

首先令给定值key=27与中间位置的数据元素的关键字 ST.R[mid].key相比较，因为36>27，说明待查找元素若存在，必在区间[low,mid-1]的范围内，则令指针high指向第mid-1个元素，high=5，重新求得mid=$\lfloor(1+5)/2\rfloor=3$。

然后仍以key和ST.R[mid].key相比，因为20<27，说明待查待元素若存在，必在[mid+1,high]范围内，则令指针low指向第mid+1个元素，low=4求得mid的新值为4，比较key和ST.R[mid].key。此时，二者相等，则查找成功，返回所查元素在表中的序号，即指针mid的值4。

查找关键字key=65的折半查找过程如图6.3（b）所示。由于在图6.3（b）中进行最后一趟查找时，因为low>high，查找区间不存在，则说明表中没有关键字等于65的元素，查找失败，返回0。

折半查找过程可用二叉树来描述。树中每一结点对应表中一个记录，但结点值不是记录的关键字，而是记录在表中的位置序号。把当前查找区间的中间位置作为根，左子表和右子表分别作为根的左子树和右子树，由此得到的二叉树称为折半查找的判定树。

本例子中的有序表对应的判定树如图6.4所示。从判定树上可见，成功的折半查找恰好是走了一条从判定树的根到被查结点的路径，经历比较的关键字个数恰为该结点在树中的层次。例如，查找27的过程经过一条从根到结点④的路径，需要比较三次，比较次数即为结点④所在的层次。图6.4中比较一次的只有一个根结点，比较两次的有两个结点，比较三次和四次的各有四个结点。

1	2	3	4	5	6	7	8	9	10	11
5	16	20	27	30	36	44	55	60	67	71

low=1 mid=6 high=11

1	2	3	4	5	6	7	8	9	10	11
5	16	20	27	30	36	44	55	60	67	71

low=1 mid=3 high=5

1	2	3	4	5	6	7	8	9	10	11
5	16	20	27	30	36	44	55	60	67	71

low=4 mid=4 high=5

（a）查找27的过程

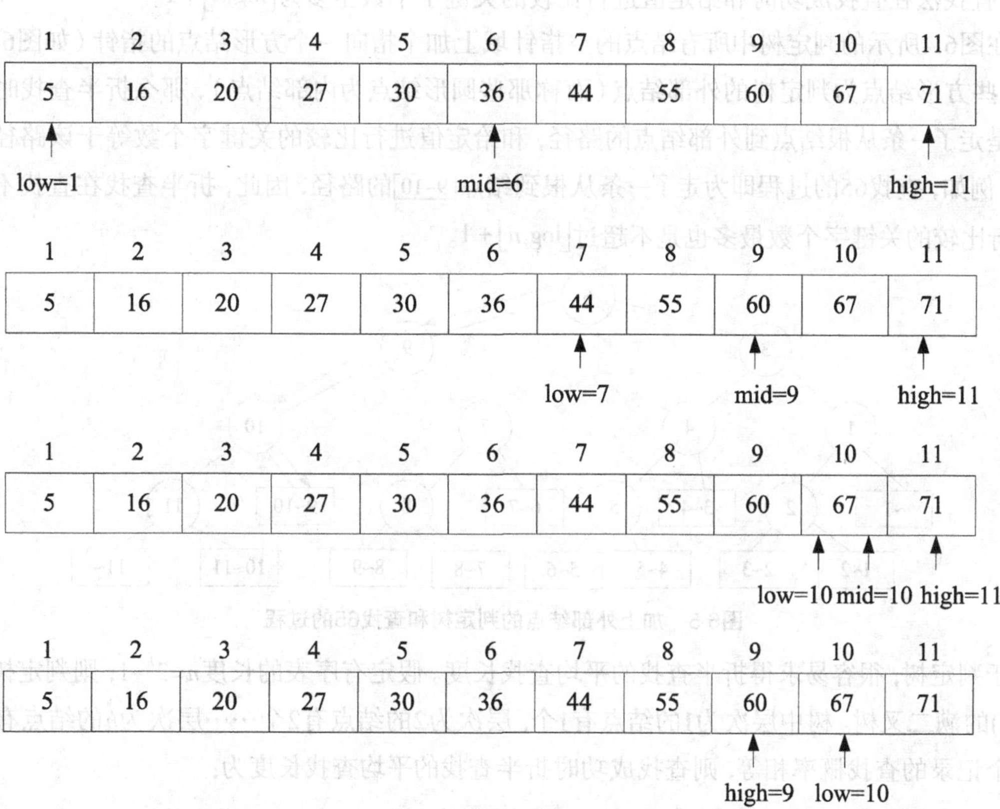

（b）查找65的过程

图6.3 折半查找示意图

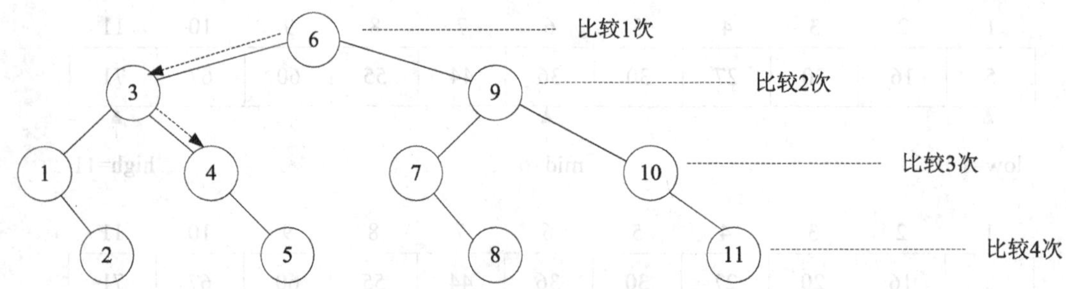

图6.4　折半查找过程的判定树及查找27的过程

假设每个记录的查找概率相同，根据此判定树可知，对长度为11的有序表进行折半查找的平均查找长度为：

$$\mathrm{ASL}=\frac{1}{11}(1+2\times2+3\times4+4\times4)=3$$

所以，折半查找法在查找成功时进行比较的关键字个数最多不超过树的深度。而判定树的形态只与表记录个数n相关，而与关键字的取值无关。具有n个点的判定树的为$\lfloor\log_2 n\rfloor+1$。所以，对于长度为n的有序表，折半查找法在查找成功时和给定值进行比较的关键字个数至多为$\lfloor\log_2 n\rfloor+1$。

如果在图6.4所示的判定树中所有结点的空指针域上加个指向一个方形结点的指针（如图6.5所示），并且，称这些方形结点为判定树的外部结点（而称那些圆形结点为内部结点），那么折半查找时查找失败的过程就是走了一条从根结点到外部结点的路径，和给定值进行比较的关键字个数等于该路径上的内部结点个数。例如，查找65的过程即为走了一条从根到结点[9~10]的路径，因此，折半查找在查找不成功时和给定值进行比较的关键字个数最多也是不超过$\lfloor\log_2 n\rfloor+1$。

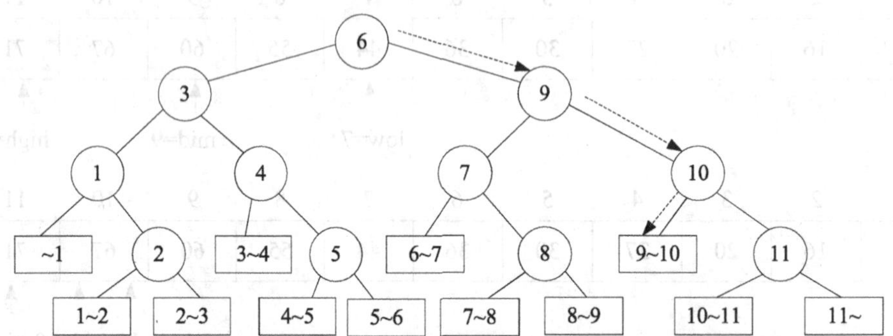

图6.5　加上外部结点的判定树和查找65的过程

借助于判定树，很容易求得折半查找的平均查找长度。假定有序表的长度$n=2^h-1$，则判定树是深度为$h=\log_2(n+1)$的满二叉树。树中层次为1的结点有1个，层次为2的结点有2个……层次为h的结点有2^{h-1}个。假设表中每个记录的查找概率相等，则查找成功时折半查找的平均查找长度为：

$$\mathrm{ASL}=\sum_{i=1}^{n}P_iC_i=\frac{1}{n}\sum_{j=1}^{h}j\cdot2^{j-1}=\frac{n+1}{n}\log_2(n+1)-1$$

当n较大时，可有近似结果：$\mathrm{ASL}=\log_2(n+1)-1$。

因此，折半查找的时间复杂度为$O(\log_2 n)$。可见，折半查找的效率比顺序查找高，但折半查找只适用于有序表，且限于顺序存储结构。

折半查找的优点：比较次数少，查找效率高。其缺点：对表结构要求高，只能用于顺序存储的有序表。为了保持顺序表的有序性，对有序表进行插入和删除时，平均比较和移动表中一半元素，因此折半查找不适用于数据元素经常变动的线性表。

6.3.4 真题与习题精编

● 单项选择题

1. 下列二叉树中，可能成为折半查找判定树（不含外部结点）的是（　）。【全国联考2017年】

A. B.

C. D.

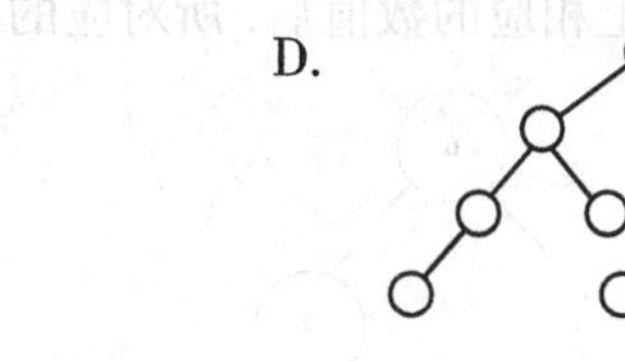

2. 在有n（n>1000）个元素的升序数组A中查找关键字x。【全国联考2016年】

查找算法的伪代码如下所示：

```
k=0;
while(k<n 且A[k]<x)k=k+3;
if(k<n且A[k]==x)查找成功;
else if(k-1<n且A[k-1]==x)查找成功;
else if(k-2<n 且A[k-2]==x)查找成功; else查找失败;
```

本算法与折半查找算法相比，有可能具有更少比较次数的情形是（　）。

A. 当x不在数组中　　B. 当x接近数组开头处

C. 当x接近数组结尾处　　D. 当x位于数组中间位置

3. 下列选项中，不能构成折半查找中关键字比较序列的是（　）。【全国联考2015年】

A. 500,200,450,180　　B. 500,450,200,180

C. 180,500,200,450　　D. 180,200,500,450

4. 依次将关键字5，6，9，13，8，2，12，15插入初始为空的4阶B树后，根节点中包含的关键字是（ ）。【全国联考2020年】

A. 8　　B. 6，9　　C. 8，13　　D. 9，12

● 综合应用题

设包含4个数据元素的集合S={'do', 'for', 'repeat', 'while'}，各元素的查找概率依次为p1=0.35，p2=0.15，p3=0.15，p4=0.35。将S保存在一个长度为4的顺序表中，采用折半查找法，查找成功时的平均查找长度为2.2。【全国联考2013年】

（1）若采用顺序存储结构保存S，且要求平均查找长度更短，则元素应如何排列？应使用何种查找方法？查找成功时的平均查找长度是多少？

（2）若采用链式存储结构保存S，且要求平均查找长度更短，则元素应如何排列？应使用何种查找方法？查找成功时的平均查找长度是多少？

6.3.5 答案精解

● 单项选择题

1.【答案】A

【精解】考点为折半查找。在构建折半查找判定树时，需要反复求不同序列中间记录的关键字，既可以向上取整也可以向下取整，但是整个构造过程中必须选择且只选择一种，如果两种方式同时进行就是错的。先在这四个选项的结点填上相应的数值，然后判断其中符合规则的树就是正确答案，否则就是错误的。这四个选项的结点填上相应的数值后，所对应的不同折半查找判定树如下图所示。

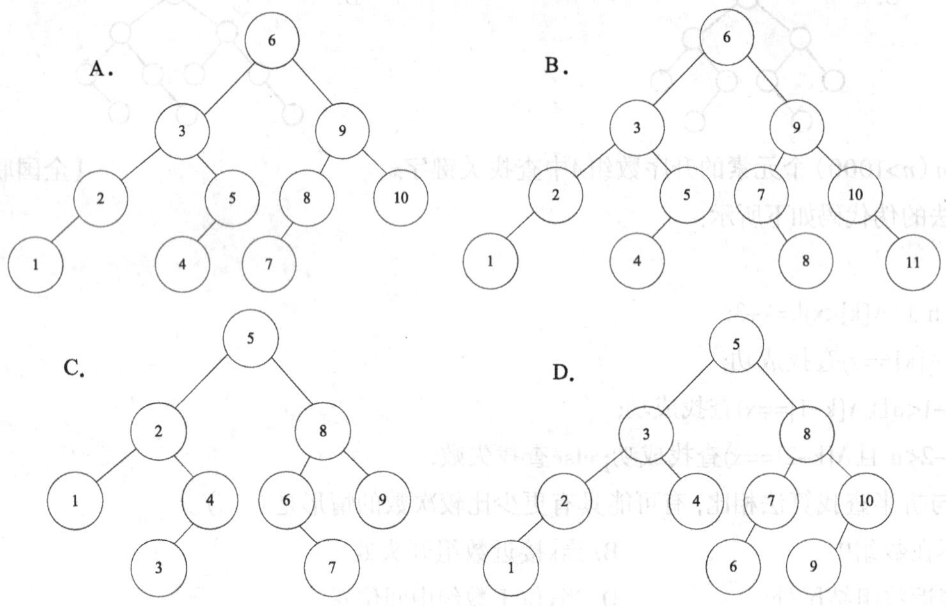

选项B中，1和2相加除以2向上取整得到序列(1,2)中间记录的关键字2。但是7和8相加除以2向下取整得到序列(7,8)中间记录的关键字7，所以，不符合规则。

同理，选项C中，1和4相加除以2向下取整得到序列(1,2,3,4)中间记录的关键字2。但是3和4相加除以2向上取整得到序列(3,4)中间记录的关键字4，所以，不符合规则。

选项D中，1和4相加除以2向上取整得到序列(1,2,3,4)中间记录的关键字3。但是1和10相加除以2向下取整得到序列(1,2,3,4,5,6,7,8,9,10)中间记录的关键字5，所以，不符合规则。

所以正确答案选A。且A选项对应的判定树是采用向上取整的方法所求得的序列(1,2,3,4,5,6,7,8,9,10)的折半查找判定树。

补充：从1到10这10个数所对应的折半查找判定树，如果采用向下取整的方法来求不同序列中间记录的关键字，所对应的折半查找判定树如下图所示。

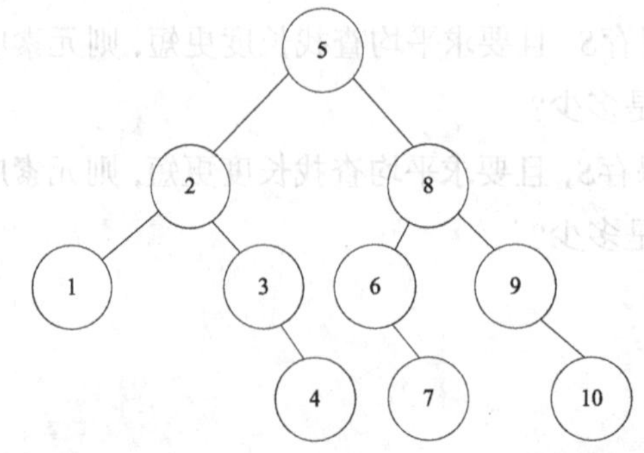

2.【答案】B

【精解】考点为顺序查找。该算法对顺序查找算法进行了改进，对于升序数组来说，x越靠前，比较的次数越少，所以正确答案选B。

3.【答案】A

【精解】考点为折半查找。折半查找的判定树是一棵二叉排序树，因此按照关键字比较序列构成的判定树应该符合二叉排序树的要求。这四个选项对应的判定树如下图所示。

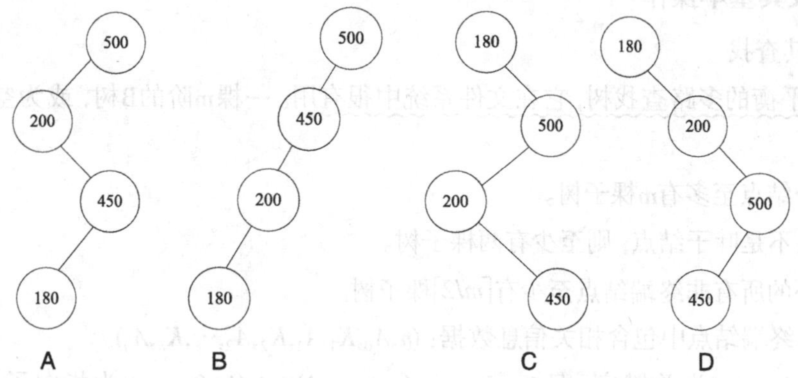

二叉排序树进行中序遍历时，所得到的序列是按照从小到大的顺序排列的升序序列，经过比较发现只有选项A不符合要求，所以答案选A。

4.【答案】B

【精解】

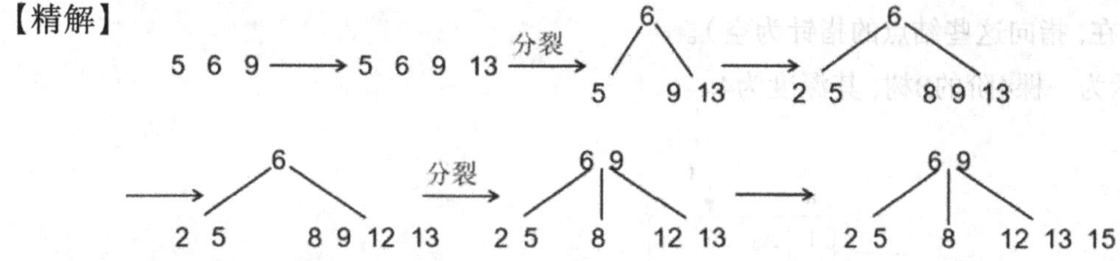

● 综合应用题

【答案精解】

(1)若采用顺序存储结构，且要求平均查找长度更短，则需要把S中的数据元素按照查找概率的降序排列，使用顺序查找法。

此时，查找成功时的平均查找长度=0.35×1+0.35×2+0.15×3+0.15×4=2.1。

(2)答案一：若采用链式存储结构，且要求平均查找长度更短，则需要把S中的数据元素构成单链表时，按照查找概率的降序排列，仍然使用顺序查找法。

此时，查找成功时的平均查找长度=0.35×1+0.35×2+015×3+0.15×4=2.1。

答案二：采用二叉链表存储结构，构造二叉排序树，元素存储方式有两种，见下图。

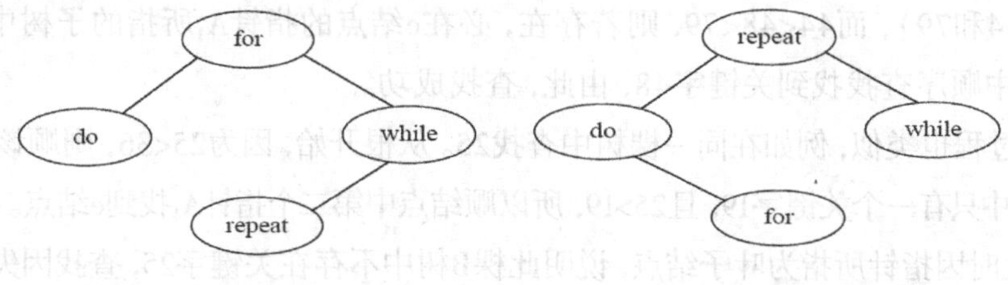

图1 二叉排序树1　　　　图2 二叉排序树2

采用二叉排序树的查找方法。查找成功时的平均查找长度=0.15×1+0.35×2+0.35×2+0.15×3=2.0。

6.4 B树和B⁺树

B-树，即为B树。因为B树的原英文名称为B-tree，而很多人喜欢把B-tree译作B-树，其实，这是个非常不好的直译，很容易让人产生误解，如人们可能会以为B-树是一种树，而B树又是一种树。而事实上是，B-tree指的就是B树。特此说明。

6.4.1 B树及其基本操作

（1）B树及其查找

B树是一种平衡的多路查找树，它在文件系统中很有用。一棵m阶的B树，或为空树，或为满足下列特性的m叉树：

1）树中每个结点至多有m棵子树。

2）若根结点不是叶子结点，则至少有两棵子树。

3）除根之外的所有非终端结点至少有$\lceil m/2 \rceil$棵子树。

4）所有的非终端结点中包含相关信息数据：$(n,A_0,K_1,A_1,K_2,A_2,\cdots,K_n,A_n)$。

其中：$K_i(i=1,\cdots,n)$为关键字，且$K_i<K_{i+1}(i=1,\cdots,n-1)$；$A_i(i=0,\cdots,n)$为指向子树根结点的指针，且$A_{i-1}$所指子树中所有结点的关键字均小于$K_i(i=1,\cdots,n)$，$A_n$所指子树中所有结点的关键字均大于$K_n$，$n(\lceil m/2 \rceil-1\leqslant n\leqslant m-1)$为关键字的个数（或n+1为子树个数）。

5）所有的叶子结点都出现在同一层次上，并且不带信息（可以看作是外部结点或查找失败的结点，实际上这些结点不存在，指向这些结点的指针为空）。

例如图6.6所示为一棵4阶的B树，其深度为4。

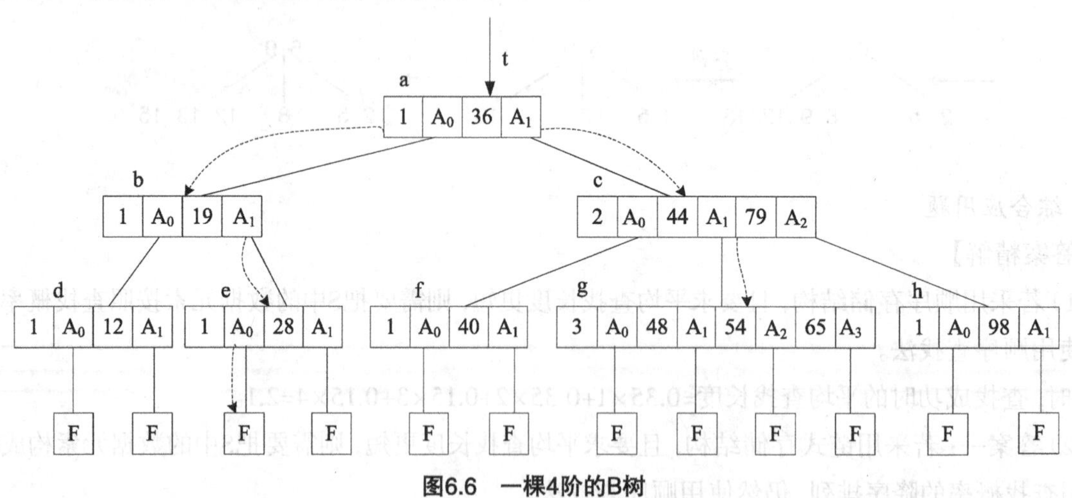

图6.6　一棵4阶的B树

在图6.6的B树上查找关键字48的过程：首先从根开始，根据根结点指针t找到a结点，因a结点中只有一个关键字，且给定值48>关键字36，则若存在，必在a结点的指针A_1所指的子树内，顺指针找到c结点，该结点有两个关键字（44和79），而44<48<79，则若存在，必在c结点的指针A_1所指的子树中。同样，顺指针找到g结点，在该结点中顺序查找找到关键字48，由此，查找成功。

查找不成功的过程也类似，例如在同一棵树中查找25。从根开始，因为25<36，则顺该结点中指针A_0找到b结点，又因为b结点中只有一个关键字19，且25>19，所以顺结点中第二个指针A_1找到e结点。同理，因为25<28，则顺指针往下找，此时因指针所指为叶子结点，说明此棵B树中不存在关键字25，查找因失败而告终。

由此可见，在B树上进行查找的过程是一个顺指针查找结点和在结点的关键字中进行查找的交叉进行的过程。由于B树主要用作文件的索引，因此，它的查找还涉及外存的存取。

（2）B树查找分析

在B树上进行查找包含两种基本操作：

1）在B树中找结点；

2）在结点中找关键字。

由于B树通常存储在磁盘上，则第一种查找操作是在磁盘上进行的，而第二种查找操作是在内存中进行的，即在磁盘上找到指针所指结点后，先将结点中的信息读入内存，然后再利用顺序查找或折半查找查询等于K的关键字。显然，在磁盘上进行一次查找比在内存中进行一次查找耗费的时间多得多，因此，在磁盘上进行查找的次数即待查关键字所在结点在B树上的层次数，是决定B树查找效率的首要因素。

现考虑最坏的情况，即待查结点在B树上的最大层次数。也就是含关键字总个数为N的m阶B树的最大深度是多少？

以一棵3阶的B树为例。按B树的定义，3阶的B树上所有非终端结点至多可有两个关键字，至少有一个关键字（即子树个数为2或3，故又称2-3树）。因此，若B树中关键字总个数≤2时，树的深度为2（即叶子结点层次为2）；若B树中关键字总个数≤6时，树的深度不超过3。反之，若B树的深度为4，则B树中关键字的总个数必须≥7，此时，每个结点都含有可能的关键字的最小数目。如图6.7所示。

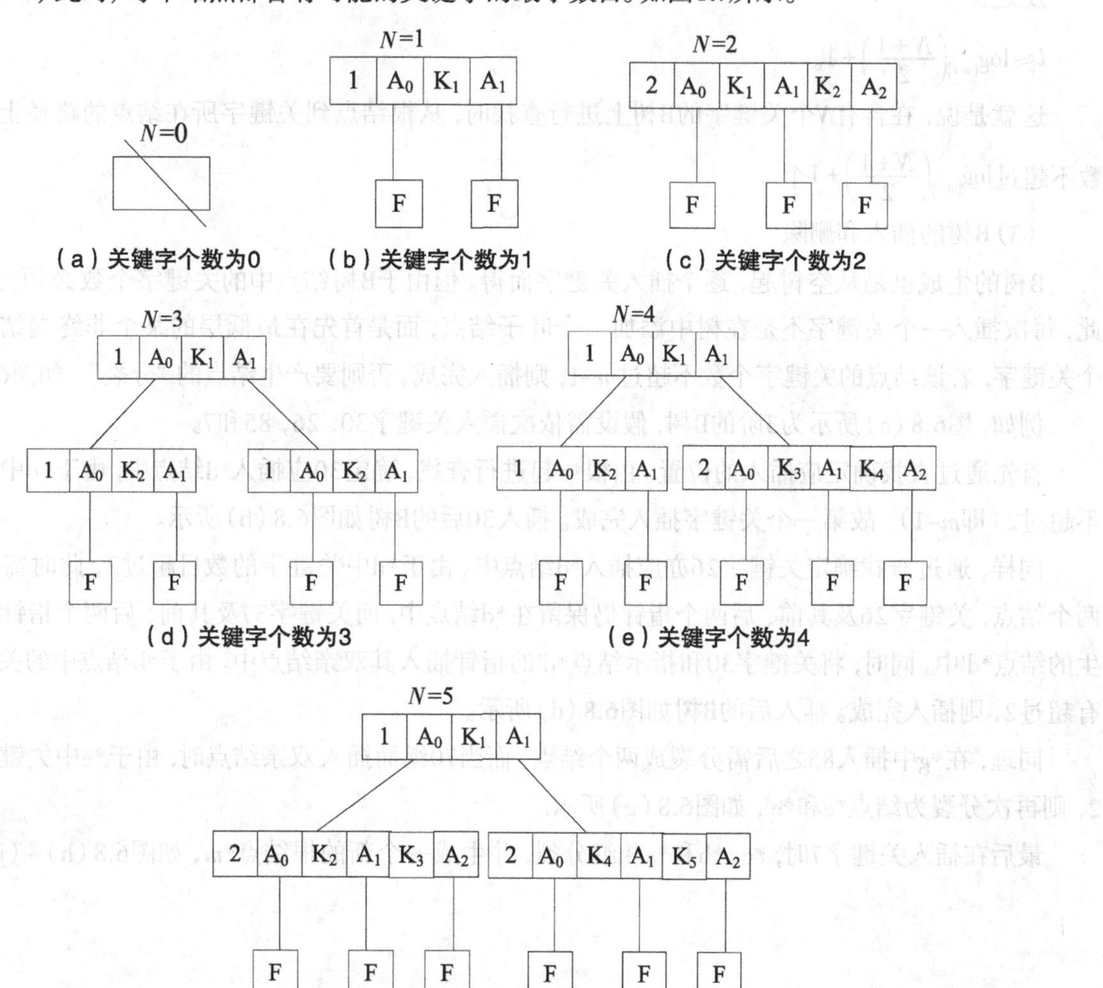

（a）关键字个数为0 （b）关键字个数为1 （c）关键字个数为2

（d）关键字个数为3 （e）关键字个数为4

（f）关键字个数为5

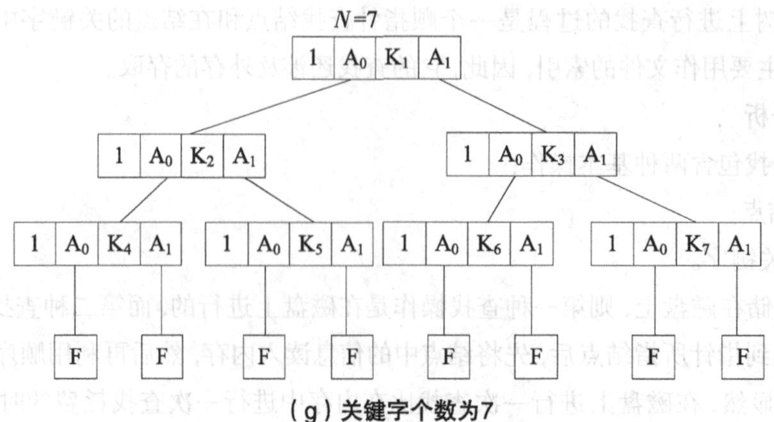

（g）关键字个数为7

图6.7　不同关键字数目的B树

下面讨论深度为l+1的m阶B树所具有的最少结点数。

根据B树的定义，第一层至少有1个结点；第二层至少有2个结点；由于除根之外的每个非终端结点至少有$\lceil m/2\rceil$棵子树，则第三层至少有2（$\lceil m/2\rceil$）个结点……依此类推，第l+1层至少有2（$\lceil m/2\rceil$）$^{l-1}$个结点。而l+1层的结点为叶子结点。若m阶B树中具有N个关键字，则叶子结点即查找不成功的结点为N+1，由此有：

$N+1\geqslant 2*(\lceil m/2\rceil)^{l-1}$；

反之，

$l\leqslant \log_{\lceil m/2\rceil}\left(\frac{N+1}{2}\right)+1$。

这就是说，在含有N个关键字的B树上进行查找时，从根结点到关键字所在结点的路径上涉及的结点数不超过$\log_{\lceil m/2\rceil}\left(\frac{N+1}{2}\right)+1$个。

（3）B树的插入和删除

B树的生成也是从空树起，逐个插入关键字而得。但由于B树结点中的关键字个数必须为$\lceil m/2\rceil$-1，因此，每次插入一个关键字不是在树中添加一个叶子结点，而是首先在最低层的某个非终端结点中添加一个关键字，若该结点的关键字个数不超过m-1，则插入完成，否则要产生结点的“分裂”，如图6.8所示。

例如，图6.8（a）所示为3阶的B树，假设需依次插入关键字30，26，85和7。

首先通过查找确定应插入的位置。由根*a起进行查找，确定30应插入*d结点中，由于*d中关键字数目不超过2（即m-1），故第一个关键字插入完成。插入30后的B树如图6.8（b）所示。

同样，通过查找确定关键字26亦应插入*d结点中。由于*d中关键字的数目超过2，此时需将*d分裂成两个结点，关键字26及其前、后两个指针仍保留在*d结点中，而关键字37及其前、后两个指针存储到新产生的结点*d'中。同时，将关键字30和指示结点*d'的指针插入其双亲结点中。由于*b结点中的关键字数目没有超过2，则插入完成。插入后的B树如图6.8（d）所示。

同理，在*g中插入85之后需分裂成两个结点，而当70继而插入双亲结点时，由于*e中关键字数目超过2，则再次分裂为结点*e和*e'，如图6.8（g）所示。

最后在插入关键字7时，*c、*b和*a相继分裂，并生成一个新的根结点*m，如图6.8（h）～（j）所示。

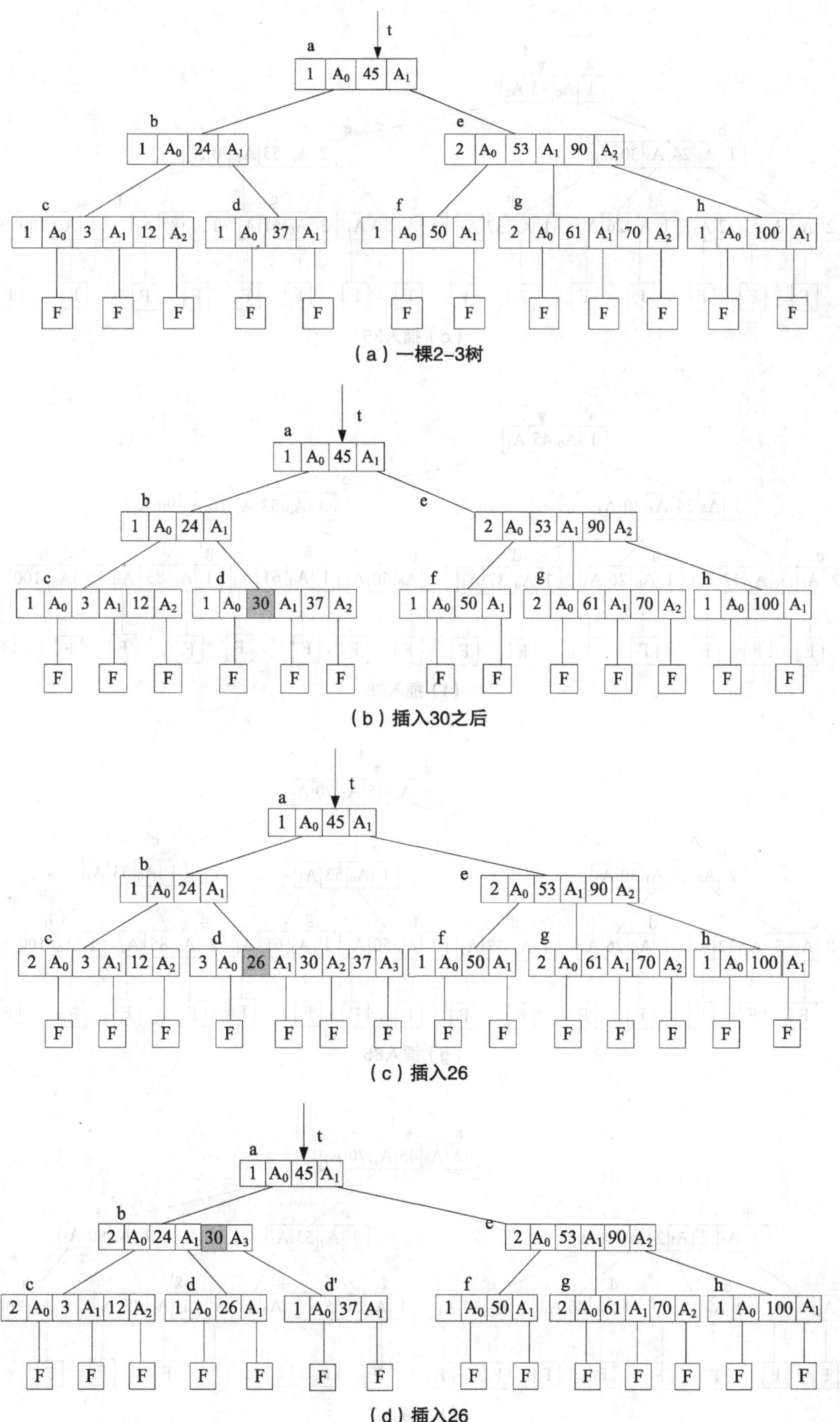

（a）一棵2-3树

（b）插入30之后

（c）插入26

（d）插入26

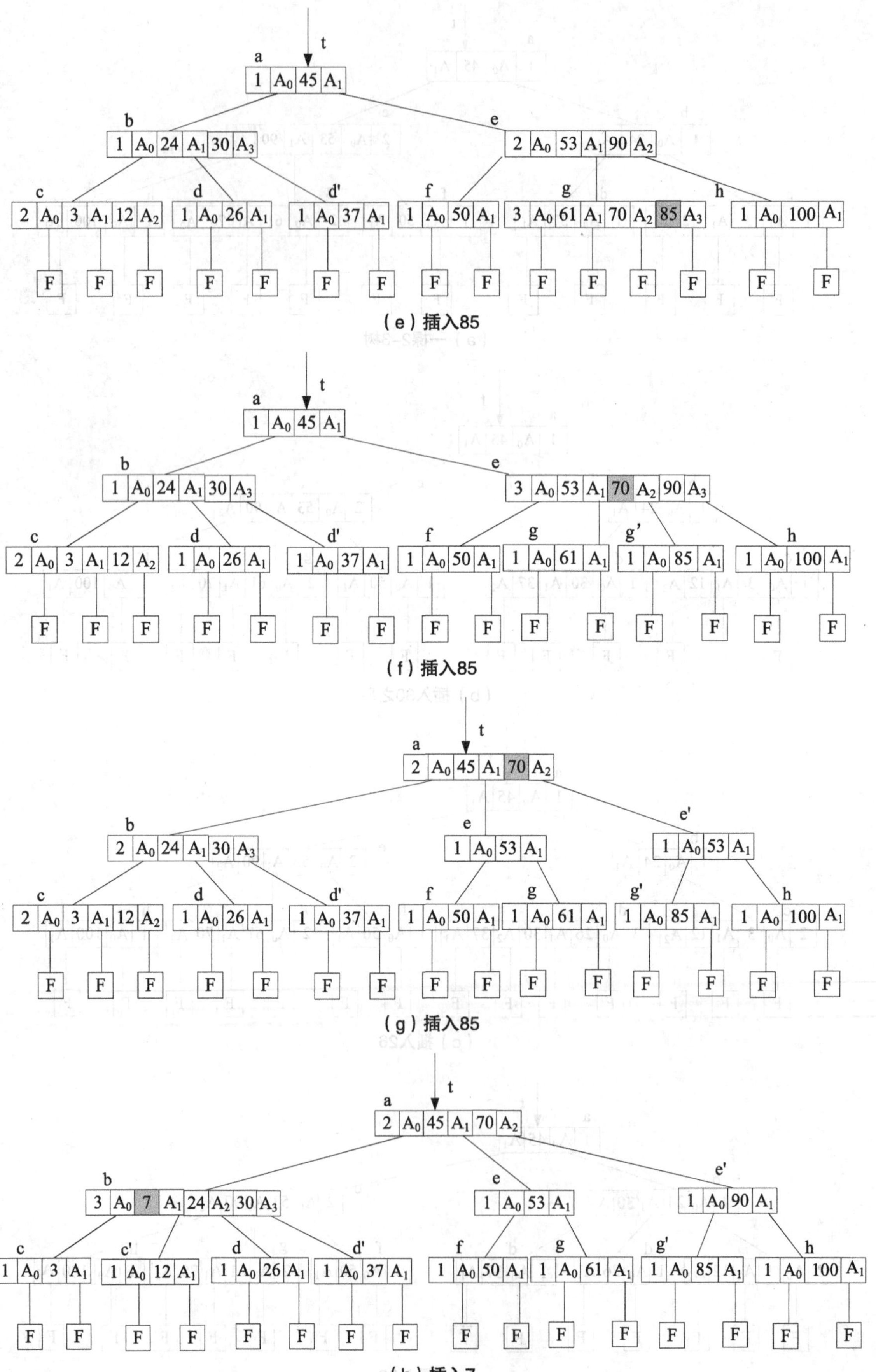

（e）插入85

（f）插入85

（g）插入85

（h）插入7

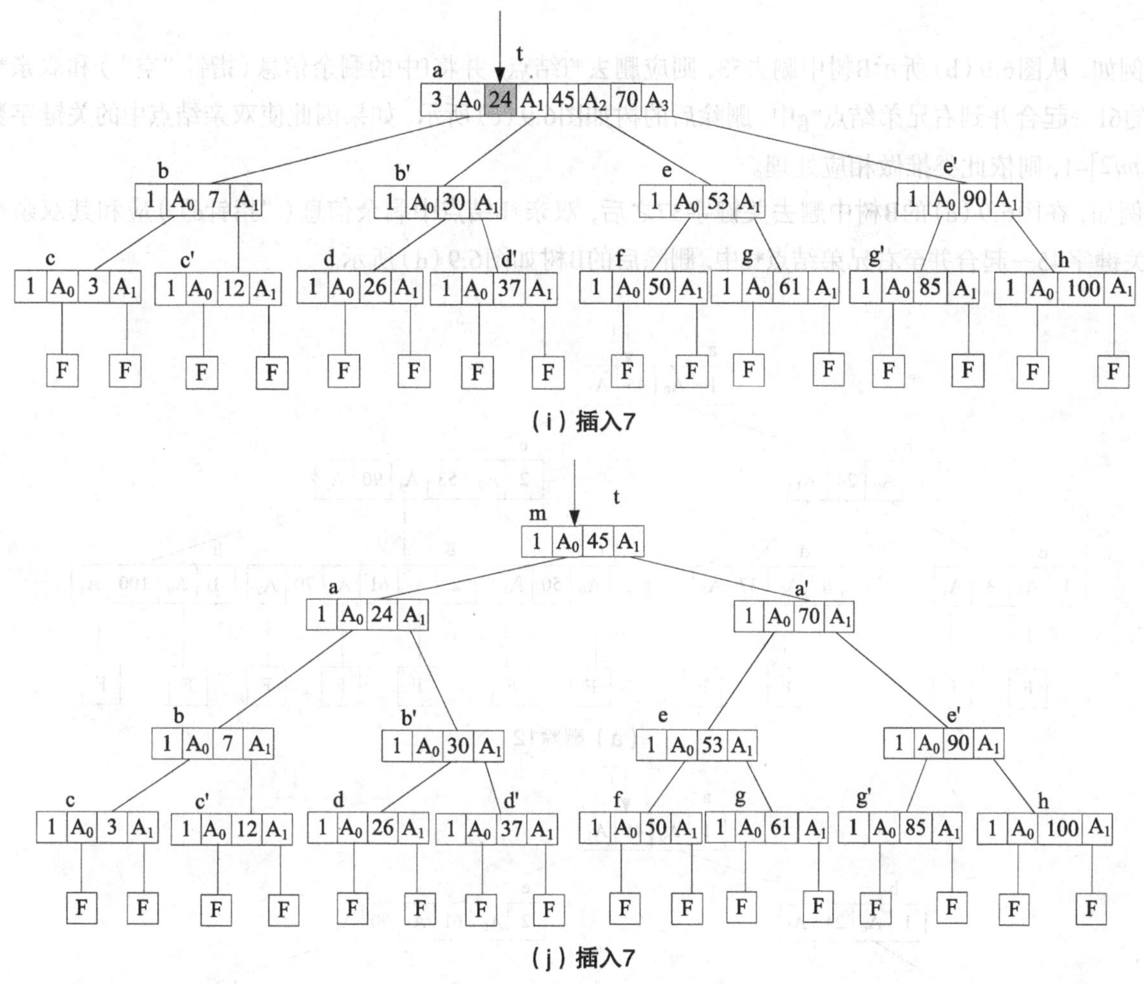

图6.8 在B树中进行插入过程精解

反之，若在B树上删除一个关键字，则首先应找到该关键字所在结点，并从中删除之，若该结点为最下层的非终端结点，且其中的关键字数目不少于$\lceil m/2 \rceil$，则删除完成，否则要进行“合并”结点的操作。假若所删关键字为非终端结点中的K_i，则可以让指针A_i所指子树中的最小关键字Y替代K_i，然后在相应的结点中删去Y。

例如，在图6.9（a）的B树上删去45，可以f结点中的50替代45，然后在f结点中删去50。因此，下面我们可以只需讨论删除最下层非终端结点中的关键字的情形。有下列三种可能：

1）被删关键字所在结点中的关键字数目不小于$\lceil m/2 \rceil$，则只需从该结点中删去该关键字K_i和相应指针Ai，树的其他部分不变，例如，从图6.8（a）所示B树中删去关键字12，删除后的B树如图6.9（a）所示。

2）被删关键字所在结点中的关键字数目等于$\lceil m/2 \rceil-1$，而与该结点相邻的右兄弟（或左兄弟）结点中的关键字数目大于$\lceil m/2 \rceil-1$，则需将其兄弟结点中的最小（或最大）的关键字上移至双亲结点中，而将双亲结点中小于（或大于）且紧靠该上移关键字的关键字下移至被删关键字所在结点中。

例如，从图6.9（a）中删去50，需将其右兄弟结点中的61上移至e结点中，而将e结点中的53移至f，从而使f和g中关键字数目均不小于$\lceil m/2 \rceil-1$，而双亲结点中的关键字数目不变，如图6.9（b）所示。

3）被删关键字所在结点和其相邻的兄弟结点中的关键字数目均等于$\lceil m/2 \rceil-1$。假设该结点有右兄弟，且其右兄弟结点地址由双亲结点中的指针A_i所指，则在删去关键字之后，它所在结点中剩余的关键字和指针，加上双亲结点中的关键字K_i一起，合并到A_i所指兄弟结点中（若没有右兄弟，则合并至左兄弟结点中）。

例如，从图6.9（b）所示B树中删去53，则应删去*f结点，并将f中的剩余信息（指针“空”）和双亲*e结点中的61一起合并到右兄弟结点*g中。删除后的树如图6.9（c）所示。如果因此使双亲结点中的关键字数目小于$\lceil m/2 \rceil$-1，则依此类推做相应处理。

例如，在图6.9（c）的B树中删去关键字37之后，双亲*b结点中剩余信息（“指针c”）应和其双亲*a结点中关键字45一起合并至右兄弟结点*e中，删除后的B树如图6.9（d）所示。

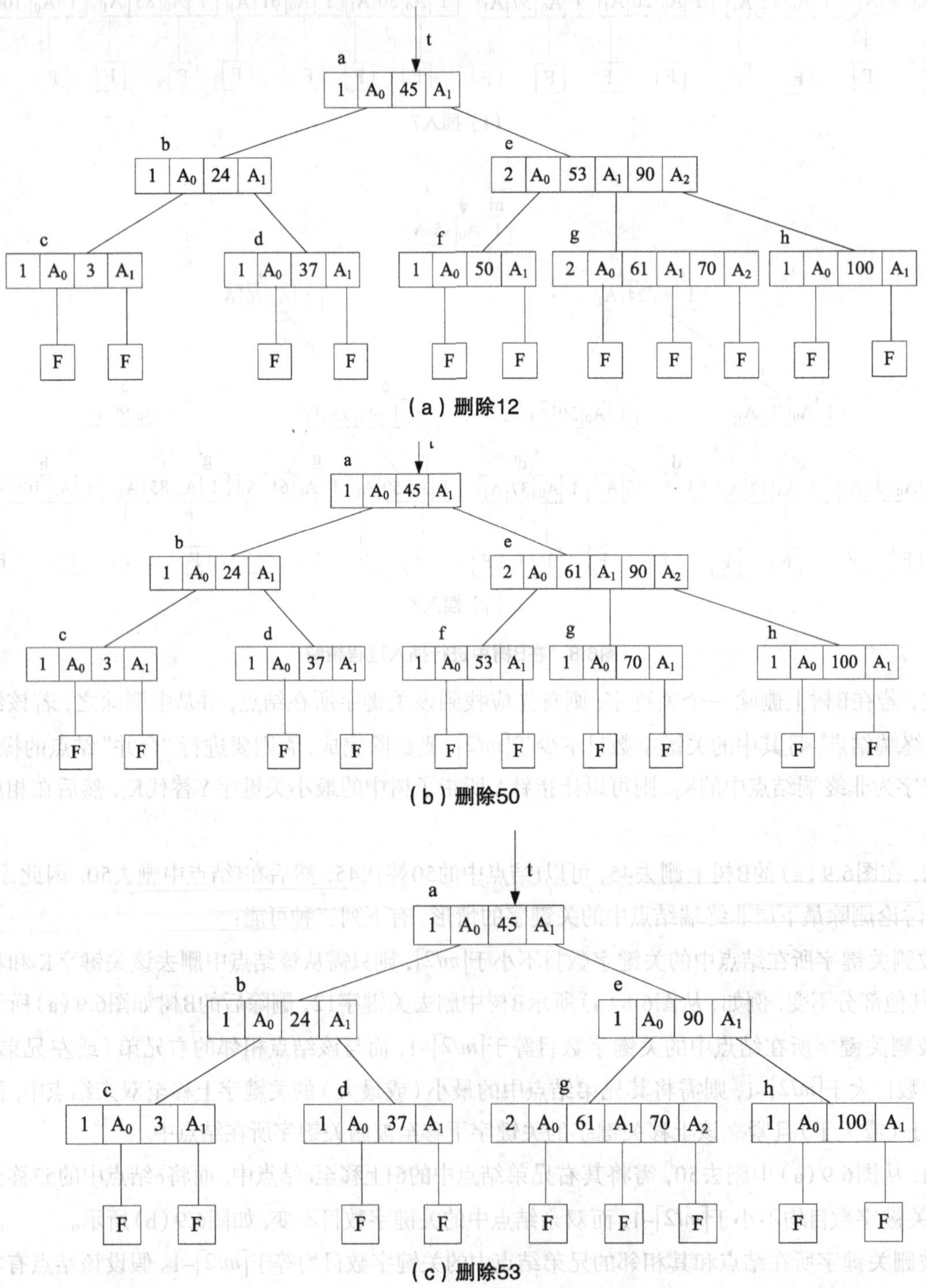

（a）删除12

（b）删除50

（c）删除53

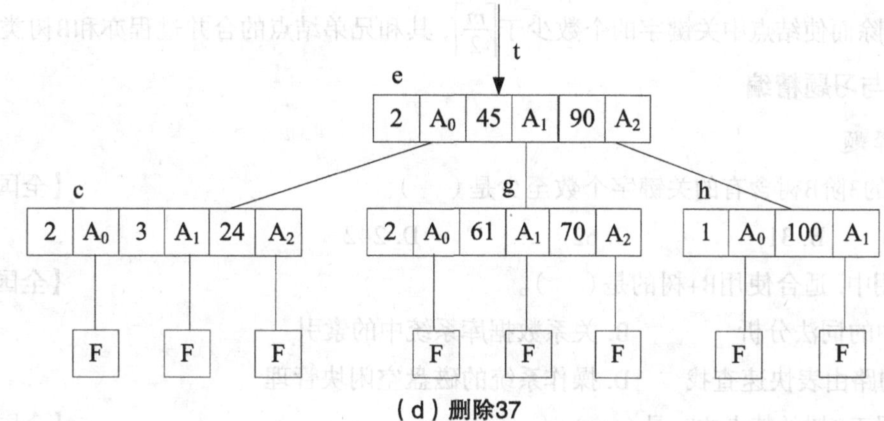

(d)删除37

图6.9 在B树中删除关键字的详细过程

6.4.2 B^+树的基本概念

B^+ B^+树是应文件系统所需而出的一种B树的变型树。一棵m阶的B^+树和m阶的B树的区别在于：

(1)B^+树中的结点的结构与B树中有所不同，非终端结点中的指向子树的指针与关键字个数相同。

(2)有n棵子树的结点中含有n个关键字。

(3)所有的叶子结点中包含了全部关键字的信息，及指向含这些关键字记录的指针，且叶子结点本身依关键字的大小自小而大顺序链接。

(4)所有的非终端结点可以看成是索引部分，结点中仅含有其子树(根结点)中的最大(或最小)关键字。

例如图6.10所示为一棵3阶的B^+树，通常在B^+树上有两个头指针，一个指向根结点，另一个指向关键字最小的叶子结点。因此，可以对B^+树进行两种查找运算：一种是从最小关键字起顺序查找，另一种是从根结点开始，进行随机查找。

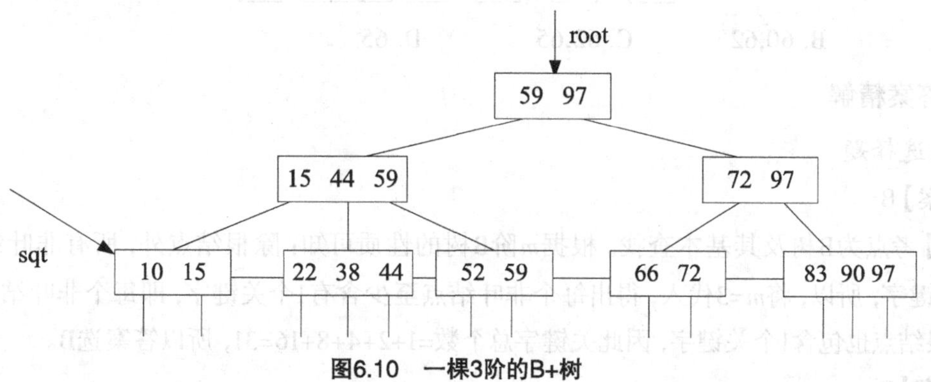

图6.10 一棵3阶的B+树

在B^+树上进行随机查找、插入和删除的过程基本上与B树类似。只是在查找时，若非终端结点上的关键字等于给定值，并不终止，而是继续向下直到叶子结点。因此，在B^+树，不管查找成功与否，每次查找都是走了一条从根到叶子结点的路径。

B^+树查找的分析类似于B树。B^+树的插入仅在叶子结点上进行，当结点中的关键字个数大于m时，要分裂成两个结点，它们所含关键字的个数分别为$\lceil (m+1)/2 \rceil$和$\lfloor (m+1)/2 \rfloor$。并且，它们的双亲结点中应同时包含这两个结点中的最大关键字。B^+树的删除也仅在叶子结点进行，当叶子结点中的最大关键字被删除时，其在非终端结点中的值可以作为一个“分界关键字”存在。

如果因为删除而使结点中关键字的个数少于$\left\lceil \frac{m}{2} \right\rceil$，其和兄弟结点的合并过程亦和B树类似。

6.4.3 真题与习题精编

● 单项选择题

1. 高度为5的3阶B树含有的关键字个数至少是（　）。【全国联考2018年】

A. 15　　B. 31　　C. 62　　D. 242

2. 下列应用中，适合使用B+树的是（　）。【全国联考2017年】

A. 编译器中的词法分析　　B. 关系数据库系统中的索引

C. 网络中的路由表快速查找　　D. 操作系统的磁盘空闲块管理

3. B^+树不同于B树的特点之一是（　）。【全国联考2016年】

A. 能支持顺序查找　　B. 结点中含有关键字

C. 根结点至少有两个分支　　D. 所有叶结点都在同一层上

4. 在一棵具有15个关键字的4阶B树中，含关键字的结点个数最多是（　）。【全国联考2014年】

A. 5　　B. 6　　C. 10　　D. 15

5. 在一棵高度为2的5阶B树中，所含关键字的个数最少是（　）。【全国联考2013年】

A. 5　　B. 7　　C. 8　　D. 14

6. 已知一棵3阶B树，如下图所示。删除关键字78得到一棵新B树，其最右叶结点中的关键字是（　）。【全国联考2012年】

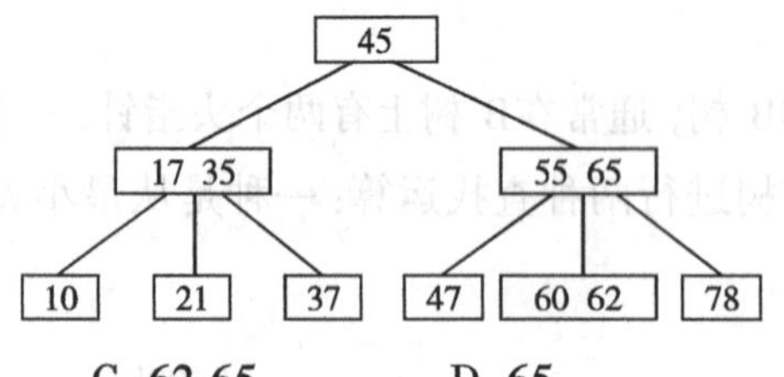

A. 60　　B. 60,62　　C. 62,65　　D. 65

6.4.4 答案精解

● 单项选择题

1.【答案】B

【精解】考点为B树及其基本查找。根据m阶B树的性质可知：除根结点外，所有非叶结点最少含有$\lceil m/2 \rceil-1$个关键字，所以，将m=3代人，得出每个非叶结点至少含有1个关键字，即每个非叶结点至少含有两个孩子，且根结点也包含1个关键字，因此关键字总个数=1+2+4+8+16=31，所以答案选B。

2.【答案】B

【精解】考点为B^+树的基本概念。编译器中的词法分析使用有穷自动机和语法树。网络中的路由表快速查找主要靠高速缓存、路由表压缩技术和查找算法，系统一般使用空闲空间链表管理磁盘空闲块。B^+树是应文件系统所需而产生的B树的变形，它的磁盘读写代价更低，查询效率更加稳定，比B树更加适用于实际应用中的操作系统文件索引和数据库索引，所以答案选B。

3.【答案】A

【精解】考点为树表的查找。B^+树是一种B树的变形树，它与B树的区别包括：① B^+树的所有关键字都在叶结点中；② 叶结点包含所有关键字及其指针，且叶结点本身按照关键字值升序排列。因此，B^+树支持顺序查找，而B树并不支持顺序查找。所以答案选A。

4.【答案】D

【精解】考点为树表的查找。本题是在要求关键字的数量不变的情况下，希望结点数目最多，这样只有让每个结点中所含的关键字的数量越少越好。根据4阶B树的定义可知，根结点最少含1个关键字，除根结点外，所有非叶结点最少含有$\lceil m/2 \rceil-1$个关键字，所以，将$m=4$代入，得出每个非叶结点至少含有1个关键字，因此15个关键字可以最多对应15个结点。所以答案选D。

5.【答案】A

【精解】考点为树表的查找。根据B树的性质得知：① 根结点至少有两个孩子结点，那么根结点的关键字至少为1；② 第二层结点（至少2个），每个结点至少含有$\lceil 5/2 \rceil-1=2$个关键字，所以高度为2的5阶B树，其关键字个数至少为1+2+2=5。所以答案选A。

6.【答案】D

【精解】考点为树表的查找。关键字78所在叶结点在删除前所含关键字个数为$\lceil 3/2 \rceil-1=1$，而与该结点相邻的左兄弟结点的关键字个数为2，因此，删除78后，需要把相邻左兄弟结点中最大关键字62移到双亲结点，并且把原来双亲结点中关键字65移到78所在的结点处，从而达成新的平衡，如下图所示。

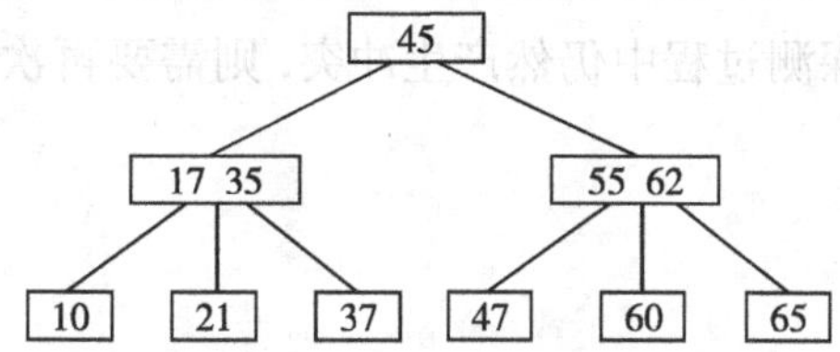

所以答案选D。

6.5 散列表

6.5.1 散列表的基本概念

在前面讨论的各种结构（线性表、树等）中，记录在结构中的相对位置是随机的，和记录的关键字之间不存在确定的关系，因此，在结构中查找记录时需进行一系列和关键字的比较。这一类查找方法建立在“比较”的基础上。在顺序查找时，比较的结果为“=”与“≠”两种可能；在折半查找、二叉排序树查找和B树查找时，比较的结果为“<”“=”和“>”三种可能。查找的效率依赖于查找过程中所进行的比较次数。

理想的情况是希望不经过任何比较，一次存取便能得到所查记录，那就必须在记录的存储位置和它的关键字之间建立一个确定的对应关系f，使每个关键字和结构中一个唯一的存储位置相对应。因而在查找时，只要根据这个对应关系f找到给定值K的像$f(K)$。若结构中存在关键字和K相等的记录，则必定在$f(K)$的存储位置上，由此，不需要进行比较便可直接取得所查记录。我们称这个对应关系 f 为哈希（Hash）函数或散列函数，按这个思想建立的表为哈希表或散列表。

6.5.2 散列函数的构造方法

对于一个数据序列，如何设计一个散列函数是重要的。

在设计散列函数时，会出现这种情况：可能多个不同的关键字对应同一个地址位置。这种情况叫作“地址冲突”。

因此，在设计一个散列函数时，也需要设计用来解决地址冲突的方法。

常见的散列函数有：

（1）直接定址法

就是选取关键字或关键字的某个线性函数值作为散列地址，即$H(\text{key})=a\cdot\text{key}+b$，其中$a$，$b$为常数。

（2）取余数法

就是用关键字除以数p后所得的余数为散列地址：$H(\text{key})=\text{key MOD } p$，$p$是不大于散列表表长$m$的数，$p$通常是质数。

（3）平方取中法

把关键字进行平方计算，将得到的值的中间某几位作为散列地址。

（4）随机数法

使用一个随机函数，把随机函数值作为散列地址。

6.5.3 处理冲突的方法

假定散列地址范围是0～(n−1)，n是地址的个数。

当某个数据元素k_a对应的散列地址是i，并且k_a占用该地址i时，如果另外的数据元素k_b对应的散列地址也是i，则发生冲突，需要为k_b找到存放的位置。这时需要继续选取一个函数，把该函数的值作为地址，这个过程叫作再探测。如果在再探测过程中仍然产生冲突，则需要再次探测，直到为该数据元素找到一个地址。

再探测的方法有：

（1）开放定址法

$H_i=(H(\text{key})+d_i)\ \text{MOD}m_i\quad i=1,2,\cdots,k(k\leqslant m-1)$

其中：$H(\text{key})$为散列函数；m为散列表表长；d_i为增量序列，可有下列三种取法：

1）$d_i=1,2,3,\cdots,m-1$，称为线性探测再散列；

2）$d_i=1^2,-1^2,2^2,-2^2,3^2,-3^2,\cdots,\pm k^2(k\leqslant m/2)$，称为二次探测再散列；

3）d_i=伪随机数序列，称为伪随机探测再散列。

例如，在长度为11的散列表中已填有关键字分别为17，60，29的记录（散列函数$H(\text{key})=\text{key MOD11}$），如图6.11（a）所示。现有第四个记录，其关键字为38，由散列函数得到散列地址为5，产生冲突。

若用线性探测再散列的方法处理，得到下一个地址6，仍冲突；再求下一个地址7，仍冲突；直到散列地址为8的位置为“空”时停止，处理冲突的过程结束，记录填入散列表中序号为8的位置，如图6.11（b）所示。

若用二次探测再散列，散列地址5冲突后，得到下一个地址6，仍然冲突；再求得下一个地址4，无冲突，所以38填入序号为4的位置，如图6.11（c）所示。

若用伪随机探测再散列，假设产生的伪随机数为9，则计算下一个散列地址为(5+9)%11=3，所以38填入序号为3的位置，如图6.11（d）所示。

0	1	2	3	4	5	6	7	8	9	10
					60	17	29			

（a）插入前

0	1	2	3	4	5	6	7	8	9	10
					60	17	29	38		

（b）线性探测再散列

0	1	2	3	4	5	6	7	8	9	10
				38	60	17	29			

（c）二次探测再散列

0	1	2	3	4	5	6	7	8	9	10
			38		60	17	29			

（d）伪随机探测再散列

图6.11 开放定址法处理冲突

从上述线性探测再散列的过程中可以看到一个现象：当表中i，$i+1$，$i+2$位置上已填有记录时，下一个散列地址为i，$i+1$，$i+2$和$i+3$的记录都将填入$i+3$的位置，这种在处理冲突过程中发生的两个第一个散列地址不同的记录争夺同一个后继散列地址的现象称为“二次聚集”，即在处理同义词的冲突过程中又添加了非同义词的冲突。

上述三种处理方法各有优缺点。线性探测再散列的优点是：只要散列表未填满，总能找到一个不发生冲突的地址；缺点则是：会产生“二次聚集”现象。而二次探测再散列和伪随机探测再散列的优点是：可以避免“二次聚集”现象；但缺点是：不能保证一定找到不发生冲突的地址。

（2）再散列法

H_i=RH_i(key) i=1,2,…,k

RH_i均是不同的散列函数，即在同义词产生地址冲突时计算另一个散列函数地址，直到冲突不再发生。这种方法不易产生“聚集”，但增加了计算的时间。

（3）链地址法

将所有关键字为同义词的记录存储在同一线性链表中。假设某散列函数产生的散列地址在区间[0, m−1]上，则设立一个指针型向量Chain ChainHash[m]；其每个分量的初始状态都是空指针。凡散列地址为i的记录都插入头指针为ChainHash[i]的链表中。在链表中的插入位置可以在表头或表尾，也可以在中间，以保持同义词在同一线性链表中按关键字有序。

例如，假定数据元素为（17,13,12,1,22,10,18,2,15），散列表表长为11，使用的散列函数是H(key)=key MOD11。使用链地址法解决冲突，得到的散列表如图6.12所示。

H(17)=17MOD11=6　　H(10)=10MOD11=10

H(13)=13MOD11=2　　H(18)=18MOD11=7

H(12)=12MOD11=1　　H(2)=2MOD11=2

H(1)=1MOD11=1　　H(15)=15MOD11=4

H(22)=22MOD11=0

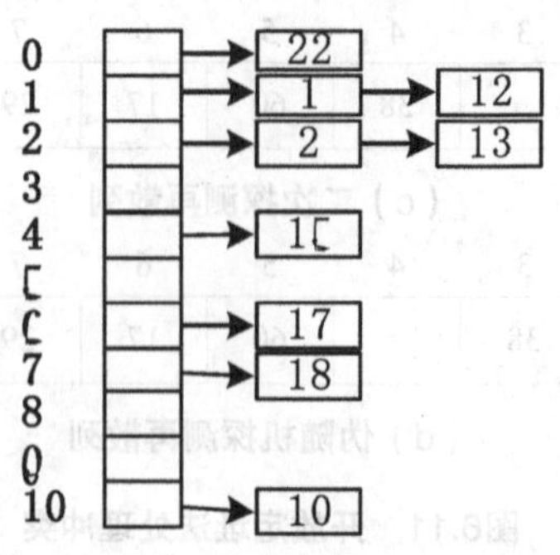

图6.12 链地址法

(4)建立一个公共溢出区

假设散列函数的值域为[0,m-1]，则设向量HashTable[0,…,m-1]为基本表，每个分量存放一个记录，另设立向量OverTable[o…v]为溢出表。所有关键字和基本表中关键字为同义词的记录，不管它们由散列函数得到的散列地址是什么，一旦发生冲突，都填入溢出表。

6.5.4 散列查找及性能分析

在散列表上进行查找的过程和构造散列表的过程基本一致。

给定数据元素（或关键字）key，根据散列函数，计算得到地址address。在散列表此地址中查找数据元素，如果该数据元素与key相等，则查找成功。如果该数据元素与key不相等，则根据设定的处理冲突的方法确定下一个位置，将该位置的数据元素与key继续比较，直到查找到数据元素key或该散列位置的数据元素为“空”。

反映散列表中数据元素多少的参数是散列表的装填因子，它定义为：

α=（散列表中存放的数据元素个数）/（散列表的长度）

例如，假定数据元素输入序列是：1234,1876,124,6876,6861,1135,2011。散列表长度是12。散列函数：H(x)=x MOD10，再探测的方法采用开放定址方法。计算查找成功时的平均查找次数。

解：

H(1234)=1234%10=4

H(1876)=1876%10=6

H(124)=124%12=4（冲突）

H(124)=(4+1)%12=5

H(6876)=6876%10=6（冲突）

H(6876)=(6+1)%12=7

H(6861)=6861%10=1

H(1135)=1135%10=5（冲突）

H(1135)=(5+1)%12=6（冲突）

H(1135)=(5+2)%12=7（冲突）

H(1135)=(5+3)%12=8

H(2011)=2011%10=1（冲突）

H(2011)=(1+1)%12=2

查找成功时的平均查找次数：13/7=1.86。

6.5.5 真题与习题精编

● 单项选择题

1. 现有长度为11且初始为空的散列表HT，散列函数是H(key)=key%7，采用线性探查（线性探测再散列）法解决冲突。将关键字序列87,40,30,6,11,22,98,20依次插入HT后，HT查找失败的平均查找长度是（　）。【全国联考2019年】

A. 4　　B. 5.25　　C. 6　　D. 6.29

2. 现有长度为7、初始为空的散列表HT，散列函数H(k)=k%7，用线性探测再散列法解决冲突。将关键字22，43，15依次插入HT后，查找成功的平均查找长度是（　）。【全国联考2018年】

A. 1.5　　B. 1.6　　C. 2　　D. 3

3. 用哈希（散列）方法处理冲突（碰撞）时可能出现堆积（聚集）现象，下列选项中，会受堆积现象直接影响的是（　）。【全国联考2014年】

A. 存储效率　　B. 散列函数

C. 装填（装载）因子　　D. 平均查找长度

4. 为提高散列表的查找效率，可以采取的正确措施是（　）。【全国联考2011年】

Ⅰ. 增大装填（载）因子

Ⅱ. 设计冲突（碰撞）少的散列函数

Ⅲ. 处理冲突（碰撞）时避免产生聚集（堆积）现象

A. 仅Ⅰ　　B. 仅Ⅱ　　C. 仅Ⅰ、Ⅱ　　D. 仅Ⅱ、Ⅲ

● 综合应用题

将关键字序列(7,8,30,11,18,9,14)散列存储到散列表中。散列表的存储空间是一个下标从0开始的一维数组，散列函数为H(key)=(key×3)MOD7，处理冲突采用线性探测再散列法，要求装填（载）因子为0.7。

【全国联考2010年】

（1）请画出所构造的散列表。

（2）分别计算等概率情况下，查找成功和查找不成功的平均查找长度。

6.5.6 答案精解

● 单项选择题

1.【答案】C

【精解】考点为散列表。先分别求出每个关键字的散列地址：

87%7=3　40%7=5　30%7=2　6%7=6　11%7=4　22%7=1　98%7=0　20%7=6

构造结构如下表所列。

散列地址	0	1	2	3	4	5	6	7	8	9	10
关键字	98	22	30	87	11	40	6	20			
比较次数	1	1	1	1	1	1	1	2			

所以，可以求得ASL_{unsucc}=(9+8+7+6+5+4+3)/7=6。正确答案选C。

2.【答案】C

【精解】考点为散列表。先分别求出每个关键字的散列地址：

22%7=1。43%7=1，出现冲突，根据线性探测法，求得下一个地址(1+1)%7=2，没有冲突。而15%7=1，出现冲突，根据线性探测法，求得下一个地址(1+1)%7=2，还出现冲突，继续求得下一个地址(2+1)%7=3，没有冲突。

构造结构如下表所列。

散列地址	0	1	2	3	4	5	6
关键字		22	43	15			
比较次数		1	1	1			

所以，可以求得ASL_{succ}=(1+2+3)/3=2。所以答案选C。

3.【答案】D

【精解】考点为散列表。线性探测法可能会产生堆积现象，即在处理同义词的冲突过程中又添加进来非同义词的冲突。这样查找一个关键字所需要的查找时间增加，影响平均查找长度，但是对存储效率、散列函数和装填（装载）因子没有任何影响。所以答案选D。

4.【答案】D

【精解】考点为散列表。散列表的查找效率与散列函数、处理冲突的方法及装填因子有关。在散列表的装填因子α定义为：

$$\alpha=\frac{\text{表中装入的记录个数}}{\text{散列表的长度}}$$

装填因子α越大，发生冲突的可能性就越大，散列表的查找效率会降低；冲突越少，查找效率越高，因此设计冲突（碰撞）少的散列函数会提高散列表的查找效率；聚集（堆积）是指探查序列的关键字占据了可利用的空间地址，这时寻找某一关键字，不仅需要探查同义词探查序列，也要探查其他非同义词的探查序列，导致探查时间增长，因此，在处理冲突（碰撞）时要避免产生聚集（堆积）现象。所以答案选D。

● 综合应用题

【答案精解】

(1)因为装载因子为0.7，数据元素总数为7，可得一维数组大小为7/0.7=10，数组下标为0~9。所构造的散列函数值如下表所列。

key	7	8	30	11	18	9	14
H(key)	0	3	6	5	5	6	0

采用线性探测再散列法处理冲突，所构造的散列表如下表所列。

地址	0	1	2	3	4	5	6	7	8	9
关键字	7	14		8		11	30	18	9	
探测次数	1	2		1		1	1	3	3	

(2)查找成功时，是根据每个元素的查找次数来计算平均长度，在等概率的情况下，各关键字的查找次数如下表所示。

key	7	8	30	11	18	9	14
次数	1	1	1	1	3	3	2

所以，$ASL_{成功}$= 查找次数/元素个数= (1+2+1+1+1+3+3)/7=12/7。

查找失败时，是根据查找失败位置计算平均次数，根据散列函数可知，对于任意key，H(key)只可能在0~6的位置。在查找失败时，比如H(key)=0时，先比较key是否与7和14相等，直到比较到下标为2的空闲单元时，就可以确定查找失败，比较次数为3。其他同理可得。所以，等概率情况下，查找0~6位置查找失败的查找次数如下表所列。

H(key)	0	1	2	3	4	5	6
次数	3	2	1	2	1	5	4

因此，$ASL_{不成功}$= 查找次数/散列后的地址个数=(3+2+1+2+1+5+4)/ 7 = 18/7。

6.6 串

6.6.1 串的定义

字符串是由零个或多个字符组成的序列。例如字符串a="12345"，a叫作字符串的串名，12345是字符串的值，串值一般用单引号或双引号包围。串中字符的个数是串的长度。

6.6.2 串的存储结构

串的存储有两种。

第一种就是采用数组的形式来存放每个字符，同时定义一个变量存放该串的最大长度。通常的操作多采用这种方式。

```
//-----串的定长顺序存储表示
#define MAXSTRLEN 255                          //用户可在255以内定义最大串长
typedef unsigned char SString[MAXSTRLEN+1];    //0号单元存放串的长度
```

第二种就是采用链表的方式存放，每个结点存放若干个字符。

6.6.3 串的基本操作

串的常用操作有：

（1）求一个串的长度。

字符串"1234"的长度是4，即包含4个字符，但存储时字符串以\0结尾，需要5个单元。

（2）比较2个串是否相等。

（3）复制一个串。

（4）在串中某个位置插入新的串。

（5）查找某个字符是否在字符串中。

（6）从字符串中删除某个位置的字符。

6.6.4 串的模式匹配

假定T是子串，长度是m。S是较长的字符串，长度是n。S是主串。

在主串S中，查找是否存在子串T，如果子串T在主串S中，则给出T的位置。这个操作叫作串的模式匹配。子串也称为模式串。

例如，假定T="12345"，S="abcd123456"，则T在S中，位置是5。

例如，假定T="12345"，S="abcd12346"，则T不在S中。

著名的模式匹配算法有BF（Brute Force）算法和KMP算法。BF算法如下：

```
// BF算法
int Index (SString S, SString T, int pos)
{   // 返回子串T在主串S中第pos个字符之后的位置。若不存在，则函数值为0
    // 其中，T非空，1≤pos≤StrLength (S)
    i=pos; j=1;                              // 初始化
    while (i<=S[0]&&j<=T[0] )                // 两个串均未比较到串尾
```

```
    {
        if (S[i]==T[j]){++i; ++j;}              // 继续比较后继字符
        else{i=i-j+2; j=1;}                     // 指针后退重新开始匹配
    }
    if (j>T[0]) return i-T[o];
    else return 0;
}
```

图6.13展示了模式T='abcac'和主串S='ababcabcacbab'的过程(pos=1)。

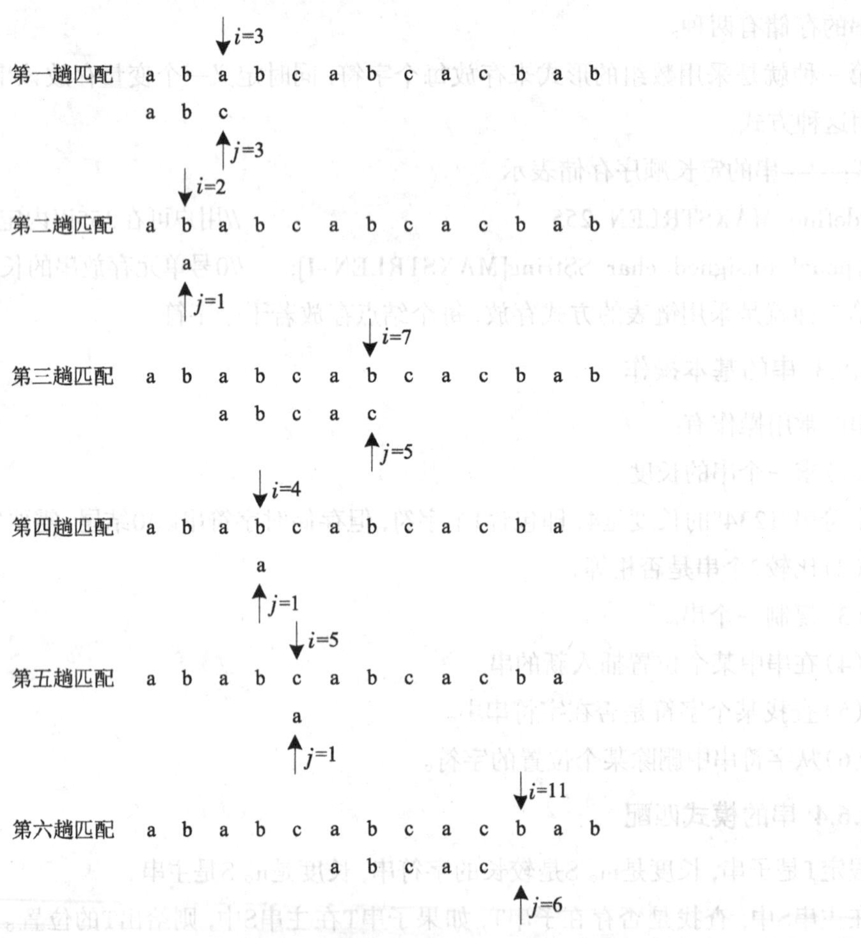

图6.13　模式匹配算法举例

6.6.5 改进的模式匹配算法——KMP算法

这种改进算法简称为KMP算法。此算法可以在$O(n+m)$的时间数量级上完成串的模式匹配操作。其改进在于：每当一趟匹配过程中出现字符比较不等时，不需回溯i指针，而是利用已经得到的“部分匹配”的结果将模式向右“滑动”尽可能远的一段距离后，继续进行比较。

回顾图6.13中的匹配过程示例，在第三趟的匹配中，当i=7、j=5字符比较不等时，又从i=4、j=1重新开始比较。然后，经仔细观察可发现，在i=4和j=1，i=5和j=1以及i=6和j=1这三次比较都是不必进行的。因为从第三趟部分匹配的结果就可得出，主串中第4、5和6个字符必然是'b''c'和'a'（即模式串中第2、3和4个字符）。因为模式中的第一个字符是a，因此它无须再和这3个字符进行比较，而仅需要将模式向右滑动3个字符的位置继续进行i=7、j=2时的字符比较即可。同理，在第一趟匹配中出现字符不等时，仅需要将模式向右移动两个字符的位置继续进行i=3、j–1时的字符比较。由此，在整个匹配的过程中，i指针没有回溯，如图6.14所示。

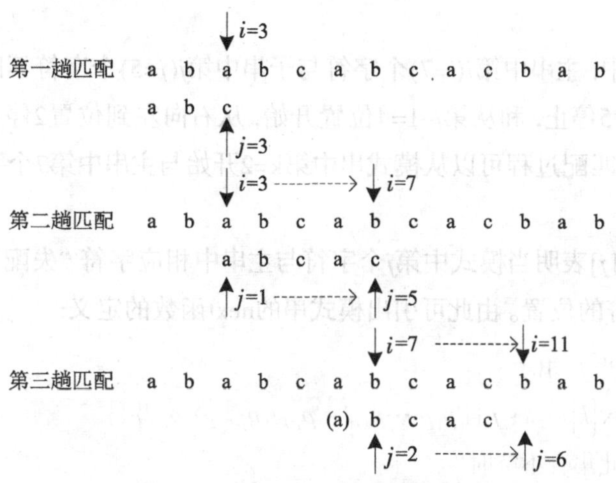

图6.14 改进算法的匹配过程举例

一般情况下，假设主串为$'s_1s\cdots s'$，模式串为$'p_1p_2\cdots p_m'$，从上例的分析可知，为了实现改进算法，需要解决下述问题：当匹配过程中产生"失配"（即$s_i \neq p_j$）时，模式串"向右滑动"可行的距离有多远？换句话说，当主串中第i个字符与模式中第j个字符"失配"时，主串中第i个字符（i指针不回溯）应与模式串中哪个字符再比较？

假设此时应与模式串中第k($k<j$)个字符继续比较，则模式串中前k–1个字符的子串必须满足下列关系式（6–1），且不可能存在$k'>k$满足下列关系式（6–1）：

$$'p_1p_2\cdots p_{k-1}'='s_{i-k+1}\ s_{i-k+2}\cdots s_{i-1}' \qquad (6\text{–}1)；$$

而已经得到的"部分匹配"的结果是：

$$'p_{j-k+1}p_{j-k+2}\cdots p_{j-1}'='s_{i-k+1}\ s_{i-k+2}\cdots s_{i-1}' \qquad (6\text{–}2)；$$

由式（6–1）和式（6–2）推得下列等式：

$$'p_1p_2\cdots p_{k-1}'='p_{j-k+1}p_{j-k+2}\cdots p_{j-1}' \qquad (6\text{–}3)；$$

不妨定义$'p_1p_2\cdots p_{k-1}'$为前缀子串，它不包括最后一个字符$'p_{j-1}'$。

定义$'p_{j-k+1}p_{j-k+2}\cdots p_{j-1}'$为后缀子串，它不包括第一个字符$'p_1'$。

匹配过程如图6.15所示。

s_{i-k} s_{i-k+1} s_{i-k+2} s_{i-k+3} $\cdots$ s_{i-1} s_i

p_1 p_2 p_3 $\cdots$ p_{k-1} p_k

p_{j-k+1} p_{j-k+2} p_{j-k+3} $\cdots$ p_{j-1} p_j

图6.15 串匹配过程

所以，当主串中第i个字符与模式串中第j个字符"失配"时，若模式串中存在满足式（6–3）的两个子串，即从p_1开始，从左向右找最大前缀T_1。再从p_{j-1}开始，从右向左找最大后缀T_2，且T_1=T_2，可以称此时的T_1或T_2为最大公共前后缀。这时则仅需将模式串向右滑动，使T_1到T_2的位置，此时，模式串中头k–1个字符的前缀子串$p_1p_2\cdots p_{k-1}$必定与主串中第i个字符之前长度为k–1的后缀子串$'s_{i-k+1}s_{i-k+2}\cdots s_{i-1}'$相等。由此，匹配仅需从模式串中第$k$个字符与主串中第$i$个字符比较起继续进行。

如图6.14中，在第一趟的匹配过程中，主串中第i(i=3)个字符与子串中第j(j=3)个字符不匹配，此时，子串中从第1个位置开始，从左向右到位置1停止，和从第$j-1=2$位置开始，从右向左到位置2停止，所找到的最大前后缀公共子串长度为0，则第二趟匹配过程只能从模式串中第$k=1$开始与主串中第3个字符比较起继续进行。

在第二趟的匹配过程中，主串中第$i(i=7)$个字符与子串中第$j(j=5)$个字符不匹配，此时，子串中从第1个位置开始，从左向右到位置5停止，和从第$j-1=4$位置开始，从右向左到位置2停止，所找到的最大公共前后缀为'a'，长度为1，则第三趟匹配过程可以从模式串中第k=2开始与主串中第7个字符比较起继续进行，明显加快了匹配速度。

若令next[j]=k，则next[j]表明当模式中第j个字符与主串中相应字符“失配”时，在模式中需重新和主串中该字符进行比较的字符的位置。由此可引出模式串的next函数的定义：

$$\text{next}[j]=\begin{cases}0 & \text{当} j=1 \text{时} \\ \text{Max}\left\{k \mid 1<k<j \text{ 且} 'p_1p_2\cdots p_{k-1}'='p_{j-k+1}p_{j-k+2}\cdots p_{j-1}'\right\} & \text{当此集合不空时} \\ 1 & \text{其他情况}\end{cases} \tag{6-4}$$

由此定义可以推出下列模式串的next函数值：

j	1 2 3 4 5 6 7 8
模式串	a b a a b c a c
next[j]	0 1 1 2 2 3 1 2

在求得模式串的next函数之后，匹配可按如下进行：假设以指针i和j分别指示主串和模式串中正待比较的字符，令i的初值为1，j的初值为1。若在匹配过程中$s_i=p_j$，则i和j分别增1，否则，i不变，而j退到next的位置再比较，若相等，则指针各自增1，否则j再退到下一个next值的位置，依此类推，直至下列两种可能：

一种是j退到某个next值(next[next[$\cdots$next[j]$\cdots$])时字符比较相等，则指针各自增1，继续进行匹配。

另一种是j退到值为0（即模式串的第一个字符“失配”），则此时需将模式串继续向右滑动一个位置，即从主串的下一个字符s_{i+1}起和模式重新开始匹配。图6.16所示正是上述匹配过程的一个例子。

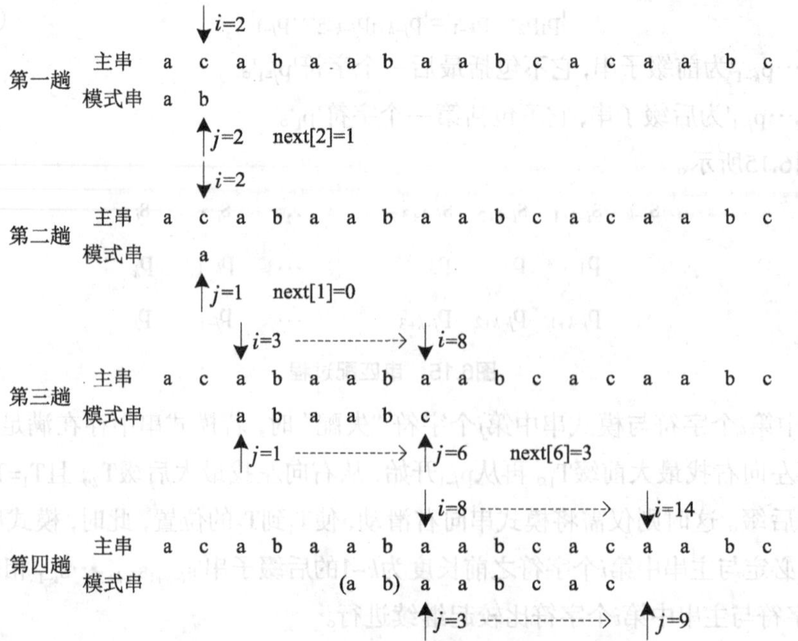

图6.16 利用模式串的next函数进行匹配

KMP算法如下所示，它在形式上和BF算法极为相似。不同之处仅在于：当匹配过程中产生“失配”时，指针i不变，指针j退回到next[j]所指示的位置上重新进行比较，并且当指针j退至0时，指针i和指针j需要同时增1。即若主串的第i个字符和模式的第1个字符不等，应从主串的第i+1个字符起重新进行匹配。

```
// KMP算法
int Index_KMP (SString S, SString T, int pos, int next[])
{     // 利用模式串T的next函数求T在主串S中第pos个字符之后的位置
      // 其中，T非空，1≤pos≤StrLength(S)
      int i = pos, j = 1;
      while (i <= S[0] && j <= T[0])
            if (j == 0 || S[i] == T[j])              // 继续比较后继字
            {
                  ++i;
                  ++j;
            }
            else
                  j = next[j];                  // 模式串向右移动
      if (j > T[0])                            // 匹配成功
            return i - T[0];
      else
            return 0;
}
```

其实，next函数值仅取决于模式串本身，和主串无关，考生只需要掌握上面的手动求解next函数值方法即可，相关求解next函数值的算法如下：

```
// 求next函数值的算法
void get_next (SString T, int next[])
{     // 求模式串T的next函数值并存入数组next
      int i = 1, j = 0;
      next[1] = 0;
      while (i < T[0])
            if (j == 0 || T[i] == T[j])
            {
                  ++i;
                  ++j;
                  next[i] = j;
            }
            else
                  j = next[j];
}
```

KMP算法的时间复杂度是$O(n+m)$。n是子串的长度，m是长串的长度。KMP算法的空间复杂度是$O(m)$。m是长串的长度。

6.6.6 真题与习题精编

● 单项选择题

1. 设主串T="abaabaabcabaabc"，模式串S="abaabc"，采用KMP算法进行模式匹配，到匹配成功时为止，在匹配过程中进行的单个字符间的比较次数是（　）。【全国联考2019年】

A. 9　　B. 10　　C. 12　　D. 15

2. 已知字符串S为'abaabaabacacaabaabcc'，模式串t为'abaabc'。采用KMP算法进行匹配，第一次出现"失配"(s[i]≠t[j])时，i=j=5，则下次开始匹配时，i和j的值分别是（　）。【全国联考2015年】

A. i=1，j=0　　B. i=5，j=0　　C. i=5，j=2　　D. i=6，j=2

6.6.7 答案精解

● 单项选择题

1.【答案】B

【精解】考点为KMP算法。根据KMP算法可以求得模式串的next函数值如下表所示。

j	1 2 3 4 5 6
模式串S next[j]	a b a a b c 0 1 1 2 2 3

第一趟匹配时，当i=6，j=6时，匹配失败，主串T中字符a与模式串S中c不匹配，根据next[6]=3，将模式串S的指针j恢复到3即可，主串中的i不变，继续开始比较，匹配成功，所以比较次数为6+4=10。所以答案选B。

2.【答案】C

【精解】考点为KMP算法。根据KMP算法可以求得模式串的next函数值如下表所示。

j	0 1 2 3 4 5
模式串t next[j]	a b a a b c -1 0 0 1 1 2

题目中的主串和模式串都是从0开始计数，当i=5，j=5时，匹配失败，主串S中字符a与模式串S中c不匹配，根据next[5]=2，将模式串S的指针j恢复到2即可，主串中的i不变，继续开始比较，因此i=5，j=2。所以答案选C。

6.7 重难点答疑

1. 静态查找表和动态查找表有哪些区别？

【答疑】静态查找表只是查找特定元素或者检索特定元素的属性，动态查找表在查找过程中插入元素或者从查找表中删除元素。通俗的解释为：静态查找表只是查询，动态查找表可以对查找表结构进行修改。常使用线性表（顺序表或线性链表）表示静态查找表，使用特殊的二叉树来表示动态查找表，如二叉排序树、平衡二叉树、B树、B+树。

2. 判定树与二叉排序树有何区别？

【答疑】这里的判定树是指根据对有序序列进行折半查找时来描述查找过程的二叉树，相应的以有序表来表示静态查找表。设序列为(06,14,20,22,38,57,65,76,81,89,93), low=1, high=11, 查找key=38所对应的判定树即查找过程如下图所示。图中圆形结点对应序列中的记录(内部结点),数字对应有序表中的下标。

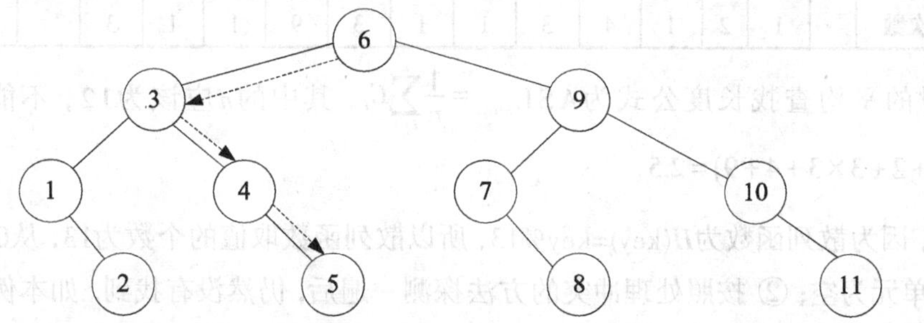

加上外部结点的判定树和查找60所对应的查找过程如下图所示。方形结点表示外部结点,圆形结点表示内部结点,数字表示对应有序表中的下标。

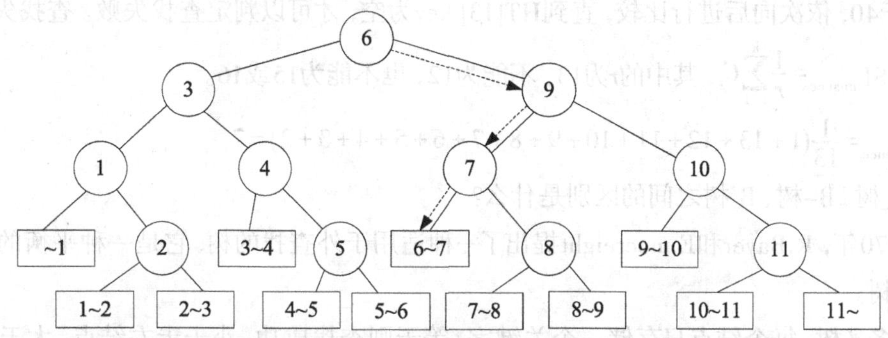

方形结点中的数字6~7表示,待查找记录的关键字介于第6个记录的关键字57和第7个记录的关键字65之间,比如查找60就沿着该路径即可。

二叉排序树是用来表示动态查找表的一种形式,如下图所示。

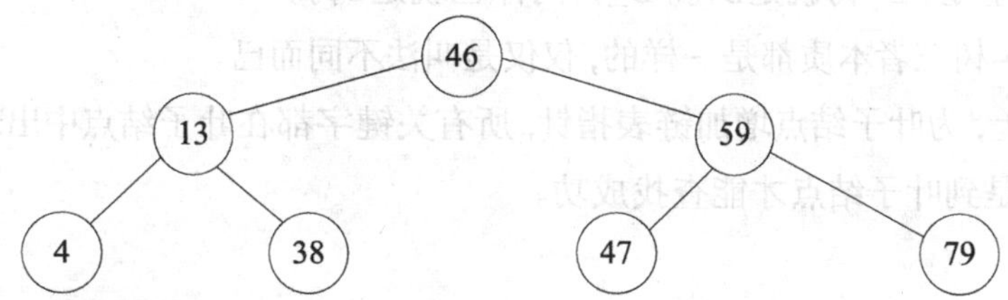

图中结点中的数字代表记录的关键字,并不是下标。

所以判定树与二叉排序树的区别还是很明显的。

3. 散列表中查找成功和查找失败时平均查找长度的两个公式该如何正确理解?

【答疑】查找成功时的平均查找长度公式: $ASL_{succ}=\frac{1}{n}\sum_{i=1}^{n}C_i$, 其中, n为散列表中记录的个数, C_i为成功查找第i个记录所需的比较次数。

查找失败时的平均查找长度公式: $ASL_{unsucc}=\frac{1}{r}\sum_{i=1}^{n}C_i$, 其中, r为散列函数取值的个数, C_i为散列函数取值为i时查找失败的比较次数。

比如设关键字序列为(19,14,23,1,68,20,84,27,55,11,10,79), 设散列函数为H(key)=key%13, 用线性探测法处理冲突, 表长16, 求出相应的散列表, 并计算查找成功和查找失败时的平均查找长度。

所对应的散列表如下所示。

散列地址	0	1	2	3	4	5	6	7	8	9	10	11	12	13	14	15
关键字		14	1	68	27	55	19	20	84	79	23	11	10			
比较次数		1	2	1	4	3	1	1	3	9	1	1	3			

查找成功时的平均查找长度公式为$ASL_{succ}=\frac{1}{n}\sum_{i=1}^{n}C_i$，其中的$n$应该为12，不能为15或16。所以$ASL_{succ}=\frac{1}{12}(1\times6+2+3\times3+4+9)=2.5$。

查找失败时，因为散列函数为H(key)=key%13，所以散列函数取值的个数为13，从0到12，查找失败时有两种情况：① 单元为空；② 按照处理冲突的方法探测一遍后，仍然没有找到。如本例子中，散列函数取值个数为13，则有13个查找失败的入口，从0到12。比如，查找关键字26，计算H(26)=0，此时的散列表中的相应位置的关键字为空，即HT[0].key为空，所以比较一次即可确定失败。查找关键字40，计算H(40)=1，而HT[1].key不等于40，依次向后进行比较，直到HT[13].key为空，才可以判定查找失败。查找失败时的平均查找长度公式为$ASL_{unsucc}=\frac{1}{r}\sum_{i=1}^{n}C_i$，其中的$r$为13，不能为12，也不能为15或16。

所以$ASL_{unsucc}=\frac{1}{13}(1+13+12+11+10+9+8+7+6+5+4+3+2)=7$。

4. B树、B_树、B-树、B^+树之间的区别是什么？

【答疑】1970年，R.Bayer和E.mccreight提出了一种适用于外查找的树，它是一种平衡的多叉树，称为B树或B-树或B_树。

B树：平衡多叉树，每个结点只存储一个关键字，等于则查找成功，小于走左结点，大于走右结点。

B-树即B树，B即Balanced，“平衡”的意思。因为B树的原英文名称为B-tree，而很多人喜欢把B-tree译作B-树，其实，这是个非常不好的直译，很容易让人产生误解。如人们可能会以为B-树是一种树，而B树又是另一种树。而事实上是，B-树就是B树。B_树同样也就是B树。

所以B树，B_树，B-树三者本质都是一样的，仅仅是叫法不同而已。

B^+树：在B树基础上，为叶子结点增加链表指针，所有关键字都在叶子结点中出现，非叶子结点作为叶子结点的索引；B^+树总是到叶子结点才能查找成功。

6.8 命题研究与模拟预测

6.8.1 命题研究

本章主要介绍了查找的基本概念、顺序查找法、分块查找法、折半查找法、B树及其基本操作、B+树的基本概念、散列表、字符串模式匹配。通过对考试大纲的解读和历年联考真题的统计与分析，可以发现本章知识点的命题一般规律和特点如下：

（1）从内容上看，考点都集中在顺序查找法、折半查找法、B树及其基本操作、B+树的基本概念、散列表、字符串模式匹配。

（2）从题型上看，不但有选择题，而且偶尔也有综合应用题。

（3）从题量和分值上看，从2010年至2019年每年必考。在2010年至2019年，连续10年，都考查了选择题。其中2010年至2013年，都考查了一道选择题，占2分；在2014年至2019年，都考查了两道选择题，占4分；在2010年、2013年，还分别考查了一道综合应用题，都占10分。

（4）从试题难度上看，总体难度适中，虽然灵活，但比较容易得分。总的来说，历年考核的内容都在大纲要求的范围之内，符合考试大纲中考查目标的要求。

总的来说，联考近十年真题对本章知识点的考查都在大纲范围之内，试题占分趋势比较平稳，总体难度适中，每年必考，以选择题为主，并且偶尔会出综合应用题，这点要求需要引起考生的注意。建议考生备考时，要注意从选择题角度出发，兼顾综合应用题的特点，加深对顺序查找、折半查找、B树及其基本操作、B+树的基本概念、散列表、字符串模式匹配的理解，有针对性地进行复习。考生需要熟练各种算法的基本工作原理，能够动手模拟查找过程。尤其要重点掌握折半查找、B树、散列表、KMP算法的next数组等。

6.8.2 模拟预测

● 单项选择题

1. 对n个元素的表做顺序查找时，若查找每个元素的概率相同，则平均查找长度为（　　）。

A. $(n-1)/2$　　B. $n/2$　　C. $(n+1)/2$　　D. n

2. 适用于折半查找的表的存储方式及元素排列要求为（　　）。

A. 链接方式存储，元素无序　　B. 链接方式存储，元素有序

C. 顺序方式存储，元素无序　　D. 顺序方式存储，元素有序

3. 如果要求一个线性表既能较快地查找，又能适应动态变化的要求，最好采用（　　）查找法。

A. 顺序查找　　B. 折半查找　　C. 分块查找　　D. 散列查找

4. 折半查找有序表(4,6,10,12,20,30,50,70,88,100)。若查找表中元素58，则它将依次与表中（　　）比较大小，查找结果是失败。

A. 20，70，30，50　　B. 30，88，70，50

C. 20，50　　D. 30，88，50

5. 对22个记录的有序表做折半查找，当查找失败时，至少需要比较（　　）次关键字。

A. 3　　B. 4　　C. 5　　D. 6

6. 折半查找与二叉排序树的时间性能（　　）。

A. 相同　　B. 完全不同　　C. 有时不相同　　D. 数量级都是$O(\log_2 n)$

7. 在平衡二叉树中插入一个结点后造成不平衡，设最低的不平衡结点为A，并已知A的左孩子的平衡因子为0，右孩子的平衡因子为1，则应做（　　）型调整以使其平衡。

A. LL　　B. LR　　C. RL　　D. RR

8. 下列关于m阶B树的说法错误的是（　　）。

A. 根结点至多有m棵子树

B. 所有叶子都在同一层次上

C. 非叶结点至少有$m/2$（m为偶数）或$m/2+1$（m为奇数）棵子树

D. 根结点中的数据是有序的

9. 下面关于B树和B^+树的叙述中，不正确的是（　　）。

A. B树和B^+树都是平衡的多叉树

B. B树和B^+树都可用于文件的索引结构

C. B树和B^+树都能有效地支持顺序检索

D. B树和B^+树都能有效地支持随机检索

10. m阶B树是一棵（　）。

A. m叉排序树　　B. m叉平衡排序树

C. m-1叉平衡排序树　　D. m+1叉平衡排序树

11. 下面关于散列查找的说法，正确的是（　）。

A. 散列函数构造得越复杂越好，因为这样随机性好，冲突小

B. 除留余数法是所有散列函数中最好的

C. 不存在特别好与坏的散列函数，要视情况而定

D. 散列表的平均查找长度有时也和记录总数有关

12. 下面关于散列查找的说法，不正确的是（ ）。

A. 采用链地址法处理冲突时，查找一个元素的时间是相同的

B. 采用链地址法处理冲突时，若插入规定总是在链首，则插入任一个元素的时间是相同的

C. 用链地址法处理冲突，不会引起二次聚集现象

D. 用链地址法处理冲突，适合表长不确定的情况

13. 设散列表长为14，散列函数是H(key)=key%11，表中已有数据的关键字为15，38，61，84共四个，现要将关键字为49的元素加到表中，用二次探测法解决冲突，则放入的位置是（　）。

A. 8　　B. 3　　C. 5　　D. 9

● 综合应用题

设散列表的地址范围为0～17，散列函数为H(key)=key%16。用线性探测法处理冲突，输入关键字序列：(10,24,32,17,31,30,46,47,40,63,49)，构造散列表，试回答下列问题：

(1) 画出散列表的示意图。

(2) 若查找关键字63，需要依次与哪些关键字进行比较？

(3) 若查找关键字60，需要依次与哪些关键字比较？

(4) 假定每个关键字的查找概率相等，求查找成功时的平均查找长度。

6.8.3 答案精解

● 单项选择题

1.【答案】C

【精解】考点为顺序查找。对于含有n个记录的表，查找成功时的平均查找长度为ASL=$\sum_{i=1}^{n}P_iC_i$，其中，P_i为查第i个记录的概率，且$\sum_{i=1}^{n}P_i=1$；Ci为找到表中其关键字与给定值相等的第i个记录时，和给定值已进行过比较的关键字个数。由题目可知，P_i=1/n，C_i=i，即ASL=$\frac{1}{n}\sum_{i=1}^{n}i=\frac{n+1}{2}$。所以答案选C。

2.【答案】D

【精解】考点为折半查找。折半查找在查找过程中需要定位待查找表的上界、下界和中间位置，因此，线性表必须采用顺序存储结构，而且表中元素按关键字有序排列。所以答案选D。

3.【答案】C

【精解】考点为分块查找。在平均情况下，顺序查找效率较低，折半查找效率较高，但折半查找和顺序查找都不能适应动态变化的要求。散列查找效率较高，但是，当使用开散列数组进行存储时，也不能适应动态变化的要求。分块查找的优点：在表中插入和删除数据元素时，只要找到该元素对应的块就可以在

该块内进行插入和删除运算。由于块内是无序的，故插入和删除比较容易，无须进行大量移动。如果线性表既要快速查找又经常进行动态变化，则可采用分块查找。所以答案选C。

4.【答案】A

【精解】考点为折半查找。表中共10个元素，第一次取$\lfloor(1+10)/2\rfloor=5$，与第5个元素20比较，58>20，在右子表(30,50,70,88,100)中进行查找；对于右子表取$\lfloor(6+10)/2\rfloor=8$，与第8个元素70比较，58<70，在左子表{30,50}中进行查找，再取$\lfloor(6+7)/2\rfloor=6$，与第6个元素30比较，58>30，在右子表{50}中进行查找，再取$\lfloor(7+7)/2\rfloor=7$，与第7个元素50比较，58>50，所以最终查找失败。在查找过程中，先后与20、70、30、50进行了比较，所以答案选A。

5.【答案】B

【精解】考点为折半查找。22个记录的有序表，其折半查找的判定树深度为$\lfloor\log_2 22\rfloor+1=5$，且该判定树不是满二叉树，查找失败时至多比较5次，至少比较4次。所以答案选B。

6.【答案】C

【精解】考点为折半查找和二叉排序树的查找。折半查找的时间复杂度为$O(\log_2 n)$，二叉排序树在形态均匀时查找性能最好，时间复杂度为$O(\log_2 n)$，而形态为单支树时其查找性能则退化为与顺序查找相同，为$O(n)$，因此，折半查找与二叉排序树查找的时间性能有时不相同。所以答案选C。

7.【答案】C

【精解】考点为平衡二叉树。由题目可知，在平衡二叉树中插入一个结点后造成了不平衡，即二叉树上的结点的平衡因子绝对值超过1。已知最低的不平衡结点为A，其左孩子平衡因子为0，右孩子平衡因子为1，当把结点插入A的右子树根结点的左子树上时，结点A的平衡因子绝对值超过1，即应做RL调整使其平衡。所以答案选C。

8.【答案】C

【精解】考点为B树。若根结点不是叶子结点，则至少有两棵子树，选项C与此矛盾，因此答案选择C。

9.【答案】C

【精解】考点为B树和B^+树。B树只适用于随机查找，不适用于顺序查找；而B^+树为叶子结点增加链表指针，所有关键字都在叶子结点中出现，非叶子结点作为叶子结点的索引，这就为顺序查找提供了方便。所以答案选C。

10.【答案】B

【精解】考点为B树。一棵m阶的B树，或为空树，或为每个结点至多有m棵子树的m叉树。B树具有平衡有序、多路的特点。

(1)所有叶子结点均在同一层次，这体现出其平衡的特点。

(2)树中每个结点中的关键字都是有序的，且关键字K_i"左子树"中的关键字均小于K_i，而其"右子树"中的关键字均大于K，这体现出其有序的特点。

(3)除叶子结点外，有的结点中有一个关键字、两棵子树，有的结点中有两个关键字、三棵子树，这种4阶的B树最多有三个关键字、四棵子树，这体现出其多路的特点。所以答案选B。

11.【答案】C

【精解】考点为散列表的查找。构造散列函数的方法有很多，一般来说，应根据具体问题选用不同的散列函数，而不能说哪种散列函数绝对好或绝对不好。因此，选项A和B是错误的，而选项C是正确的。散列表的平均查找长度是装填因子a的函数，而不是记录个数n的函数，显然，选项D也是错误的。所以答案选C。

12.【答案】A

【精解】考点为散列表的查找。链地址法的基本思想是：把具有相同散列地址的记录放在同一个单链表中，称为同义词链表。在同义词构成的单链表中，查找该单链表中的不同元素所消耗的时间是不同的，因此，A是不正确的。当规定插入总是在链首时，则插入任一个元素的时间复杂度都是O(1)，时间是相同的。因此，选项B是正确的，选项C也是正确的，因为具有相同散列地址的记录放在同一个单链表，这样不会发生两个散列地址不同的记录争夺同一个后继散列地址的现象，即不会引起二次聚集现象，另外因为链地址法的空间是动态分配的，适合表长不确定的情况，显然选项D也是正确的。所以答案选择A。

13.【答案】D

【精解】考点为散列表的查找。关键字15放入位置4，关键字38放入位置5，关键字61放入位置6，关键字84放入位置7，再添加关键字49，计算得到地址为5，冲突，用二次探测法解决冲突得到新地址为6，仍冲突，再用二次探测法解决冲突，得到新地址为4，仍冲突，再用二次探测法解决冲突，得到新地址为9，不冲突，即将关键字49放入位置9。所以答案选D。

● 综合应用题

【答案精解】

(1)计算过程如下：

H(10)=10%16=10

H(24)=24%16=8

H(32)=32%16=0

H(17)=17%16=1

H(31)=31%16=15

H(30)=30%16=14

H(46)=46%16=14

H(47)=47%16=15

H(40)=40%16=8

H(63)=63%16=15

H(49)=49%16=1

依次计算各个关键字的散列地址，如果没有冲突，将关键字直接存放在相应的散列地址所对应的单元中；否则，用线性探测法处理冲突，直到找到相应的存储单元后，将该关键字填入。如对于前6个关键字进行计算，H(10)=10，H(24)=8，H(32)=0，H(17)=1，H(31)=15，H(30)=14，所得散列地址均没有冲突，可以直接填入所对应单元。

而对于第7个关键字46，H(46)=14，发生冲突，根据线性探测法，求得下一个地址(14+1)%18=15，发生冲突，继续探测下一个地址(15+1)%18=16，此单元为空，所以46只能填如序号为16的单元。

同理，可依次填入其他关键字，最终构造结果如下表所示。

下标	0	1	2	3	4	5	6	7	8	9	10	11	12	13	14	15	16	17
关键字	32	17	63	49					24	40	10				30	31	46	47
探测次数	1	1	6	3					1	2	1				1	1	3	3

（2）要查找一个关键字key，首先用散列函数计算$H(key)$，然后进行比较，比较的次数和创建散列表时放置此关键字的比较次数是相同的。

查找63时，因为$H(63)=63\%16=15$，所以首先要与15号单元的内容比较，即63与31比较，不匹配，然后依次与46、47、32、17、63相比，一共比较了6次。

（3）查找60时，因为$H(60)=60\%16=12$，所以首先要与12号单元的内容比较，但因为12号单元为空，只比较这一次即可，查找失败。

（4）假定每个关键字的查找概率相等，查找成功时的平均查找长度为：

ASL=（1+1+6+3+1+2+1+1+1+3+3）/11=23/11。

第 7 章 排序

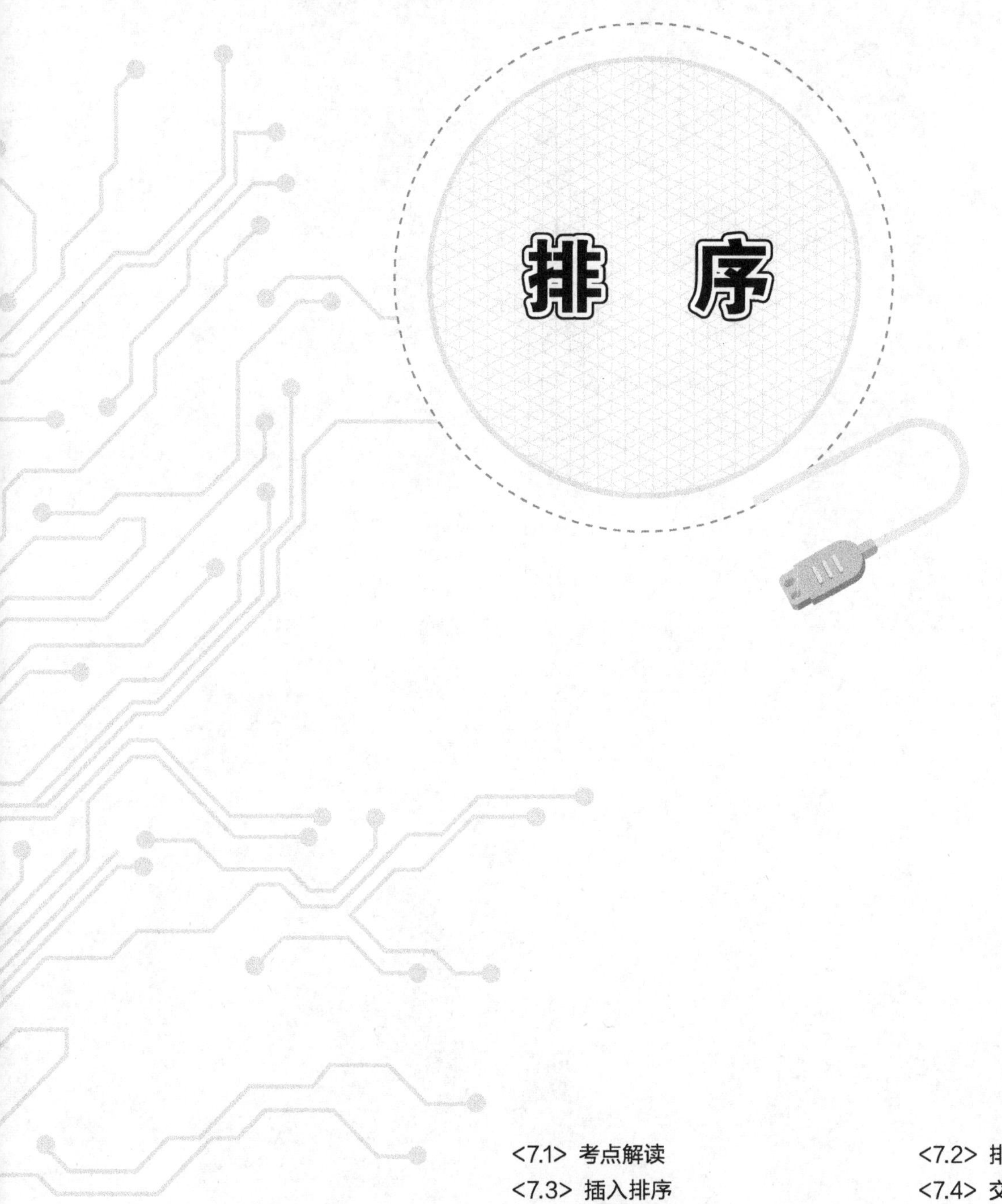

第7章　排　序

7.1 考点解读

本章考点如图7.1所示。本章内容包括排序的基本概念、插入排序、起泡排序、简单选择排序、希尔排序、快速排序、堆排序、二路归并排序、基数排序、外部排序等。排序是历年研究生入学考试的热点和重点，考试大纲没有明确指出对这些知识点的具体要求，通过对最近10年联考真题与本章有关考点的统计与分析（表7.1），结合数据结构课程知识体系的结构特点来看，关于本章考生应了解排序的基本概念，理解直接插入排序，理解折半插入排序，掌握希尔排序，理解起泡排序，掌握快速排序，理解简单选择排序，掌握堆排序，掌握归并排序，掌握基数排序，掌握各种内部排序算法的不同特点，掌握外部排序的基本概念，了解多路平衡归并与败者树，理解置换—选择排序，掌握最佳归并树。

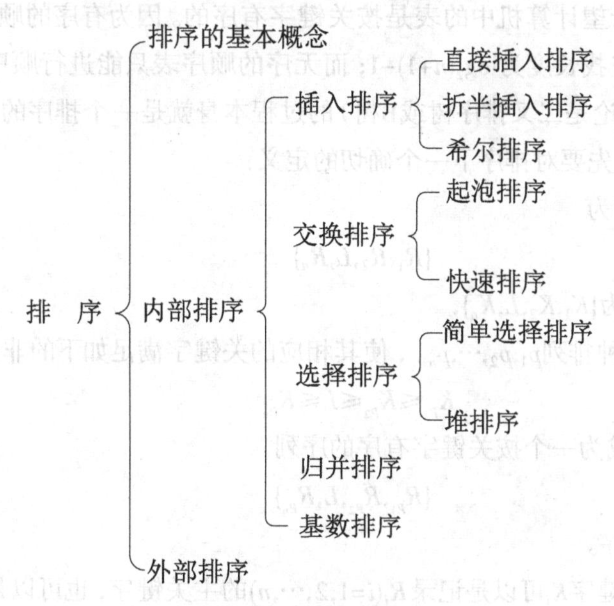

图7.1　查找考点导图

表7.1　本章最近10年考情统计表

年份	题型		分值			联考考点
	单项选择题（题）	综合应用题（题）	单项选择题（分）	综合应用题（分）	合计（分）	
2011	2	0	4	0	4	交换排序、选择排序
2012	2	1	4	10	14	插入排序、归并排序和基数排序、各种内部排序算法的比较及应用
2013	1	0	2	0	2	归并排序和基数排序

表7.1（续）

年份	题型		分值			联考考点
	单项选择题（题）	综合应用题（题）	单项选择题（分）	综合应用题（分）	合计（分）	
2014	2	0	4	0	4	插入排序、交换排序
2015	3	0	6	0	6	插入排序、选择排序、各种内部排序算法的比较及应用
2016	1	1	2	15	17	交换排序、外部排序
2017	2	0	4	0	4	归并排序、各种内部排序算法的比较及应用
2018	2	0	4	0	4	插入排序、选择排序
2019	3	0	6	0	6	交换排序、各种内部排序算法的比较及应用、外部排序
2020	2	0	4	0	4	堆的定义、排序的比较

7.2 排序的基本概念

排序是计算机程序设计中的一种重要操作，它的功能是将一个数据元素（或记录）的任意序列重新排列成一个按关键字有序的序列。

为了查找方便，通常希望计算机中的表是按关键字有序的。因为有序的顺序表可以采用查找效率较高的折半查找法，其平均查找长度为$\log_2(n+1)-1$；而无序的顺序表只能进行顺序查找，其平均查找长度为$(n+1)/2$。又如建造树表（无论是二叉排序树或B树）的过程本身就是一个排序的过程。

为了便于讨论，在此首先要对排序下一个确切的定义：

假设含n个记录的序列为

$$\{R_1,R_2,L,R_n\} \qquad (7\text{–}1),$$

其相应的关键字序列为$\{K_1,K_2,L,K_n\}$，

需确定1, 2, …, n的一种排列$p_1,p_2,\cdots,p_n$。，使其相应的关键字满足如下的非递减（或非递增）关系：

$$K_{p_1}\leqslant K_{p_2}\leqslant L\leqslant K_{p_n} \qquad (7\text{–}2),$$

即使式（7–1）的序列成为一个按关键字有序的序列

$$\{R_{p_1},R_{p_2},L,R_{p_n}\} \qquad (7\text{–}3)。$$

这样一种操作称为排序。

上述排序定义中的关键字K_i可以是记录$R_i(i=1,2,\cdots,n)$的主关键字，也可以是记录R_i的次关键字，甚至是若干数据项的组合。若K_i是主关键字，则任何一个记录的无序序列经排序后得到的结果是唯一的；若K_i是次关键字，则排序的结果不唯一，因为待排序的记录序列中可能存在两个或两个以上关键字相等的记录。

假设$K_i=K_j$（$1\leqslant i\leqslant n$，$1\leqslant n$，$1\leqslant j\leqslant n$，$i\neq j$），且在排序前的序列中R_i领先于R_j(即$i<j$)，若在排序后的序列中R_i仍领先于R_j，则称所用的排序方法是稳定的；反之，若可能使排序后的序列中R_j领先于R_i，则称所用的排序方法是不稳定的。

由于待排序的记录数量不同，使得排序过程中涉及的存储器不同，可将排序方法分为两大类：一类是内部排序，指的是待排序记录存放在计算机随机存储器中进行的排序过程；另一类是外部排序，指的是待排序记录的数量很大，以致内存一次不能容纳全部记录，在排序过程中尚需对外存进行访问的排序过程。

内部排序的方法很多，但就其全面性能而言，很难提出一种被认为是最好的方法，每一种方法都有其各自的优缺点，适合在不同的环境（如记录的初始排列状态等）下使用。

如果按排序过程中依据的不同原则对内部排序方法进行分类，则大致可分为插入排序、交换排序、选择排序、归并排序和计数排序等五类。

如果按内部排序过程中所需的工作量来区分，则可分为三类：

① 简单的排序方法，其时间复杂度为$O(n^2)$；

② 先进的排序方法，其时间复杂度为$O(n\log_2 n)$；

③ 基数排序，其时间复杂度为$O(d \cdot n)$。

通常，在排序的过程中需进行下列两种基本操作：

① 比较两个关键字的大小；

② 将记录从一个位置移动至另一个位置。

前一个操作对大多数排序方法来说都是必要的，而后一个操作可以通过改变记录的存储方式来予以避免。

待排序的记录序列可有下列三种存储方式：

① 待排序的一组记录存放在地址连续的一组存储单元上。它类似于线性表的顺序存储结构，在序列中相邻的两个记录R_j和R_{j+1}(j=1,2,⋯,n–1)，它们的存储位置也相邻。在这种存储方式中，记录之间的次序关系由其存储位置决定，则实现排序必须借助移动记录。

② 一组待排序记录存放在静态链表中，记录之间的次序关系由指针指示，则实现排序不需要移动记录，仅需修改指针即可。

③ 待排序记录本身存储在一组地址连续的存储单元内，同时另设一个指示各个记录存储位置的地址向量，在排序过程中不移动记录本身，而移动地址向量中这些记录的“地址”，在排序结束之后再按照地址向量中的值调整记录的存储位置。

在第二种存储方式下实现的排序又称（链）表排序，在第三种存储方式下实现的排序又称地址排序。在本章的讨论中，设待排序的一组记录以上述第一种方式存储，且为了讨论方便起见，设记录的关键字均为整数。即在以后讨论的大部分算法中，待排记录的数据类型设为：

```
#define MAXSIZE 20                      // 一个用作示例的小顺序表的最大长度
typedef int Keylype;                    // 定义关键字类型为整数类型
trypedef struct
{
    KeyTyrpe key;                       // 关键字项
    Inforype otherinfo;                 // 其他数据项
}RedType;                               // 记录类型
typedef struct
{
    RedType r[MAXSIZE+1];               // r[0]闲置或用作哨兵单元
     int 1ength;                        // 顺序表长度
}SqList;                                // 顺序表类型
```

7.3 插入排序

7.3.1 直接插入排序

直接插入排序是一种最简单的排序方法，它的基本操作是将一个记录插入已排好序的有序表中，从而得到一个新的、记录数增1的有序表。

例如，已知待排序的一组记录的初始排列如下所示：

R(49), R(38), R(65), R(97), R(76), R(13), R(27), R(49), ⋯　　(7–4)。

假设在排序过程中，前4个记录已按关键字递增的次序重新排列，构成一个含4个记录的有序序列：

{R(38), R(49), R(65), R(97)}　　(7–5)。

现要将式（7–4）中第5个（即关键字为76的）记录插入上述序列，以得到一个新的含5个记录的有序序列，则首先要在式（7–5）的序列中进行查找以确定R(76)所应插入的位置，然后进行插入。假设从R(97)起向左进行顺序查找，由于65<76<97，则R(76)应插入在R(65)和R(97)之间，从而得到下列新的有序序列：

{R(38), R(49), R(65), R(76), R(97)}　　(7–6)。

称从式（7–5）到式（7–6）的过程为一趟直接插入排序。

一般情况下，第i趟直接插入排序的操作为：在含有$i-1$个记录的有序子序列$r[1\cdots i-1]$中插入一个记录$r[i]$后，变成含有i个记录的有序子序列$r[1\cdots i]$；并且，和顺序查找类似，为了在查找插入位置的过程中避免数组下标出界，在$r[0]$处设置监视哨。在自$i-1$起往前搜索的过程中，可以同时后移记录。整个排序过程为进行$n-1$趟插入，即先将序列中的第1个记录看成是一个有序的子序列，然后从第2个记录起逐个进行插入，直至整个序列变成按关键字非递减有序序列为止。其算法如下所示：

```
void InsertSort (SqList &L)
{   // 对顺序表工作直接插入排序
    for(i=2;i<=L.1ength;++i)
        if(LT(L.r[i].key,L.r[i-1].key))
        {                                    // "<", 需将L.r[i]插入有序子表
            L.r[0]=L.r[i];                   // 复制为哨兵
            L.r[i]=L.r[i-1];
            for(j=i-2;LT(L.r[0].key,L.r[j].key);--j)
                L.[j+1]=L.r[j];              // 记录后移
            L.r[j+1]=L.r[0];                 // 插入到正确位置
        }
}
```

直接插入排序的时间复杂度是$O(n^2)$。

7.3.2 折半插入排序

当元素很多时，直接插入排序需要比较或移动的次数很多。因此，需要采用更好的方法。

折半插入排序：当确定一个元素在一个有序序列的位置时，采用折半查找的方法。这样改进的插入排序叫作折半插入排序。

算法如下：

```
void BInsertSort (SqList &L)
{   // 对顺序表L作折半插入排序
    for(i=2;i<=L.length;++i)
    {
        L.r[0]=L.r[i];                      // 将L.r[i]暂存到L.r[0]
        1ow=1;
        high=i-1;
        while(low<=high)
        {                                   // 在r[low…high]中折半查找有序插入的位置
            m=(1ow+high)/2;                 // 折半
            if(LT(L.r[0].key,L.r[m].key))
                high=m-1;                   // 插入点在低半区
            else 1ow=n+1;                   // 插入点在高半区
        }
        for(j=i-1;j>=high+1;--j)
            L.r[j+1]=L.r[j];                // 记录后移
        L.r[high+1]=L.r[0];                 // 插入
    }
}
```

从该算法容易看出，折半插入排序所需附加存储空间和直接插入排序相同，从时间上比较，折半插入排序仅减少了关键字间的比较次数，而记录的移动次数不变。因此，折半插入排序的时间复杂度仍为$O(n^2)$。

7.3.3 希尔排序

希尔排序也叫作缩小增量排序。它的工作原理是：假定有n个记录需要排序。第一次，把位置间隔为di的记录作为一个集合（或组），这样所有记录分为若干集合（或组）。在每个集合（或组）里面，采用直接插入排序或者选择插入排序，使本集合（或组）内的记录有序。

第二次，类似第一次的方法排序，不过此时的位置间隔为d_i的1/2，这样整个记录可以分为的集合数减半，每个集合内的记录数增加。在每个集合里面，采用直接插入排序或者选择插入排序，使本集合内的记录有序。

进行类似的排序若干次，就使所有记录有序了。

可以看出，在每次排序过程中，把所有记录划分为不同集合时的位置间隔，逐次递减，所以叫作缩小增量排序。

假定需要排序的数据元素为：

序号	1	2	3	4	5	6	7	8	9
数据	14	90	94	1	4	12	98	30	28

排序过程：选取间隔一般是2的整数次方。

第一次，由于数据元素有9个，数据元素位置的间隔选用4，这样每个集合至少有2个数据元素。

这样得到5组。

组1（位置1、位置5）；

组2（位置2、位置6）；

组3（位置3、位置7）；

组4（位置4、位置8）；

组5（位置9）。

每组排序后的情况如下表。

序号	1	2	3	4	5	6	7	8	9
数据	4	12	94	1	14	90	98	30	28

第二次，数据元素位置的间隔选用2。

这样得到3组。

组1（位置1、位置3、位置5、位置7）；

组2（位置2、位置4、位置6、位置8）；

组3（位置9）。

每组排序后的情况如下表。

序号	1	2	3	4	5	6	7	8	9
数据	4	1	14	12	94	30	98	90	28

第三次，数据元素位置的间隔选用1。

这样得到1组。该组包含所有记录。

每组排序后的情况如下表。

序号	1	2	3	4	5	6	7	8	9
数据	1	4	12	14	28	30	90	94	98

算法如下：

```
void ShellInsert(SqList &L,int dk)
{      // 对顺序表工作一趟希尔插入排序。本算法是和一趟直接插入排序相比，做了以下修改
       // 前后记录位置的增量是w，而不是1
       // r[0]只是暂存单元，不是哨兵。当<=0时，插入位置已找到
    for(i=dk+1;i<=L.length;++i)
    if(LT(L.r[i].key,L.r[i-dk].key))
    {                                           // 需将L.r[i]插入有序增量子表
        L.r[0]=L.r[i];                          // 暂存在L.r[0]
        for(j=i-dk;j>0 && LT(L.r[O].key,L.r[j].key);j-=dk)
            L.r[j+dk]=L.r[j];                   // 记录后移，查找插入位置
        L.r[j+dk]=L.r[0];                       // 插入
    }
}
void ShellSort(SqList &L,int dlta[],int t)
```

```
{                                   // 按增量序列dlta[o…t-1]对顺序表L做希尔排序
    for(k=0;k<t;++k)
        ShellInsert(L,dlta[k]);     // 一趟增量为dlta[k]的插入排序
}
```

希尔排序的分析是一个复杂的问题，因为它的时间是所取“增量”序列的函数，这涉及一些数学上尚未解决的难题。因此，到目前为止，尚未有人求得一种最好的增量序列。

7.3.4 真题与习题精编

● 单项选择题

1.对初始数据序列(8,3,9,11,2,1,4,7,5,10,6)进行希尔排序。若第一趟排序结果为(1,3,7,5,2,6,4,9,11,10,8)，第二趟排序结果为(1,2,6,4,3,7,5,8,11,10,9)，则两趟排序采用的增量（间隔）依次是（ ）。

【全国联考2018年】

A. 3，1　　B. 3，2　　C. 5，2　　D. 5，3

2. 希尔排序的组内排序采用的是（ ）。【全国联考2015年】

A. 直接插入排序　B. 折半插入排序　C. 快速排序　D. 归并排序

3. 用希尔排序方法对一个数据序列进行排序时，若第一趟排序结果为9,1,4,13,7,8,20,23,15，则该趟排序采用的增量（间隔）可能是（ ）。【全国联考2014年】

A. 2　　B. 3　　C. 4　　D. 5

4. 下列关于大根堆（至少含2个元素）的叙述中，正确的是（ ）。【全国联考2020年】

Ⅰ. 可以将堆看成一颗完全二叉树　Ⅱ. 可采用顺序存储方式保存堆

Ⅲ. 可以将堆看成一棵二叉排序树　Ⅳ. 堆中的次大值一定在根的下一层

A. 仅Ⅰ、Ⅱ　B. 仅Ⅱ、Ⅲ　C. 仅Ⅰ、Ⅱ、Ⅳ　D. 仅Ⅰ、Ⅲ、Ⅳ

5. 对大部分元素已有序的数组进行排序时，直接插入排序比简单选择排序效率更高，其原因是（ ）。【全国联考2020年】

Ⅰ. 直接插入排序过程中元素之间的比较次数更少

Ⅱ. 直接插入排序过程中所需要的辅助空间更少

Ⅲ. 直接插入排序过程中元素的移动次数更少

A. 仅Ⅰ　B. 仅Ⅲ　C. 仅Ⅰ、Ⅱ　D. Ⅰ、Ⅱ和Ⅲ

7.3.5 答案精解

● 单项选择题

1.【答案】D

【精解】考点为希尔排序。按照希尔排序的排序规则，初始数据序列(8,3,9,11,2,1,4,7,5,10,6)，第一趟排序结果为(1,3,7,5,2,6,4,9,11,10,8)，经过观察可以发现，初始数据序列中8、1和6三个数的位置做了相应调整，9和7做了相应调整，11和5做了相应调整，这些数的相对位置间隔为5。第二趟排序结果为(1,2,6,4,3,7,5,8,11,10,9)，经过观察可以发现第一趟排序结果中1、5、4和10四个数的位置做了相应调整，3、2、9和8做了相应调整，7、6和11做了相应调整，这些数的相对位置间隔为3。所以答案选D。

2.【答案】A

【精解】考点为希尔排序。希尔排序从“减少记录个数”和“序列基本有序”两个方面对直接插入排

序进行改进，所以它是直接插入排序的变形。希尔排序先将初始序列分为若干个子序列，在每个子序列中分别进行直接插入排序，然后缩小元素的间隔，从而增加每组的数据量，重新分组，当经过几次分组排序后，整个序列中的记录“基本有序”，再对全体记录进行一次直接插入排序。所以答案选A。

3.【答案】B

【精解】考点为希尔排序。如果第一趟的增量为2，分为两个子序列，所有距离为2的元素放在同一个子序列中，对每个子序列中分别实行直接插入排序，则子序列第一趟排序结果分别为<9,4,7,20,15>和<1,13,8,23>，两个子序列都是无序的，不符合。如果第一趟的增量为3，则可以分为三个子序列，第一趟排序结果分别为<9,13,20><1,7,23>和<4,8,15>，子序列有序，符合。如果第一趟的增量为4，则可以分为四个子序列，第一趟排序结果分别为<9,7,15><1,8><4,20>和<13,23>，子序列存在无序情况，不符合。如果第一趟的增量为5，则可以分为五个子序列，第一趟排序结果分别为<9,8><1,20><4,23><13,15>和<7>，子序列存在无序情况，不符合。所以答案选B。

4.【答案】C

【精解】Ⅲ错误，因为堆只要求根大于左右子树，并不要求左右子树有序。

5.【答案】A

【精解】直接插入排序在有序数组上的比较次数为$n-1$，简单选择排序的比较次数为$1+2+\cdots+n-1=n(n-1)/2$。选项Ⅱ，辅助空间都是$O(1)$,没差别。选项Ⅲ，因为本身已经有序，移动次数均为0。所以答案选A。

7.4 交换排序

7.4.1 起泡排序

起泡排序也叫冒泡排序。

假定排序的数据元素有n个。存放位置是$1\sim n$。

它的原理：排序需要若干遍。每遍有多次比较。

第1遍的过程：第1个位置的数据元素与第2个位置的数据元素比较，如果两者不是增序，则两者交换位置，这样第2个位置就是两者中最大的数据元素。然后第2个位置的数据元素与第3个位置的数据元素比较，如果两者不是增序，则两者交换位置，这样第3个位置就是两者中最大的数据元素。按照同样的过程，第$n-1$个位置的数据元素与第n个位置的数据元素进行比较并决定是否交换位置。当本次过程结束时，第n个位置就是所有数据元素中最大的数据元素。

按照同样的过程，第2遍过程完成，第$n-1$位置就是所有数据元素中次大的数据元素。

按照同样的过程，第$n-1$遍过程完成，第2位置就是所有数据元素中次小的数据元素。第1位置就是所有数据元素中最小的数据元素。

这样，所有数据元素按照增序排列。

例如，假定需要排序的数据元素：(13, 45, 20, 76, 98, 4, 12)，数据元素有7个，需要6遍排序过程。

第1遍过程后，排列情况为：(13, 20, 45, 76, 4, 12, 98)。

第2遍过程后，排列情况为：(13, 20, 45, 4, 12, 76, 98)。

第3遍过程后，排列情况为：(13, 20, 4, 12, 45, 76, 98)。

第4遍过程后，排列情况为：(13, 4, 12, 20, 45, 76, 98)。

第5遍过程后，排列情况为：(4，12，13，20，45，76，98)。

第6遍过程后，排列情况为：(4，12，13，20，45，76，98)。

可以看出：在进行第2遍过程时，只需要将前$n-1$个数据元素进行比较。在进行第i遍过程时，只需要将前$n+1-i$个数据元素进行比较。

n个数据元素排序，需要$n-1$遍排序。

在第1遍排序中，需要比较$n-1$次。

在第2遍排序中，只需要将前$n-1$个数据元素进行比较，需要比较$n-2$次。

类似地，在第$n-1$遍排序中，只需要将前两个数据元素进行比较，需要比较1次。

这样，总共的比较次数是：$n(n-1)/2$。

当数据元素增序排列时，数据元素交换次数是0。

当数据元素降序排列时，数据元素交换次数最多。

冒泡排序的复杂度是$O(n^2)$。

算法如下：

```
void BubbleSort (SqList &L)
{     // 对顺序表L做冒泡排序
      m=L.length−1; flag=1;            //flag用来标记某一趟排序是否发生交换
      while ((m>0)&&(flag==1))
      {
            flag=0;                     // flag置为0，如果本趟排序没有发生交换，则不会执行下一趟
            for (j=1; j<=m; j++)
                if (L.r[j].key>L.r[j+1].key)
                {
                      flag=1;           // flag置为1，表示本趟排序发生了交换
                      t=L.r[j]; L.r[j]=L.r[j+1]; L.r[j+1]=t;     // 交换前后两个记录
                }
            --m;
      }
}
```

起泡排序的时间复杂度为$O(n^2)$。

7.4.2 快速排序

快速排序是在实际操作中最快的排序算法，它的平均运行时间是$O(n\log_2 n)$。它的最坏情形的性能为$O(n^2)$。

它的原理可以通过一个例子来说明。假定需要排序的数据元素为：36，19，67，38，11，94，12，98，17。

任意从中选取一个数作为枢轴（或支点），假定选取38，这样剩余的数据元素可以分为两个集合：集合1(36,19,11,12,17)、集合2(67,94,98)。集合1中各个数据元素都比38小，集合2中各个数据元素都比38大。

这样数据元素就分为三部分：

集合1(36,19,11,12,17)，38，集合2(67,94,98)。

采用递归算法把集合1排序，得到(11,12,17,19,36)。

采用递归算法把集合2排序，得到(67,94,98)。

从而得到整个有序序列：11,12,17,19,36,38,67,94,98。

问题：选择哪个数据元素作为枢轴数据元素？

答疑：一般选择最左端（第1个数据元素）、最右端（第n个数据元素）、中间位置的数据元素这三个数据元素中值居中的数据元素作为枢轴数据元素。例如上面例子中，最左端数据元素是36，中间位置的数据元素是11，最右端数据元素是17。这样可以选择17作为枢轴数据元素。

算法如下：假定数据元素的位置为1～n。

```
void quicksort (datatype data[], int low, int high)
{
    if(1ow<high)
    {
        int zhidian=partition (A, low, high);          // 确定枢轴
        quicksort (data, 1ow, zhidian-1);              // 递归排序
        quicksort (data, zhidian+1, high);             // 递归排序
    }
}
int partition (datatype data[], int  low, int  high)
{
    zhidian=data[1ow];                                 // 选择第1个数据元素为枢轴
    while (1ow<high)
    {
        while (low<high && data[high]>=zhidian)
            high=high-1;
        data[low]=data[high];
        while (low<high && A[low]≤zhidian)
            low=low+1;
        data[high]=data[low];
    }
    data[low]=data[0];
    return  low;                                       // 返回枢轴的位置
}
```

7.4.3 真题与习题精编

● 单项选择题

1. 排序过程中，对尚未确定最终位置的所有元素进行一遍处理称为一“趟”。下列序列中，不可能是快速排序第二趟结果的是（　）。【全国联考2019年】

A. 5,2,16,12,28,60,32,72　　　　B. 2,16,5,28,12,60,32,72

C. 2,12,16,5,28,32,72,60　　D. 5,2,12,28,16,32,72,60

2. 下列选项中，不可能是快速排序第二趟排序结果的是（　）。【全国联考2014年】

A. 2,3,5,4,6,7,9　　B. 2,7,5,6,4,3,9　　C. 3,2,5,4,7,6,9　　D. 4,2,3,5,7,6,9

3. 为实现快速排序算法，待排序序列宜采用的存储方式是（　）。【全国联考2011年】

A. 顺序存储　　B. 散列存储　　C. 链式存储　　D. 索引存储

4. 采用递归方式对顺序表进行快速排序。下列关于递归次数的叙述中，正确的是（　）。【全国联考2010年】

A. 递归次数与初始数据的排列次序无关

B. 每次划分后，先处理较长的分区可以减少递归次数

C. 每次划分后，先处理较短的分区可以减少递归次数

D. 递归次数与每次划分后得到的分区的处理顺序无关

5. 在快速排序过程中，下列结论正确的是（　）。【武汉科技大学2016年】

A. 左、右两个子表都已各自排好序　　B. 左边的元素都不大于右边的元素

C. 左边子表长度小于右边子表长度　　D. 左、右两边元素的平均值相等

● 综合应用题

已知由n（$n \geqslant 2$）个正整数构成的集合$A=\{a_k \mid 0 \leqslant k<n\}$，将其划分为两个不相交的子集$A_1$和$A_2$，元素个数分别是$n_1$和$n_2$，$A_1$和$A_2$中的元素之和分别为$S_1$和$S_2$。设计一个尽可能高效的划分算法，满足$|n_1-n_2|$最小且$|S_1-S_2|$最大。要求：【全国联考2016年】

（1）给出算法的基本设计思想。

（2）根据设计思想，采用C或C++语言描述算法，关键之处给出注释。

（3）说明你所设计算法的平均时间复杂度和空间复杂度。

7.4.4 答案精解

● 单项选择题

1.【答案】D

【精解】考点为快速排序。根据题目中的定义：排序过程中，对尚未确定最终位置的所有元素进行一遍处理称为一“趟”。则对四个选项中的序列进行分析。

选项A中第一趟可以确定72的最终位置，第二趟对剩余7个元素进行排序后，可以确定28的最终位置。

选项B中第一趟可以确定72的最终位置，第二趟对剩余7个元素进行排序后，可以确定2的最终位置。

选项C中第一趟可以确定2的最终位置，第二趟对剩余7个元素进行排序后，可以确定28的最终位置。

选项D中第一趟可以确定12的最终位置，但是在确定32的最终位置时，仅是对12右边的子集中5个元素进行处理得到了32的最终位置，不符合题目中关于“趟”的定义，所以答案选D。

2.【答案】C

【精解】考点为快速排序。根据快速排序的特点，在第i趟排序结果中，至少已经有i个元素在它最终的位置上。选项A中，2、3、6、7、9都符合，因此可能是快速排序第二趟的排序结果；选项B中，2、9都符合，因此也可能是快速排序第二趟的排序结果；选项C中，只有9符合，因此不可能是快速排序第二趟的排序结果；选项D中，5、9均符合，因此可能是快速排序第二趟的排序结果。综上所述，所以答案选C。

3.【答案】A

【精解】考点为快速排序。在实现快速排序算法时，不但要从后向前进行搜索，而且还要从前向后进行搜索，因此要求所使用的存储方式最好具有随机存储特征，所以待排序序列宜采用顺序存储方式，所以答案选A。

4.【答案】D

【精解】考点为快速排序。当采用递归方式对顺序表进行快速排序时，递归次数与初始数据元素的排列次序有关。每次划分后，都能把数据元素序列均匀分割成两个长度大致相等的子表，则递归次数越少。递归次数与每次划分后得到的分区的处理顺序没有关系。所以答案选D。

5.【答案】B

【精解】考点为快速排序。快速排序的过程中，左、右两个子表不能保证都已各自排好序，也不能保证左边子表长度小于右边子表长度，也不能保证左、右两边元素的平均值相等，但可以实现左边的元素都不大于右边的元素。所以答案选B。

● 综合应用题

【答案精解】

（1）算法设计思想

由题意可知，将最小$\lfloor n/2 \rfloor$的个元素放在A_1中，其余的元素放在A_2中，分组结果即可满足题目要求。仿照快速排序的思想，基于枢轴将n个整数划分为两个子集。根据划分后枢轴所处的位置i分别处理：

① 若$i=\lfloor n/2 \rfloor$，则分组完成，算法结束；

② 若$i<\lfloor n/2 \rfloor$，则枢轴及之前的所有元素均属于A_1，继续对i之后的元素进行划分；

③ 若$i>\lfloor n/2 \rfloor$，则枢轴及之后的所有元素均属于A_2，继续对i之前的元素进行划分。

基于该设计思想实现的算法，不需要对全部元素进行全排序，其平均时间复杂度是$O(n)$，空间复杂度是$O(1)$。

（2）算法实现

```
int setPartition (int a[], int n)
{    int pivotkey, low=0, low0=0, high=n-1, high0=n-1, flag=1, k=n/2, i;
     int s1=0, s2=0;
     while(flag)
     {    pivotkey=a[low];                                  // 选择枢轴
          while (low<high)                                  // 基于枢轴对数据元素进行划分
          {    while (low<high && a[high]>=pivotkey)
                    --high;
               if (low!=high)  a[low]=a[high];
               while (low<high && a[low]<=pivotkey)
                    ++low:
               if (low!=high)  a[high]=a[low];
          }
          a[low]=pivotkey;
          if (low == k-1)                                   // 如果枢轴是第n/2小元素，划分成功
               flag=0;
```

```
        else                            //否则继续划分
            {   if (low<k-1)
                    {   low0=++low;
                        high=high0;
                    }
                else
                    {   high0=--m high;
                        low=low0;
                    }
            }
    }
    for(i=0; i<k; i++)    s1+=a[i];
    for(i=k; i<n; i++)    s2+=a[i];
    return s2-s1;
}
```

（3）本参考答案给出的算法平均时间复杂度是$O(n)$，空间复杂度是$O(1)$。

7.5 选择排序

7.5.1 简单选择排序

简单选择排序就是每次寻找待排序数据元素中最小的数据元素，并将其放到对应的位置。

一趟简单选择排序的操作为：通过$n-i$次关键字间的比较，从$n-i+1$个记录中选出关键字最小的记录，并和第i（$1\leqslant i\leqslant n$）个记录交换之。

显然，对L.r[1…n]中的记录进行简单选择排序的算法是：

令i从1至$n-1$，进行$n-1$趟选择操作，在简单选择排序过程中，所需进行记录移动的操作次数较少，其最小值为0，最大值为$3(n-1)$。然而，无论记录的初始排列如何，所需进行的关键字间的比较次数相同，均为$n(n-1)/2$。因此，总的时间复杂度也是$O(n^2)$。

假定需要排序的数据元素为：36，19，67，38，11。位置序号从1开始。

第1遍排序：从第1个数据元素开始，到最后1个数据元素，查找到最小数据元素11。把11放到第1个位置，把原位置的36放到位置5。序列为(11,19,67,38,36)。

第2遍排序：从第2个数据元素开始，到最后1个数据元素，查找到最小数据元素19。序列为(11,19,67,38,36)。

第3遍排序：从第3个数据元素开始，到最后1个数据元素，查找到最小数据元素36。把36放到第3个位置，把原位置的67放到位置5。序列为(11,19,36,38,67)。

第4遍排序：从第4个数据元素开始，到最后1个数据元素，查找到最小数据元素38。序列为(11,19,36,38,67)。这样得到有序序列。

算法如下：

```
void SelectSort (SqList &L)
```

```
{     // 对顺序表L做简单选择排序
      for (i=1;i<L.length;++i)
      {     // 选择第i小的记录，并交换到位
            j=SelectMinkey (L,i);          // 在L.r[i…L.1ength]中选择key最小的记录
            if (i!=j)   L.r[i]←→L.r[j];     // 与第i个记录交换
      }
}
```

7.5.2 堆排序

堆是结点间具有层次次序关系的完全二叉树。

其中，双亲值大于或等于其孩子值的，叫作大顶堆（maximum heap）。在大顶堆中，根中的值最大。双亲值小于或等于其孩子值的，叫作小顶堆（minimum heap）。在小顶堆中，根中的值最小。

下面以大顶堆为讨论对象。

大顶堆排序就是把待排序的n个数据元素构成一个大顶堆，把根取出放到排序数组的位置[n-1]处，重新对剩下的n-1个数据元素重新建堆，再次取出其根，并放置到排序数组的[n-2]位置处，循环此过程，直至堆空，堆排序完成。

假定待排序的数据元素是(36,19,67,38,11,24,17,8)。对应的完全二叉树如图7.2所示。

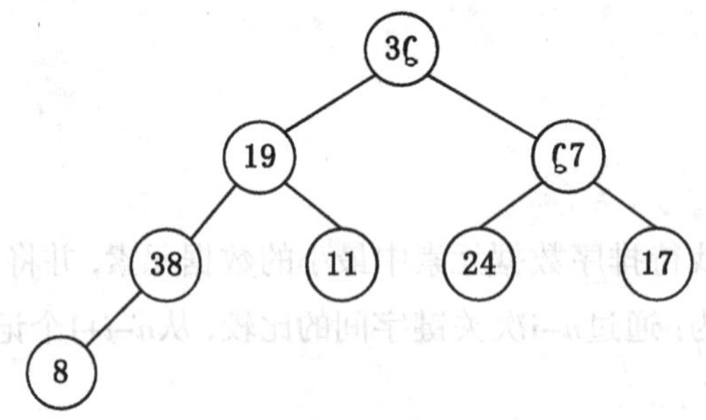

图7.2　对应的完全二叉树

需要把它调整为大顶堆。

调整过程如下：

数据元素个数n是8。

调整从第$\lfloor n/2 \rfloor$个数据元素开始，此处是第4个数据元素38。38大于8，不调整。

继续调整第3个数据元素，该数据元素是67，大于24与17，则不用调整。

继续调整第2个数据元素，该数据元素是19，小于38，则交换位置，得到的序列为(36,38,67,19,11,24,17,8)。对应的完全二叉树如图7.3所示。

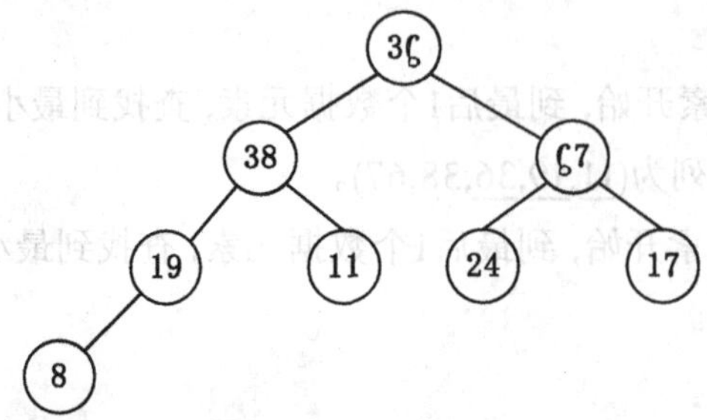

图7.3　调整19后对应的完全二叉树

继续调整第1个数据元素，该数据元素是36，小于67，则交换位置。得到的序列为（67,38,36,19,11,24,17,8）。对应的完全二叉树如图7.4所示。

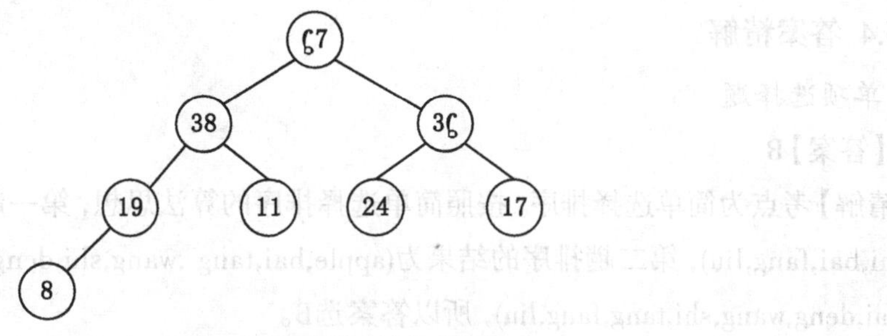

图7.4 调整36后对应的完全二叉树

这样，根结点就是最大值。把最大值67与最后位置的8交换位置，得到的序列为(8,38,36,19,11,24,17,67)。

继续对序列的前面7个数据元素(8,38,36,19,11,24,17)调整为大顶堆，会得到最大值38。如图7.5所示。

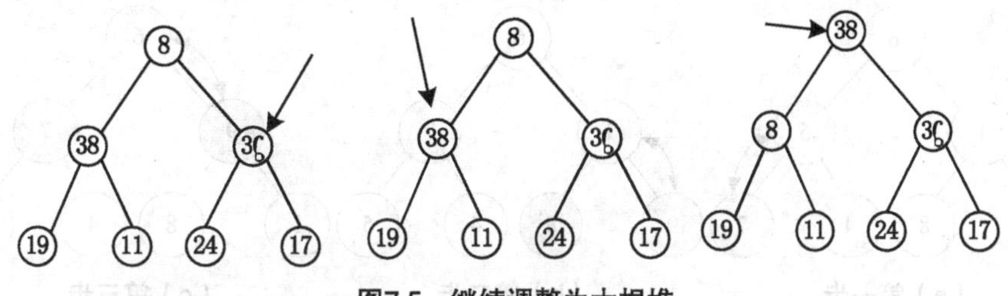

图7.5 继续调整为大根堆

按照上述过程，就得到有序序列(8,11,17,19,24,36,38,67)。

7.5.3 真题与习题精编

● 单项选择题

1. 若对序列（tang,deng,apple,wang,shi,bai,fang,liu）采用简单选择排序法按字典顺序进行排序，下面给出的四个序列中，第三趟的结果是（ ）。

A. apple,bai,deng,wang,tang,fang,shi,liu

B. apple,bai,deng,wang,shi,tang,fang,liu

C. apple,bai,deng,wang,fang,shi,tang,liu

D. apple,bai,deng,wang,shi,liu,tang,fang

2. 在将数据序列（6,1,5,9,8,4,7）建成大根堆时，正确的序列变化过程是（ ）。【全国联考2018年】

A. 6,1,7,9,8,4,5→6,9,7,1,8,4,5→9,6,7,1,8,4,5→9,8,7,1,6,4,5

B. 6,9,5,1,8,4,7→6,9,7,1,8,4,5→9,6,7,1,8,4,5→9,8,7,1,6,4,5

C. 6,9,5,1,8,4,7→9,6,5,1,8,4,7→9,6,7,1,8,4,5→9,8,7,1,6,4,5

D. 6,1,7,9,8,4,5→7,1,6,9,8,4,5→7,9,6,1,8,4,5→9,7,6,1,8,4,5→9,8,6,1,7,4,5

3. 已知小根堆为8,15,10,21,34,16,12，删除关键字8之后需重建堆，在此过程中，关键字之间的比较次数是（ ）。【全国联考2015年】

A. 1　　B. 2　　C. 3　　D. 4

4. 下列关于大根堆（至少含2个元素）的叙述中，正确的是（ ）。【全国联考2020年】

Ⅰ. 可以将堆看成一颗完全二叉树　　Ⅱ. 可采用顺序存储方式保存堆

Ⅲ. 可以将堆看成一棵二叉排序树　　Ⅳ. 堆中的次大值一定在根的下一层

A. 仅Ⅰ、Ⅱ　　B. 仅Ⅱ、Ⅲ　　C. 仅Ⅰ、Ⅱ、Ⅳ　　D. 仅Ⅰ、Ⅲ、Ⅳ

7.5.4 答案精解

● 单项选择题

1.【答案】B

【精解】考点为简单选择排序。按照简单选择排序的算法思想，第一趟排序的结果为(apple,deng,tang ,wang,shi,bai,fang,liu)，第二趟排序的结果为(apple,bai,tang ,wang,shi,deng,fang,liu)，第三趟排序的结果为(apple,bai,deng,wang,shi,tang,fang,liu)，所以答案选B。

2.【答案】A

【精解】考点为堆排序。要将一个无序序列调整为堆，就必须将其对应的完全二叉树中以每一结点为根的子树都调整为堆，对于无序序列$r[1\cdots n]$，要从最后一个分支结点$\lfloor n/2 \rfloor$开始，依次将序号为$\lfloor n/2 \rfloor$,$\lfloor n/2 \rfloor-1$,…,1的结点作为根的子树都调整为堆即可。具体调整过程如下图所示。

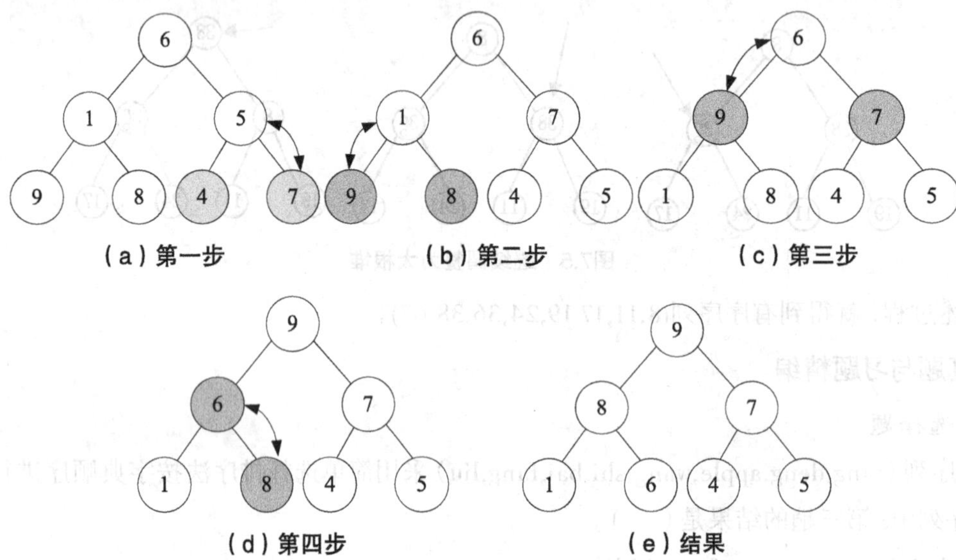

根据调整后的最终结果，答案选A。

3.【答案】C

【精解】考点为堆排序。在堆排序过程中，可以将相应的关键字序列看作是一棵完全二叉树的顺序存储结构，初始堆如下图所示。

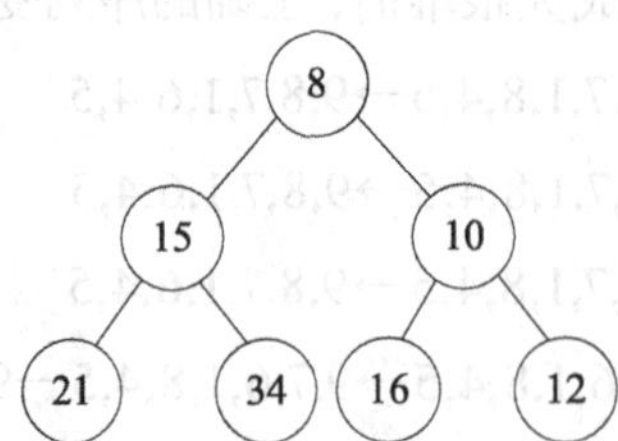

删除关键字8后，需要先把最后一个关键字12移到堆顶，如下图所示。

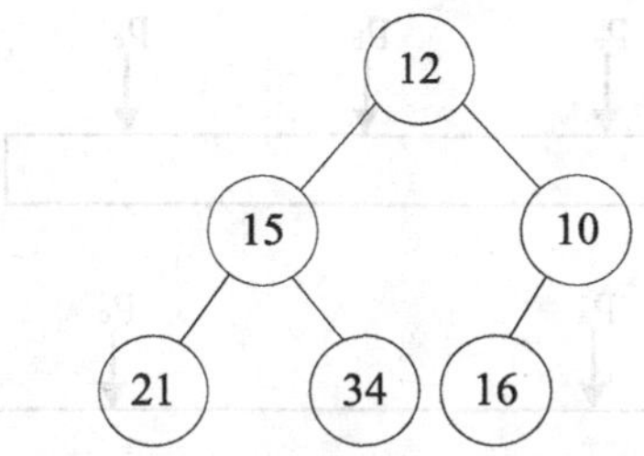

此时，它已经不符合小根堆的定义，所以下面需要把这棵完全二叉树进行调整，首先比较根结点12的左孩子15和右孩子10，挑选出较小的关键字10，然后将12与10进行比较，将10与12交换位置，得到下图。

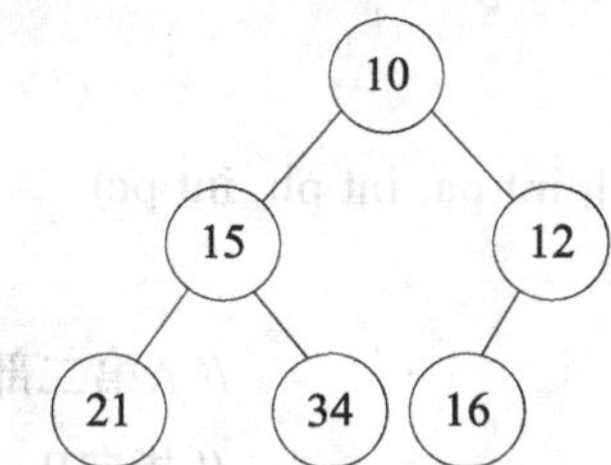

再继续比较12和16的大小，因为12小于16，所以不要交换二者的位置，因此，在调整过程中，共比较3次，所以答案选C。

4.【答案】B

【精解】Ⅲ错误，因为堆只要求根大于左、右子树，并不要求左、右子树有序。所以答案选B。

7.6 归并排序和基数排序

7.6.1 归并排序

归并排序就是将两个或两个以上的有序表组合成一个新的有序表的过程。假设两个有序表的长度分别是m和n，无论它们是顺序存储结构还是链表存储结构，都可在$O(m+n)$的时间量级上实现。利用归并的思想容易实现排序。假设初始序列含有n个记录，则可看成是n个有序的子序列，每个子序列的长度为1，然后两两归并，得到$\lceil n/2 \rceil$个长度为2或1的有序子序列，再两两归并……如此重复，直至得到一个长度为n的有序序列为止，这种排序方法称为2路归并排序。

下面通过例子来说明归并过程。

假定数据元素序列为(12,16,20,37,14,24,28,45)，有8个数据元素。

首先把每个数据元素看作8个单独的有序序列(12)，(16)，(20)，(37)，(14)，(24)，(28)，(45)。

然后每2个归并，得到4个有序序列(12,16)，(20,37)，(14,24)，(28,45)。

然后每2个归并，得到2个有序序列(12,16,20,37)，(14,24,28,45)。

然后每2个归并，得到1个有序序列(12,14,16,20,24,28,37,45)。

上面的例子中，每遍归并是每2个序列进行归并，叫作2路归并。

2路归并算法是归并排序的关键。

假定有序序列是A，有n个数据元素。把A的数据元素分为两部分，由p_a、p_b指出第一部分的范围，由p_{b+1}、p_c指出第二部分的范围。然后2路进行归并，把有序数据元素存放在数组B中，由p_a、p_c指出位置范围。如图7.6所示。

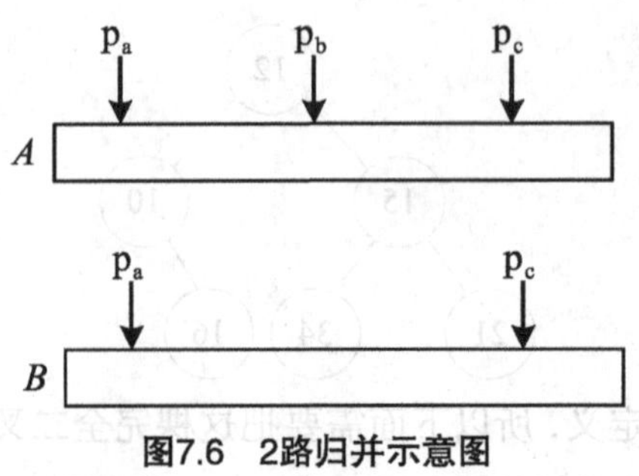

图7.6　2路归并示意图

算法如下：

```
void merge (datatype A[], datatype B[], int pa, int pb, int pc)
{
    int j=pb+1;                                    // A第二部分下标
    int k=pa;                                      // 指向B
    while (pa≤pb && j≤pc)
    {
        if (A[pa]<A[j])
            {B[k]=A[pa]; pa++;}
        else
            {B[k]=A[j];j ++;}
        k++;
    }
    if (pa≤pb)                                     // 第一部分有剩余
        B[k..pc]=A[pA. .pb];
    if (j≤pc)                                      // 第二部分有剩余
        B[k..pc]=A[j..pc];
}
```

上面的例子中，从初始状态可以认为有序序列是8个，第一趟归并需要调用算法4次，得到4个有序序列，每个序列有2个数据元素。

第二趟归并需要调用算法2次，得到2个有序序列，每个序列有4个数据元素。

第三趟归并需要调用算法1次，得到1个有序序列，每个序列有8个数据元素。

总共需要归并三趟。

假定归并前的有序序列等长，且有x个数据元素，也就是有序序列的个数是n/x，则每趟归并需要调用merge算法的次数是$n/x/2$，即$n/2x$。如果待排序数据元素有n个，则需要$\log_2 n$趟归并。那么，总共调用merge算法的次数为$(n/2x)\log_2 n$。可以认为归并排序的时间复杂度是$O(n\log_2 n)$。

归并算法需要使用一个辅助的数组，该数组长度与待排序数组等长。

归并排序不同于快速排序，它的运行效率与元素在数组中的排列方式无关，因此避免了快速排序中最差的情形。

7.6.2 基数排序

基数排序采用的原理：把正整数按位数分割为不同的数字，然后按每个位数的值分别进行比较。基数排序也适用于字符串的比较。

基本思想：将所有待比较的正整数的位数统一为相等的长度，位数少的整数前面补零。然后，从最低位开始，依次进行一次排序。这样从最低位排序一直到最高位排序完成以后，数列就变成了一个有序序列。

基数排序可以采用LSD（Least Significant Digital）或MSD（Most Significant Digital）方式。LSD的排序方式由正整数（键值）的最右边位（低位）数开始；而MSD则相反，由正整数键值的最左边（低位）数开始。

下面通过一个例子来说明基数排列的工作。假定一个待排序序列是(12,40,83,6,123,1719)。每个数据元素的各个位的数的范围都是0～9，所以可以把0～9看作10个桶。基数排列也叫桶式排列。假定采用LSD排序方式。

第1步，把6个数据元素按照个位的值发到对应的桶中，情况如表7.2所列。

表7.2 按照个位LSD排序

桶号	数 据
0	40
1	
2	12
3	83，123
4	
5	
6	6
7	
8	
9	1719

第2步，按照桶号大小顺序依次从各个桶中取出数据元素，得到序列(40,12,83,123,6,1719)。

第3步，把6个数据元素按照十位的值发到对应的桶中，情况如表7.3所列。

表7.3 按照十位LSD排序

桶 号	数 据
0	06，
1	12，1719
2	123
3	
4	40
5	
6	
7	
8	83
9	

第4步，按照桶号大小顺序依次从各个桶中取出数据元素，得到序列(6,12,1719,123,40,83)。

第5步，把6个数据元素按照百位的值发到对应的桶中，情况如表7.4所列。

表7.4 按照百位LSD排序

桶号	数据
0	006，012，040，083
1	123
2	
3	
4	
5	
6	
7	1719
8	
9	

第6步，按照桶号大小顺序依次从各个桶中取出数据元素，得到序列(6,12,40,83,123,1719)。

第7步，把6个数据元素按照千位的值发到对应的桶中，情况如表7.5所列。

表7.5 按照千位LSD排序

桶号	数据
0	0006，0012，0040，0083，0123
1	1719
2	
3	
4	
5	
6	
7	
8	
9	

第8步，按照桶号大小顺序依次从各个桶中取出数据元素，得到序列(6,12,40,83,123,1719)。

基数排列方法的时间复杂度是$O(m \times n)$，m是整数的位数，n是待排序数据元素的个数。上述例子中，m为4，n是8。

7.6.3 真题与习题精编

● 单项选择题

1. 在内部排序时，若选择了归并排序而未选择插入排序，则可能的理由是（　）。【全国联考2017年】

Ⅰ. 归并排序的程序代码更短

Ⅱ. 归并排序的占用空间更少

Ⅲ. 归并排序的运行效率更高

A. 仅Ⅱ　　B. 仅Ⅲ　　C. 仅Ⅰ、Ⅱ　　D. 仅Ⅰ、Ⅲ

2. 对给定的关键字序列110,119,007,911,114,120,122进行基数排序，第二趟分配收集后得到的关键字序列是（　）。【全国联考2013年】

A. 007,110,119,114,911,120,122　　B. 007,110,119,114,911,I22,120

C. 007,110,911,114,119,120,122　　D. 110,120,911,122,114,007,119

3. 对{05,46,13,55,94,17,42}进行基数排序，一趟排序的结果是（　）。【中国科学院大学2015年】

A. 05,46,13,55,94,17,42　　B. 05,13,17,42,46,55,94

C. 42,13,94,05.55,46,17　　D. 05,13,46,55.17,42,94

● 综合应用题

设有6个有序表A、B、C、D、E、F，分别含有10、35、40、50、60和200个数据元素，各表中的元素按升序排列。要求通过5次两两合并，将6个表最终合并为一个升序表，并使最坏情况下比较的总次数达到最小。请回答下列问题：【全国联考2012年】

（1）给出完整的合并过程，并求出最坏情况下比较的总次数。

（2）根据你的合并过程，描述n（$n \geq 2$）个不等长升序表的合并策略，并说明理由。

7.6.4 答案精解

● 单项选择题

1.【答案】B

【精解】考点为归并排序。归并排序的时间复杂度为$O(n\log_2 n)$，空间复杂度为$O(n)$。而选择排序的时间复杂度为$O(n^2)$，空间复杂度为$O(1)$。二者进行比较可以发现，归并排序的运行效率更高，但是程序代码较长，占用空间多。所以答案选B。

2.【答案】C

【精解】考点为基数排序。基数排序有两种排序法：最低位优先法和最高位优先法。如果采用最低位优先法，则第一趟按照个位数的大小进行排序，第二趟按照十位数的大小进行排序，第三趟按照百位数的大小进行排序，相应过程如下表所列。

初始序列	110	119	007	911	114	120	122
第一趟之后	110	120	911	122	114	007	119
第二趟之后	007	110	911	114	119	120	122
第三趟之后	007	110	114	119	120	122	911

如果采用最高位优先法，则第一趟按照百位数的大小进行排序，第二趟按照十位数的大小进行排序，第三趟按照个位数的大小进行排序，相应过程如下表所列。

初始序列	110	119	007	911	114	120	122
第一趟之后	007	110	119	114	120	122	911
第二趟之后	007	110	119	114	120	122	911
第三趟之后	007	110	114	119	120	122	911

所以答案选C。

3.【答案】C

【精解】考点为基数排序。基数排序有两种排序法：最低位优先法和最高位优先法。如果采用最低位优先法，则第一趟按照个位数的大小进行排序，第二趟按照十位数的大小进行排序，相应过程如下表所列。

初始序列	05	46	13	55	94	17	42
第一趟之后	42	13	94	05	55	46	17
第二趟之后	05	13	17	42	46	55	94

如果采用最高位优先法，则第一趟按照百位数的大小进行排序，第二趟按照十位数的大小进行排序，第三趟按照个位数的大小进行排序，相应过程如下表所列。

初始序列	05	46	13	55	94	17	42
第1趟之后	05	13	17	46	42	55	94
第2趟之后	05	13	17	42	46	55	94

所以答案选C。

● 综合应用题

【答案精解】

本题同时对多个知识点进行了综合考查。对有序表进行两两合并考查了归并排序中的Merge()函数；对合并过程的设计考查了哈夫曼树和最佳归并树。

(1) 对于长度分别为m，n的两个有序表的合并，最坏情况下是一直比较到两个表尾元素，比较次数为m+n−1次。故，最坏情况的比较次数依赖于表长，为了缩短总的比较次数，根据哈夫曼树（最佳归并树）思想的启发，可采用如图所示的合并顺序。

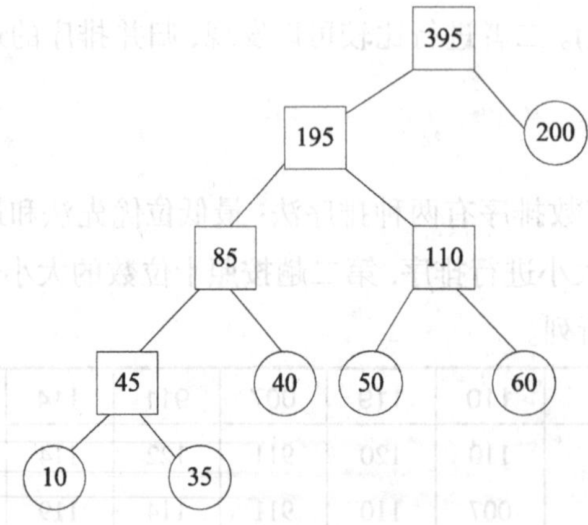

根据上图中的哈夫曼树，6个序列的合并过程为：第1次合并，表A与表B合并，生成含有45个元素的表AB；第2次合并，表AB与表C合并，生成含有85个元素的表ABC；第3次合并，表D与表E合并，生成含有110个元素的表DE；第4次合并，表ABC与表DE合并，生成含有195个元素的表ABCDE；第5次合并，表ABCDE与表F合并，生成含有395个元素的最终表。由上述分析可知，最坏情况下的比较次数为：第1次合并，最多比较次数=10+35−1=44；第2次合并，最多比较次数=45+40−1=84；第3次合并，最多比较次数=50+60−1=109；第4次合并，最多比较次数=85+110−1=194；第5次合并，最多比较次数=195+200−1=394。

所以，比较的总次数最多=44+84+109+194+394=825。

(2) 各表的合并策略：在对多个有序表进行两两合并时，若表长不同，则最坏情况下总的比较次数依赖于表的合并次序。可以借用哈夫曼树的构造思想，依次选择最短的两个表进行合并，可以获得最坏情况下最佳的合并效率。

7.7 各种内部排序算法的比较及应用

7.7.1 内部排序算法的比较

综合比较本章内讨论的各种内部排序方法，结果如表7.6所列。从表中所列出各种算法时间复杂度的平均情况来看，直接插入排序、折半插入排序、起泡排序和简单选择排序的速度较慢，而其他排序算法的速度较快。从算法实现的角度来看，速度较慢的算法实现过程比较简单，我们称之为简单的排序算法；而速度较快的算法可以看作是对某一排序算法的改进，我们称之为先进的排序算法，但这些算法实现过程比较复杂。

表7.6 各种内部排序方法的比较

排序算法	时间复杂度			空间复杂度	稳定性
	最好情况	最坏情况	平均情况		
直接插入排序	$O(n)$	$O(n^2)$	$O(n^2)$	$O(1)$	稳定
折半插入排序	$O(n\log_2 n)$	$O(n^2)$	$O(n^2)$	$O(1)$	稳定
希尔排序			$O(n^{1.3})$	$O(1)$	不稳定
起泡排序	$O(n)$	$O(n^2)$	$O(n^2)$	$O(1)$	稳定
简单选择排序	$O(n^2)$	$O(n^2)$	$O(n^2)$	$O(1)$	稳定
快速排序	$O(n\log_2 n)$	$O(n^2)$	$O(n\log_2 n)$	$O(n\log_2 n)$	不稳定
堆排序	$O(n\log_2 n)$	$O(n\log_2 n)$	$O(n\log_2 n)$	$O(1)$	不稳定
归并排序	$O(n\log_2 n)$	$O(n\log_2 n)$	$O(n\log_2 n)$	$O(n)$	稳定
基数排序	$O(d(n+rd))$	$O(d(n+rd))$	$O(d(n+rd))$	$O(d(n+rd))$	稳定

7.7.2 内部排序算法的应用

不同的排序方法有不同的特点，我们要根据不同的要求来选择合适的排序算法。具体来说，需要考虑下列因素：

① 待排序的元素数目n。

② 元素的大小。

③ 关键字的结构及其初始状态。

④ 对稳定性的要求。

⑤ 语言工具的条件。

⑥ 数据的存储结构。

⑦ 时间和空间复杂度等。

没有哪一种排序算法是最好的，只有最适合的。每一种排序算法都有其优缺点，适合于不同的环境，要灵活加以应用来解决相关问题即可。

在实际应用中，应根据具体情况进行合理选择。具体来说，可以参考下面的内容。

① 若n较小，可采用直接插入算法或简单选择排序算法。

② 若初始序列基本有序，则选用直接插入算法或起泡排序算法。

③ 若n较大，应采用时间复杂度较小的排序算法，例如快速排序算法、堆排序算法或2路归并算法。快速排序算法是目前基于比较的内排序中被认为是较好的方法，当待排序的关键字是随机分布时，快速排序的平均时间最少；但堆排序所需的辅助空间少于快速排序，并且不会出现快速排序可能出现的最坏情况。这两种排序都是不稳定的，若要求排序稳定，则可考虑选用2路归并排序。

④ 若需要将两个有序表合并成一个新的有序表，最好用2路归并排序算法。

⑤ 基数排序算法能够在$O(n)$时间内完成对n个元素的排序。但其最大的缺点是，基数排序只适用于像字符串和整数这类有明显结构特征的关键字，而当关键字的取值范围属于某个无穷集合（例如整数型关键字）时，则不能使用基数排序算法，这时只有借助于“比较”的方法来排序。

⑥ 当记录很大（即每个记录所占空间较多）时，时间耗费很大，可采用静态链表作存储结构。

7.7.3 真题与习题精编

● 单项选择题

1. 选择一个排序算法时，除算法的时空效率外，下列因素中，还需要考虑的是（　）。

Ⅰ. 数据的规模　Ⅱ. 数据的存储方式　【全国联考2019年】

Ⅲ. 算法的稳定性　Ⅳ. 数据的初始状态

A. 仅Ⅲ　B. 仅Ⅰ、Ⅱ　C. 仅Ⅱ、Ⅲ、Ⅳ　D. Ⅰ、Ⅱ、Ⅲ、Ⅳ

2. 下列排序方法中，若将顺序存储更换为链式存储，则算法的时间效率会降低的是（　）。

【全国联考2017年】

Ⅰ. 插入排序　Ⅱ. 选择排序　Ⅲ. 起泡排序　Ⅳ. 希尔排序　Ⅴ. 堆排序

A. 仅Ⅰ、Ⅱ　B. 仅Ⅱ、Ⅲ　C. 仅Ⅲ、Ⅳ　D. 仅Ⅳ、Ⅴ

3. 下列排序算法中，元素的移动次数与关键字的初始排列次序无关的是（　）。【全国联考2015年】

A. 直接插入排序　B. 起泡排序　C. 基数排序　D. 快速排序

4. 对大部分元素已有序的数组进行排序时，直接插入排序比简单选择排序效率更高，其原因是（　）。【全国联考2020年】

Ⅰ. 直接插入排序过程中元素之间的比较次数更少

Ⅱ. 直接插入排序过程中所需要的辅助空间更少

Ⅲ. 直接插入排序过程中元素的移动次数更少

A. 仅Ⅰ　B. 仅Ⅲ　C. 仅Ⅰ、Ⅱ　D. Ⅰ、Ⅱ和Ⅲ

5. 对一组数据(2,12,16,88,5,10)进行排序，若前三趟排序结果如下：【全国联考2010年】

第一趟排序结果：2,12,16,5,10,88

第二趟排序结果：2,12,5,10,16,88

第三趟排序结果：2,5,10,12,16,88

则采用的排序方法可能是（　）。

A. 起泡排序　B. 希尔排序　C. 归并排序　D. 基数排序

7.7.4 答案精解

● 单项选择题

1.【答案】D

【精解】考点为各种内部排序算法的比较及应用。选择一个排序算法时需要考虑的相关因素有：

（1）待排序的元素数目n。

（2）元素的大小。

（3）关键字的结构及其初始状态。

（4）对稳定性的要求。

（5）语言工具的条件。

（6）数据的存储结构。

（7）时间和空间复杂度等。

所以答案选D。

2.【答案】D

【精解】考点为各种内部排序算法的比较及应用。插入排序、选择排序和起泡排序采用顺序存储时，时间复杂度为$O(n^2)$，如果更换为链式存储，时间复杂度还是$O(n^2)$。而希尔排序和堆排序采用顺序存储的随机访问特性来进行排序，如更换为链式存储，链式存储不具有随机访问特性，则这两种算法的时间复杂度都会增加，时间效率都会降低。所以答案选D。

3.【答案】C

【精解】考点为各种内部排序算法的比较及应用。在直接插入排序、起泡排序和快速排序这三种排序算法中，元素的移动次数都与关键字的初始排列次序有关。只有基数排序的元素移动次数与关键字的初始排序次序无关，所以答案选C。

4.【答案】A

【精解】直接插入排序在有序数组上的比较次数为$n-1$，简单选择排序的比较次数为$1+2+\cdots+n-1=n(n-1)/2$。选项Ⅱ，辅助空间都是$O(1)$，没差别。选项Ⅲ，因为本身已经有序，移动次数均为0。所以答案选A。

5.【答案】A

【精解】考点为各种内部排序算法的比较及应用。经过观察可以发现，在第一趟排序后，序列中最大的元素85被移到最后的位置。在第二趟排序后，序列中次大的元素16被移到倒数第二的位置。在第三趟排序后，序列中第三大的元素12被移到倒数第三的位置。这明显符合起泡排序算法的特点，可以判定所采用的排序方法可能是起泡排序，所以答案选A。

7.8 外部排序

7.8.1 外部排序的基本概念

内部排序需要待排序的数据都在内存中；外部排序指的是大文件的排序，就是当数据量很大时，内存无法容纳全部的待排序数据，部分数据需要存储在外存上。在排序过程中，需要多次进行内外存之间的数据交换。

常用外存有磁盘与磁带。

访问磁盘是随机读取，依靠柱面号、盘面号、扇区号（块号）来读取一个扇区。访问时，磁头需要移动到目的柱面，花费的时间叫作磁头寻道时间。目的扇区移动到磁头下面时花费的时间叫作等待时间。

磁带是顺序访问设备，访问数据需要数据所在位置的磁带移动到磁头处，然后开始读写。

磁头或磁盘的特性使得外部排序的方法与内部排序不同。

7.8.2 外部排序的方法

外部排序采用的方法与内部排序的归并方法类似。

外部排序基本上由两个相对独立的阶段组成。首先，按可用内存大小，将外存上含n个记录的文件分成若干长度为1的子文件或段，依次读入内存并利用有效的内部排序方法对它们进行排序，并将排序后得到的有序子文件重新写入外存，通常称这些有序子文件为归并段或顺串；然后，对这些归并段进行逐趟归并，使归并段（有序的子文件）逐渐由小至大，直至得到整个有序文件为止。显然，第一阶段的工作是前面已经讨论过的内容。本节主要讨论第二阶段即归并的过程。先从一个具体例子来看外排中的归并是如何进行的。

假设有一个含10000个记录的文件，首先通过10次内部排序得到10个初始归并段R1~R10，其中每一段都含1000个记录。然后对它们做如图7.7所示的两两归并，直至得到一个有序文件为止。

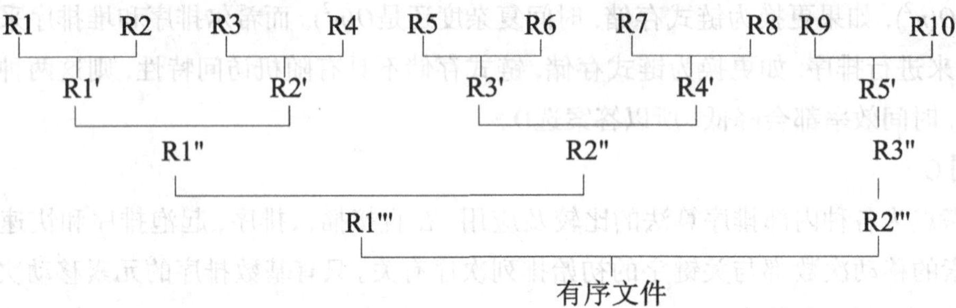

图7.7 两两归并

从上图可见，由10个初始归并段到一个有序文件，共进行了四趟归并，每一趟从m个归并段得到$\lceil m/2 \rceil$个归并段。这种归并方法称为2-路平衡归并。

将两个有序段归并成一个有序段的过程，若在内存进行，则很简单，内排序中的merge过程便可实现此归并。但是，在外部排序中实现两两归并时，不仅要调用merge过程，而且要进行外存的读/写，这是由于我们不可能将两个有序段及归并结果段同时存放在内存中的缘故，因为对外存上信息的读/写是以"物理块"为单位的。假设在上例中每个物理块可以容纳200个记录，则每一趟归并需进行50次"读"和50次"写"，四趟归并加上内部排序时所需进行的读/写使得在外排中总共需要进行500次的读/写。

一般情况下，外部排序所需总的时间=内部排序（产生初始归并段）所需的时间（$m \times t_{IS}$）+外存信息读写的时间（$d \times t_{IO}$）+内部归并所需的时间（$s \times ut_{mg}$）。

其中：t_{IS}是为得到一个初始归并段进行内部排序所需时间的均值；t_{IO}是进行一次外存读/写时间的均值；ut_{mg}是对u个记录进行内部归并所需的时间；m为经过内部排序之后得到的初始归并段的个数；s为归并的趟数；d为总的读/写次数。由此，上例10000个记录利用2-路归并进行外排所需总的时间为：

$$10 \times t_{IS} + 500 \times t_{IO} + 4 \times 10000 t_{mg}。$$

其中，t_{IO}取决于所用的外存设备，显然，t_{IO}较t_{mg}要大得多。因此，提高外排的效率应主要着眼于减少外存信息读写的次数d。

下面来分析d和"归并过程"的关系。若对上例中所得的10个初始归并段进行5-路平衡归并（即每一趟将5个或5个以下的有序子文件归并成一个有序子文件），如图7.8所示。则从图中可见，仅需进行两趟归并，外排时总的读/写次数便减至2×100+100=300，比2-路归并减少了200次的读/写。

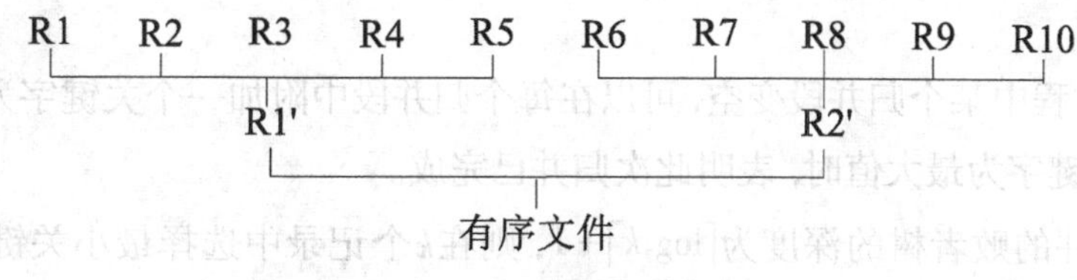

图7.8 5-路平衡归并

可见，对同一文件而言，进行外排时所需读/写外存的次数与归并的趟数s成正比。

而在一般情况下，对m个初始归并段进行k-路平衡归并时，归并的趟数$s=\lfloor \log_k m \rfloor$。可见，若增加k或减少m便能减少s。

7.8.3 多路平衡归并与败者树

从$s=\lfloor \log_k m \rfloor$得知，增加k可以减少s，从而减少外存读/写的次数。但是，单纯增加k将导致增加内部归并的时间ut_{mg}。那么，如何解决这个矛盾呢?

先看2-路归并。令u个记录分布在两个归并段上，按merge过程进行归并。每得到归并后的一个记录，仅需一次比较即可，则得到含u个记录的归并段，需进行u-1次比较。

再看k-路归并。令u个记录分布在k个归并段上，显然，归并后的第一个记录应是k个归并段中关键字最小的记录，即应从每个归并段第一个记录的相互比较中选出最小者，这需要进行k-1次比较。同理，每得到归并后的有序段中的一个记录，都要进行k-1次比较。显然，为得到含u个记录的归并段，需进行$(u-1)\times(k-1)$次比较。所以，对n个记录的文件进行外排时，在内部归并过程中进行的总的比较次数为$s(k-1)(n-1)$。

假设所得初始归并段为m个，则内部归并过程中进行比较的总的次数为：

$$\lfloor \log_k m \rfloor (k-1)(n-1)t_{mg} = \left\lfloor \frac{\log_2 m}{\log_2 k} \right\rfloor (k-1)(n-1)t_{mg} \qquad (7\text{-}7)$$

由于$\dfrac{k-1}{\log_2 k}$随k的增长而增长，则内部归并时间亦随k的增长而增长。这将抵消由于增大k而减少外存信息读写时间所得效益。然而，若在进行k-路归并时利用“败者树”，则可使在k个记录中选出关键字最小的记录时仅需进行$\lfloor \log_2 k \rfloor$次比较，从而使总的归并时间由式（7-7）变为$\lfloor \log_2 m \rfloor (n-1)t_{mg}$，显然，这个式子和k无关，它不再随k的增长而增长。

下面介绍什么是“败者树”。它是树形选择排序的一种变形。相对地，如果一棵树中每个非终端结点均表示其左、右孩子结点中的“胜者”，则该二叉树称为“胜者树”。反之，若在双亲结点中记下刚进行完的这场比赛中的败者，而让胜者去参加更高一层的比赛，便可得到一棵“败者树”。

例如，图7.9（a）所示为一棵实现5-路归并的败者树1s[0…4]，图中方形结点表示叶子结点（也可看成是外结点），分别为5个归并段中当前参加归并选择的记录的关键字；败者树中根结点1s[1]的双亲结点1s[0]为“冠军”，在此指示各归并段中的最小关键字记录为第3段中的当前记录；结点1s[3]指示b1和b2两个叶子结点中的败者即b2，而胜者b1和b3（b3是叶子结点b3、b4和b0经过两场比赛后选出的获胜者）进行比较，结点1s[1]则指示它们中的败者为b1。这里的bi中的i表示第i个归并段，bi表示第i个归并段中当前首记录的关键字。

在选得最小关键字的记录之后，只要修改叶子结点b3中的值，使其为同一归并段中的下一个记录的关键字，然后从该结点向上和双亲结点所指的关键字进行比较，败者留在该双亲结点，胜者继续向上直至树根的双亲。如图7.9（b）所示，当第3个归并段中第2个记录参加归并时，选得的最小关键字记录为第1个归并段中的记录。

为了防止在归并过程中某个归并段变空，可以在每个归并段中附加一个关键字为最大值的记录。当选出的"冠军"记录的关键字为最大值时，表明此次归并已完成。

由于实现k-路归并的败者树的深度为$\lceil \log_2 k \rceil + 1$，则在$k$个记录中选择最小关键字仅需进行$\lceil \log_2 k \rceil$次比较。败者树的初始化也容易实现，只要先令所有的非终端结点指向一个含最小关键字的叶子结点，然后从各个叶子结点出发调整非终端结点为新的败者即可。

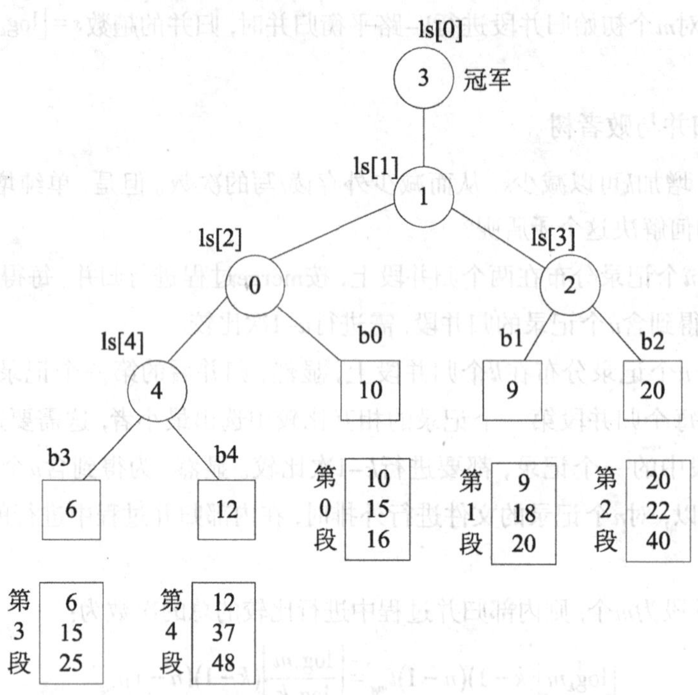

（a）第1次归并

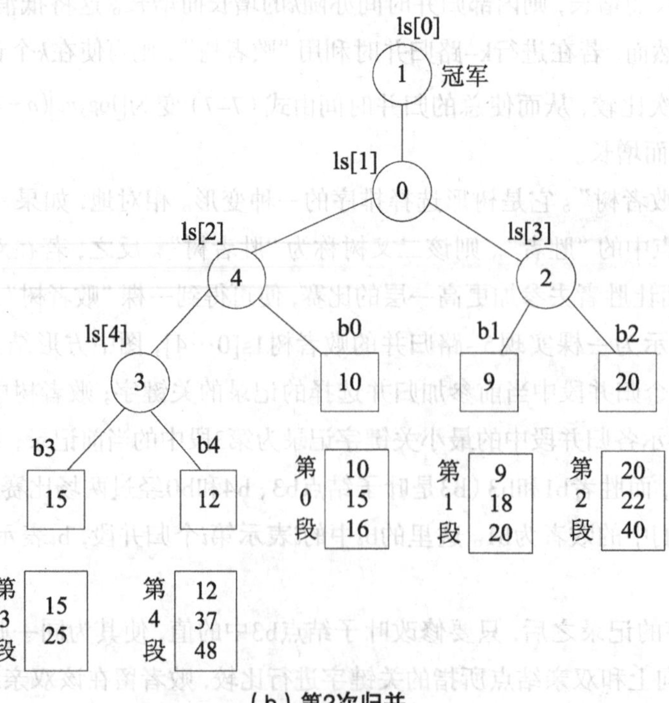

（b）第2次归并

图7.9 实现5-路归并的败者树

另外，k值的选择并非越大越好，如何选择合适的k是一个需要综合考虑的问题。

7.8.4 置换–选择排序

置换–选择排序是在树形选择排序的基础上得来的，它的特点是：在整个排序（得到所有初始归并段）的过程中，选择最小（或最大）关键字和输入、输出交叉或平行进行。

先从具体例子谈起。已知初始文件含有24个记录，它们的关键字分别为51, 49, 39, 46, 38, 29, 14, 61, 15, 30, 1, 48, 52, 3, 63, 27, 4, 13, 89, 24, 46, 58, 33, 76。假设内存工作区可容纳6个记录，则根据选择排序可求得如下4个初始归并段：

RUN1:29,38,39,46,49,51

RUN2:1,14,15,30,48,61

RUN3:3,4,13,27,52,63

RUN4:24,33,46,58,76,89

若按置换–选择进行排序，则可求得如下3个初始归并段：

RUN1:29,38,39,46,49,51,61

RUN2:1,3,14,15,27,30,48,52,63,89

RUN3:4,13,24,33,46,58,76

假设初始待排文件为输入文件FI，初始归并段文件为输出文件FO，内存工作区为WA，FO和WA的初始状态为空，并设内存工作区WA的容量可容纳w个记录，则置换–选择排序的操作过程为：

（1）从FI输入w个记录到工作区WA。

（2）从WA中选出其中关键字取最小值的记录，记为MINIMAX记录。

（3）将MINIMAX记录输出到FO中去。

（4）若FI不空，则从FI输入下一个记录到WA中。

（5）从WA中所有关键字比MINIMAX记录的关键字大的记录中选出最小关键字记录，作为新的MINIMAX记录。

（6）重复（3）~（5），直至在WA中选不出新的MINIMAX记录为止，由此得到一个初始归并段，输出一个归并段的结束标志到FO中去。

（7）重复（2）~（6），直至WA为空。由此得到全部初始归并段。

7.8.5 最佳归并树

由置换–选择生成所得的初始归并段，其各段长度不等对平衡归并有何影响？

假设由置换–选择得到9个初始归并段，其长度（即记录数）依次为10, 31, 13, 19, 4, 18, 3, 7, 25。现做3–路平衡归并，其归并树（表示归并过程的图）如图7.10所示，图中每个圆圈表示一个初始归并段，圆圈中的数字表示归并段的长度。

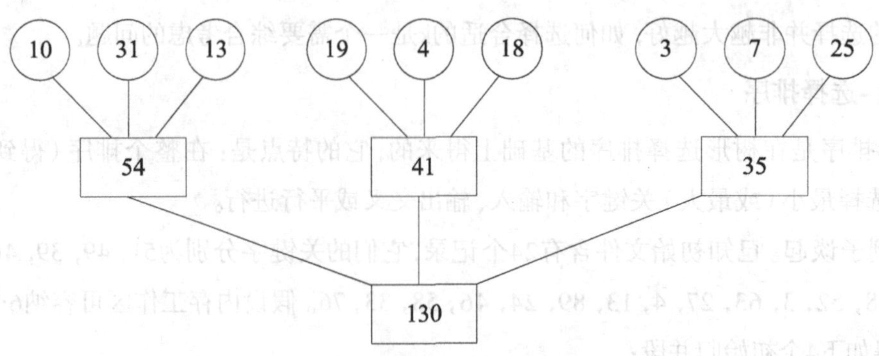

图7.10　3-路平衡归并的归并树

假设每个记录占一个物理块，若将初始归并段的长度看成是归并树中叶子结点的权，此三叉树的带权路径长度为(10+31+13+19+4+18+3+7+25)×2=260。

则两趟归并所需对外存进行的读/写次数为：三叉树的带权路径长度×2=520。

因为要对外存读一次还要写一次，无论读还是写，都需要花费时间。所以这里的总读/写次数等于三叉树的带权路径长度的二倍。

显然，归并方案不同，所得归并树亦不同，树的带权路径长度(或外存读/写次数)也不同。前面曾讨论了有n个叶子结点的带权路径长度最短的二叉树称哈夫曼树，同理，存在n个叶子结点的带权路径长度最短的3叉、4叉……k叉树，亦称为哈夫曼树。因此，若对长度不等的m个初始归并段构造一棵哈夫曼树作为归并树，便可使在进行外部归并时所需对外存进行的读/写次数达到最少。例如，对上述9个初始归并段可构造一棵如图7.11所示的归并树，按此树进行归并，仅需对外存进行486次读/写，具体过程如下：

带权路径长度=31+(10+13+18+19+25)×2+(3+4+7)×3=243；对外存进行的读/写次数为：带权路径长度×2=486。

这棵归并树便称作最佳归并树。

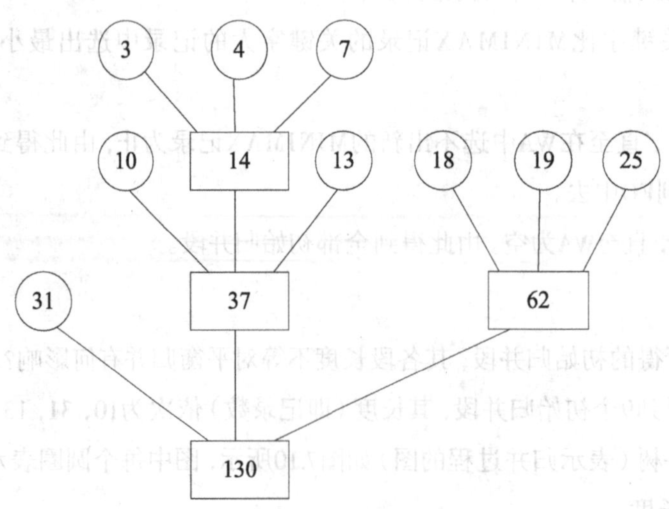

图7.11　3-路平衡归并的最佳归并树

图7.10的哈夫曼树是一棵真正的3叉树，即树中只有度为3或0的结点。假若只有8个初始归并段，例如，在前面例子中少了一个长度为31的归并段。如果在设计归并方案时，缺额的归并段留在最后，即除了最后一次做2-路归并外，其他各次归并仍都是3-路归并，容易看出此归并方案的外存读/写次数为422。显然，

这不是最佳方案。正确的做法是当初始归并段的数目不足时，需附加长度为0的“虚段”，按照哈夫曼树构成的原则，权为0的叶子应离树根最远，因此，这个只有8个初始归并段的归并树应如图7.12所示。

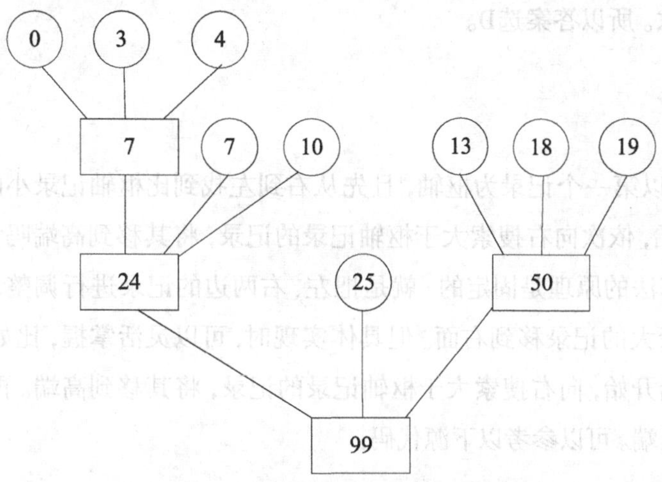

图7.12 8个归并段的最佳归并树

那么，如何判定附加虚段的数目？当3叉树中只有度为3和0的结点时，必有$n_3=(n_0-1)/2$，其中，n_3是度为3的结点数，n_0是度为零的结点数。由于n_3必为整数，则(n_{0-1})MOD2=0。对3-路归并而言，只有当初始归并段的个数为偶数时，才需加一个虚段。

在一般情况下，对k-路归并而言，容易推算得到，若$(m-1)$MOD$(k-1)=0$，则不需要加虚段，否则需附加$k-(m-1)$MOD$(k-1)-1$个虚段。换句话说，第一次归并为$(m-1)$MOD$(k-1)+1$路归并。

若按照最佳归并树的归并方案进行磁盘归并排序，需要在内存建立一张载有归并段的长度和它在磁盘上的物理位置的索引表。

7.8.6 真题与习题精编

● 单项选择题

1. 设外存上有120个初始归并段，进行12-路归并时，为实现最佳归并，需要补充的虚段个数是（ ）。 【全国联考2019年】

A. 1 B. 2 C. 3 D. 4

2. 对10TB的数据文件进行排序，应使用的方法是（ ）。 【全国联考2016年】

A. 希尔排序 B. 堆排序 C. 快速排序 D. 归并排序

7.8.7 答案精解

● 单项选择题

1. 【答案】B

【精解】考点为外部排序。这里参加归并的初始归并段$m=120$，要进行12-路归并，所以$k=12$，$(m-1)\%(k-1)=u=9\neq0$，则需要附加$k-u-1=12-9-1=2$个虚段，所以答案选B。

2. 【答案】D

【精解】考点为外部排序。排序分为内部排序和外部排序两种。内部排序的整个排序过程全部是在内存中完成的，并不涉及数据的内外存交换问题，但如果待排序的记录数目很多，无法一次调入内存，整个排序过程就必须借助外存分批调入内存才能完成。也就是要使用外部排序。10TB的数据文件非常大，仅使用内部排序是不行的，必须使用外部排序。希尔排序、堆排序和快速排序都属于内部排序算法，只有归并排序属于外部排序算法。所以答案选D。

7.9 重难点答疑

1. 快速排序一定要以第一个记录为枢轴，且先从右到左找到比枢轴记录小的记录，将其移到低端，然后再从表的最左侧开始，依次向右搜索大于枢轴记录的记录，将其移到高端吗？这个顺序是固定的吗？

【答疑】快速排序算法的原理是固定的，就是把左、右两边的记录进行调整，把比枢轴记录小的记录移到左面，把比枢轴记录大的记录移到右面。但具体实现时，可以灵活掌握，比如可以设最右端的记录为枢轴，这时就可以先左端开始，向右搜索大于枢轴记录的记录，将其移到高端。再从右到左找到比枢轴记录小的记录，将其移到低端。可以参考以下源代码：

```
#include <stdio.h>
void disp (int a[], int n)                    // 输出a中所有元素
{
    int i;
    for (i=0; i<n; i++)
    printf ("%d", a[i]);
    printf ("\n");
}
int Partition (int a[], int s, int t)          // 划分算法
{
    int i=s, j=t;
    int tmp=a[t];                             // 用序列的最后一个记录作为基准
    while (i!=j)                              // 从序列两端交替向中间扫描，直至i=j为止
    {
        while (i<j && a[i]<=tmp)
        i++;                                  // 从左向右扫描，找第一个关键字大于tmp的a[i]
        a[j]=a[i];                            // 将a[i]后移到a[j]的位置
        while (j>i && a[j]>=tmp)
            j--;                              // 从右向左扫描，找第一个关键字小于tmp的a[j]
        a[i]=a[j];                            // 将a[j]前移到a[i]的位置
    }
    a[i]=tmp;
    return i;
}
```

```
void QuickSort (int a[], int s, int t)         // 对a[s..t]元素序列进行递增排序
{
    int i;
    if(s<t)                                    // 序列内至少存在2个元素的情况
    {   i=Partition(a, s, t);
        QuickSort(a, s, i-1);                  // 对左子序列递归排序
        QuickSort(a, i+1, t);                  // 对右子序列递归排序
    }
}
int main()
{
    int n=10;
    int a[]={2,5,1,7,10,6,9,4,3,8};
    printf ("排序前:"); disp(a,n);
    QuickSort (a, 0, n-1);
    printf ("排序后:"); disp(a,n);
    return 0;
}
```

2. 快速排序和起泡排序有何区别与联系?

【答疑】快速排序和起泡排序都属于交换类排序。快速排序解决了起泡排序只用来对相邻两个元素进行比较，因此在互换两个相邻元素时只能消除一个逆序的问题，而快速排序是通过对两个不相邻元素的交换来消除待排序记录中的多个逆序。即快速排序中的一趟交换可以消除多个逆序。

快速排序最好的情况就是每一趟排序将序列划分为两个部分，正好在表中间将表划分为两个大小相等的子表，类似于折半查找，此时复杂度为$O(n\log_2 n)$。

最坏的情况就是初始序列是正序或反序。比如正序，则第一趟经过$n-1$次比较，第一个记录定在原位置，左部子表为空表，右部子表为$n-1$个记录；第二趟$n-1$个记录经过$n-2$次比较，第二个记录定在原位置……此时快速排序退化为冒泡排序，总的比较次数为$n*(n-1)/2$，复杂度为$O(n^2)$。

3. 堆排序需要建初堆和调整堆，该如何理解？堆中的删除和插入如何操作？

【答疑】实现堆排序需要解决两个问题。

（1）建初堆。就是将一个初始的无序序列建成一个堆。即将该无序序列对应的完全二叉树中以每一结点为根的子树都调整为堆。当然，只有一个结点的树必定是堆，而在完全二叉树中，所有序号大于$\lfloor n/2 \rfloor$的结点都是叶子，因此只要让以这些结点为根的子树均为堆即可。所以，利用筛选法，从最后一个分支结点$\lfloor n/2 \rfloor$开始，依次将序号为$\lfloor n/2 \rfloor$、$\lfloor n/2 \rfloor-1$……1的结点都调整为堆即可。

（2）调整堆。去掉堆顶元素，把堆顶元素与堆中最后一个元素交换，这时，除根结点外，其余结点均满足堆的性质，首先以堆顶元素和其左、右子树的根结点进行比较，不妨假设构建大顶堆，如果左子树的

根结点大于右子树的根结点且大于根结点，则把根结点与左子树的根结点交换，则左子树的“堆”可能被破坏，则需要进行和上面相同的调整，直至叶结点。把剩余元素重新调整为一个新的堆。经过这样一轮调整后，一个新的大根堆就产生来。此时的堆顶则是初始序列中第二大的元素。再继续进行相应的调整，可以挑选出初始序列中第三大的元素、第四大的元素……最后则将初始的无序序列调整为有序序列。

当掌握堆排序后，堆的删除就比较简单了。对于堆来讲，删除就只能删除根结点，且不能直接删除，只需要把堆尾元素剪切，复制到堆首，覆盖掉原来的堆首元素，然后还是再对这个新构成的二叉树数组（删掉一个元素的堆）进行建堆即可。其实，下面的步骤就是堆排序的第二步——调整堆。

下面以小根堆为例，删除元素0，具体过程如下图所示。

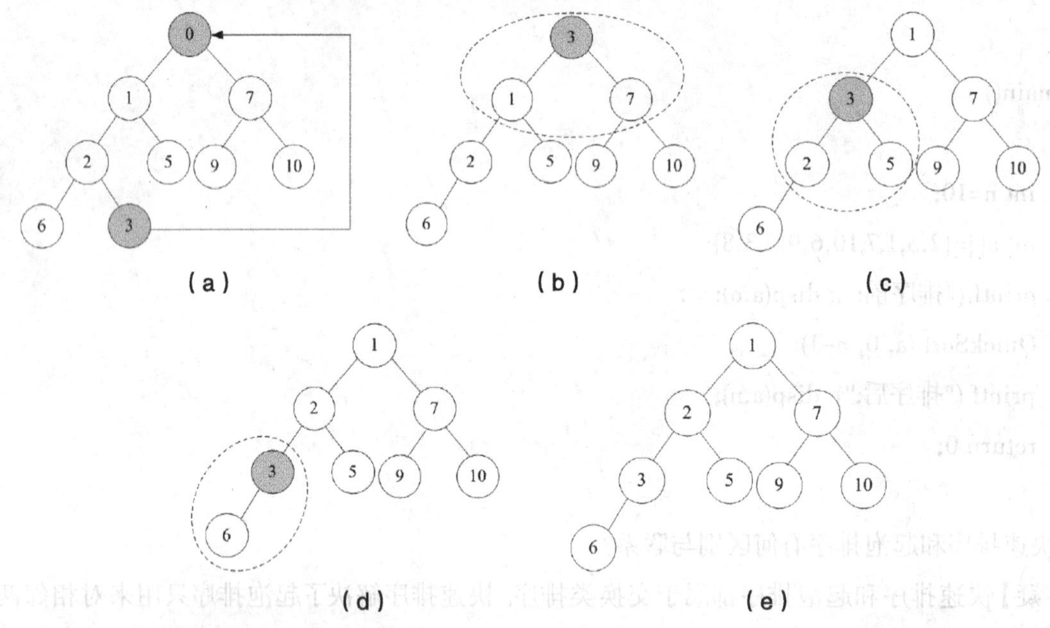

插入的基本思想很简单，堆的最后新加一个结点，再对这个新构成的二叉树数组（新增了一个元素的堆）进行建堆即可。下面以小根堆为例，插入数字0，具体过程如下图所示。

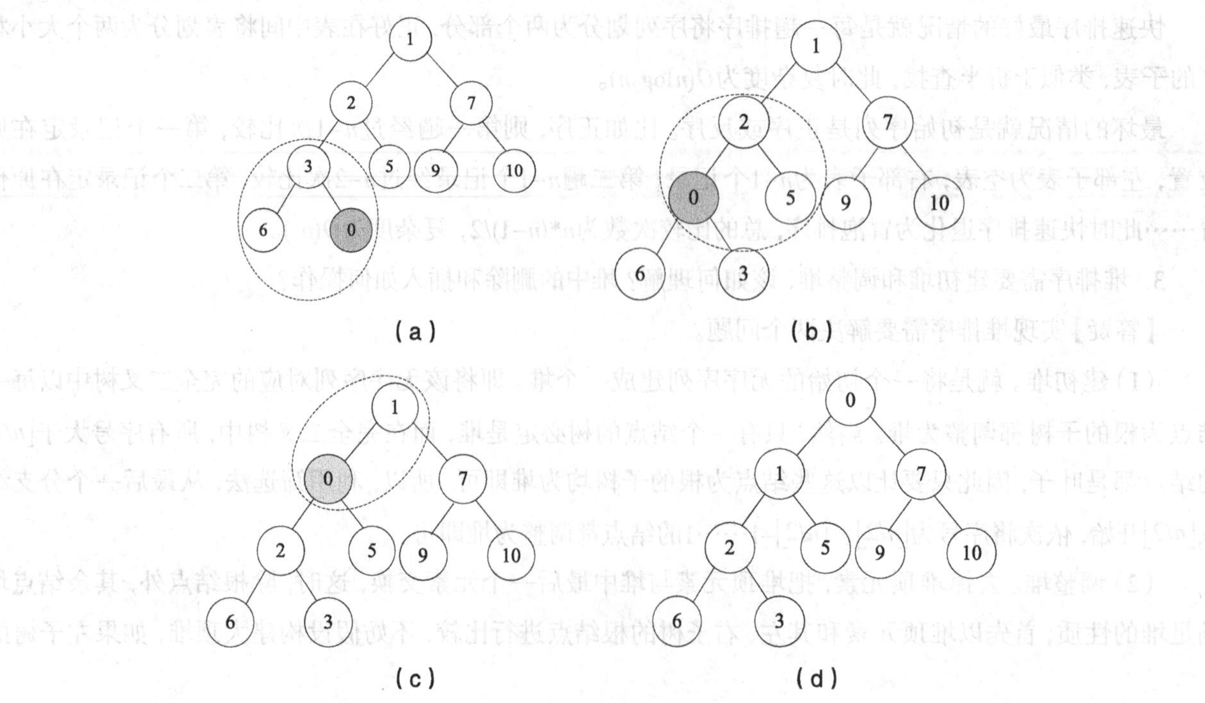

7.10 命题研究与模拟预测

7.10.1 命题研究

本章主要介绍了排序的基本概念、插入排序、起泡排序、简单选择排序、希尔排序、快速排序、堆排序、二路归并排序、基数排序、外部排序等内容。通过对考试大纲的解读和历年联考真题的统计与分析，可以发现本章知识点的命题一般规律和特点如下：

（1）从内容上看，考点都集中在直接插入排序、折半插入排序、希尔排序、快速排序、堆排序、归并排序、基数排序、最佳归并树这些内容。

（2）从题型上看，以选择题为主，偶尔也有综合应用题出现。

（3）从题量和分值上看，从2010年至2019年每年必考。在2010年至2019年，连续十年，都考查了选择题。其中2010年至2012年、2014年、2017年、2018都考查了两道选择题，占4分；在2013年和2016年，各考查了一道选择题，占2分；在2015年和2019年，各考查了三道选择题，占6分；在2012年和2016年，还各考查了一道综合应用题，分别占10分和15分。

（4）从试题难度上看，总体难度适中，虽然灵活，但比较容易得分。总的来说，历年考核的内容都在大纲要求的范围之内，符合考试大纲中考查目标的要求。

总的来说，联考近10年真题对本章知识点的考查都在大纲范围之内，试题占分趋势比较平稳，总体难度适中，每年必考，以选择题为主，并且偶尔会出综合应用题，这点要求需要引起考生的注意。建议考生备考时，要注意从选择题角度出发，兼顾综合应用题的特点，加深对直接插入排序、折半插入排序、希尔排序、快速排序、堆排序、归并排序、基数排序、最佳归并树这些知识点的掌握，有针对性地进行复习。

排序算法种类繁多，容易记混，它也是考研的重点内容，建议考生熟练掌握对各种算法的基本操作，尤其要能够动手模拟各种算法的排序过程，并能掌握不同算法的时间复杂度和空间复杂度。另外，建议将各种典型排序算法熟练背诵，并能够灵活运用，尤其是起泡排序、快速排序等算法的代码，只有这样才能在考试中迅速写出相应的答案。

7.10.2 模拟预测

● 单项选择题

1. 已知关键字序列6,9,13,20,29,21,16,23是小根堆，插入关键字4，调整好后得到的小根堆是（　）。

A. 4,6,13,9,29,21,16,23,20　　B. 4,6,13,20,21,16,23,9,29

C. 4,9,13,6,21,16,23,29,20　　D. 4,13,6,9,29,21,16,23,20

2. 若数据元素序列{12,13,14,8,9,10,24,5,6}是采用下列排序方法之一得到的第二趟排序后的结果，则该排序算法只能是（　）。

A. 冒泡排序　　B. 插入排序　　C. 选择排序　　D. 2–路归并排序

3. 下列序列中，（　）是执行第一趟快速排序后所得的序列。

A. [69,12,19,70] [24,94,74]　　B. [69,12,70,241] [19,94,74]

C. [94,74][69,12,70,24,19]　　D. [74,12,70,24,19] [94,69]

4. 在下列排序算法中，平均时间复杂度为$O(n\log_2 n)$的是（　）。

A. 直接插入排序　　B. 起泡排序　　C. 基数排序　　D. 快速排序

5. 在下列排序算法中，空间复杂度为O(n)的算法是（ ）。

A. 直接插入排序　　B. 归并排序　　C. 快速排序　　D. 起泡排序

6. 下列排序方法中，哪一种方法的比较次数与记录的初始排列状态无关？(　　)。

A. 起泡排序　　B. 直接插入排序　　C. 直接选择排序　　D. 快速排序

7. 从未排序序列中依次取出元素与已排序序列中的元素进行比较，将其放入已排序序列的正确位置上，这种排序方法称为(　　)。

A. 归并排序　　B. 冒泡排序　　C. 插入排序　　D. 选择排序

8. 对n个关键字作快速排序，在最坏情况下，算法的时间复杂度是(　　)。

A. $O(n)$　　B. $O(n^2)$　　C. $O(n\log_2 n)$　　D. $O(n^3)$

9. 下列关键字序列中，(　　)是堆。

A. 16,72,31,23,94,53　　B. 94,23,31,72,16,53

C. 16,53,23,94,31,72　　D. 16,23,53,31,94,72

10. 下述几种排序方法中，要求内存最大的是(　　)。

A. 希尔排序　　B. 快速排序　　C. 归并排序　　D. 堆排序

11. 下述几种排序方法中，(　　)是稳定的排序方法。

A. 希尔排序　　B. 快速排序　　C. 归并排序　　D. 堆排序

● 综合应用题

1. 对n个关键字取整数值的记录序列进行整理，以使所有关键字为负值的记录排在关键字为非负值的记录之前，设计一个尽可能高效的划分是否算法，要求：

(1) 给出算法的基本设计思想。

(2) 根据设计思想，采用C或C++语言描述算法，关键之处给出解释。

(3) 说明你所设计算法的平均时间复杂度和空间复杂度。

2. 有一种简单的排序算法，叫作计数排序。用这种排序算法对一个待排序的表进行排序，并将排序结果存放到另一个新的表中。必须注意的是，表中所有待排序的关键字互不相同，计数排序算法针对表中的每个记录，扫描待排序的表一趟，统计表中有多少个记录的关键字比该记录的关键字小。假设针对某一个记录统计出的计数值为c，那么，这个记录在新的有序表中合适的存放位置即为c。

(1) 给出适用于计数排序的顺序表定义。

(2) 采用C或C++编写实现计数排序的算法。

(3) 对于有n个记录的表，关键字比较次数是多少？

(4) 与简单选择排序相比较，这种方法是否更好？为什么？

7.10.3 答案精解

● 单项选择题

1. 【答案】A

【精解】考点为堆排序。堆排序是一种树形选择排序，在排序过程中，将待排序的记录看成是一棵完全二叉树的顺序存储结构，利用完全二叉树中双亲结点和孩子结点之间的内在关系，在当前序列中选择关键字最大或最小的记录。根据题目要求，所构建的初始小根堆如下图所示。

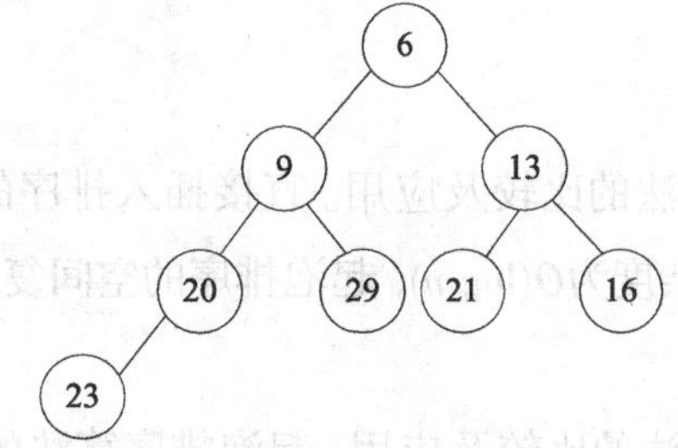

在初始堆中插入关键字4后，如下图所示。

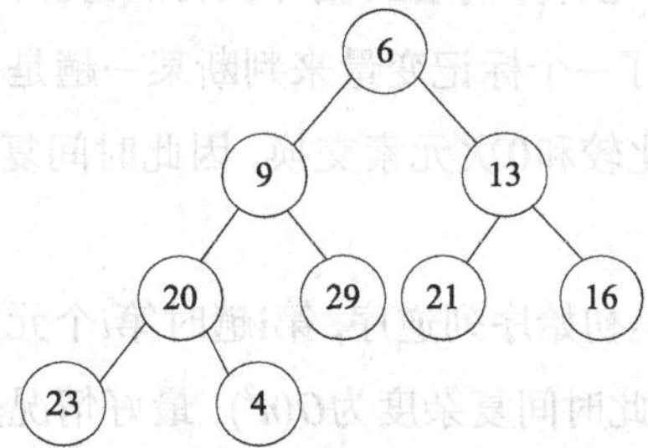

根据小根堆的定义，所有非叶结点的值都不能大于其左、右孩子结点的值，所以，此时该树已经不满足于小根堆的定义了，需要进行调整，调整之后的小根堆如下图所示。

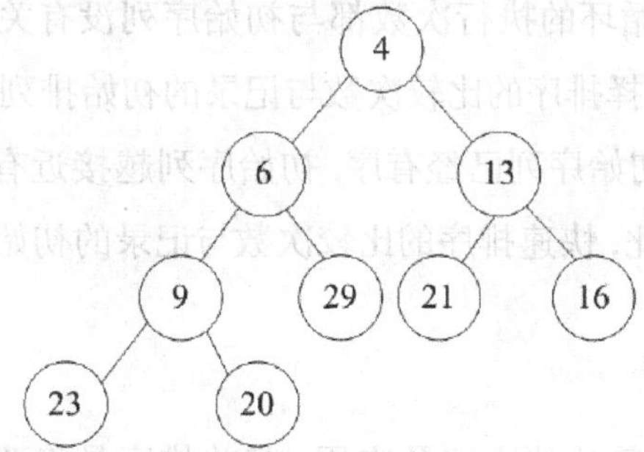

根据上图可以求得小根堆所对应的序列为4,6,13,9,29,21,16,23,20，所以答案选A。

2.【答案】B

【精解】考点为各种内部排序算法的比较及应用。该数据元素序列的升序序列为5,6,8,9,10,12,13,14,24，降序序列为24,14,13,12,10,9,8,6,5，因此无论是升序排列还是降序排列，该第二趟排序后的数据元素序列中都没有元素在最终位置，而起泡排序和选择排序算法的每一趟排序结束后都至少能够使得一个元素在最终位置，因此排除选项A和C。2-路归并排序经过两次排序之后，每4个元素都是有序的，然而该数据元素序列中没有4个元素是有序的，如12,13,14,8不是有序的，因此排除选项D。插入排序的每趟排序之后都能使得前面的若干个元素是有序的，该数据元素序列中前3个元素12,13,14是有序的，所以答案选B。

3.【答案】C

【精解】考点为快速排序。快速排序进行过第一趟排序后，会把初始序列分成两个子序列，左子序列中的关键字都小于或等于右子序列中所有元素的关键字，或者左子序列中的关键字都大于或等于右子序列中所有元素的关键字，所以答案选C。

4.【答案】D

【精解】考点为各种内部排序算法的比较及应用。直接插入排序算法和起泡排序算法的平均时间复杂度都为$O(n^2)$，基数排序算法的平均时间复杂度为$O(d(n+rd))$，只有快速排序算法的平均时间复杂度为

O(nlog₂n)，所以答案选D。

5.【答案】B

【精解】考点为各种内部排序算法的比较及应用。直接插入排序的空间复杂度为$O(1)$，归并排序的空间复杂度为$O(n)$，快速排序的空间复杂度为$O(\log_2 n)$，起泡排序的空间复杂度为$O(1)$，所以答案选B。

6.【答案】C

【精解】考点为各种内部排序算法的比较及应用。起泡排序算法的最坏情况是初始序列逆序，外层for循环执行共n–1次，外层循环语句每次执行，内层for循环执行n–i次，因此时间复杂度为$O(n^2)$；最好情况是初始序列已经有序，由于算法中使用了一个标记变量来判断某一趟是否发生交换，那么排序提前结束，因此最好的情况下，只需要进行n–1次比较和0次元素交换，因此时间复杂为$O(n)$。所以，起泡排序的比较次数与记录的初始排列状态有关。

直接插入排序算法的最坏情况是初始序列逆序，第i趟时第i个元素必须与前面i个元素都进行比较，并且每一次比较都进行元素移动，因此时间复杂度为$O(n^2)$；最好情况是初始序列已经有序，每一趟只需要与前面有序序列的最后一个元素进行比较，因此每一趟只比较一次，总共比较n–1次，不进行元素移动，因此时间复杂度为$O(n)$。所以直接插入排序的比较次数与记录的初始排列状态有关。

直接选择排序算法的双重for循环的执行次数都与初始序列没有关系，外层for循环执行n次，内层for循环执行n–1次。由此可见，直接选择排序的比较次数与记录的初始排列状态无关。

快速排序算法的最坏情况是初始序列已经有序，初始序列越接近有序，算法效率越低；反之，初始序列越接近无序，算法效率越高。因此，快速排序的比较次数与记录的初始排列状态有关。

所以答案选C。

7.【答案】C

【精解】考点为各种内部排序算法的比较及应用。归并排序是将两个或两个以上的有序表合并成一个有序表的过程。冒泡排序属于交换排序，其基本思想是：两两比较待排序记录的关键字，发现不满足次序要求就交换，直到整个序列全部满足要求为止。插入排序的思想是：每一趟将一个待排序的记录按其关键字的大小插入已经排好序的一组记录的适当位置上，直到所有待排序记录全部插入为止。选择排序的基本思想是：每一趟从待排序的记录中选出关键字最小的记录，按顺序放在已排序记录序列的最后，直到全部排完为止。根据题意，答案选C。

8.【答案】B

【精解】考点为快速排序。快速排序的平均时间复杂度为$O(n\log_2 n)$，但在最坏情况下，即关键字基本排好序的情况下，其递归树成为单支树，每次划分只得到一个比上一次少一个记录的子序列。这样，必须经过n–1趟才能将所有记录定位，而且第i趟需要经过n–i次比较，这时，时间复杂度为$O(n^2)$。所以答案选B。

9.【答案】D

【精解】考点为堆排序。将这些选项对应的一维数组看成一棵完全二叉树，则堆应该是满足如下性质的完全二叉树：树中所有非终端结点的值均不大于（或小于）其左、右孩子结点的值。

这四个选项所对应的完全二叉树如下图所示。

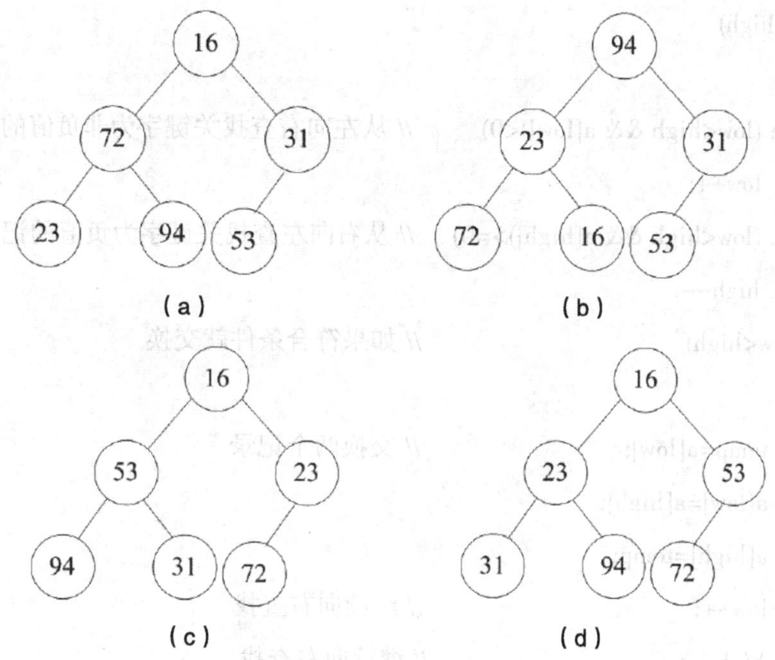

(a) (b) (c) (d)

根据堆的定义，所以答案选D。

10.【答案】C

【精解】考点为各种内部排序算法的比较及应用。因为希尔排序的空间复杂度为$O(1)$，快速排序的空间复杂度为$O(\log_2 n)$，归并排序的空间复杂度为$O(n)$，堆排序的空间复杂度为$O(1)$。所以答案选C。

11.【答案】C

【精解】考点为各种内部排序算法的比较及应用。

解释：不稳定排序算法有快速排序、希尔排序、堆排序；稳定排序算法有直接插入排序、折半插入排序、冒泡排序、归并排序、基数排序等。所以答案选C。可以把不稳定的三种排序算法记住，其他就自然是稳定的排序算法了。

● 综合应用题

1.【答案精解】

（1）算法的基本设计思想。

可采用快速排序中子序列划分的算法思想对初始序列中的数据进行划分。设两个指针low和high，初始时分别指向初始序列的下界和上界(low=0,high=n−1)从表的最左侧位置依次向右搜索，找到第一个关键字为非负值的记录；然后再从表的最右侧位置，依次向左搜索找到第一个关键字为负值的记录；之后将找到的两个记录进行交换。重复上述步骤，直至low与high相等为止。

（2）采用C语言描述算法，代码如下：

```
iPartition (int a[], int n)
{   // 使数组a关键字为负值的记录排在关键字为非负值的记录之前
    low=0;
    high=n-l;
```

```
    while (low<high)
    {
        while (low<high && a[low])<0)       // 从左向右查找关键字为非负值的记录
            low++;
        while (low<high && a[high])>=0)     // 从右向左查找关键字为负值的记录
            high--;
        if (low<high)                       // 如果符合条件就交换
        {
            temp=a[low];                    // 交换两个记录
            a[low]=a[high];
            a[high]=temp;
            low++;                          // 继续向右查找
            high--;                         // 继续向左查找
        }
    }
}
```

（3）算法的平均时间复杂度为$O(n)$，空间复杂度为$O(1)$。

2.【答案精解】

（1）相应的顺序表定义如下：

```
typedef struct
{
    int key;
    datatype info;
}RecType;
```

（2）相关算法如下：

```
void CountSort (RecType a[], b[], int n)
{   // 计数排序算法，将a中记录排序放入b中
    for (i=0; i<n; i++)                  // 对每一个元素
    {
        for (j=0, cnt=0; j<n; j++)
            if (a[j].key<a[i].key)  // 统计关键字比它小的元素个数
                cnt++;
        b[cnt]=a[i];                     // 根据所统计的个数，将当前关键字存放在数组b中相应位置
    }
}
```

(3) 对于有n个记录的表，关键字比较n^2次。

(4) 简单选择排序算法比本算法好。简单选择排序的比较次数是$n(n-1)/2$，且只用一个交换记录的空间；而这种方法的比较次数是n^2，且需要另一个数组的空间。

参考文献

[1] 严蔚敏，吴伟民. 数据结构（C语言版）[M]. 北京：清华大学出版社，2007.

[2] 严蔚敏，李冬梅，吴伟民. 数据结构C语言版（第2版）[M]. 北京：人民邮电出版社，2015.

[3] 李春葆. 数据结构教程（第5版）[M]. 北京：清华大学出版社，2017.

[4] 李冬梅，张琪. 数据结构习题解析与实验指导[M]. 北京：人民邮电出版社，2017.